普通高等教育公共基础课系列教材·计算机类

吉林工程技术师范学院教材建设基金资助项目

计算机文化基础

宋　阳　张志勇　主　编

孟宇桥　李冰洁
张　雪　姜雪梅　副主编

杨晓东　主　审

科学出版社

北　京

内 容 简 介

全书共分为 3 部分，第 1 部分为理论基础知识，主要包括计算机基础知识、算法与数据库；第 2 部分为实践操作，主要包括 Word 2010 案例操作、Excel 2010 案例操作、PowerPoint 2010 案例操作，共计 85 个案例；第 3 部分为综合实训，以多方位、多角度的实例，整体训练读者对多个知识点的综合应用。

本书内容丰富、实例典型、讲解详尽，在计算机应用案例教学的过程中，适当融入思想教育元素，促使读者全身心投入，积极培养其交流、分享、协作的团队精神。一个个精心设计的与学习目标相关的任务，除了让读者在轻松的氛围中自然而然地学习和体会到计算机实践应用背后的木质思想之外，还充分激发了读者的创造力和动手能力，在每一位读者心里种下想成为创客的种子，让创客文化成为计算机文化的一部分，进而大大提高读者应用计算机的能力，使其体验到学习的快乐。

本书既可作为高等院校本专科相关专业的教材或社会培训班的参考书，也可作为办公自动化操作爱好者的参考书。

图书在版编目（CIP）数据

计算机文化基础/宋阳，张志勇主编. —北京：科学出版社，2020.8
普通高等教育公共基础课系列教材・计算机类
ISBN 978-7-03-065256-0

Ⅰ.①计… Ⅱ.①宋… ②张… Ⅲ.①电子计算机-高等学校-教材 Ⅳ.①TP3

中国版本图书馆 CIP 数据核字（2020）第 088907 号

责任编辑：戴 薇 吴超莉 / 责任校对：王 颖
责任印制：吕春珉 / 封面设计：东方人华平面设计部

科学出版社 出版
北京东黄城根北街 16 号
邮政编码：100717
http://www.sciencep.com

北京鑫丰华彩印有限公司印刷
科学出版社发行 各地新华书店经销
*
2020 年 8 月第 一 版 开本：787×1092 1/16
2020 年 8 月第一次印刷 印张：22 1/4
字数：528 000

定价：63.00 元

（如有印装质量问题，我社负责调换〈鑫丰华〉）
销售部电话 010-62136230 编辑部电话 010-62135319-2030

前　言

计算机是人类在 20 世纪最突出、最具影响力的发明创造之一，计算机操作能力已经成为当今社会人们必须掌握的一门技能。随着科技的进步与发展，以计算机技术、网络技术和微电子技术为主要特征的现代信息技术已经广泛应用于社会生产和生活的各个领域。作为人们感知世界、认识世界和创造世界的工具，计算机的知识和技术是当今大学生学习现代科学的基础，同时也是大学生进入现代社会所应具备的重要技能与手段之一。为了使读者在短时间内轻松掌握计算机的各方面应用的基本知识，并快速解决在生活和工作中遇到的各种问题，我们组织了一批教学一线的老师和业内专家特别为计算机学习用户量身定制了本书。

本书以案例为主线，以思政为辅线，采用任务教学模式，以循序渐进的方式引导读者学习计算机文化基础的相关知识；激发读者的学习兴趣，有创意地将历史发明、典型人物、突发事件和当今世界的发展融合到一起，体验学科跨界带来的新的解决问题的方式；积极探究创造给生活带来的变化，形成用创造改变世界的价值观和责任感，最终实现整体提高广大读者的计算机实际操作水平及创作水平的目的。

本书属于实例类图书，全书分为 3 部分，其主要内容如下。

第 1 部分为理论基础知识。该部分主要包括第 1 章计算机基础知识，主要讲授 28 个常用知识点；第 2 章算法与数据库，主要讲授 20 个常用知识点。

第 2 部分为实践操作。该部分主要包括第 3 章 Word 2010 案例操作，共 30 个常用操作案例；第 4 章 Excel 2010 案例操作，共 30 个常用操作案例；第 5 章 PowerPoint 2010 案例操作，共 25 个常用操作案例。该部分总计 85 个案例，对 Office 办公软件的常用项目进行了详细讲解。

第 3 部分为综合实训。该部分主要包括第 6 章 Windows 综合实训、第 7 章 Word 2010 综合实训、第 8 章 Excel 2010 综合实训 3 部分的实训内容。通过带有思政元素的实训演练，读者可进一步掌握计算机的各项基本操作和高级操作，真正实现理论与实践相统一。

本书由宋阳、张志勇担任主编并负责全书内容的策划与编写，由杨晓东教授负责主审。第 1 部分由吉林工程技术师范学院的宋阳、孟宇桥、李冰洁、张雪 4 位老师共同编写；第 2 部分由长春大学旅游学院的张志勇编写；第 3 部分由吉林工程技术师范学院的宋阳、孟宇桥、李冰洁、张雪、姜雪梅 5 位老师共同编写。其中，宋阳编写 158 千字，孟宇桥编写 68 千字，李冰洁编写 66 千字，张雪编写 67 千字，姜雪梅编写 28 千字，张志勇编写 141 千字。此外，参与本书编写的老师还有吉林工程技术师范学院的于杰、王朝勇、刘国成、安晓峰、张丹彤、郭喜、申宏亮、初作玮、曲丽娜、逯菠 10 位老师。

由于编者水平有限，书中不妥之处在所难免，敬请广大读者批评指正。

编　者

2020 年 1 月

目　　录

第1部分　理论基础知识

第2部分　实 践 操 作

第 3 部分　综合实训

第 1 部分　理论基础知识

第 1 章　计算机基础知识

本章主要介绍信息的表示与存储、计算机硬件系统、计算机软件系统、多媒体技术、计算机病毒、计算机网络、Internet 基础及应用等内容。

1.1　计算机概述

知识点 1　计算机的发展

1946 年，美国宾夕法尼亚大学研制成功了电子数字积分计算机（electronic numerical integrator and computer，ENIAC）。

在 ENIAC 的研制过程中，匈牙利裔美籍数学家冯·诺依曼总结并归纳出以下 3 点。

1）采用二进制：在计算机内部，程序和数据采用二进制代码表示。

2）存储程序控制：程序和数据存放在存储器中，即程序存储的概念。计算机执行程序时无须人工干预，能自动、连续地执行程序，并可得到预期的结果。

3）5 个基本部件：计算机应具有运算器、控制器、存储器、输入设备、输出设备 5 个基本部件。

ENIAC 的诞生宣告了电子计算机时代的到来，它奠定了计算机发展的基础，开辟了计算机科学技术的新纪元。从第一台电子计算机诞生到现在，计算机技术经历了大型计算机时代和微型计算机时代。

1. 大型计算机时代

人们通常根据计算机采用电子元器件的不同将计算机的发展过程划分为电子管、晶体管、集成电路及大规模和超大规模集成电路 4 个阶段，分别称为第一代计算机（1946～1957 年）、第二代计算机（1958～1964 年）、第三代计算机（1965～1970 年）、第四代计算机（1971 年至今）。

2. 微型计算机

1971 年，世界上第一个 4 位微处理器 4004 在 Intel 公司诞生，标志着计算机进入微型计算机时代。

在中国，夏培肃一生强调自主创新在科研工作中的重要性，坚持做中国自己的计算机。1958 年，她负责设计研制通用电子数字计算机 107 机，这是中国第一台自行研制的通用电子数字计算机，用事实和行动证明了当时中国人有能力、有志气设计和研制自己的计算机。她提出使计算机大幅度提高运算速度的最大时间差流水线原理，大大缩短了流水线计算机的时钟周期。夏培肃负责并研制成功高速阵列处理机 150-AP，150 处理机的运算速度是 100 万次/秒，而 150-AP 的运算速度达到了 1400 万次/秒，用低成本实现运算速度高于美国当时对中国禁运的同类产品的运算速度，在国际上受到了巨大关注，为中国石油勘探作出了重大贡献。

3. 我国计算机技术的发展概况

华罗庚是我国计算技术的奠基人和主要的开拓者之一。1947～1948 年，华罗庚在美国普林斯顿高级研究院担任访问研究员时，他在数学上的造诣和成就深受冯·诺依曼等人的赞赏。当时，冯·诺依曼正在设计世界上第一台存储程序的通用电子数字计算机，冯·诺依曼让华罗庚参观实验室，并常和他讨论有关学术问题。当时，在华罗庚的心里就已经开始勾画中国电子计算机事业的蓝图。华罗庚于 1950 年回国，1952 年在他任所长的中国科学院数学研究所内建立了中国第一个电子计算机科研小组，开始了计算机的科研征程。

尽管我国计算机技术研究起步晚、起点低，但随着改革开放的深入和国家对高新技术的扶持、对创新能力的提倡，中国的计算机技术水平正在逐步提高。

王之是中国 IT 业的真正的“教父”级人物，曾被外媒称为“第一个让 Bill Gates 停下脚步的中国人”。在 20 世纪中国 IT 业的起步阶段，王之作出了巨大贡献。1986 年，王之筹建创办了长城集团深圳的研发、生产基地，创建了中国最早的 PC（personal computer，个人计算机）生产企业，长城也成了中国最早的计算机品牌。1987 年 5 月，第一台国产 286 微型计算机“长城 286”在北京展览馆正式发布，0520C-H 微型计算机在全国微型计算机评测中荣获总分第一名，这是中国第一台自主研发设计的计算机，成为我国计算机工业发展史上最具历史意义的里程碑。

知识点 2　计算机的特点

计算机按照程序引导步骤对数据进行存储、传送和加工处理，以获得输出信息，并利用这些信息提高社会生产率，以及改善人们的生活质量。计算机之所以具有如此强大的功能，能够应用于各个领域，是因为它具有以下特点：①处理速度快；②计算精确度高；③逻辑判断能力强；④存储容量大；⑤具有全自动功能；⑥适用范围广，通用性强。

知识点 3　计算机的用途

现在，计算机已进入社会的各行各业，进入人们生活和工作的各个领域。归纳起来，计算机的用途主要有以下几个方面：①科学计算；②信息处理；③过程控制；④辅助功能；⑤网络与通信；⑥人工智能；⑦数字娱乐；⑧平面、动画设计及排版；⑨现代教育；⑩家庭生活。

厦门远海全自动化码头是我国第一个全智能、安全、环保的全自动化集装箱码头，也是全球首个堆场与码头岸线平行布置的自动化码头。它是中国首个具有全部自主知识产权的自动化码头。码头大部分的功能均由中央控制室计算机控制操作一系列自动化机械设备完成。

与传统的集装箱码头相比，这个码头没有人来人往。全自动化集装箱码头能降低操作和运营成本，经测算，其比传统码头节省能源 25%以上、减少碳排量 16%以上。厦门远海全自动化码头于 2013 年 3 月开始建设，2016 年 3 月投入商业运营，投产以来，实现安全“零”事故，箱量、工作效率和经济效益提速亮眼。

在作业现场，码头操作系统依据船舶信息，自动生成作业计划并下达指令，货柜装卸区空无一人，运输货柜车辆也是无人驾驶的。

厦门远海全自动化码头整套操作系统由中央控制室计算机控制，操作运营全部集成世界最先进的系统，从安全、效率和能耗角度确定最佳路径，是真正意义上的无人化全自动码头系统。其具备精准高效、低成本、安全性高等领先优势，将“中国制造”的名片递向全世界。

知识点 4　计算机的分类

按照不同的标准，计算机有多种分类方式，常见的分类有以下几种。

1. 按处理数据的类型分类

按处理数据的类型不同，计算机可分为数字计算机、模拟计算机和混合计算机。

2. 按使用范围分类

按使用范围的大小，计算机可分为专用计算机和通用计算机。

3. 按性能分类

按其主要性能（如字长、存储容量、运算速度、外部设备、允许同一台计算机的用户数量和价格高低），计算机可分为超级计算机、大型计算机、小型计算机、微型计算机、工作站和服务器 6 类，按性能分类也是我们常用的计算机分类方法。

中国的 PC 领域也在迅猛发展。2005 年 5 月 1 日联想完成并购 IBM PC。联想正式宣布完成对 IBM 全球 PC 业务的收购，联想以合并后年收入约 130 亿美元、PC 年销售量约 1400 万台，一跃成为全球第三大 PC 制造商。

知识点 5　未来计算机的发展趋势

21 世纪是人类走向信息社会的世纪，是网络时代及超高速信息公路建设取得实质性进展并进入应用的时代。

1. 计算机的发展趋势

从计算机的发展史来看，计算机的发展趋势为巨型化→微型化→网络化→智能化。

2. 未来新一代计算机的类型

未来新一代的计算机将包括以下多种类型：模糊计算机、生物计算机、光子计算机、超导计算机、量子计算机、激光计算机、分子计算机、DNA 计算机、神经元计算机。

知识点6 电子商务

电子商务是以信息网络为手段，以商品交换为中心的商务活动，也可理解为在互联网、企业内部网和增值网上以电子交易方式进行交易活动和相关服务的活动，是传统商业活动各环节的电子化、网络化、信息化。

电子商务具有如下基本特征：①普遍性；②方便性；③集成性；④整体性；⑤安全性；⑥协调性。

知识点7 信息技术的发展

信息同物质、能源一样重要，是人类生存和社会发展的三大基本资源之一。数据处理之后产生的结果为信息，信息具有针对性和实时性，是有意义的数据。目前，信息技术主要指一系列与计算机相关的技术。

一般来说，信息技术包括信息基础技术、信息系统技术和信息应用技术。

1. 信息基础技术

信息基础技术是信息技术的基础，包括新材料、新能源、新器件的开发和制造等技术。

2. 信息系统技术

信息系统技术是指有关信息的获取、传输、处理、控制的设备和系统的技术。感测技术、通信技术、计算机与智能技术和控制技术是信息系统技术的核心和支撑技术。

3. 信息应用技术

信息应用技术是针对种种实用目的的技术，如信息管理、信息控制、信息决策等。当今，信息技术在社会各个领域得到了广泛的应用，显示出强大的生命力。在未来，现代信息技术将面向数据化、多媒体化、高速化、网络化、宽频带、智能化等方面发展。

1.2 信息的表示与存储

知识点8 数据与信息

数据是由人工或自动化加以处理的事实、场景、概念和指示的符号表示。字符、声音、表格、符号和图像等都是不同形式的数据。

信息是现代生活和计算机科学中一个非常流行的词汇，信息不仅维系着社会的生存发展，还不断地推动社会经济的发展。

数据与信息的区别：信息是客观事物属性的反映，是经过加工处理并对人类客观行为产生影响的数据表现形式；数据则是反映客观事物属性的记录，是信息的具体表现形式。任何事物的属性都是通过数据来表示的，数据经过处理加工后成为信息，而信息必须通过数据才能传播，才能对人类产生影响。

例如，2、4、6、8、10、12 是一组数据，其本身是没有任何意义的，但对它进行分析以后，就可以得出这是一组等差数列，从而能够准确地得出后面的数字。这便对这组数据赋予了意义，成为信息，才是有用的数据。

知识点 9　计算机中的数据

二进制只有 0 和 1 两个数，相对于十进制而言，采用二进制表示不但运算简单、易于物理实现、通用性强，更重要的是所占的空间和计算的量小得多，且可靠性高。

计算机在与外部沟通中会采用人们比较熟悉和方便阅读的形式，如十进制数据，但计算机内部一般使用二进制表达各种信息，其间的转换，主要通过计算机系统的硬件和软件来实现。

知识点 10　计算机中数据的单位

计算机中所有的信息均以二进制的形式表示，数据的最小单位是位，存储容量的基本单位是字节。

1. 数据的常用单位

位是度量数据的最小单位，数码只有 0 和 1，采用多个数码表示一个数，其中每个数码称为一个位（bit）。

字节是直接输入信息组织和存储的基本单位，一个字节由 8 位二进制数字组成。字节也是计算机体系结构的基本单位。

2. 字长

随着电子技术的发展，计算机的并行能力越来越强，人们通常将计算机一次能够处理的二进制位数称为字长，也称为计算机的一个“字”。字长是计算机的一个重要指标，直接反映一台计算机的计算能力和精度，字长越长，说明计算机数据处理得越快。计算机字长通常是字节的整数倍，如 8 位、16 位、32 位。发展到今天，微型计算机能处理的字长已达到 64 位，大型计算机已达到 128 位。

3. 数据类型

计算机使用的数据可以分为数值数据和字符数据，它们在计算机中都以二进制来进行编码。

知识点 11　字符的编码

字符包括西文字符和中文字符，是计算机中不能做算术运算的数据。

计算机以二进制数的形式存储和处理数据，因此，字符必须按特定的规则进行二进制编码才能进入计算机。

1. 西文字符的编码

用于表示字符的二进制编码称为字符编码。计算机中常用的字符（西文字符）编码有两种：EBCDIC 和 ASCII 码。

ASCII 码（American Standard Code for Information Interchange，美国信息交换标准代码）被国际标准化组织指定为国际标准，有 7 位码和 8 位码两种版本。

微型计算机通常为 7 位 ASCII 码，即用 7 位二进制数来表示一个字符的编码，共有 128 种不同的编码值，相应地可以表示 128 个不同字符的编码。

2. 汉字的编码

我国于 1980 年发布了国家汉字编码标准《信息交换用汉字编码字符集 基本集》（GB 2312—1980），简称 GB 码或国标码。

国标码的字符集：共收录了 682 个非汉字图形字符和 6763 个常用汉字。

区位码：也称国际区位码，是国标码的一种变形，由区号（行号）和位号（列号）构成，区位码由 4 位十进制数字组成，前 2 位为区号，后 2 位为位号。

区：阵中的每一行，用区号表示，区号的范围是 1～94。

位：阵中的每一列，用位号表示，位号的范围也是 1～94。

实际上，区位码也是一种汉字的输入码，其最大的优点是一字一码，即无重码；最大的缺点是难以记忆。区位码与国标码之间的关系是，国标码=区位码+2020H。

3. 汉字的处理过程

从汉字编码的角度来看，计算机对汉字信息的处理过程实际上是各种汉字编码间的转换过程，这些编码主要包括汉字输入码、汉字内码、汉字字形码、汉字地址码等。

（1）汉字输入码

汉字输入码是为用户能够使用西文键盘输入汉字而编制的，也称为外码。

汉字输入编码方法的编码方案大致分为 4 类：音码、音形码、形码、数字码。

（2）汉字内码

汉字内码是为在计算机内部对汉字进行处理、存储和传输而编制的汉字编码。它应满足存储、处理和传输的要求，不论哪种输入码，输入的汉字在计算机内部都要转换成统一的汉字内码，然后才能在计算机内进行传输、处理。

在计算机内部，为了能够区分汉字内码和 ASCII 码，将国标码每字节的最高位由 0 变为 1（即汉字内码的每字节都大于 128）。

汉字的国标码与其内码之间的关系是，内码=汉字的国标码+8080H。

（3）汉字字形码

汉字字形码是存放汉字字形信息的编码，它与汉字内码一一对应。每个汉字的字形码是预先存放在计算机中的，通常称为汉字库。描述汉字字形的方法主要有点阵字形法和矢量表示法。

1）点阵字形法：用一组排列成方阵的黑白点来描述汉字。

2）矢量表示法：描述汉字字形的轮廓特征，采用数学方法描述汉字的轮廓曲线。

（4）汉字地址码

汉字地址码是指汉字库（这里主要是指汉字字形的点阵式字模库）中存储汉字信息的逻辑地址码。

4. 各种汉字编码之间的关系

汉字的输入、输出和处理的过程实际上是汉字的各种代码之间的转换过程。汉字通过汉字输入码输入计算机内部，然后通过输入字典转换为内码，以内码的形式进行存储和处理。在汉字通信过程中，处理器将汉字内码转换为适合通信用的交换码，以实现通信处理。在汉字的显示和打印输出过程中，处理器根据汉字内码计算出地址码，按地址码从汉字库中取出汉字，实现汉字的显示或打印输出。

王永民，北京王码创新网络技术有限公司董事长。他创立汉字键盘设计三原理及数学模型，1983 年发明“王码五笔字型”汉字输入法，首创“汉字字根周期表”，有效解决了进入信息时代的汉字输入难题。他 1998 年发明的“98 规范王码”，是符合国家语言文字规范并较早通过鉴定的汉字输入法，推动了计算机在我国的快速普及。王永民的发明技术曾获得中、美、英等国专利 40 余项，其本人也荣获“全国劳动模范”等称号和“全国五一劳动奖章”。王永民推出的世界上第一个汉字键盘输入“全面解决方案”及其系列软件，成为我国汉字输入技术发展应用的里程碑。

1.3 计算机硬件系统

知识点 12 运算器

运算器的基本功能是完成对各种数据的加工和处理。

1. 运算器的组成

运算器由算术逻辑单元、累加器、通用寄存器组、状态寄存器等组成。

1）算术逻辑单元：主要完成对二进制信息的定点算术运算、逻辑运算和各种移位操作。算术运算主要包括定点加、减、乘、除运算。逻辑运算主要有逻辑与、逻辑或、逻辑异和逻辑非操作。移位操作主要完成逻辑左移和右移、算数左移和右移及其他一些移位操作。算术逻辑单元能处理的数据位数（即字长）与计算机有关。

2）累加器：是一种寄存器，专门用来存放操作数或运算结果。

3）通用寄存器组：通用寄存器主要用来保存参加运算的操作数和运算结果。它可以作为累加器使用，其数据存取速度非常快。此外，通用寄存器可以兼作专用寄存器，包括用于计算操作数的地址。必须注意，不同计算机对通用寄存器组的使用情况和设置的个数是不同的。

4）状态寄存器：用来记录算术、逻辑运算或测试操作的结果状态。程序设计中，这些状态通常用作条件转移指令的判断条件，所以又称条件码寄存器。

2. 运算器的性能指标

1）字长：指计算机运算部件一次能同时处理的二进制数据的位数。作为存储数据，字长越长，计算机运算精确度就越高；作为存储指令，字长越长，计算机的处理能力就越强。

2）运算速度：计算机的运算速度通常是指每秒所能执行的加法指令的数目，通常用百万次/秒来表示。这个指标更能直观地反映计算机的速度。

知识点 13 控制器

1. 控制器的组成

控制器是计算机的重要部件，它对输出的指令进行分析，并通过统一控制计算机的各个部件来完成一定的任务。控制器是发布命令的“决策机构”，即完成协调和指挥整个计算机系统的操作。

控制器由指令寄存器、指令译码器、操作控制器和程序计数器 4 个部件组成。指令寄存器用于保存当前执行和（或）即将执行的指令代码；指令译码器用于解析和识别指令寄存器中所存放的指令的性质和操作方法；操作控制器则根据指令译码器的译码结果，产生该指令执行过程所需要的全部控制信号和时序信号；程序计数器总是保存下一条要执行的指令地址，从而使程序可以自动、持续地运行。

2. 控制器的分类

控制器可分为组合逻辑控制器和微程序控制器。组合逻辑控制器设计复杂，设计完成后不能再修改和扩充，但它的速度快。微程序控制器设计简单，可以进行修改和扩充，若要修改一条计算机指令的功能，只需重新编写所对应的微程序；若要增加一条计算机指令，只需在控制存储器中增加一段微程序。

3. 控制器的功能

1）差错控制：设备控制器可对由输入/输出设备传送来的数据进行差错检测。若传送中出现错误，只需将差错检测码置位，并向 CPU（central processing unit，中央处理器）反馈，CPU 将重新传送一次。

2）数据交换：控制器可实现 CPU 与控制器之间、控制器与设备之间的数据交换。从 CPU 并行地把数据写入控制器，或从控制器中并行地读出数据，然后将数据从设备传送到控制器，或将数据从控制器传送到设备。

3）状态说明：标识和报告设备状态的状态控制器应记下设备的状态供 CPU 了解。

4）接收和识别地址：CPU 可以向控制器发送多种不同的命令。设备控制器应能接收并标识这些命令。

5）地址识别：与内存中的每个单元都有一个地址一样，系统中的每个设备也都有地址，而设备控制器又必须能够识别它控制的每个设备的地址。此外，为使 CPU 能向

（或从）寄存器中写入（或读出）数据，这些寄存器都应具有唯一的地址。

4. 中央处理器

运算器和控制器统称为 CPU，它是衡量计算机性能优劣的重要指标。

北斗卫星导航系统是中国完全自主研发的一套导航定位体系，也是继 GPS（global positioning system，全球定位系统）、伽利略、格洛纳斯之后的第四个非常成熟的卫星导航系统。北斗卫星导航系统所使用的是国产龙芯 CPU。

华为旗下的首款 8 核处理器 Kirin920，不仅参数非常强悍，实现了异构 8 核 big.LITTLE 架构，其整体性能已与同期的高通骁龙 805 不相上下，并且其直接整合了 BalongV7R2 基带芯片，可支持 LTECat.6，是全球首款支持该技术的手机芯片。

知识点 14 存储器

存储器是计算机中存储程序和数据的部件，包括主存储器（内存）和辅助存储器（外存）两大类。存储器可以自动完成程序或数据的存取。计算机中的全部信息，包括输入的原始数据、计算机程序、中间运行结果和最终运行结果都保存在存储器中。内存是计算机主板上的存储部件，用于存储当前执行的数据和程序，存取速度快但容量小，断电后，数据会丢失；外存是磁性介质或光盘等存储部件，用来保存长期信息，容量大，存取速度慢，但断电后保存的内容不会丢失。

1. 内存

内存一般采用半导体存储单元，包括只读存储器（read only memory，ROM）、随机存储器（random access memory，RAM）和高速缓冲存储器（Cache）。

（1）只读存储器

ROM 在制造的时候，信息（数据或程序）就被存入并永久保存。这些信息只能读出，不能写入，即使断电，这些数据也不会丢失。ROM 一般用于存放计算机的基本程序和数据，主要包括可编程只读存储器、可擦除可编程只读存储器、电可擦除可编程只读存储器。

（2）随机存储器

通常所说的计算机内存容量指的就是 RAM 的容量。RAM 有两个特点：一是可读写性，也就是说对 RAM 既可以进行读操作，也可以进行写操作，读操作时不破坏内存已有的内容，写操作时才改变原来已有的内容；二是易失性，即断电时，RAM 中的内容立即丢失，因此计算机每次启动时都要对 RAM 进行重新装配。

RAM 又可分为静态随机存储器（static RAM，SRAM）和动态随机存储器（dynamic RAM，DRAM）两种。计算机内存采用的是 DRAM，其优点是功耗低、集成度高、成本低。SRAM 是用触发器的状态来存储信息的，只要电源正常供电，触发器就能稳定地存储信息，无须刷新，所以 SRAM 的存取速度比 DRAM 要快。但 SRAM 有集成度低、功耗大、价格高等缺点。

（3）高速缓冲存储器

Cache 主要是为了解决 CPU 和主存速度不匹配，为提高存储速度而设计的一种存储器。Cache 一般用 SRAM 存储芯片来实现。

CPU 向内存中写入或从内存中读出数据时，这个数据也被存储到 Cache 中。当 CPU 再次需要这些数据时，就会从 Cache 读取数据，而不是访问存取速度较慢的内存。

Cache 主要由以下几部分组成。

1）Cache 存储体：存放从主存调入的指令与数据块。

2）地址转换部件：建立目录表以实现主存地址到内存地址的转换。

3）替换部件：在缓存满时，按一定策略进行数据块替换，并修改地址转换部件。

2. 外存

随着信息技术的发展，信息处理的数据量越来越大，但计算机内存的存储容量有限，这时就需要配置另一类存储器——外存。外存可存放大量程序和数据，且断电后数据不会丢失。常见的外存储器有硬盘、快闪存储器和光盘等。

（1）硬盘

硬盘是计算机上主要的外存设备。它由磁盘片、读写控制电路和驱动机构组成。硬盘具有容量大、存取速度快等优点，操作系统、可运行的程序文件和用户的数据文件一般保存在硬盘上。

1）硬盘的结构和原理。

① 磁头：磁头是硬盘中最昂贵的部件，也是硬盘技术中最重要和最关键的一环。

② 磁道：当磁盘旋转时，磁头若保持在一个位置上，则每个磁头都会在磁盘表面画出一个圆形轨迹，这些圆形轨迹叫作磁道。

③ 扇区：磁盘上的每一个磁道被等分为若干个弧段，这些弧段便是磁盘的扇区。

④ 柱面：磁盘通常由重叠的一组盘片构成，每个盘面都被划分为数目相等的磁道，并从外缘的“0”开始编号，具有相同编号的磁道形成一个圆柱，称为磁盘的柱面。

2）硬盘的容量。硬盘的容量是由磁头数、柱面数、磁道扇区数和每个扇区字节数 4 个参数决定的。将这几个参数相乘，乘积就是硬盘容量。

3）硬盘接口。硬盘与主板的连接部分就是硬盘接口，常见的有高级技术附件（advanced technology attachment，ATA）、串行高级技术附件（serial ATA，SATA）和小型计算机系统接口（small computer system interface，SCSI）。ATA 和 SATA 接口的硬盘主要应用在 PC 上，SCSI 接口的硬盘主要应用于中、高端服务器和高档工作站中。硬盘接口的性能指标主要是传输率，也就是硬盘支持的外部传输速率。

4）硬盘转速。硬盘转速是指硬盘内电动机主轴的旋转速度，也就是硬盘盘片在一分钟内旋转的最大转数。硬盘转速的单位为 r/min，即转/分。

（2）快闪存储器

快闪存储器简称闪存，是电可擦除可编程只读存储器的一种形式。快闪存储器允许在操作中多次擦或写，并具有非易失性，即单纯保存数据，它并不耗电。

（3）光盘

光盘按类型可划分为不可擦写光盘和可擦写光盘。不可擦写光盘有 CD-ROM、DVD-ROM 等，可擦写光盘有 CD-RW、DVD-RAM 等。

知识点 15　计算机的外设

1. 输入设备

输入设备是指向计算机输入数据和信息的设备，是计算机与用户或其他设备通信的桥梁。键盘、鼠标、摄像头、扫描仪、光笔、手写输入板、游戏杆、语音输入装置等都属于输入设备。

2. 输出设备

输出设备的功能是将内存中计算机处理后的信息，以各种形式输出。常见的输出设备有显示器、打印机、绘图仪、影像输出系统、语音输出系统、磁记录设备等。

知识点 16　计算机的结构

计算机的硬件不是孤立存在的，在使用时需要相互连接以传输数据，计算机的结构反映了各部件之间的连接方式。

1. 总线结构

在总线网络拓扑结构中，所有设备都直接与总线相连，传输介质一般为同轴电缆（包括粗缆和细缆），也有采用光缆作为总线型传输介质的。

（1）数据总线

数据总线用于传送数据信息。因为数据总线是双向三态形式的总线，所以它既可以把 CPU 的数据传送到储存器或输入/输出接口等其他部件，也可以将其他部件的数据传送到 CPU。

（2）地址总线

地址总线又称位址总线，地址总线的位数决定了 CPU 可直接寻址的内存空间的大小。地址总线的宽度随可用寻址的内存元件大小的改变而改变，并决定有多少的内存可以被存取。

（3）控制总线

控制总线主要用来传送控制信号和时序信号。控制信号中，既有微处理器送往储存器和输入/输出设备接口电路的信号，也有其他部件反馈给 CPU 的信号。因此控制总线的传送方向由具体控制信号决定，一般是双向的；控制总线的位数要根据系统的实际控制需要决定。

2. 直接连接

最早的计算机基本上采用直接连接的方式，运算器、储存器、控制器和外部设备等组成部件之中的任意两个组成部件之间基本上都有单独的连接线路。这样的结构可以获得最高的连接速度，但不易扩散，如IAS计算机采用的就是直接连接的结构。

1.4 计算机软件系统

知识点17 软件的概念

软件是指一系列按照特定顺序组织的计算机数据和指令的集合，由程序和软件开发文档组成。

1. 程序

（1）程序的定义

程序是对计算任务的处理对象和处理规则的描述，必须装入计算机内部才能工作。程序控制着计算机的工作流程，能实现一定的逻辑功能，并完成特定的设计任务。

（2）程序设计语言

程序设计语言是软件的基础和组成部分，也称为计算机语言，是用来定义计算机程序的语法规则，由单词、语句、函数和程序文件等组成。随着计算机技术的不断发展，计算机所使用的语言也快速地发展成一种体系。程序设计语言主要有以下几种类型。

1）计算机语言：在计算机中，指挥计算机完成某个基本操作的命令称为指令。所有的指令集合称为指令系统，直接用二进制代码表示指令系统的语言称为计算机语言。计算机语言是唯一能被计算机硬件系统理解和执行的语言。

2）汇编语言：汇编语言是计算机语言中地址部分符号化的结果。汇编语言采用助记符号来编写程序，比用计算机语言的二进制代码编程要方便些，在一定程度上简化了编程过程。

计算机不能直接识别汇编语言编写的程序，要通过汇编程序将其翻译成计算机语言，再链接成可执行程序才能在计算机中执行。

3）高级语言：高级语言的表示方法比低级语言的表示方法更接近于待解决的问题。它是一种最接近人类自然语言和数学公式的程序设计语言，基本上脱离了硬件系统。使用高级语言编写的源程序在计算机中是不能直接执行的，必须翻译成计算机语言程序，通常有两种翻译方式：编译方式和解释方式。

（3）进程与线程的概念

1）进程：进行中的程序，进程=程序+执行。它是操作系统中的一个核心概念。在一块包含了某些资源的内存区域，操作系统会利用进程把工作划分为各种功能单元。当某程序正在执行时，进程会把该程序加载到内存空间，系统同时会创建一个进程，当程序执行结束后，该进程也会消失。进程是动态的，程序是静止的，进程有一定的生命期，而程序可以长期保存。一个程序可以对应多个进程，而一个进程只能对应一个程序。

2）线程：为了更好地实现并发处理和共享资源，提高 CPU 的利用率，许多操作系统把逻辑细分为线程。线程也被称为轻量进程，是 CPU 调度和分派的基本单位。在引入线程的操作系统中，通常把进程作为分配资源的基本单位，而把线程作为独立运行和独立调度的基本单位。

2. 软件开发文档

软件开发文档是软件开发和维护过程中的必备文档。它能提高软件开发的效率，保证软件的质量，而且在软件的使用过程中起到指导、帮助、解惑的作用。软件开发文档主要有需求分析文档、概要设计文档、系统设计文档、详细设计文档、软件测试文档及软件完成后的总结汇报型文档。

知识点 18　软件的组成

软件是用户和硬件之间的接口（或界面），用户通过软件能够使用计算机硬件资源。根据作用的不同，计算机软件通常可以分为系统软件与应用软件两大类。

1. 系统软件

系统软件是指控制和协调计算机外部设备、支持应用软件开发运行的软件，主要负责管理计算机系统中各种独立的硬件，使之可以协调工作。系统软件主要包括操作系统、语言处理系统、数据库管理程序和系统辅助处理程序等。

（1）操作系统

在系统软件中最主要的是操作系统，它提供了一个软件运行的环境，用来控制所有计算机上运行的程序，并管理整个计算机的软硬件资源。操作系统是计算机发展的产物，其主要作用：一是方便用户使用计算机，是用户和计算机的接口；二是统一管理计算机系统的全部资源，合理组织计算机工作流程，以便充分、合理地提高计算机的效率。

（2）语言处理系统

语言处理系统是对软件语言进行处理的程序子系统，是软件系统的另一大类型。早期的第一代和第二代计算机所使用的编程语言，一般是由计算机硬件厂家随计算机配置的。

语言处理系统的主要功能是处理各种软件语言，即把用软件语言书写的各种源程序转换成可被计算机识别和运行的目标程序。

（3）数据库管理程序

数据库管理程序是有关建立、存储、修改和存取数据库中信息的技术。将各种不同性质的数据进行组织，以便能够有效地进行查询、检索和管理。

数据库管理的主要内容为数据库的调用、重组、重构、安全管控，报错问题的分析和汇总，以及处理数据库数据的日常备份等。

（4）系统辅助处理程序

系统辅助处理程序主要是指一些为计算机系统提供服务的工具软件和支撑软件，如调试程序、系统诊断程序、编辑程序等。这些程序的主要作用是维护计算机系统的正常运行，方便用户在软件开发和实施过程中的应用。

2. 应用软件

应用软件是用户可以使用的各种程序设计语言，是为解决用户不同问题、不同领域的应用需求而提供的软件。它可以拓宽计算机系统的应用领域，放大硬件的功能。

常用的应用软件包括办公软件、多媒体处理软件、Internet 工具软件等。

一个完整的计算机系统离不开优越的硬件系统和软件系统。曾受到周恩来总理亲切检阅的杰出计算机科学家泰斗康继昌就曾主持研制成功我国第一台机载计算机，第一台设计定型的机载火控计算机。

1.5 多媒体技术简介

知识点 19 多媒体的概念

多媒体是指能够同时对两种或两种以上的媒体进行采集、操作、编辑、存储等综合处理的技术。它的实质就是将以各种形式存在的媒体信息数字化，用计算机对其进行组织加工，并以友好的形式交互地提供给用户使用。

多媒体计算机除了常规的硬件，如主机、显示器、网卡之外，还包括音频信息处理硬件、视频信息处理硬件、采集卡、扫描仪和光盘驱动器等部分。

知识点 20 多媒体的特征

与传统媒体相比，多媒体具有集成性、控制性、非线性、交互性、互动性、实时性、信息使用的方便性、信息结构的动态性等特点。其中，集成性和交互性是多媒体的精髓所在。

1. 集成性

集成性是指多媒体系统能够对信息进行多通道统一获取、存储、组织与合成。多媒体技术中集成了许多其他技术，如图像处理技术、声音处理技术等。

2. 交互性

交互性是指多媒体系统在向用户提供交互式使用、加工和控制信息等手段的同时，为其应用开辟了更加广阔的领域。

知识点 21 多媒体数字化

在计算机和通信领域，最基本的 3 种媒体是声音、图像和文本。

1. 声音的数字化

声音的数字化是指计算机系统将输入设备输入的声音信号，通过采样、量化转换成数字信号，然后通过输出设备输出的过程。采样是指每隔一段时间对连续的模拟信号进行测量，每秒的采样次数即采样频率。采样频率越高，声音的还原性就越好。量化是指将采样后得到的信号转换成相应的以二进制形式表示的数值。

2. 图像的数字化

一幅图像可以近似地看成由许多的点组成，因此它的数字化可以通过采样和量化来实现。图像的采样就是采集组成一幅图像的点，图像的量化就是将采集到的信息转换成相应的数值。

3. 文本的数字化

文本的数字化是指计算机系统通过输入设备将文本内容转换成数字信号的技术。

知识点 22　多媒体数据压缩

数据压缩可以分为无损压缩和有损压缩两种类型。

1. 无损压缩

无损压缩是指利用数据的统计冗余进行压缩，压缩后的数据能够完全还原成压缩前的数据，因此无损压缩也称可逆编码。常用的无损压缩格式主要有 APE、FLAC、TAK、WavPack 和 TTA。

2. 有损压缩

经有损压缩压缩后的数据不能完全还原成压缩前的数据，是一种让压缩数据与原始数据不同但又非常接近的压缩方法，有损压缩也称为不可逆编码。

典型的有损压缩编码方法有预测编码、变换编码、基于模型编码、分形编码及矢量量化编码等。

3. 无损压缩与有损压缩的比较

无损压缩方法的优点是能够较好地保护源文件的质量，不受信号源的影响，而且转换方便。但是它占用空间大，压缩比不高，压缩率比较低。

有损压缩的优点是可以减少在内存和磁盘中占用的空间，在屏幕上观看不会对图像的外观产生不利影响。但若把经过有损压缩技术处理的图像用高分辨率打印出来，图像质量就会有明显的受损痕迹。

1.6　计算机病毒

知识点 23　计算机病毒的特征和分类

1. 计算机病毒的定义和特点

《中华人民共和国计算机信息系统安全保护条例》中明确规定“计算机病毒，是指编制者在计算机程序中插入的破坏计算机功能或者数据，影响计算机使用并且能够自我复制的一组计算机指令或者程序代码”。

计算机病毒具有寄生性、破坏性、潜伏性、隐蔽性等特点。

2. 计算机病毒的类型

计算机病毒主要有以下几种类型：系统病毒、蠕虫病毒、木马病毒、黑客病毒、脚本病毒、宏病毒、后门病毒、病毒种植程序病毒、破坏程序病毒。

3. 计算机感染病毒的常见症状

计算机受到病毒感染后，常见的症状有不能正常启动、运行速度降低、磁盘空间迅速变小、文件内容和长度有所改变、经常出现死机现象、外部设备工作异常、文件的日期和时间无缘无故被修改、显示器上经常出现一些怪异的信息和异常现象，以及在汉字库正常的情况下，无法调用和打印等。

知识点 24　计算机病毒的防治与清除

1. 防治计算机病毒

1）使用新设备和新软件之前要检查。

2）使用防病毒软件，及时升级防病毒的病毒库，开启病毒实时监控。

3）按照防病毒软件的要求制作应急盘（也称急救盘、恢复盘），并存储有关系统的重要信息数据，如硬盘主引导区信息、引导区信息、COMS 的设备信息等，以便恢复系统应急。

4）不随便使用别人的闪存盘等，尽量做到专盘专用。

5）不使用盗版软件。

6）有规律地制作备份，养成备份重要文件的习惯。

7）不随便下载网上的软件。

8）随时注意计算机有没有异常现象。

9）发现可疑情况及时通报以获取帮助。

10）若硬盘资料遭到破坏，不必着急格式化，应重建硬盘分区，以减少损失。

11）扫描系统漏洞，及时更新补丁。

12）在使用移动存储设备时，应先对其进行杀毒。

13）不打开陌生可疑的电子邮件。

14）浏览网页时选择正规的网站。

15）禁用远程功能，关闭不需要的服务。

2. 清除计算机病毒

（1）用防病毒软件清除病毒

针对已经感染病毒的计算机，建议使用防病毒软件进行全面杀毒。杀毒后，被破坏的文件有可能恢复成正常的文件。对未感染的文件，建议用户打开系统中防病毒软件的"系统监控"功能，从注册表、系统进程、内存、网络等多方面对各种操作进行主动防御。

一般情况下，使用防病毒软件是能清除病毒的，但考虑到病毒在正常模式下比较难清除，所以需要重新启动计算机在安全模式下查杀。若遇到比较顽固的病毒，可通过下载专杀工具来清除，更顽固的病毒就只能通过重装系统才能彻底清除。

（2）重装系统并格式化硬盘

重装系统并格式化硬盘是比较彻底的杀毒方法，格式化会破坏硬盘上的所有数据，因此，格式化前必须确定硬盘中的数据是否还有用，要先做好备份工作，一般是进行高级格式化。需要说明的是，用户最好不要轻易进行低级格式化，因为低级格式化是一种消耗性操作，它对硬盘寿命有一定的影响。

（3）手工清除病毒

手工清除计算机病毒对技术要求高，需要熟悉计算机指令和操作系统，难度比较大，一般只能由专业人员操作。

1.7　计算机网络

知识点 25　计算机网络的相关概念及分类组成

1. 计算机网络与数据通信

（1）计算机网络

计算机网络是计算机技术与通信技术高度发展、紧密结合的产物，是将分布在不同地理位置、具有独立功能的多台计算机通过外部设备和通信线路连接起来，从而实现资源共享和信息传递的计算机系统。计算机网络具有可靠性、独立性、扩充性、高效性、廉价性、分布性、易操作性等特点。

（2）数据通信

数据通信是指两台计算机或终端之间以二进制的形式进行信息交换和数据传输，是通信技术和计算机技术相结合而产生的一种新的通信方式。与数据通信相关的概念包括信道、带宽与传输速率、模拟信号与数字信号、调制与解调、误码率等。

1）信道。传输信息的物理性通道称为信道，信道是信息传输的媒介，目的是把携带信息的信号从它的输入端传递到输出端。

2）带宽与传输速率。现代网络技术中，经常以带宽表示信道的数据传输速率。带宽是指在给定的范围内，可用于传输的最高频率与最低频率的差值。数据传输速率是描述数据传输系统性能的重要技术指标之一，它在数值上等于每秒传输构成数据代码的二进制比特数。

3）模拟信号与数字信号。模拟信号是指信息参数在给定范围内表现为连续的信号，如特定的模拟器，其电压、电流等值的变化是连续的，取值是无穷多个。数字信号表示数字化的电信号，其幅度的取值是离散的，二进制码也是一种数字信号，受噪声的影响较小，方便对数字电路进行处理。

4）调制与解调。调制是将各种数字基带信号转换成适合信道传输的数字调制信号，而解调是在接收端将收到的数字频带信号还原成数字基带信号。解调是调制的逆过程，将调制和解调功能结合在一起的设备称为调制解调器。

5）误码率。误码率是衡量在规定时间内数据传输精确性的指标。误码是由于在信号传输过程中，衰变改变了信号的电压，导致信号在传输中遭到破坏而产生的。误码率则是指二进制码在数据传输系统中被传错的概率，是衡量通信系统可靠性的指标。

2. 计算机网络的分类

（1）局域网

局域网就是在局部地区范围内的网络，它所覆盖的地区范围较小。局域网具有数据传输速率高、误码率低、成本低、组网容易、易管理、易维护、使用灵活方便等优点。

（2）城域网

城域网是在一个城市内部组建的计算机信息网络，但不在同一地理小区范围内进行计算机互联，它是广域网和局域网之间的一种高速网络。

（3）广域网

广域网又称远程网，覆盖范围更广，一般在不同城市局域网或城域网之间互联，地理范围在几十千米到几万千米，小到一个城市、一个地区，大到一个国家甚至全世界。但是广域网信道传输速率较低，结构相对复杂，安全保密性也较差。

3. 网络拓扑结构

（1）星形拓扑结构

每个节点与中心节点连接，中心节点控制全网的通信，任何两个节点之间的通信都要通过中心节点。

（2）环形拓扑结构

将各个节点依次连接起来，并把首尾相连构成一个环形结构。

（3）树形拓扑结构

树形拓扑结构是一种分级结构，它将所有的节点按照一定的层次关系排列起来，最顶层只有一个节点，越往下节点越多。

（4）网形拓扑结构

网形拓扑结构主要用于广域网，其节点的连接是任意的、没有规律的，可靠性比较高。但由于其结构复杂，采用路由协议、流量控制等方法，会导致建设成本比较高。

（5）总线型拓扑结构

总线型拓扑结构是使用最普遍的一种网络，各节点连接在一条共用的通信电缆上，采用基带传输，任何时刻只有一个节点占用线路，并且占有者拥有线路的所有带宽。

4. 网络硬件

（1）网络服务器

网络服务器是网络的核心，是指被网络用户访问的计算机系统，提供网络用户使用的各种资源，并负责对这些资源进行管理，协调网络用户对资源的访问。

（2）传输介质

常用的传输介质包括轴电缆、双绞线、光缆和微波等。

（3）网络接口卡

网络接口卡是构成网络必备的基本设备，用于将计算机和通信电缆连接起来，以便经电缆在计算机之间进行高速数据传输。

（4）集线器

集线器可以看成一种多端口的中继器，是共享带宽式的，其带宽由它的端口平均分配。集线器的选择在很大程度上取决于局域网的网络工作性质。

（5）交换机

交换机又称为交换式集线器，可以想象成一台多端口的桥接器，每一个端口都有其专用的带宽，交换概念的提出是对共享工作模式的改进，而交换式局域网的核心设备是局域网交换机。

（6）路由器

作为不同网络之间互相连接的枢纽，路由器系统构成了基本 TCP/IP（transmission control protocol/internal protocol，传输控制协议/互联协议）的 Internet 的主体脉络，它是实现局域网和广域网互联的主要设备。路由器检测数据的目的地址，并对路径进行动态分配，数据便可根据不同的地址分流到不同的路径中。若当前路径过多，路由器会动态选择合适的路径，从而平衡通信负载。

5. 网络软件

（1）应用层

应用层负责处理特定的应用程序数据，为应用软件提供网络接口，包括 HTTP（hyper text transfer protocol，超文本传输协议）、Telnet（远程登录）、FTP（file transfer protocol，文件传输协议）等协议。

（2）传输层

传输层为两台主机间的进程提供端到端的通信，包括 TCP 和 UDP（user datagram protocol，用户数据报协议）。

（3）互联网

互联网确定数据包从源到目的端如何选择路由。网络层的主要协议有 IPv4（Internet protocol version 4，第 4 版互联网协议）、ICMP（Internet 控制报文协议）及 IPv6（Internet protocol version 6，第 6 版互联网协议）等。

（4）主机网络层

主机网络层规定了数据包从一个设备的网络层传输到另一个设备的网络层的方法。

6. 无线局域网

无线局域网是计算机网络与无线通信技术相结合的产物，它利用射频技术取代双绞线构成的传统有线局域网络，并提供有线局域网的所有功能。

1.8 Internet 基础及应用

知识点 26 Internet 的基础

1. IP 地址和域名

（1）IP 地址

IP 地址是一种在 Internet 上给计算机编址的方式，也称为网际协议地址，是 TCP/IP 中所使用的网络层地址标识。IP 由两部分组成：网络标识和主机标识。网络标识用来标识一个主机所属的网络，主机标识用来识别处于该网络中的一台主机。在 Internet 中，IP 地址是能使连接到网上的所有计算机网络实现相互通信的一套编址规则，大家都应当遵守这套规则。

（2）域名

域名的实质是用一组由字符组成的名称代替 IP 地址，为了避免重名，域名采用层次结构，各层次的子域名之间用圆点隔开，从右至左分别是第一级域名（或称顶级域名），第二级域名……直至主机名。

国际上，第一级域名采用通用的标准代码，它分为组织机构和地理模式两种。因为 Internet 诞生于美国，所以第一级域名采用组织机构域名，美国以外的其他国家都采用主机所在地的名称，为第一级域名，如 CN（中国）、JP（日本）、KR（韩国）、UK（英国）等。

2. Internet 的接入方式

Internet 的接入方式通常有专线连接、局域网连接、无线连接和电话拨号连接 4 种，其中电话拨号连接对众多个人用户和小单位来说，是最经济简单并且采用最多的一种接入方式。下面简单介绍电话拨号连接和无线连接。

（1）电话拨号连接

电话拨号接入 Internet 的主流技术是非对称数字用户线（asymmetric digital subscriber line，ADSL）。这种接入技术的非对称性体现在上、下行速率的不同上，高速下行信道向用户传送视频、音频信息，速率一般为 1.5～8Mb/s，低速上行速率一般为 16～640Kb/s。

（2）无线连接

无线局域网的构建不需要布线，因此为组网提供了极大的便捷，省时省力，并且在网络环境发生变化需要更改时，也易于更改和维护。

知识点 27 Internet 的应用

1. 基本概念

（1）万维网

万维网（world wide web，WWW）是一个由多个互相链接的超文本组成的系统，通过 Internet 访问。

（2）超文本和超链接

超文本是用超链接的方法将各种不同信息组织在一起的网状文本。超文本中不仅包含文本信息，还包含图形、声音、图像和视频等多媒体信息，因此被称为“超”文本。超文本中包含的指向其他网页的链接叫作超链接。一个超文本文件中可以包含多个超链接，它们把分布在本地或远程服务器中的各种形式的超文本文件链接在一起，形成一个纵横交错的链接网。利用超链接用户可以打破传统阅读文本时顺序阅读的规矩，而从一个网页跳转到另一个网页进行阅读。

（3）统一资源定位器

统一资源定位器（uniform resource locator，URL）是对 Internet 中的每个资源文件统一命名的机制，又称网页地址（网址），是用来描述 Web 页的地址和访问它时所用的协议。

（4）浏览器

浏览器是用于实现包括浏览功能在内的多种网络功能的应用软件，是用来浏览网上丰富资源的工具。它能够把超文本标记语言描述的信息转换成便于理解的形式，还可以把用户的请求转换成网络计算机能够识别的命令。

（5）FTP

FTP 是 Internet 提供的基本任务，它在 TCP/IP 体系结构中位于应用层。FTP 使用 C/S 模式工作。

在 FTP 服务器程序允许用户进入 FTP 站点并下载文件之前，用户必须使用一个 FTP 账号和密码进行登录，一般专有的 FTP 站点只允许特许的账号和密码登录。

2. 浏览网页

Internet Explorer 一般称为 IE，是最常用的 Web 网页浏览器。下面以 IE 9.0 为例介绍 IE 的基本操作。

（1）IE 浏览器的启动与关闭

1）IE 浏览器的启动。

方法 1：选择【开始】→【所有程序】→【Internet Explorer】选项，启动 IE。

方法 2：双击桌面上的 IE 图标，也可以启动 IE。

2）IE 浏览器的关闭。

方法 1：单击窗口中的【关闭】按钮。

方法 2：直接按【Alt+F4】组合键。

方法 3：选择【文件】→【退出】选项。

（2）网页浏览

当启动 IE 浏览器时，就会出现浏览器窗口，此时浏览器会打开默认的主页选项卡。进入页面即可浏览网页。网页中链接的文字或图片或许会显现不同的颜色，或许有下划线，把鼠标指针放在链接的文字或图片上，鼠标指针会变成小手形状。单击该链接，IE 就会跳转到链接的内容上。

（3）Web 页面的保存

打开要保存的 Web 页面。按【Alt】键显示菜单栏，选择【文件】→【另存为】选项，弹出【保存网页】对话框。选择要保存的地址，输入名称，根据需要可从【网页，全部】、【Web 档案，单个文件】、【网页，仅 HTML】、【文本文件】4 种类型中选择一种。单击【保存】按钮即可保存 Web 页面。

知识点 28 电子邮件的应用

1. E-mail 概述

在 Internet 上，电子邮件（E-mail）是一种通过计算机网络与其他用户联系的电子式邮政服务，也是当今使用最广泛且最受欢迎的网络通信方式。

（1）电子邮件的地址

电子邮件的地址是一串英文字母和特殊符号的组合，由“@”分成两部分，中间不能有空格和逗号。它的一般形式是 Username@hostname。其中，Username 是用户申请的账号，即用户名，通常由用户的姓名或其他具有用户特征的表示命名；符号“@”读作 at，翻译成中文是“在”的意思；hostname 是邮政服务器的域名，即主机名，用来标识服务器在 Internet 中的位置，简单地说就是用户在邮件服务器上的信箱所在位置。

（2）电子邮件的格式

电子邮件一般由信头和信体两个部分组成。

（3）电子邮箱

电子邮箱是人们在网络上保存电子邮件的储存空间，一个电子邮箱对应一个 E-mail 地址，有了电子邮箱才能收发电子邮件。

2. 启动 Outlook

（1）利用【开始】菜单启动 Outlook 2010

单击 Windows 任务栏上的【开始】按钮，在弹出的【开始】菜单中选择【所有程序】→【Microsoft Office】→【Microsoft Outlook 2010】选项，即可启动 Outlook 2010。

（2）利用快捷图标启动 Outlook 2010

单击 Windows 任务栏上的【开始】按钮，右击【所有程序】→【Microsoft Office】→【Microsoft Outlook 2010】，在弹出的快捷菜单中选择【发送到】→【桌面快捷方式】选项。然后双击桌面上的快捷方式图标，即可启动 Outlook 2010。

3. 创建 Outlook 用户

启动 Outlook 2010，进入欢迎界面，单击【下一步】按钮，弹出【账户配置】对话框，选中【是】单选按钮。单击【下一步】按钮，选中【手动配置服务器设置或其他服务器类型】单选按钮。单击【下一步】按钮，选中【Internet 电子邮件】单选按钮，单击【下一步】按钮，输入相应的信息后单击【其他设置】按钮，在弹出的对话框中选择【发送服务器】选项卡，选中【我的发送服务器（SMTP）要求验证】复选框。单击【确定】按钮，返回【添加新账户】对话框，单击【下一步】按钮，弹出【测试账户设置】对话框。设置完成后，单击【完成】按钮，新账户就创建好了。

4. 添加联系人

启动 Outlook 2010，在导航窗格中单击【联系人】按钮，单击【开始】选项卡【新建】选项组中的【新建联系人】按钮。在打开的窗口中输入联系人的相关信息。输入完成后，单击【联系人】选项卡【动作】选项组中的【保存并关闭】按钮，即可保存联系人的信息。

5. 查看联系人信息

打开 Outlook 2010，在导航窗口中单击【联系人】按钮，切换到【联系人】界面中，在该界面中默认以名片的形式显示所有联系人的信息。如果要修改联系人的显示形式，可以单击【开始】选项卡【当前视图】选项组中的【其他】按钮，在弹出的下拉列表中选择一种显示方式。如果需要查看联系人的信息，可在联系人所在的位置双击，即可查看该联系人的信息。

6. 发送邮件

启动 Outlook 2010，单击【开始】选项卡【新建】选项组中的【新建电子邮件】按钮，弹出邮件编辑窗口，在【收件人】文本框中输入收件人的 E-mail 地址，在【主题】文本框中输入邮件的主题，在邮件正文文本框中输入邮件的内容。创建好邮件后，单击【发送】按钮。

7. 接收邮件

连接 Internet，单击【收发/接收】选项卡【发送和接收】选项组中的【发送/接收所有文件】按钮。

如果用户有多个账号，则在单击【发送/接收所有文件】按钮之后，Outlook 会依次接收各个账号下的邮件。如果只想接收某一个账户下的邮件，可单击【发送/接收】选项卡【发送和接收】选项组中的【发送/接收组】下拉按钮，然后在弹出的下拉列表中选择相应的账号。

8. 阅读邮件

单击【收件箱】文件夹，打开【收件箱】窗口，收件箱列表中显示了邮件的发送者、发送时间和邮件主题，在其右侧将会显示邮件的内容。如果用户觉得小窗口显示的内容不够直观，可以双击邮件主题，即可打开一个窗口，用户可以在该窗口中查看邮件。

9. 回复邮件

如果用户阅读完邮件后需要回复邮件，可在邮件窗口中单击【邮件】选项卡【响应】选项组中的【答复】按钮。回信编写完成后，单击【发送】按钮，就可以完成回信任务。

10. 转发邮件

在收件箱中选择要转发的邮件。单击【开始】选项卡【响应】选项组中的【转发】按钮，此时会在邮件编辑窗口打开邮件。在【收件人】文本框中输入转发到的地址，单击【发送】按钮即可转发该邮件。

11. 插入附件

启动 Outlook 2010，单击【开始】选项卡【新建】选项组中的【新建电子邮件】按钮，在弹出的对话框中选择【邮件】选项卡，在【添加】选项组中单击【添加邮件】按钮。在弹出的对话框中选择要插入的文件，单击【插入】按钮返回，输入【收件人】和【主题】，单击【发送】按钮即可。

12. 抄送与密件抄送

抄送是指用户在给收信人发送邮件的同时，也向其他人发送该邮件，该收信人从邮件中可以知道用户把邮件都抄送给了谁。

密件抄送与抄送的传送过程基本相同，但是邮件会按照“密件”的原则，即传送给收件人的邮件信息中不显示用户把邮件都发送给了谁，也就是把抄送对象“保密”起来。

用户可以在写好邮件后，单击【抄送】按钮，在弹出的对话框中选择联系人，然后单击【抄送】或【密件抄送】按钮，完成后单击【确定】按钮即可。

13. 保存附件

在 Outlook 2010 中，打开带有附件的邮件，在附件上右击，在弹出的快捷菜单中选择【另存为】选项，然后在弹出的对话框中指定保存路径，单击【确定】按钮即可。

此外，用户还可以右击要保存的附件，在弹出的快捷菜单中选择【保存所有附件】选项，然后在弹出的对话框中选择要保存的多个附件，并指定保存路径，最后单击【确定】按钮即可。

第2章　算法与数据库

本章主要介绍程序设计的基础知识和面向对象的程序设计基础，包括数据结构与算法、程序设计基础、软件工程基础和数据库设计基础。

2.1　数据结构与算法

知识点1　算法

1. 算法的基本概念

算法是指对解题方案准确而完整的描述。

（1）算法的基本特征

1）可行性：针对实际问题而设计的算法，执行后能够得到满意的结果，即必须有一个或多个输出。

注意：即使某一算法在数学理论上是正确的，但如果在实际的计算工具上不能执行，则该算法也是不具有可行性的。

2）确定性：算法中的每一步骤都必须是有明确定义的。

3）有穷性：算法必须能在有限的时间内做完。

4）拥有足够的情报：一个算法是否有效，取决于为算法所提供的情报是否足够。

（2）算法的基本要素

算法一般由以下两种基本要素构成。

1）对数据对象的运算和操作：算法就是按解题要求从指令系统中选择合适的指令组成的指令序列。因此，计算机算法就是由计算机能执行的操作所组成的指令序列。不同的计算机系统，其指令系统是有差异的，但一般的计算机系统中包括的运算和操作有4类，即算术运算、逻辑运算、关系运算和数据传输。

2）算法的控制结构：算法中各操作之间的执行顺序称为算法的控制结构。算法的功能不仅取决于所选中的操作，还与各操作之间的执行顺序有关。基本的控制结构包括顺序结构、选择结构和循环结构。

（3）算法设计的基本方法

算法设计的基本方法有列举法、归纳法、递推法、递归法、减半递推技术和回溯法。

2. 算法的复杂度

算法的复杂度主要包括算法的时间复杂度和算法的空间复杂度。

（1）算法的时间复杂度

算法的时间复杂度是指执行算法所需要的计算工作量。一般情况下，算法的工作量用算法所执行的基本运算次数来度量，而算法所执行的基本运算次数是问题规模的函数，即算法的工作量=$f(n)$，其中 n 是问题的规模。这个表达式表示随着问题规模 n 的增大，算法执行时间的增长率和 $f(n)$的增长率相同。

在同一个问题规模下，如果算法执行所需的基本运算次数取决于某一特定输入，可以用两种方法来分析算法的工作：平均性态分析和最坏情况分析。

（2）算法的空间复杂度

算法的空间复杂度，一般是指执行这个算法所需要的内存空间。算法执行期间所需要的存储空间包括算法程序所占的存储空间、输入的初始数据所占的存储空间和算法执行过程中所需要的额外空间 3 个部分。

在许多实际问题中，为了减少算法所占的存储空间，通常采用压缩存储技术。

知识点 2　数据结构的基本概念

1. 数据结构的定义

数据结构是指相互有关联的数据元素的集合，即数据的组织形式，包括数据的逻辑结构和数据的存储结构。

（1）数据的逻辑结构

所谓数据的逻辑结构，是指数据元素之间的逻辑关系（即前、后件关系），包括数据元素的线性结构和非线性结构两大类型。

如果一个非空的数据结构有且只有一个根节点，并且每个节点最多有一个直接前驱或直接后继，则称该数据结构为线性结构，又称线性表。不满足上述条件的数据结构称为非线性结构。

（2）数据的存储结构

数据的逻辑结构在计算机存储空间中的存放形式称为数据的存储结构（也称为数据的物理结构）。数据结构的存储方式包括顺序存储、链式存储、索引存储和散列存储 4 种。采用不同的存储结构，其数据处理的效率是不同的。因此，在进行数据处理时，要选择合适的存储结构。

数据结构研究的内容主要包括3个方面：①数据集合中各数据元素之间的逻辑关系，即数据的逻辑关系；②在对数据进行处理时，各数据元素在计算机中的存储关系，即数据的逻辑结构；③对各种数据结构进行的运算。

2. 数据结构的图形表示

数据元素之间最基本的关系是前、后件关系。前、后件关系即每一个二元组都可以用图形来表示。一般用中间标有元素值的方框表示数据元素，称为数据节点，简称节点。对于每一个二元组，通常用一条有向线段从前件指向后件。

用图形表示数据结构具有直观、易懂的特点，在不引起歧义的情况下，前件节点到后件节点连线上的箭头可以省去。例如，在树形结构中，通常是用无向线段来表示前、后件关系的。

知识点 3　线性表及其顺序存储结构

1. 线性表的基本概念

在数据结构中，线性结构也称为线性表，线性表是最简单也是最常用的一种数据结构。

线性表是由 n（$n \geqslant 0$）个相同特性数据元素 a_1，a_2，…，a_n 组成的有限序列，除表中的第一个元素外，其他元素有且只有一个前件；除了最后一个元素外，其他元素有且只有一个后件。

非空线性表可以表示为（a_1，a_2，…，a_i，…，a_n），其中，a_i（i=1，2，…，n）是线性表的数据元素，也称为线性表的节点。

不同情况下，每个数据元素的具体含义不相同，可以是数或字符，也可以是具体的事物，甚至是其他更复杂的信息。但是需要注意的是，同一线性表中的数据元素必定具有相同的特性，即属于同一数据对象。

2. 线性表的顺序存储结构

将线性表中的元素按顺序存储在一片相邻的区域中。这种按顺序表示的线性表也称为顺序表。

线性表的顺序存储结构有两个基本特点：①元素所占的存储空间必须是连续的；②元素在存储空间的位置是按逻辑顺序存放的。

从这两个特点也可以看出，线性表是用元素在计算机内物理位置上的相邻关系来表示元素之间逻辑上的相邻关系。只要确定了首地址，线性表内任意元素的地址都可以方便地计算出来。

3. 线性表的插入运算

要在线性表第 i 个元素之前插入一个新元素，可通过 3 个步骤来实现：①把原来第 i～n 个节点依次向后移动一个位置；②把新节点放在第 i 个位置上；③修正线性表的节点个数。

如果需要在线性表末尾进行插入运算，则只需要在表的末尾增加一个元素即可，不需要移动线性表中的其他元素。如果需要在线性表第一个位置插入新的元素，则需要移动线性表中的所有数据。

4. 线性表的删除运算

要在线性表中删除第 i 个位置的元素，可通过两个步骤来实现：①将第 i+1～n 共 n−i 个节点依次向前移一个位置；②修正线性表的节点个数。

显然，如果删除运算在线性表的末尾进行，即删除第 n 个元素，则不需要移动线性表中的其他元素。如果要删除第一个元素，则需要移动线性表中的所有数据。

知识点 4 栈和队列

1. 栈及其基本运算

（1）栈的基本概念

栈是一种特殊的线性表。在这种特殊的线性表中，插入与删除运算都只在线性表的一端进行。

在栈中，允许插入与删除的一端称为栈顶（top），另一端称为栈底（bottom）。当栈中没有元素时，称为空栈。栈也被称为“先进后出”表或“后进先出”表。

（2）栈的特点

1）栈顶元素总是最后被插入的元素，也是最早被删除的元素。

2）栈底元素总是最早被插入的元素，也是最晚才能被删除的元素。

3）栈具有记忆功能。

4）在顺序存储结构下，栈的插入和删除运算都不需要移动表中的其他数据元素。

5）栈顶指针动态反映了栈中元素的变化情况。

（3）栈的顺序存储及运算

栈的基本运算有以下 3 种。

1）入栈运算：在栈顶位置插入一个新元素。

2）退栈运算：取出栈顶元素并赋给一个指定的变量。

3）读栈顶元素：将栈顶元素赋给一个指定的变量。

2. 队列及其基本运算

（1）队列的基本概念

队列是指允许在一端进行插入，而在另一端进行删除的线性表。允许插入的一端称为队尾，通常用一个尾指针（rear）指向队尾元素；允许删除的一端称为队头，通常用一个头指针（front）指向队头元素的前一个位置。因此，队列也称为“先进先出”线性表。在队列中插入元素称为入队运算，在队列中删除元素称为退队运算。

（2）循环队列及其运算

所谓循环队列，就是将队列存储空间的最后一个位置连接到第一个位置，形成逻辑上的环状空间，供队列循环使用。

在循环队列中，尾指针指向队列的队尾元素，头指针指向队头元素的前一个位置，因此，从头指针指向的后一个位置直到尾指针指向的位置之间所有的元素均为队列中的元素。循环队列的初始状态为空，即 rear=front。

循环队列基本运算的入队运算是指在循环队列的队尾加入一个新的元素；退队运算是指在循环队列的队头位置退出一个元素，并赋给指定的变量。

知识点 5 线性链表

1. 线性链表的基本概念和特点

线性表的链式存储结构称为线性链表。为了存储线性链表中的每一个元素，不仅要存储数据元素的值，还要存储各数据元素之间的前、后件关系。因此，在链式存储结构中，每个节点由两部分组成：一部分称为数据域，用于存放数据元素的值；另一部分称为指针域，用于存放下一个数据元素的存储序号，即指向后件节点。链式存储结构既可以表示线性结构，也可以表示非线性结构。

线性链表的特点是，用一组不连续的存储单元存储线性表中的各个元素，由于存储单元不连续，数据元素之间的逻辑关系就不能依靠数据元素的存储单元之间的物理关系来表示。

2. 线性链表的基本运算

线性链表主要包括以下几种运算。

1）在线性链表中包含指定元素的节点之前插入一个新元素。

2）在线性链表中删除包含指定元素的节点。

3）将两个线性链表按要求合并成一个线性链表。

4）将一个线性链表按要求进行分解。

5）逆转线性链表。

6）复制线性链表。

7）线性链表的排序。

8）线性链表的查找。

3. 循环链表及其基本运算

（1）循环链表的定义

在线性链表的第一个节点前增加一个表头节点，队头指针指向表头节点，将最后一个节点的指针域的值由 NULL 改为指向表头节点，这样的线性链表称为循环链表。在循环链表中，所有节点的指针构成一个环状链。

（2）循环链表与线性链表的区别

对线性链表的访问是一种顺序访问，从其中某一个节点出发，只能找到它的直接后继，但无法找到它的直接前驱，而且对于空表和第一个节点的处理必须单独考虑，空表与非空表的操作不统一。

在循环链表中，只要指出表中任何一个节点的位置，就可以从它出发访问到表中其他所有的节点。并且，由于表头节点是循环链表固有的节点，因此，即使在表中没有数据元素的情况下，表中也至少有一个节点存在，从而使空表和非空表的运算统一。

知识点 6　树和二叉树

1. 树的基本概念

树的结构是一种以分支关系定义的层次结构，是一种简单的非线性结构。树是由 n（$n \geqslant 0$）个节点构成的有限集合，$n=0$ 的树称为空树；当 $n \neq 0$ 时，树中的节点满足以下两个条件：①有且仅有一个没有前驱的节点，称为根；②其余节点分成 m（$m>0$）个互不相交的有限集合（T_1, T_2, …, T_m），其中的每一个集合又都是一棵树，称 T_1, T_2, …,

T_m，为根节点的子树。

在树的结构中主要涉及以下几个概念。

1）每一个节点只有一个前件，称为父节点；没有前件的节点只有一个，称为树的根节点，简称树的根。

2）每一个节点可以有多个后件，称为该节点的子节点；没有后件的节点称为叶子节点。

3）一个节点所拥有的后继个数称为该节点的度。

4）所有节点最大的度称为树的度。

5）树的最大层次称为树的深度。

2. 二叉树及其基本性质

（1）二叉树的定义

二叉树是一种非线性结构，是一个有限的节点集合，该集合或者为空，或者由一个根节点及其两棵互不相交的左、右二叉子树组成。当集合为空时，称该二叉树为空二叉树。

（2）二叉树的特点

1）二叉树可以为空，空的二叉树没有节点，非空二叉树有且只有一个根节点。

2）每一个节点最多有两棵子树，且分别称为该节点的左子树与右子树。

（3）满二叉树和完全二叉树

1）满二叉树：除最后一层外，每一层上的所有节点都有两个子节点，即在满二叉树的第 k 层上有 2^{k-1} 个节点。

2）完全二叉树：除最后一层外，每一层上的节点数都达到最大值；在最后一层上只缺少右边的若干节点。

注意：满二叉树一定是完全二叉树，但完全二叉树不一定是满二叉树。

（4）二叉树的性质

1）一棵非空二叉树的第 k 层上最多有 2^{k-1}（$k \geqslant 1$）个节点。

2）深度为 m 的满二叉树中有 2^m-1 个节点。

3）对于任何一个二叉树，度为 0 的节点（即叶子节点）总是比度为 2 的节点多一个。

4）具有 n 个节点的完全二叉树的深度 k 为 $\log_2 n+1$。

3. 二叉树的存储结构

在计算机中，二叉树通常采用链式存储结构，用于存储二叉树中各元素的存储节点，由数据域和指针域组成。由于每个元素可以有两个后件（即两个子节点），因此用于存储二叉树的存储节点的指针域有两个：一个指向该节点的左子节点的存储地址，称为左指针域；另一个指向该节点的右子节点的存储地址，称为右指针域。因此，二叉树的链式存储结构也称为二叉链表。满二叉树与完全二叉树可以按层次进行顺序存储。

4. 二叉树的遍历

二叉树的遍历是指不重复地访问二叉树中的所有节点。二叉树的遍历主要针对非空二叉树，如果是空二叉树，则结束遍历并返回。

二叉树的遍历包括前序遍历、中序遍历和后序遍历。

1）前序遍历：首先访问根节点，然后遍历左子树，最后遍历右子树。

2）中序遍历：首先遍历左子树，然后访问根节点，最后遍历右子树。

3）后序遍历：首先遍历左子树，然后遍历右子树，最后访问根节点。

知识点 7　查找技术

1. 顺序查找法

顺序查找法一般是指在线性表中查找指定的元素。其基本思想是，从表中的第一个元素开始，依次将线性表中的元素与被查找元素进行比较，直到两者相符，即查到了所要找的元素；否则，表示表中没有要查找的元素，查找不成功。

在最快的情况下，第一个元素就是要查找的元素，顺序查找只需比较 1 次。在最慢的情况下，最后一个元素才是要查找的元素，顺序查找需要比较 n 次。在平均的情况下，顺序查找需要比较 $n/2$ 次。

在查找过程中遇到下列两种情况则只能采取顺序查找法：①如果线性表中元素的排列是无序的，则无论是顺序存储结构，还是链式存储结构，都只能采用顺序查找法；②即使是有序线性表，若采用链式存储结构，也只能采用顺序查找法。

2. 二分查找法

使用二分查找法的线性表必须满足两个条件：①线性表是顺序存储结构；②线性表是有序线性表。所谓有序线性表，是指线性表中的元素按值非递减排列（即从小到大，但允许相邻元素值相等）。

对于长度为 n 的有序线性表，利用二分查找法查找元素 x 的过程如下。

1）将 x 与线性表的中间项进行比较。

2）若中间项的值等于 x，则查找成功，结束查找。

3）若 x 小于中间项的值，则在线性表的前半部分以二分查找法继续查找。

4）若 x 大于中间项的值，则在线性表的后半部分以二分查找法继续查找。

这样反复进行查找，直到查找成功或子表长度为 0（说明线性表中没有这个元素）为止。

注意：当有序线性表为顺序存储时，采用二分查找法的效率要比顺序查找高得多。对于长度为 n 的有序线性表，在最慢的情况下，二分查找法只需要比较 $\log_2 n$ 次，而顺序查找法需要比较 n 次。

知识点 8　排序技术

1. 交换排序法

交换排序法是指借助数据元素的“交换”来进行排序的一种方法。这里主要介绍冒泡排序法和快速排序法。

（1）冒泡排序法

1）冒泡排序法的思想：在线性表中依次查找相邻的两个数据元素，将其中大的元素不断往后移动，反复操作，直到消除所有逆序为止，则排序完成。

2）冒泡排序法的基本过程如下。

① 从表头开始向后查找线性表，在查找过程中逐次比较相邻两个元素的大小，若前面的元素大于后面的元素，则将它们交换。

② 从后向前查找剩下的线性表（除去最后一个元素），同样，在查找过程中逐次比较相邻两个元素的大小，若后面的元素小于前面的元素，则将它们交换。

③ 剩下的线性表重复上述过程，直到剩下的线性表变空为止，线性表排序完成。

注意：*若线性表的长度为 n，则在最慢的情况下，冒泡排序需要经过 $n/2$ 遍从前向后扫描和 $n/2$ 遍从后向前扫描，需要比较 $n(n-1)/2$ 次，其数量级为 n^2。*

（2）快速排序法

1）快速排序法的思想：在线性表中逐个选取元素，将线性表进行分割，直到所有元素选取完毕，排序完成。

2）快速排序法的基本过程如下。

① 从线性表中选取一个元素，设为 T，将线性表中小于 T 的元素移到前面，大于 T 的元素移到后面，即将线性表以 T 为分界线分成前、后两个子表，此过程称为线性表的分割。

② 对子表再按上述原则反复进行分割，直到所有子表变空为止，此时线性表排序完成。

2. 插入排序法

插入排序法是指将无序序列中的各元素依次插入已经有序的线性表中。这里主要介绍简单插入排序法和希尔排序法。

（1）简单插入排序法

简单插入排序法是指把 n 个待排序的元素看成一个有序表和一个无序表，开始时，有序表只包含一个元素，而无序表包含 $n-1$ 个元素，每次取无序表中的第一个元素插入有序表中的正确位置，使之成为增加一个元素的新的有序表。插入元素时，插入位置及其后的记录依次向后移动，最后有序表的长度为 n，无序表为空时排序完成。

注意：*在简单插入排序法中，每一次比较后最多移掉一个逆序，因此，该排序方法的效率与冒泡排序法相同。在最慢的情况下，简单插入排序法需要比较 $n(n-1)/2$ 次。*

（2）希尔排序法

希尔排序法的思想：将整个无序序列分割成若干个小的子序列并分别进行简单插入排序，分割方法如下。

1）把相隔某个增量 h 的元素组成一个子序列，在子序列中进行简单插入排序后重新组合成一个大序列。

2）逐次减少增量重复步骤 1)，直到 h 减少到 1 时，进行一次插入排序，排序即可完成。希尔排序的效率与所选取的增量序列有关。

3. 选择类排序法

选择类排序法的基本思想：通过每一次从待排序序列中选出值最小的元素，按顺序放在已排好序的有序子表的后面，直到全部序列满足排序要求为止。这里主要介绍简单选择排序法和堆排序法。

（1）简单选择排序法

简单选择排序法的思想：首先从所有 n 个待排序的数据元素中选出最小的元素，将该元素与第一个元素交换，再从剩下的 $n-1$ 个元素中选出最小的元素与第二个元素交换。重复这样的操作直到所有的元素有序为止。简单选择排序法在最慢的情况下需要比较 $n(n-1)/2$ 次。

（2）堆排序法

堆排序法的思想：首先将一个无序序列建成堆，然后将堆顶元素与堆中最后一个元素交换。忽略已经交换到最后的那个元素，将前 $n-1$ 个元素构成的子序列调整为堆。重复操作直到剩下的子序列变空为止。在最慢的情况下，堆排序法需要比较 $n\log_2 n$ 次。

2.2　程序设计基础

知识点 9　程序设计方法与风格

1. 程序设计方法

程序设计是指设计、编制、调试程序的方法和过程。

程序设计方法是研究问题求解和如何进行系统构造的软件方法学。常用的程序设计方法有结构化程序设计方法、软件工程方法和面向对象方法。

2. 程序设计风格

程序设计风格是指编写程序时所表现出的特点、习惯和逻辑思路。良好的程序设计风格可以使程序结构清晰合理，程序代码便于维护，因此，程序设计风格深深地影响着软件的质量和维护。要形成良好的程序设计风格，主要应注重和考虑以下几点因素：①源程序文档化；②数据说明方法；③语句的结构；④输入和输出。

知识点 10　结构化程序设计

1. 结构化程序设计的原则

结构化程序设计方法的主要原则可以概括为自顶向下、逐步求精、模块化及限制使用 goto 语句。

1）自顶向下：程序设计时，应先考虑总体，后考虑细节；先考虑全局目标，后考虑具体问题。

2）逐步求精：将复杂问题细化，细分为多个小问题，再依次求解。

3）模块化：把程序要解决的总目标分解为若干目标，再进一步分解为具体的小目标，把每个小目标称为一个模块。

4）限制使用 goto 语句。

2. 结构化程序设计的基本结构

结构化程序设计有 3 种基本结构，即顺序结构、选择结构和循环结构。

3. 结构化程序设计的原则和方法的应用

结构化程序设计是一种面向过程的程序设计方法。在结构化程序设计的具体实施中，需要注意以下问题。

1）使用程序设计语言的顺序、选择、循环等有限的控制结构表示程序的控制逻辑。

2）选用的控制结构只准许有一个入口和一个出口。

3）程序语句组成容易识别的块，每块只有一个入口和一个出口。

4）复杂结构应该应用嵌套的基本控制结构进行组合嵌套来实现。

5）对语言中没有的控制结构，应该采用前后一致的方法来模拟。

6）严格控制 goto 语句的使用。

知识点 11　面向对象的程序设计

1. 面向对象方法的本质

面向对象方法的本质就是主张从客观世界固有的事物出发来构造系统，提倡用人类在现实生活中常用的思维方法来认识、理解和描述客观事物，强调最终建立的系统能够映射问题域。

2. 面向对象方法的优点

1）与人类习惯的思维方法一致。

2）稳定性好。

3）可重用性好。

4）易于开发大型软件产品。

5）可维护性好。

3. 面向对象方法的基本概念

（1）对象

对象是面向对象方法中最基本的概念。对象可以用来表示客观世界中的任何实体，它既可以是具体的物理实体的抽象，也可以是人为概念，或者是任何有明确边界和意义的事物。

（2）类

类是具有共同属性、共同方法的对象的集合，是关于对象的抽象描述，反映属于该对象类型的所有对象的性质。

（3）实例

一个具体对象是其对应类的一个实例。

（4）消息

消息是一个实例与另一个实例之间传递的信息，它请求对象执行某一处理或回答某一要求的信息，它统一了数据流和控制流。

（5）继承

继承是使用已有的类定义作为基础建立新类的定义方法。在面向对象方法中，类组成具有层次结构的系统：一个类的上层可有父类，下层可有子类；另一个类直接继承其父类的描述（数据和操作）或特性，子类自动地共享基类中定义的数据和方法。

（6）多态性

对象根据所接收的信息而做出动作，同样地，消息被不同的对象接收时可以有完全不同的行动，该现象称为多态性。

2.3　软件工程基础

知识点 12　软件工程的基本概念

1. 软件的定义与软件的特点

（1）软件的定义

软件是指与计算机系统操作有关的计算机程序、规程、规则，以及可能有的文件、文档及数据。

计算机软件由两部分组成：一是可执行的程序和数据；二是不可执行的，与软件开发、运行、维护、使用等有关的文档。

（2）软件的特点

1）软件是一种逻辑实体，具有抽象性。

2）软件的生产与硬件不同，它没有明显的制作过程。

3）软件在运行、使用期间，不存在磨损、老化问题。

4）软件的开发、运行对计算机系统有依赖性，受计算机系统的限制，这导致了软件移植的问题。

5）软件复杂性高、成本高昂。

6）软件开发涉及诸多的社会因素。

2. 软件危机与软件工程

（1）软件危机

软件危机泛指在计算机软件开发和维护的过程中所遇到的一系列严重问题。具体地说，在软件开发和维护过程中，软件危机主要表现在以下几个方面。

1）软件需求的增长得不到满足。

2）软件的开发成本和进度无法控制。

3）软件质量难以保证。

4）软件不可维护或可维护性非常低。

5）软件的成本不断提高。

6）软件开发生产率的提高赶不上硬件的发展和应用需求的增长。

总之，可以将软件危机归结为成本、质量、生产率等问题。

（2）软件工程

软件工程是指应用于计算机软件的定义、开发和维护的一整套方法、工具、文档、实践标准和工序。

软件工程包括两方面内容：软件开发技术和软件工程管理。软件工程包括 3 个要素：方法、工具和过程。软件的核心思想是把软件产品看作一个工程产品来处理。

3. 软件工程过程与软件生命周期

（1）软件工程过程

软件工程过程是指把输入转化为输出的一组彼此相关的资源和活动。

（2）软件生命周期

通常，将软件产品从提出、实现、使用维护到停止使用的过程称为软件生命周期。

软件生命周期主要包括软件定义、软件开发及软件运行维护 3 个阶段。其中，软件生命周期的主要活动阶段包括可行性研究与计划制订、需求分析、软件设计、软件实现、软件测试和运行维护等阶段。

4. 软件工程的目标与原则

（1）软件工程的目标

软件工程需要达到的目标是，在给定成本、进度的前提下，开发出具有有效性、可靠性、可理解性、可维护性、可重用性、可适应性、可移植性、可追踪性和可互操作性且满足用户需求的产品。

（2）软件工程的原则

为了实现软件工程的目标，在软件开发过程中，必须遵循软件工程的基本原则。这些原则适用于所有的软件项目，包括抽象、信息隐蔽、模块化、局部化、确定性、一致性、完备性和可验证性。

5. 软件开发工具与软件开发环境

软件开发工具与软件开发环境的使用，提高了软件的开发效率、维护效率和软件质量。

（1）软件开发工具

软件开发工具的产生、发展和完善促进了软件的开发速度和质量的提高。软件开发工具从初期的单项工具逐步向集成工具发展。与此同时，软件开发的各种方法也必须得到相应的软件工具的支持，否则方法就很难有效实施。

（2）软件开发环境

软件开发环境是指全面支持软件开发过程的软件工具集合。这些软件工具按照一定的方法或模式组合起来，支持软件生命周期的各个阶段和各项任务的完成。

计算机辅助软件工程是当前软件开发环境中富有特色的研究工作和发展方向。该工程将各种软件工具、开发计算机和一个存放过程信息的中心数据库组合起来，形成软件工程环境。一个良好的软件工程环境将最大限度地降低软件开发的技术难度，并使软件开发的质量得到保证。

知识点 13　结构化分析方法

结构化分析方法是需求分析方法中的一种。

1. 需求分析和需求分析方法

（1）需求分析

软件需求是指用户对目标软件系统在功能、行为、性能、设计约束等方面的期望。

需求分析的任务是发现需求、需求求精、需求建模和定义需求的过程。需求分析将创建所需的数据模型、功能模型和控制模型。

需求分析阶段的工作，可以概括为 4 个方面：需求获取、需求分析、编写需求规格说明书及需求评审。

（2）需求分析方法

常用的需求分析方法有结构化分析方法和面向对象分析方法。这里主要介绍结构化分析方法。

2. 结构化分析方法的定义和常用工具

（1）结构化分析方法的定义

结构化分析方法是指结构化程序设计理论在软件需求分析阶段的应用。

结构化分析方法的实质是着眼于数据流，自顶向下，逐层分解，建立系统的处理流程，以数据流图和数据字典为主要工具，建立系统的逻辑模型。

（2）结构化分析方法的常用工具

结构化分析方法的常用工具包括数据流图、数据字典、判断树、判断表。下面主要介绍数据流图和数据字典。

1）数据流图是描述数据处理的工具，是需求理解的逻辑模型的图形表示，它直接支持系统的功能建模。数据流图从数据传递和加工的角度来刻画数据流从输入到输出的移动变换过程。

2）数据字典是结构化分析方法的核心，是对所有与系统相关的数据元素的一个有组织的列表，以明确、严格的定义，使用户和系统分析员对输入、输出、存储成分和中间计算结果有共同的理解。通常数据字典包含的信息有名称、别名、何处使用/如何使用、内容描述、补充信息等。数据字典中有 4 种类型的条目：数据流、数据项、数据存储和数据加工。

3. 软件需求规格说明书

软件需求规格说明书是需求分析阶段的最后结果，是软件开发中的重要文档之一。

软件需求规格说明书的标准主要有正确性、无歧义性、完整性、可验证性、一致性、可理解性、可修改性和可追踪性。

知识点 14 结构化设计方法

1. 软件设计的基本概念及方法

（1）软件设计的基础

软件设计是软件工程的重要阶段，是把软件需求转换为软件表示的过程。软件设计的基本目标是用比较抽象概括的方式确定目标系统如何完成预定的任务，即软件设计是确定系统的物理模型。

（2）软件设计的基本原理

软件设计遵循软件工程的基本目标和原则，规定了软件设计中应遵循的基本原理和与软件设计有关的概念，主要包括抽象、模块化、信息隐藏及模块的独立性。下面主要介绍模块独立性的一些度量标准，模块的独立程度是评价设计好坏的重要度量标准。衡量软件的模块独立性的定性度量标准是使用耦合性和内聚性。

耦合性是模块间互相连接的紧密程度的度量校准。内聚性是一个模块内部各个元素间彼此结合的紧密程度的度量校准。通常较优秀的软件设计，应尽量做到高内聚、低耦合。

（3）结构化设计方法

结构化设计就是采用最佳的可能方法，设计系统的各个组成部分及各成分之间的内部联系的技术。也就是说，结构化设计是这样一个过程，它决定用哪些方法把哪些部分联系起来，才能解决好某个具体且有清楚定义的问题。

结构化设计方法的基本思想是将软件设计成由相对独立、功能单一的模块组成的结构。

2. 概要设计

（1）概要设计的任务

1）设计软件系统结构。

2）设计数据结构及数据库。

3）编写概要设计文档。

4）评审概要设计文档。

（2）面向数据流的设计方法

在需求分析设计阶段，产生了数据流图。面向数据流的设计方法定义了一些不同的映射方法，利用这些映射方法可以把数据流图变换成以结构图表示的软件结构。数据流图是指从系统的输入数据流到系统的输出数据流的一连串连续加工形成的一条信息流。

数据流图的信息流可分为两种类型：变换流和事务流。相应地，数据流图有两种典型的结构形式：变换型和事务型。

面向数据流的结构化设计过程包括以下几个方面。

1）确认数据流图的类型（是事务型还是变换型）。

2）说明数据流的边界。

3）把数据流图映射为程序结构。

4）根据设计准则对产生的结构进行优化。

（3）结构化设计的准则

1）提高模块独立性。

2）模块规模应适中。

3）深度、宽度、扇入和扇出应适当。

4）模块的作用域应该在控制域之内。

5）降低模块之间接口的复杂程度。

6）设计单入口、单出口的模块。

7）模块功能应该可以预测。

3. 详细设计

（1）详细设计的任务

详细设计的任务是为软件结构图中的每一个模块确定实现算法和局部数据结构，用某种选定的表达工具表示算法和数据结构的细节。

（2）详细设计的工具

1）图形工具：程序流程图、N-S、PAD 及 HIPO。

2）表格工具：判定表。

3）语言工具：PDL（伪码）。

知识点 15　软件测试

软件测试是保证软件质量的重要手段，其主要过程涵盖了整个软件生命周期的过程，包括需求定义阶段的需求测试，编码阶段的单元测试、集成测试，以及以后的确认测试、系统测试，验证软件是否合格、能否交付用户使用等。

1. 软件测试的目的及准则

（1）软件测试的目的

软件测试是为了发现错误而执行程序的过程。

一个好的测试用例是指很可能找到迄今为止尚未发现的错误的用例。

一个成功的测试是发现了至今尚未发现的错误的测试。

（2）软件测试的准则

鉴于软件测试的重要性，要做好软件测试，除了设计出有效的测试方案和好的测试用例，软件测试人员还需要充分理解和运用软件测试的一些基本准则。

1）所有测试都应追溯到用户需求。

2）严格执行测试计划，排除测试的随意性。

3）充分注意测试中的群集现象。

4）程序员应避免检查自己的程序。

5）穷举测试不可能实施。

6）妥善保存测试计划、测试用例、出错统计和最终分析报告，为软件维护提供方便。

2. 软件测试技术和方法综述

软件测试的方法是多种多样的，对于软件测试方法和技术，可以从不同角度加以分类。

若从是否需要执行被测软件的角度划分，软件测试可以分为静态测试与动态测试；若按照功能划分，软件测试可以分为白盒测试与黑盒测试。

（1）静态测试与动态测试

1）静态测试不实际运行软件，主要通过人工进行分析，包括代码检查、静态结构分析、代码质量度量等。其中，代码检查分为代码审查、代码走查、桌面检查、静态分析等具体形式。

2）动态测试是基于计算机的测试，是为了发现错误而执行程序的过程。设计高效、合理的测试用例是做好动态测试的关键。

测试用例就是为测试而设计的数据，由测试输入数据和预期的输出结果两部分组成。测试用例的设计方法一般分为两类：白盒测试和黑盒测试。

（2）白盒测试与黑盒测试

1）白盒测试。白盒测试也称为结构测试或逻辑驱动测试，它根据程序的内部逻辑来设计测试用例，检查程序中的逻辑通路是否都按预定的要求正确地工作。

白盒测试的主要方法有逻辑覆盖测试、基本路径测试等。

2）黑盒测试。黑盒测试也称为功能测试或数据驱动测试，它根据规格说明书的功能来设计测试用例，检查程序的功能是否符合规格说明书的要求。

黑盒测试的主要诊断方法有等价类划分法、边界值分析法、错误推测法、因果图法等，主要用于软件确认测试。

3. 软件测试的实施

软件测试的实施过程主要有 4 个步骤：单元测试、集成测试、确认测试（验收测试）和系统测试。

（1）单元测试

单元测试也称模块测试，模块是软件设计的最小单位，单元测试是对模块进行正确性的检验，以期尽早发现各模块内部可能存在的各种错误。

（2）集成测试

集成测试也称组装测试，它是对各模块按照设计要求组装成的程序进行测试，其主要目的是发现与接口有关的错误。

（3）确认测试

确认测试的任务是用户根据合同进行测试，确定系统的功能和性能是否可接受。确认测试需要用户的积极参与或以用户为主进行。

（4）系统测试

系统测试是将软件系统与硬件、外设或其他元素结合在一起，对整个软件系统进行测试。系统测试的内容包括功能测试、操作测试、配置测试、性能测试、安全测试和外部接口测试等。

知识点 16　程序的调试

在对程序进行了成功的测试之后还需要对程序进行调试。程序调试的任务是诊断和改正程序中的错误。

1. 程序调试的基本概念及调试原则

调试是成功测试之后的步骤，也就是说，调试是在测试发现错误之后，排除错误的过程。软件测试贯穿整个软件生命周期，而调试主要在开发阶段。

程序调试活动由两部分组成：①根据错误的迹象确定程序中错误的确切性质、原因和位置；②对程序进行修改，排除这个错误。

（1）调试的基本步骤

1）对错误定位。

2）修改设计和代码，以排除错误。

3）进行回归测试，防止引入新的错误。

（2）调试的原则

调试活动由对程序中错误的定性/定位和排错两部分组成，因此调试原则也从这两个方面考虑：①确定错误的性质和位置的原则；②修改错误的原则。

2. 程序调试的主要方法

调试的关键在于推断程序内部的错误位置及原因。从是否跟踪和执行程序的角度来看，类似于软件测试，分为静态调试和动态调试。静态调试主要是指通过人的思维来分析源程序代码和排错，是主要的调试手段；而动态调试主要用于辅助静态调试。

软件调试的主要方法有强行排错法、回溯法和原因排除法。其中，强行排错法是传统的调试方法；回溯法适合于小规模程序的排错；原因排除法是通过演绎、归纳及二分查找法来实现的。

2.4　数据库设计基础

知识点 17　数据库系统的基本概念

1. 数据、数据库、数据库管理系统、数据库系统的定义

（1）数据

数据是描述事物的符号记录。

（2）数据库

数据库是指长期存储在计算机内的、有组织的、可共享的数据集合。

（3）数据库管理系统

数据库管理系统是数据库的机构，它是一个系统软件，负责数据库中的数据组织、数据操纵、数据维护、控制及保护和数据服务等。

数据库管理系统主要有 4 种类型：文件管理系统、层次数据库系统、网状数据库系统和关系数据库系统。其中，关系数据库系统的应用最广泛。

（4）数据库系统

数据库系统是指引进数据库技术后的整个计算机系统，是能实现有组织地、动态地存储大量相关数据并提供数据处理和信息资源共享的便利手段。

2. 数据库系统的发展

数据管理发展已经经历了 3 个阶段：人工管理阶段、文件系统阶段和数据库系统阶段。

一般认为，未来的数据库系统应支持数据管理、对象管理和知识管理，应该具有面向对象的基本特征。在关于数据库的诸多新技术中，有 3 种是比较重要的，即面向对象数据库系统、知识库系统和关系数据库系统的扩充。

（1）面向对象数据库系统

用面向对象方法构筑面向对象数据库模型，使模型具有比关系数据库系统更为通用的能力。

（2）知识库系统

用人工智能中的方法，特别是用逻辑知识表示方法构筑数据模型，使模型具有特别通用的能力。

（3）关系数据库系统的扩充

利用关系数据库做进一步扩展，使其在模型的表达能力与功能上有进一步的加强，如与网络技术相结合的 Web 数据库、数据仓库及嵌入式数据库等。

3. 数据库系统的基本特点

数据库系统具有以下特点：数据的集成性、数据的高共享性与低冗余性、数据独立性、数据统一管理与控制。

4. 数据库系统的内部结构体系

数据模式是数据库系统中数据结构的一种表示形式，具有不同的层次与结构方式。

数据库系统在其内部具有 3 级模式及 2 级映射。3 级模式分别是概念模式、内模式与外模式；2 级映射是外模式/概念模式的映射和概念模式/内模式的映射。3 级模式与 2 级映射构成了数据库系统内部的抽象结构体系。

模式的 3 个级别层次反映了模式的 3 个不同环境及不同要求，其中内模式处于最底层，它反映了数据在计算机物理结构中的实际存储形式；概念模式处于中间层，它反映了设计者的数据全局逻辑要求；外模式位于最外层，它反映了用户对数据的要求。

知识点 18　数据模型

1. 数据模型的基本概念

数据是现实世界符号的抽象，而数据模型是数据特征的抽象。它从抽象层次上描述了系统的静态特征、动态行为和约束条件，为数据库系统的信息表示与操作提供了一个抽象的框架。数据模型所描述的内容有数据结构、数据操作及数据约束 3 个部分。

数据模型按不同的应用层次分为概念数据模型、逻辑数据模型和物理数据模型 3 种类型。

目前，逻辑数据模型也有很多种，较为成熟并先后被人们大量使用过的有层次模型、网状模型、关系模型、面向对象模型等。

2. E-R 模型

E-R 模型（实体-联系模型）将现实世界的要求转化成实体、联系、属性等几个基本概念，以及它们之间的两种基本连接关系，并且可以直观地表示出来。

E-R 图提供了表示实体、属性和联系的方法。

1）实体：客观存在并且可以相互区别的事物，用矩形表示，在矩形框内写明实体名。

2）属性：描述实体的特性，用椭圆形表示，并用无向边将其与相应的实体连接起来。

3）联系：实体之间的对应关系，它反映现实世界事物之间的相互联系，用菱形表示，在菱形框内写明联系名。

在现实世界中，实体之间的联系可分为 3 种类型：一对一的联系（简记为 1∶1）、一对多的联系（简记为 $1:n$）、多对多的联系（简记为 $M:N$ 或 $m:n$）。

3. 层次模型

层次模型是用树形结构表示实体及其之间联系的模式。在层次模型中，节点是实体，树枝是联系，从上到下是一对多的关系。

层次模型的基本结构是树形结构，自顶向下，层次分明。其缺点是，受文件系统影响大，模型受限制多，物理成分复杂，操作与使用均不理想，且不适用于表示非层次性的联系。

4. 网状模型

网状模型是用网状结构表示实体及其之间联系的模型。可以说，网状模型是层次模型的扩展，可以表示多个从属关系的层次结构，并呈现一种交叉关系。

网状模型是以记录类型为节点的网络，它反映了现实世界中较为复杂的事物间的联系。

5. 关系模型

（1）关系的数据结构

关系模型采用二维表来表示，简称表。二维表由表框架及表的元组组成。表框架是

由 n 个命名的属性组成，n 称为属性元素。每个属性都有一个取值范围，称为值域。表框架对应了关系的模式，即类型的概念。在表框架中可以按行存放数据，每行数据称为元组。

在二维表中唯一能标识元组的最小属性集称为该表的键（或码）。二维表中可能有若干个键，它们称为该表的候选键（或候选码）。从二维表的候选键中选取一个作为用户使用的键，称为主键（或主码）。如表 A 中的某属性集是表 B 的键，则称该属性集为表 A 的外键（或外码）。

关系是由若干个不同的元组组成的，因此关系可视为元组的集合。

（2）关系的操纵

关系模型的数据操纵即建立在关系上的数据操纵，一般有数据查询、增加、删除及修改 4 种操作。

（3）关系中的数据约束

关系模型允许定义 3 类数据约束，即实体完整性约束、参照完整性约束和用户定义完整性约束，其中前两种完整性约束由关系数据库系统自动支持。对于用户定义的完整性约束，则由关系数据库系统提供完整性约束语言，用户利用该语言写出约束条件，运行时由系统自动检查。

知识点 19 关系代数

1. 传统的集合运算

（1）关系并运算

若关系 R 和关系 S 具有相同的结构，则关系 R 和关系 S 的并运算记为 $R \cup S$，表示由属于 R 的元组和属于 S 的元组组成。

（2）关系交运算

若关系 R 和关系 S 具有相同的结构，则关系 R 和关系 S 的交运算记为 $R \cap S$，表示由既属于 R 又属于 S 的元组组成。

（3）关系差运算

若关系 R 和关系 S 具有相同的结构，则关系 R 和关系 S 的差运算记为 $R \backslash S$，表示由属于 R 的元组但不属于 S 的元组组成。

（4）广义笛卡儿积

分别为 n 元和 m 元的两个关系 R 和 S 的广义笛卡儿积 $R \times S$ 是一个 $n \times m$ 元组的集合，其中的两个运算对象 R 和 S 的关系可以是同类型，也可以是不同类型。

2. 专门的关系运算

专门的关系运算有选择、投影、连接等。

（1）选择

从关系中找出满足给定条件的元组的操作称为选择，选择又称为限制。选择的条件以逻辑表达式给出，能使逻辑表达式为真的元组将被选取。在关系 R 中选择满足给定选

择条件 F 的诸元组，记作：

$$\sigma F(R)=\{t|t\in R\wedge F(t)=\text{‘真’}\}$$

其中，选择条件 F 是一个逻辑表达式，取逻辑值“真”或“假”。

（2）投影

从关系模式中指定若干属性组成新的关系称为投影。

关系 R 上的投影是指从关系 R 中选择出若干属性组成新的关系，记作：

$$\Pi A(R)=\{t[A]|t\in R\}$$

其中，A 为 R 中的属性列。

（3）连接

1）连接也称为 θ 连接，是指从两个关系的笛卡儿积中选取满足条件的元组，记作：

$$R\underset{A\theta B}{|\times|}S=\{t_R\ t_S|t_R\in R\wedge t_S\in S\wedge t_R[A]\theta t_S[B]\}$$

其中，A 和 B 分别为 R 和 S 上度数相等且可比的属性组；θ 是比较运算符。

2）连接运算是指从广义笛卡儿积 $R\times S$ 中选取关系 R 在 A 属性组上的值与关系 S 在 B 属性组上的值满足关系运算 θ 的元组。连接运算中有两种重要且常用的连接：一种是等值连接；另一种是自然连接。

① θ 为“=”的连接运算称为等值连接，是从关系 R 与关系 S 的广义笛卡儿积中选取 A、B 属性值相等的元组，可记作：

$$R\underset{A=B}{|\times|}S=\{t_R\ t_S|t_R\in R\wedge t_S\in S\wedge t_R[A]=t_S[B]\}$$

② 自然连接是一种特殊的等值连接，它要求两个关系中进行比较的分量必须是相同的属性组，并且在结果中去掉重复的属性列，可记作：

$$R|\times|S=\{t_R\ t_S|t_R\in R\wedge t_S\in S\wedge t_R[B]=t_S[B]\}$$

知识点 20　数据库设计与管理

数据库设计是数据库应用的核心。

1. 数据库设计概述

数据库设计的基本任务是根据用户对象的信息需求、处理需求和数据库的支持环境设计出数据模型。数据库设计的基本思想是过程迭代和逐步求精。数据库设计的根本目标是解决数据共享的问题。

在数据库设计中有两种方法。

1）面向数据的方法：以信息需求为主，兼顾处理需求。

2）面向过程的方法：以处理需求为主，兼顾信息需求。

其中，面向数据的方法是主流的设计方法。

目前数据库设计一般采用生命周期法，即将整个数据库应用系统的开发分解成目标独立的若干阶段，包括需求分析阶段、概念设计阶段、逻辑设计阶段、物理设计阶段、编码阶段、测试阶段、运行阶段和进一步修改阶段。

2. 数据库设计的需求分析

需求收集和分析是数据库设计的第一阶段，这一阶段收集到的基础数据和数据流图是下一步设计概念结构的基础。需求分析的主要工作有绘制数据流图、数据分析、功能分析，确定功能处理模块和数据之间的关系，建立数据字典。

需求分析和表达经常采用的方法有结构化分析方法和面向对象的方法。其中，结构化分析方法采用自顶向下、逐层分解的方式分析系统。

数据流图表达了数据和处理过程的关系。数据字典是对系统中数据的详尽描述，是各类数据属性的清单。数据字典是各类数据描述的集合，通常包括 5 个部分：①数据项，即数据的最小单位；②数据结构，即若干数据项有意义的集合；③数据流，可以是数据项，也可以是数据结构，表示某一处理过程的输入和输出；④数据存储，即处理过程中存取的数据，常常是手工凭证、手工文档或计算机文件；⑤处理过程。

数据字典是在需求分析阶段建立的，在数据库设计过程中不断修改、充实、完善。

3. 数据库的概念设计

（1）数据库概念设计的目的和方法

1）数据库概念设计的目的是分析数据间内在的语义关联性，在此基础上建立一个数据的抽象模型。

2）数据库概念设计的方法主要有两种：集中式模式设计法和视图集成设计法。

（2）数据库概念设计的过程

使用 E-R 模型与视图集成法进行设计时，需要按以下步骤进行：①选择局部应用；②视图设计；③视图集成。

第 2 部分　实践操作

第 3 章　Word 2010 案例操作

本章主要介绍 Word 2010 的应用界面、如何创建并编辑文档、美化文档外观的方法，以及公式编辑器的使用方法。通过本章的学习，读者可以掌握根据需要运用多种命令来创建文档的方法。对于该章知识点的考查主要以文字处理题的形式出现。整章内容联系比较紧密，帮助学生在理解、识记的基础上，综合运用各种操作。

3.1　以任务为导向的应用界面

案例 1　设置功能区与选项卡

Word 2010 的功能区有【文件】、【开始】、【插入】、【页面布局】、【引用】、【邮件】、【审阅】、【视图】等选项卡，如图 3-1 所示。在 Excel 2010 功能区中也拥有一组相似的选项卡，学习时，可与 Word 2010 类比。

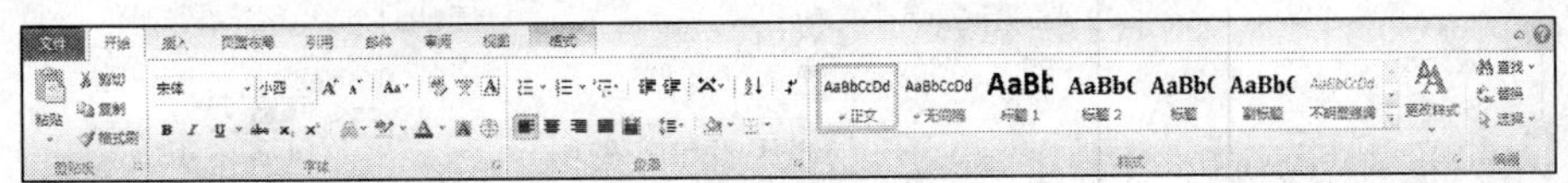

图 3-1

案例 2　使用上下文选项卡

上下文选项卡仅在需要时显示，从而使用户能够更加轻松地根据正在进行的操作来获得和使用所需的命令。若在 Word 中对图表内容进行编辑，那么选中需要编辑的图表，相应的选项卡才会显示出来，如图 3-2 所示。

图 3-2

案例 3　利用实时预览功能

在处理文件的过程中，当鼠标指针移动到相关的选项时，当前编辑的文档中就显示该功能的预览效果。

例如，在设置标题效果时，只需将鼠标指针在标题的各个选项上滑过，Word 2010 文档就会实时显示预览效果，这样的功能有利于用户快速选择标题效果，如图 3-3 所示。

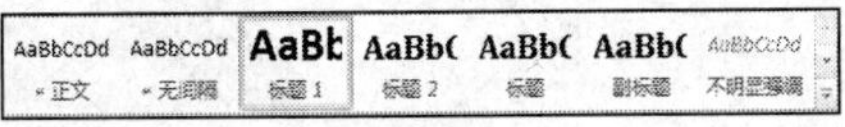

图 3-3

案例 4　设置快速访问工具栏

快速访问工具栏是一个根据用户的需要而定义的工具栏，包含一组独立于当前显示功能区的命令，可以帮助用户快速访问使用频繁的工具。在默认情况下，快速访问工具栏位于标题栏左侧，包括【保存】、【撤销】和【恢复】3 个命令。

在日常操作中，若经常使用某些命令，可在 Word 2010 快速访问工具栏中添加所需要的命令，具体操作步骤如下。

步骤 1：打开 Word 2010 操作窗口，单击标题栏左侧【自定义快速访问工具栏】下拉按钮，在弹出的下拉列表中选择【其他命令】选项，如图 3-4 所示。

步骤 2：在弹出的【Word 选项】对话框中，选择【快速访问工具栏】选项卡，然后在【从下列位置选择命令】下拉列表中选择【常用命令】选项，在命令列表框中选择需要的命令，单击【添加】按钮。设置完成后单击【确定】按钮，即可将选择的命令添加到快速访问工具栏中，如图 3-5 所示。

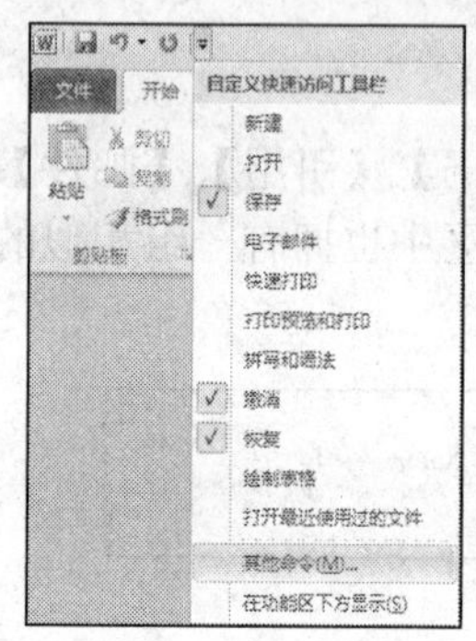

图 3-4

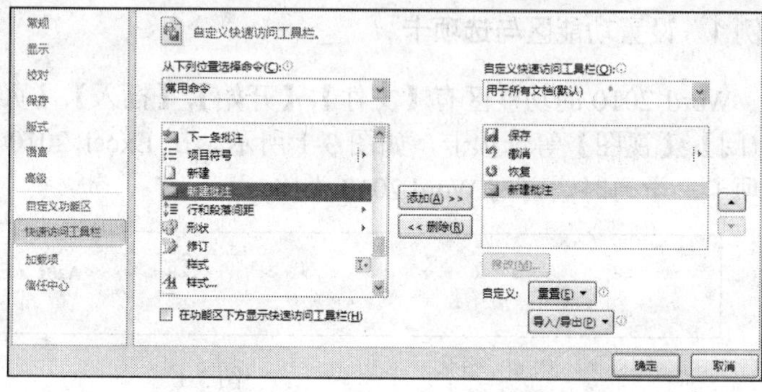

图 3-5

案例 5　查看后台视图

在 Word 2010 功能区中选择【文件】选项卡，即可查看后台视图。在后台视图中，可以新建、保存及发送文档，以及对文档的安全控制选项、文档中是否包含隐藏的数据或个人信息、应用自定义程序等进行相应的管理，用户还可对文档或应用程序进行操作。Word 2010 后台视图如图 3-6 所示。

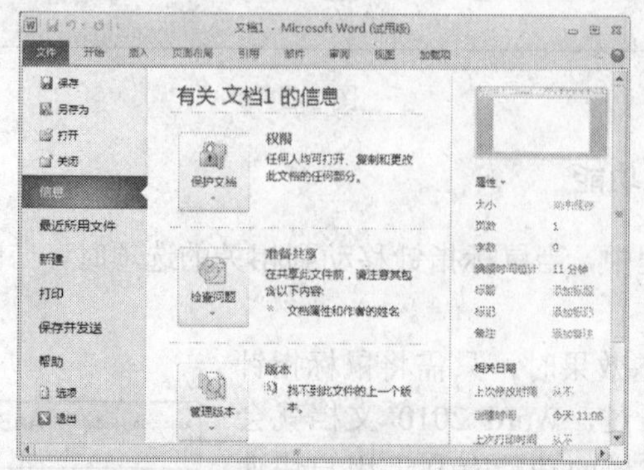

图 3-6

案例 6　用户自定义 Word 2010 功能区

Word 2010 管理器的自定义功能使用户可以根据日常工作的需要向自定义功能区添加命令，将计算机常用的图标，如计算器、游戏或文件管理器等添加到工具栏，这样可以使操作更加方便、快捷，具体操作步骤如下。

步骤 1：选择【文件】选项卡中的【选项】选项，弹出【Word 选项】对话框。

步骤 2：选择【自定义功能区】选项卡，单击【新建选项卡】按钮，即可创建一个新的选项卡，如图 3-7 所示。

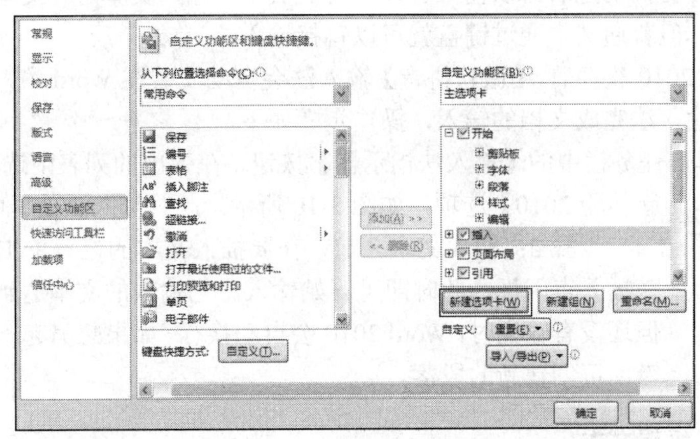

图 3-7

步骤 3：选择【新建选项卡】下方的【新建组】选项，单击【重命名】按钮，在弹出的【重命名】对话框中选择一种符号，在【显示名称】文本框中输入新建组的名称【开心】，如图 3-8 所示，单击【确定】按钮。

步骤 4：返回【自定义功能区】选项卡，在右侧的【新建选项卡】下可以看到【新建组】的名称已经变成了【开心】，如图 3-9 所示。

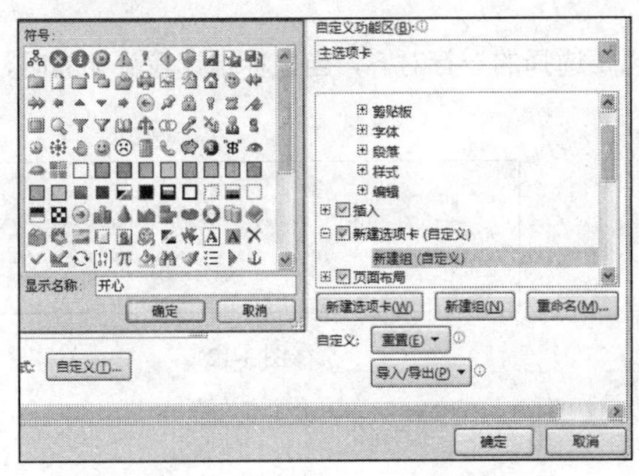

图 3-8

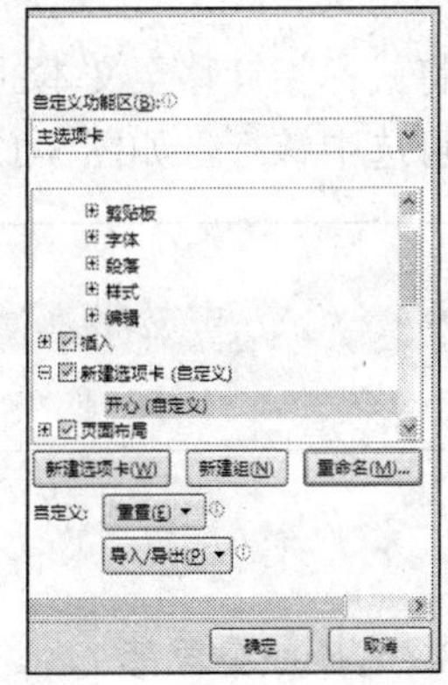

图 3-9

3.2 创建并编辑文档

案例 7 输入文本

创建新文档后，在文本的编辑区域中会出现闪烁的光标，表明了当前文档的输入位置，可在此输入具体的文本内容。

安装了语言支持功能后可以输入各种语言的文本。输入文本时，文本内容不同，输入方法也不同，但普通文本通过键盘就可以直接输入。

安装 Word 2010 软件后，【微软拼音】输入法会自动安装在 Word 中，用户可以使用【微软拼音】输入法完成文档的输入，操作步骤如下。

步骤 1：单击任务栏中的【输入法指示器】按钮，在弹出的列表中选择【微软拼音-新体验 2010】选项，如图 3-10 所示。此时输入法处于中文输入状态。

图 3-10

步骤 2：输入文本之前，在要插入文本的位置单击，这时光标会在插入点闪烁，此时即可开始输入。当输入的文本达到编辑区边界，但还没有输完时，Word 2010 会自动换行。如果想另起一段，按【Enter】键即可创建新的段落。

案例 8 选择、编辑文本

1. 拖动鼠标选择文本

拖动鼠标选择文本是最基本、最灵活和最常用的方法。只需要将鼠标指针放到要选择的文本上，然后按住鼠标左键拖动，拖到要选择的文本内容的结尾处，释放鼠标左键即可选择该部分文本，如图 3-11 所示。

2. 选择一行文本

将鼠标指针移至文本的左侧，和想要选择的一行对齐，当鼠标指针箭头朝右时，单击即可选中该行，如图 3-12 所示。

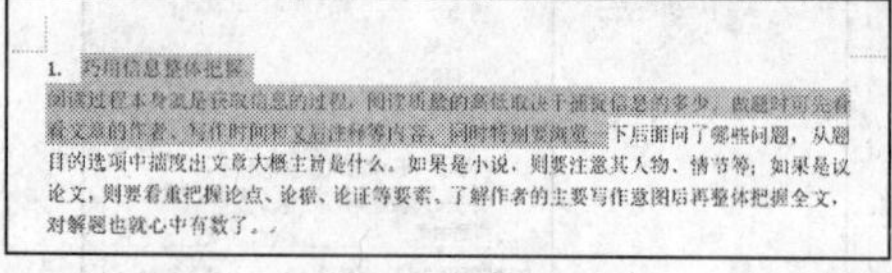

图 3-11

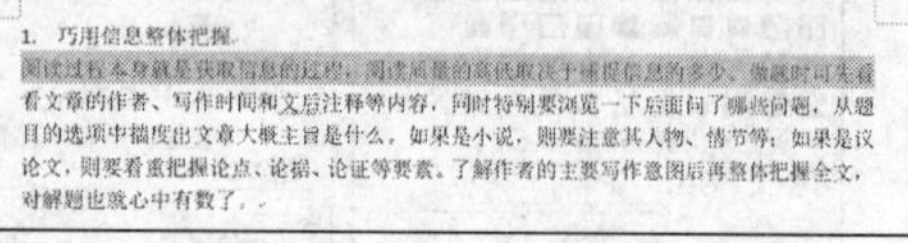

图 3-12

3. 选择一个段落

将鼠标指针移至文本的左侧，当鼠标指针箭头朝右时，双击即可选择一个段落。另外，还可将鼠标指针放在段落的任意位置，然后连续单击鼠标左键 3 次，也可以选择鼠标指针所在的段落，如图 3-13 所示。

4. 选择不相邻的多段文本

按住【Ctrl】键不放，同时按住鼠标左键并拖动，选择要选取的部分，然后释放【Ctrl】键，即可将不相邻的多段文本选中，如图 3-14 所示。

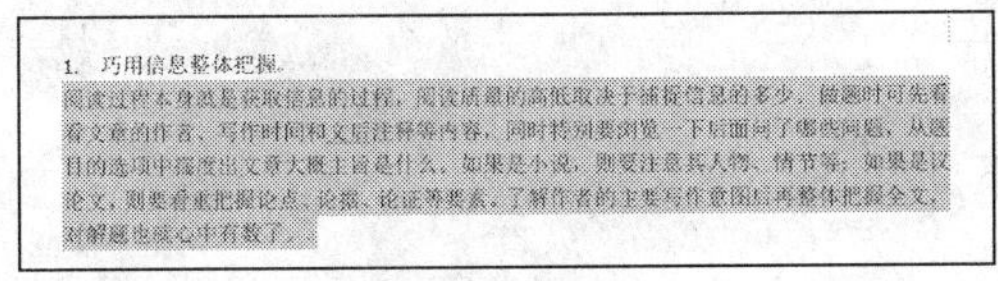

图 3-13

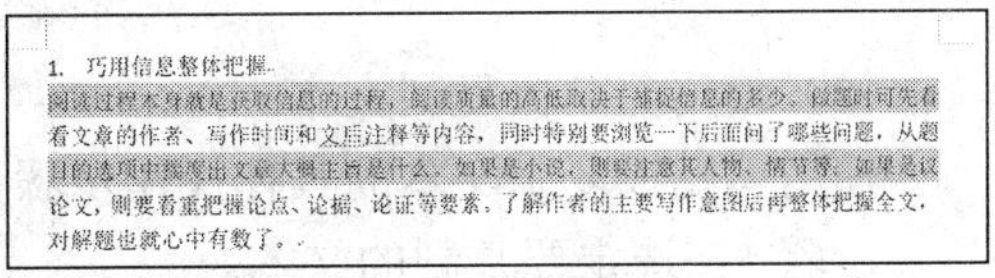

图 3-14

5. 选择垂直文本

将鼠标指针移至要选择的文本左侧，按住【Alt】键不放，同时按住鼠标左键，拖动鼠标选择需要的文本，释放【Alt】键即可选择垂直文本，如图 3-15 所示。

6. 选择整篇文档

将鼠标指针移至文档的左侧，当指针箭头朝右时，连续单击鼠标左键 3 次（或按【Ctrl+A】组合键）即可选择整篇文档，如图 3-16 所示。

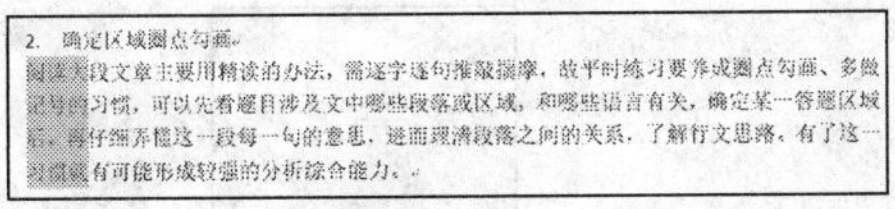

图 3-15

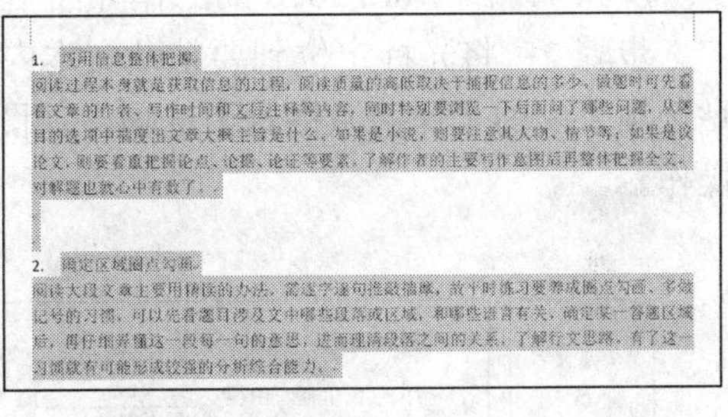

图 3-16

案例 9 复制与粘贴文本

1. 复制文本

（1）使用拖动法复制文本

使用拖动法复制文本的具体操作步骤如下。

步骤 1：选定要复制的文本，将鼠标指针指向选定的文本，此时鼠标指针变成箭头形状。

步骤 2：按住【Ctrl】键，然后按住鼠标左键，此时鼠标指针变成带矩形框的箭头形状，并且出现一条虚线插入点，拖动鼠标时，虚线插入点表明将要复制的目标位置，释放鼠标左键后，选定的文本便被复制到新的位置，如图 3-17 所示。

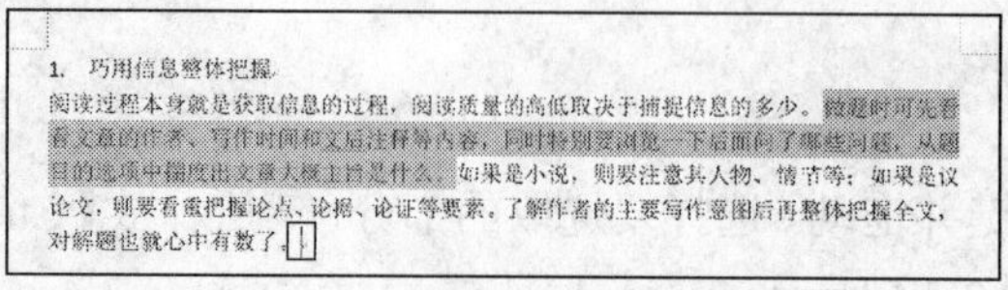

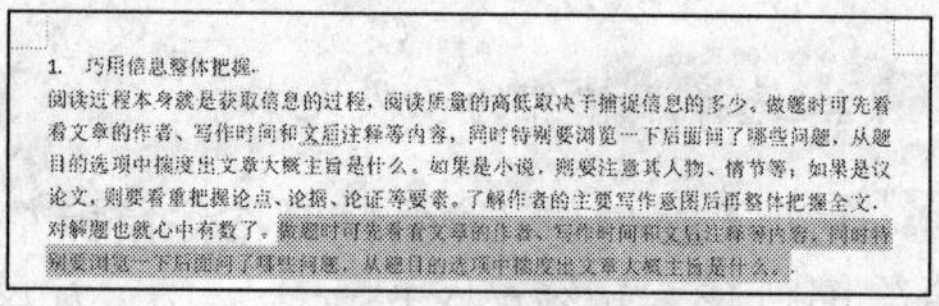

图 3-17

（2）使用剪贴板复制文本

使用剪贴板复制文本的具体操作步骤如下。

步骤 1：选定要复制的文本。

步骤 2：单击【开始】选项卡【剪贴板】选项组中的【复制】按钮，或右击，在弹出的快捷菜单中选择【复制】选项，或按【Ctrl+C】组合键，选定的文本将被暂时存放到剪贴板中，如图 3-18 所示。

步骤 3：将插入点移动到要粘贴的位置，如果是在不同的文档间移动内容，则由活动文档切换到目标文档。

步骤 4：单击【开始】选项卡【剪贴板】选项组中的【粘贴】按钮，或右击，在弹出的快捷菜单中选择【粘贴】选项，或按【Ctrl+V】组合键，即可将文本粘贴到目标位置。

2. 粘贴文本

步骤 1：在 Word 2010 的工作界面中，选择文件中的部分文字并复制。

步骤 2：将光标定位到要粘贴文本内容的位置右击，在弹出的快捷菜单中选择【粘贴选项】中的【保留源格式】选项，如图 3-19 所示，即可对复制的文本内容进行粘贴操作。

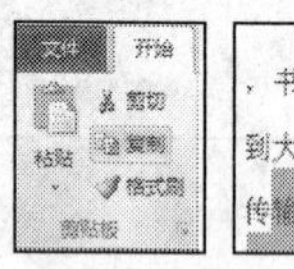

图 3-18

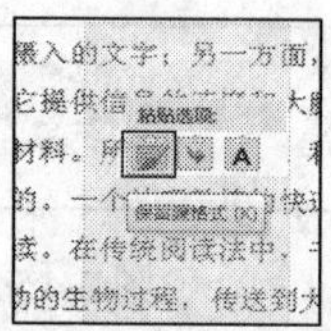

图 3-19

案例 10　删除与移动文本

1. 删除文本

最常用的删除文本的方法就是把插入点置于该文本的右侧，然后按【Backspace】键。与此同时，后面的文本会自动左移一格来填补被删除的文本的位置。同样，也可以按【Delete】键删除插入点后面的文本。

图 3-20

要删除一大段文本，可以先选定该文本块右击，在弹出的快捷菜单中选择【剪切】选项（图 3-20），或者单击【剪贴板】选项组中的【剪切】按钮（剪切下的内容可以存放在剪贴板上，以后可粘贴到其他位置），或者按【Delete】键或

【Backspace】键将所选定的文本块删除。

2. 移动文本

（1）使用拖动法移动文本

在 Word 2010 中，可以使用拖动法来移动文本，具体操作步骤如下。

步骤 1：选定要移动的文本，按住鼠标左键，此时鼠标指针变成带矩形框的箭头形状，并且出现一条虚线插入点。

步骤 2：拖动鼠标时，虚线插入点表明将要复制的目标位置，释放鼠标左键后，选定的文本便从原来的位置移动到新的位置，如图 3-21 所示。

阅读过程本身就是获取信息的过程，阅读质量的高低取决于捕捉信息的多少。做题时可先看看文章的作者、写作时间和文后注释等内容，同时特别要浏览一下后面问了哪些问题，从题目的选项中揣度出文章大概主旨是什么。如果是小说，则要注意其人物、情节等；如果是议论文，则要看重把握论点、论据、论证等要素，了解作者的主要写作意图后再整体把握全文，对解题也就心中有数了。做题时可先看看文章的作者、写作时间和文后注释等内容，同时特别要浏览一下后面问了哪些问题，从题目的选项中揣度出文章大概主旨是什么。

论文，则要看重把握论点、论据、论证等要素，了解作者的主要写作意图后再整体把握全文，对解题也就心中有数了。做题时可先看看文章的作者、写作时间和文后注释等内容，同时特别要浏览一下后面问了哪些问题，从题目的选项中揣度出文章大概主旨是什么。阅读过程本身就是获取信息的过程，阅读质量的高低取决于捕捉信息的多少。做题时可先看。

图 3-21

（2）使用剪贴板移动文本

如果文本的原位置离目标位置较远，不在同一屏幕中显示，可以使用剪贴板来移动文本，具体操作步骤如下。

步骤 1：选定要移动的文本。

步骤 2：单击【开始】选项卡【剪贴板】选项组中的【剪切】按钮，或者按【Ctrl+X】组合键，选定的文本将从原位置处删除，并存放到剪贴板中。

步骤 3：将插入点移到目标位置，如果是在不同的文档间移动内容，则由活动文档切换到目标文档。

步骤 4：单击【开始】选项卡【剪贴板】选项组中的【粘贴】按钮，或者按【Ctrl + V】组合键，即可将文本移动到目标位置。

案例 11 自查文档中文字的拼写与语法错误

在 Word 2010 文档中经常会看到在某些单词或短语的下方标有红色或绿色的波浪线，这是 Word 2010 提供的【拼写与语法】检查工具根据 Word 2010 的内置字典标示出的可能含有拼写或语法错误的单词或短语（其中，红色波浪线表示单词或短语可能有拼写错误，绿色波浪线表示语法可能有错误）。开启此项检查功能的具体操作步骤如下。

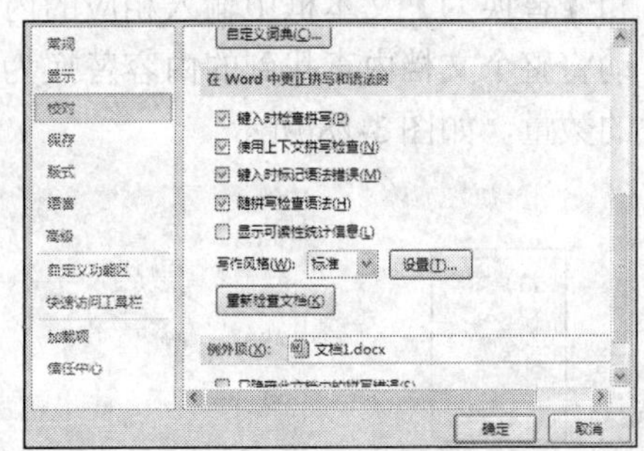

图 3-22

步骤 1：在 Word 2010 应用程序中，选择【文件】选项卡，打开 Word 后台视图。

步骤 2：选择【选项】选项，弹出【Word 选项】对话框。

步骤 3：选择【校对】选项卡，选中【键入时检查拼写】和【键入时标记语法错误】复选框，如图 3-22 所示，单击【确定】按钮，即可完成拼写与语法检查功能的设置。

案例 12　查找、替换及保存文本

1. 查找文本

步骤 1：单击【开始】选项卡【编辑】选项组中的【查找】下拉按钮，在弹出的下拉列表中选择【高级查找】选项，如图 3-23 所示。

步骤 2：弹出【查找和替换】对话框，在【查找】选项卡的【查找内容】文本框中输入需要查找的内容，如图 3-24 所示。

步骤 3：单击【查找下一处】按钮，此时 Word 开始查找，如果查找不到，则会弹出信息提示框，如图 3-25 所示，单击【确定】按钮返回。如果查找到文本，Word 将会定位到该文本位置，并将查找到的文本背景以特定颜色显示。

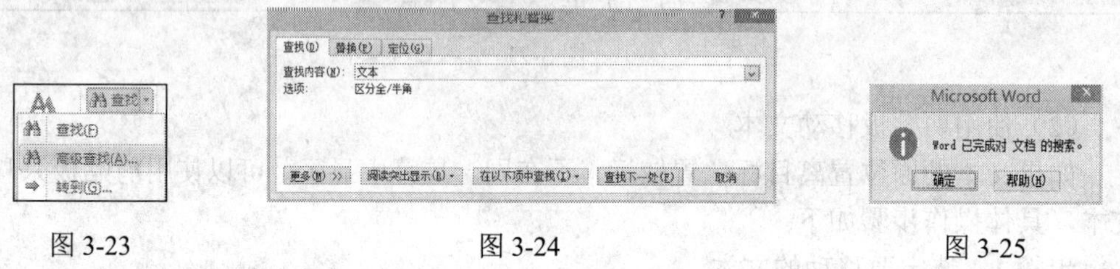

图 3-23　　图 3-24　　图 3-25

2. 替换文本

步骤 1：单击【开始】选项卡【编辑】选项组中的【替换】按钮，如图 3-26 所示，弹出【查找和替换】对话框。

步骤 2：在【替换】选项卡的【查找内容】文本框中输入需要被替换的内容，在【替换为】文本框中输入替换后的新内容，如图 3-27 所示。

步骤 3：单击【查找下一处】按钮，如果查不到，则会弹出信息提示框，单击【确定】按钮返回。如果查找到文本，Word 将定位到从当前光标位置起第一个满足查找条件的文本位置，并以特定颜色背景显示。单击【替换】按钮，即可将查找到的内容替换为新的内容。

步骤 4：如果用户需要将文档中所有相同的内容全部替换掉，可以在【查找内容】和【替换为】文本框中输入相应的内容，然后单击【全部替换】按钮。此时 Word 会自动将整个文档内查找到的内容替换为新的内容，并弹出相应的信息提示框显示完成替换的数量，如图 3-28 所示。

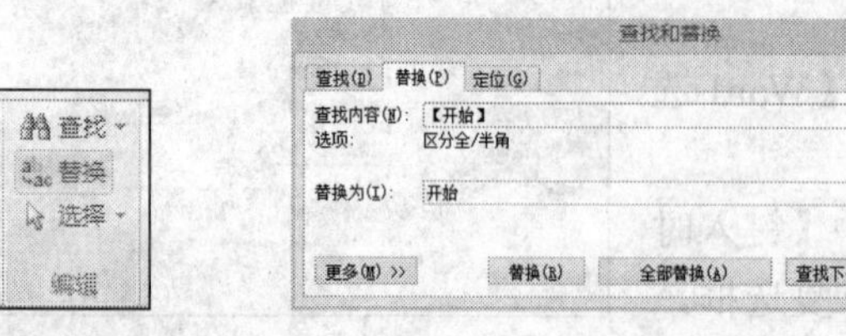

图 3-26　　图 3-27　　图 3-28

3. 保存文本

新建文档并输入相应的内容后，应及时保存文档，从而保留工作成果。保存文档不是在编辑结束时才进行，在编辑的过程中也要进行保存。因为随着编辑工作的不断进行，文档的信息也在不断地发生改变，必须时刻让 Word 有效地记录这些变化，以免由于一些意外情况而导致文档内容丢失。

手动保存文档的具体操作步骤如下。

步骤 1：在 Word 2010 应用程序中，选择【文件】选项卡，在打开的 Office 后台视图中选择【保存】选项（或按【Ctrl+S】组合键），如图 3-29 所示。

步骤 2：弹出【另存为】对话框，选择文档所要保存的位置，在【文件名】文本框中输入文档的名称，如图 3-30 所示。

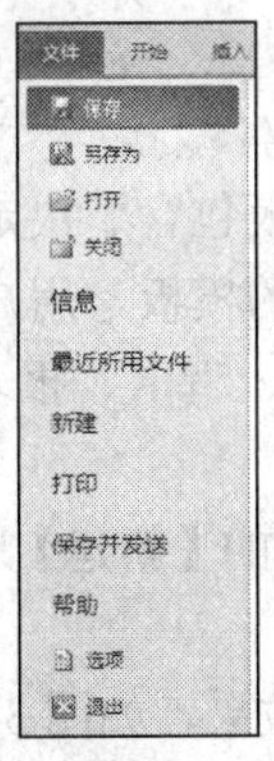

图 3-29

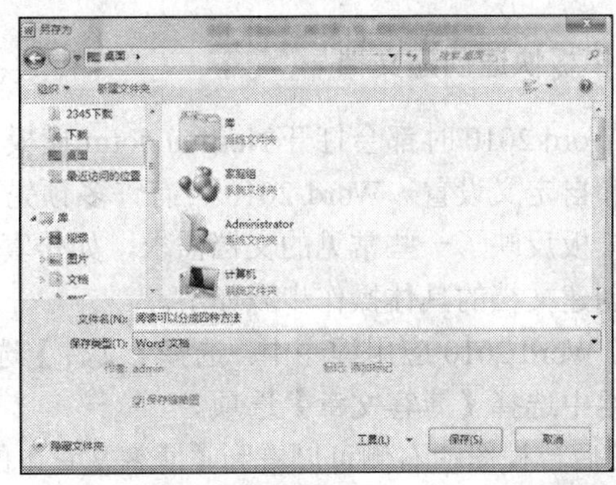

图 3-30

步骤 3：单击【保存】按钮，即可完成对新文档的保存工作。

案例 13　设置文档的打印参数

1. 打印文档

步骤 1：在 Word 2010 应用程序中，选择【文件】选项卡，在打开的 Office 后台视图中选择【打印】选项，如图 3-31 所示。

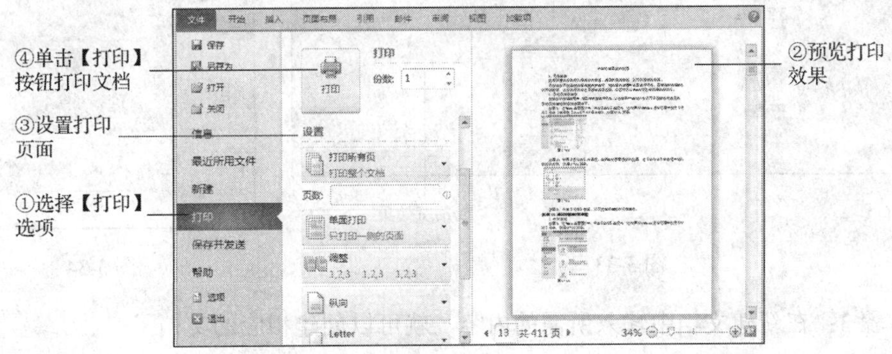

图 3-31

步骤 2：在后台视图的右侧可以即时预览文档的打印效果。同时，用户可以在打印设置区域中对打印区域或打印页面进行相关的调整，如调整页边距、纸张大小等，如图 3-31 所示。

步骤 3：设置完成后，单击【打印】按钮，即可将文档打印输出。

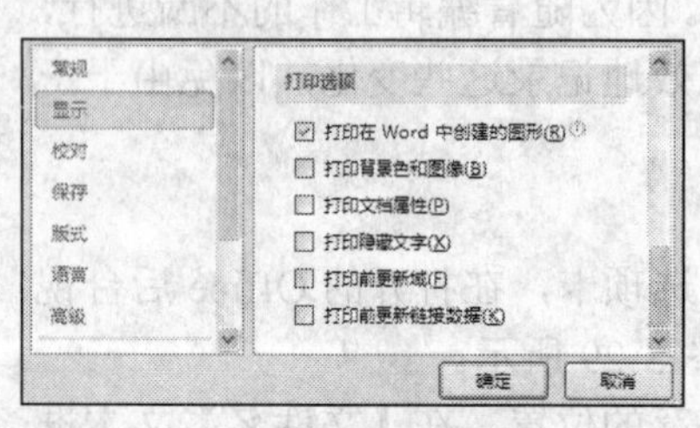

图 3-32

2. 设置打印属性和打印选项

选择【文件】选项卡中的【选项】选项，弹出【Word 选项】对话框，选择【显示】选项卡。其中，【打印选项】选项组中的选项如图 3-32 所示，用户可根据需要选中相应的复选框，对打印属性和打印选项进行设置。

案例 14　利用模板快速创建文档

每次启动 Word 2010 时都会打开 Normal.dotm 模板，该模板包含了决定文档基本外观的默认样式和自定义设置。Word 2010 带有许多预先自定义的模板，用户可以直接使用它们。这些模板反映了一些常见的文档需求，如传真、发票、贺卡、报表等。

使用模板创建文档的具体操作步骤如下。

步骤 1：在 Word 2010 应用程序中，选择【文件】选项卡中的【新建】选项，在【可用模板】选项组中选择【博客文章】选项。

步骤 2：在后台视图的右侧可以看到【博客文章】的预览效果，如图 3-33 所示。单击【创建】按钮，创建后的效果如图 3-34 所示。

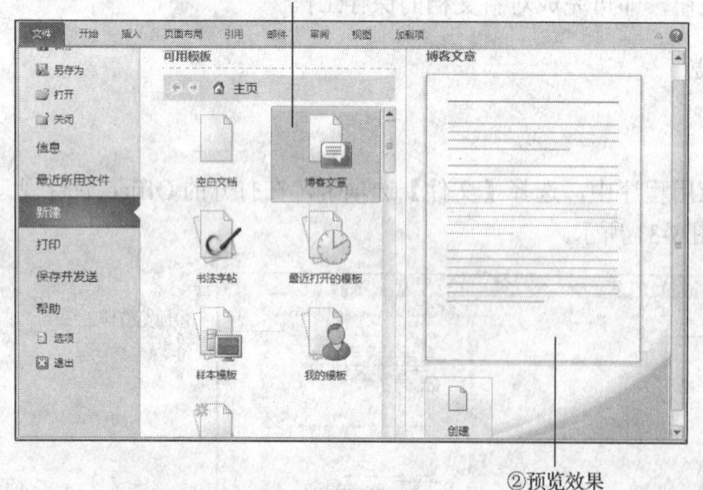

图 3-33

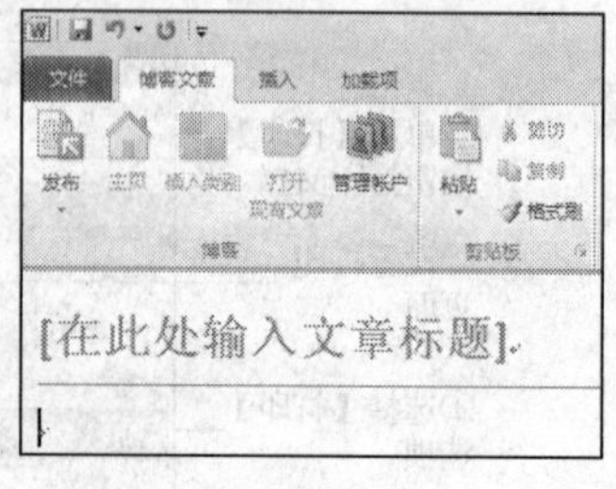

图 3-34

步骤 3：在新建文档中输入所需的内容，就可以创建相应的文档了。

3.3　美化文档外观

案例 15　设置文本的基本格式

1. 设置字体和字号

在 Windows 操作系统中，不同的字体有不同的外观形态，一些字体还可带有自己的符号集。设置字体有多种方式，如【字体】对话框、【字体】选项组及悬浮工具栏。设置字体和字号的具体操作步骤如下。

步骤 1：选中文本，选择【开始】选项卡，在【字体】选项组中单击右下角的对话框启动器。

步骤 2：弹出【字体】对话框，在【字体】选项卡的【中文字体】下拉列表中选择【宋体】选项，如图 3-35 所示。

步骤 3：设置完成后，单击【确定】按钮，即可将文本的字体更改为宋体。

步骤 4：在【开始】选项卡【字体】选项组中单击【字号】下拉按钮，在弹出的下拉列表中选择【二号】选项，如图 3-36 所示，设置完成后，即可将文本的字号更改为二号。

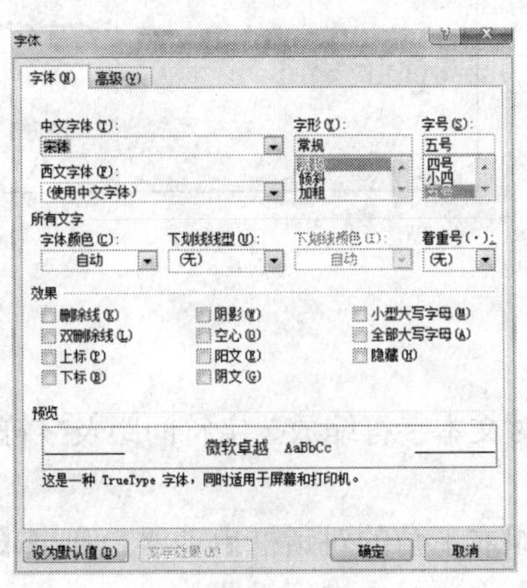

图 3-35

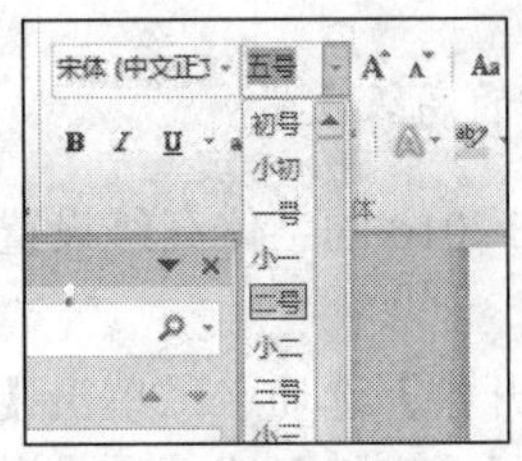

图 3-36

2. 设置字形

如果用户需要使文字或文章美观、突出和引人注目，可以在 Word 2010 中给文字添加一些附加属性来改变文字的形态。字形是指附加于文本的属性，包括给文字设置常规、加粗、倾斜或下划线等效果。Word 2010 默认设置的文本为常规字形。

以将标题设置为加粗和倾斜为例，具体操作步骤如下。

步骤 1：选择标题文本，在【开始】选项卡的【字体】选项组中，单击【加粗】按钮，或按【Ctrl+B】组合键，可为文本设置加粗效果，如图 3-37 所示。

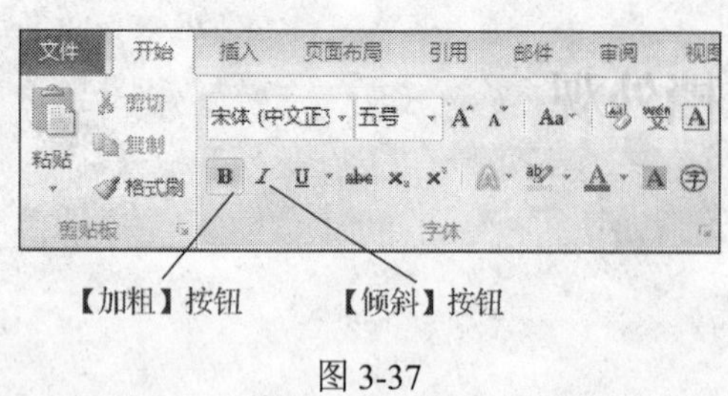

图 3-37

步骤 2：单击【倾斜】按钮，可为文本设置倾斜效果，如图 3-37 所示。

3. 设置字体颜色和效果

为了突出显示，很多宣传品常把文本设置为各种颜色和效果，具体的操作步骤如下。

步骤 1：选择要设置字体颜色的标题文本。

步骤 2：在【开始】选项卡【字体】选项组中单击【字体颜色】下拉按钮，在弹出的下拉列表中选择一种颜色，如图 3-38 所示，标题文本就会变成相应的颜色。

步骤 3：单击【开始】选项卡【字体】选项组中的【文本效果】下拉按钮，在弹出的下拉列表中可为选中的文本自定义或套用文本效果格式，如图 3-39 所示。

此外，在【字体】对话框中，单击【文字效果】按钮，在弹出的【设置文本效果格式】对话框中可以设置文本的填充方式、文本边框类型及特殊的文字效果等。

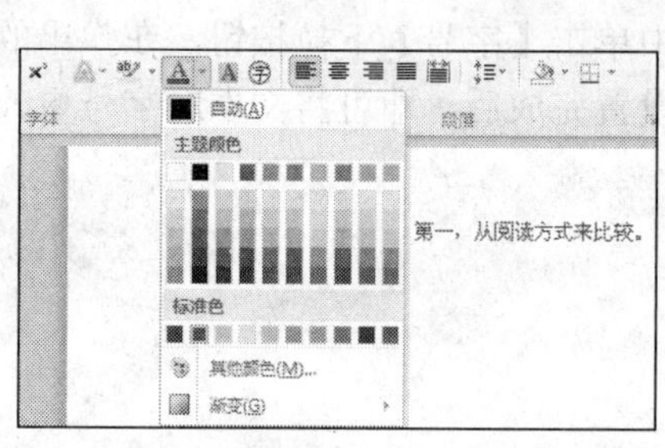

图 3-38

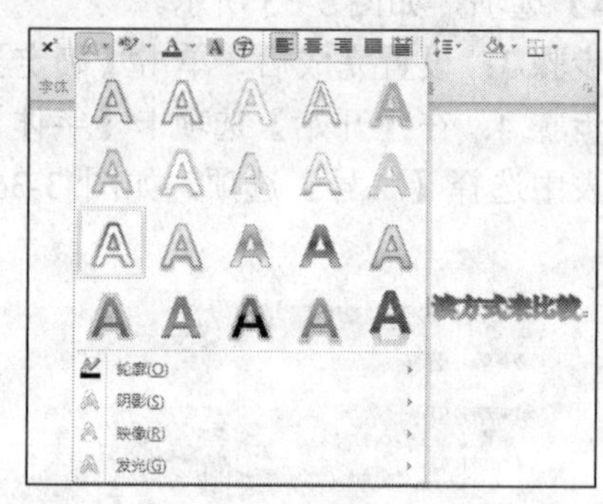

图 3-39

4. 字体的高级设置

在 Word 2010 的字体高级设置中，用户可对文本字符缩放、字符间距及字符位置等进行调整。

选择【开始】选项卡，单击【字体】选项组右下角的对话框启动器，弹出【字体】对话框。选择【高级】选项卡，在【字符间距】选项组中进行设置。

1）【缩放】下拉列表：可以在其中选择软件提供的比例值或输入任意一个值来设置字符缩放的比例，但字符只能在水平方向进行缩小或放大，如图 3-40 所示。

2）【间距】下拉列表：从中可以选择【标准】、【加宽】、【紧缩】选项。【标准】选项是默认选项，用户可以在其右侧的【磅值】微调框中输入一个数值，对间距大小进行设置，如图 3-41 所示。

3）【位置】下拉列表：从中可以选择【标准】、【提升】、【降低】选项来设置字符的位置。当选择【提升】或【降低】选项后，用户可在右侧的【磅值】微调框输入一个数值，对字符位置进行设置，如图 3-42 所示。

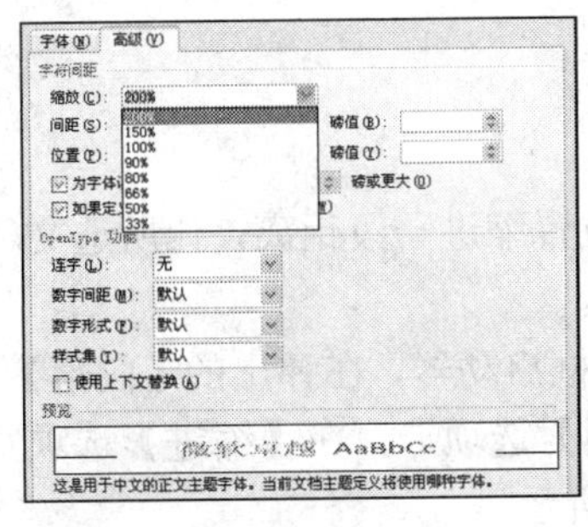

图 3-40

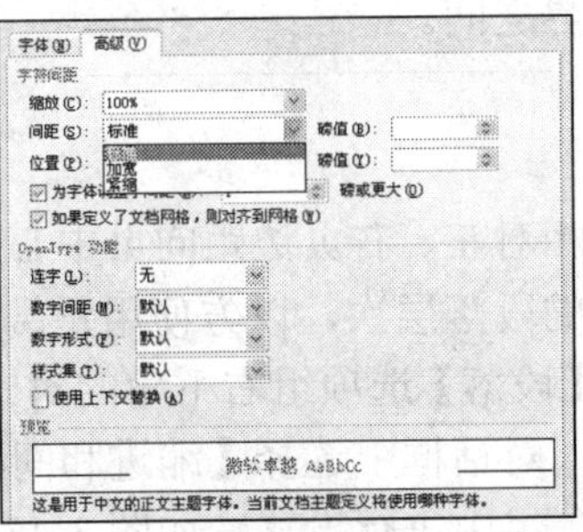

图 3-41

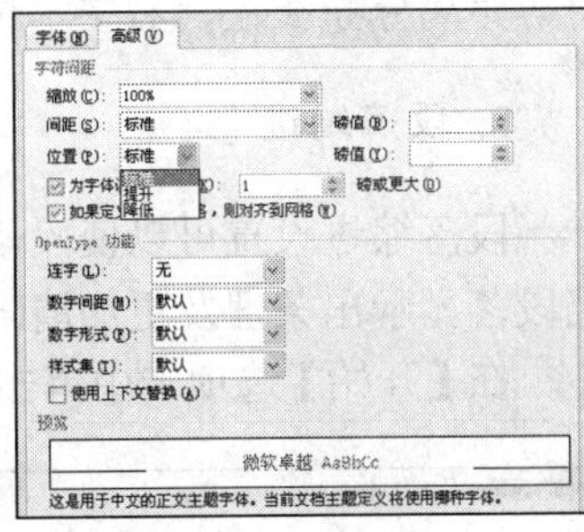

图 3-42

4）【为字体调整字间距】复选框：如果要让 Word 2010 在大于或等于某一尺寸的条件下自动调整字符间距，就选中该复选框，然后在【磅或更大】微调框中输入磅值，如图 3-43 所示。

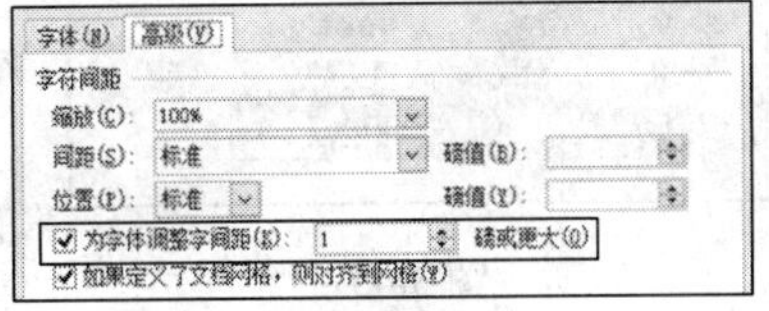

图 3-43

案例 16　设置文本的段落格式

段落格式设置是指在一个段落的范围内对内容进行排版，使文档段落更加整齐、美观。在 Word 2010 中，如果想设置多个段落方式，应先选择好需要修改的段落，再进行段落格式的设置。

1. 段落对齐方式

在 Word 2010 中，段落对齐方式包括文本左对齐、居中、文本右对齐、两端对齐和分散对齐 5 种。在【开始】选项卡的【段落】选项组中设置了相应的对齐按钮，如图 3-44 所示。

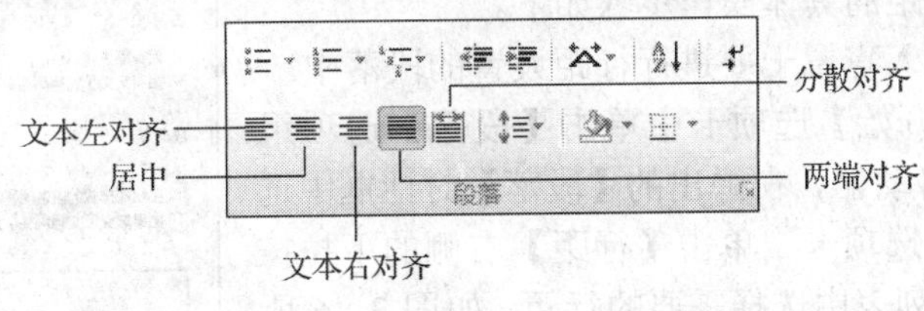

图 3-44

1）【文本左对齐】按钮：单击该按钮，选定段落中的每行文本都向文档的左边界对齐。

2）【居中】按钮：单击该按钮，选定的段落将放在页面的中间，在排版中使用非常方便。

3）【文本右对齐】按钮：单击该按钮，选定段落中的每行文本将向文档的右边界对齐。

4）【两端对齐】按钮：单击该按钮，段落中除最后一行文本外，其他行文本的左、右两端分别向左、右边界靠齐。对于纯中文的文本来说，两端对齐方式与左对齐方式没有太大的差别。但文档中如果含有英文单词，左对齐方式可能会使文本的右边缘参差不齐。

5）【分散对齐】按钮：单击该按钮，段落中的所有行文本（包括最后一行）中的字符等距离分布在左、右文本边界之间。

2. 段落缩进

段落缩进设置可以使段落相对左、右页边距向页中心位置缩进一段距离，让所选文档段落显示出条理及更加清晰的段落层次，以方便用户阅读。

在【开始】选项卡中单击【段落】选项组右下角的对话框启动器，在弹出的【段落】对话框中选择【缩进和间距】选项卡，在【缩进】选项组中进行设置，如图 3-45 所示。

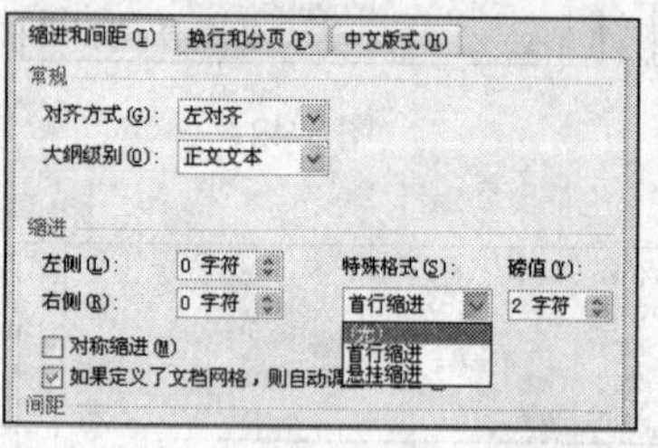

图 3-45

1）在【左侧】微调框中可以设置段落与左页边距的距离。输入一个正值表示向右缩进，输入一个负值表示向左缩进。

2）在【右侧】微调框中可以设置段落与右页边距的距离。输入一个正值表示向左缩进，输入一个负值表示向右缩进。

3）【首行缩进】选项：控制段落中第一行第一个字的起始位置。

4）【悬挂缩进】选项：控制段落中第一行以外其他行的起始位置。

5）【对称缩进】复选框：选中该复选框后，整个段落除了首行外的所有行的左边界向右缩进。

3. 行距和段距

行距是指行与行之间的距离，段距则是指两个相邻段落之间的距离。用户可以根据需要来调整文本的行距和段距。

设置行距、段距的具体操作步骤如下。

步骤 1：将插入点置于要进行行距设置的段落中。

步骤 2：在【开始】选项卡中单击【段落】选项组右下角的对话框启动器，在弹出的【段落】对话框中选择【缩进和间距】选项卡，单击【行距】右侧的下拉按钮，在弹出的下拉列表中选择需要的行距，如图 3-46 所示，单击【确定】按钮，完成行距的设置。

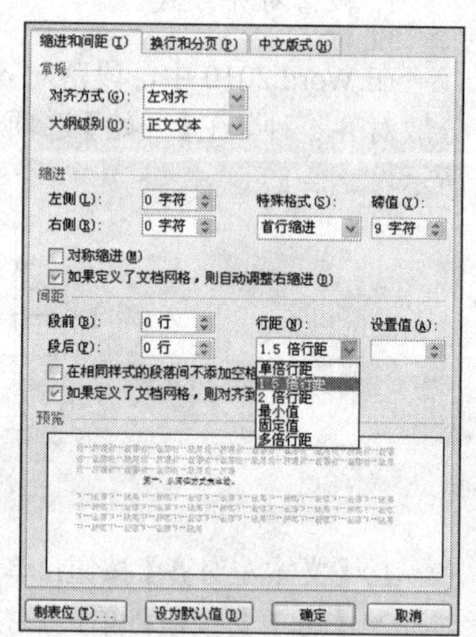

图 3-46

步骤 3：选择所需设置的段落，打开【段落】对话框，选择【缩进和间距】选项卡，在【间距】选项组中将【段前】及【段后】设置为需要的值，如图 3-46 所示，单击【确定】按钮，完成段距的设置。

案例 17　设置文本的边框和底纹

1. 添加边框

为了使文档更清晰、漂亮，可以在文档的周围设置各种边框。用户可以根据需要为选中的一个或多个文字添加边框，也可以在选中的段落、表格、图像或整个页面的四周或任意一边添加边框。

（1）利用【字符边框】按钮给文字添加边框线

在【开始】选项卡中，单击【字体】选项组中的【字符边框】按钮，此按钮可以方便地为选中的一个或多个文字添加单线边框，如图 3-47 所示。

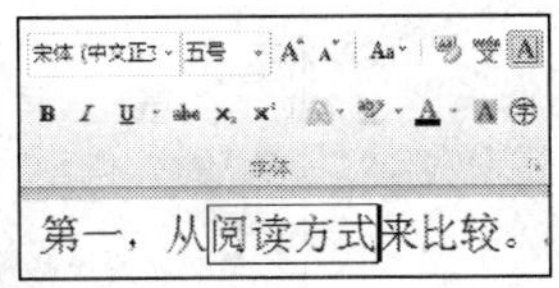

图 3-47

（2）利用【边框和底纹】对话框给段落或文字添加边框

使用【段落】选项组中的按钮或使用【边框和底纹】对话框，还可以给选中的文字添加其他样式的边框，具体操作步骤如下。

方法 1：选中要添加边框的文本，在【开始】选项卡中单击【段落】选项组中的【下框线】下拉按钮，在弹出的下拉列表中选择需要的边框线样式，如图 3-48 所示，选择完成后即可为选择的文本添加边框。

方法 2：在【开始】选项卡中单击【段落】选项组中的【下框线】下拉按钮，在弹出的下拉列表中选择【边框和底纹】选项，弹出【边框和底纹】对话框。在【边框】选项卡中根据需要进行设置，完成后单击【确定】按钮，如图 3-49 所示。

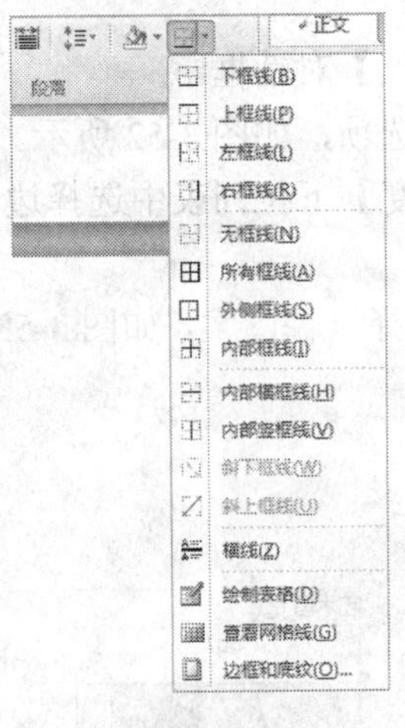

图 3-48

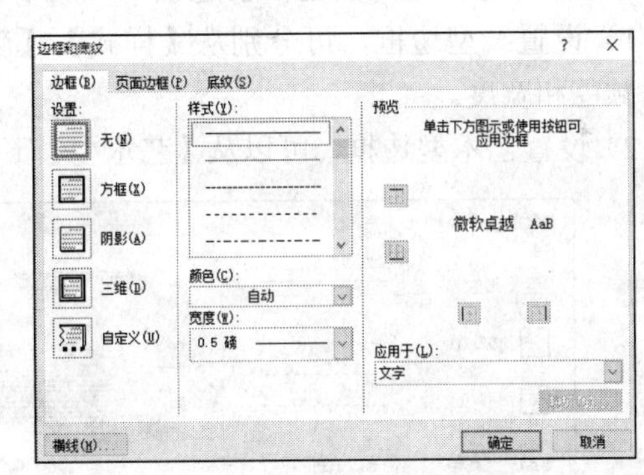

图 3-49

【边框和底纹】对话框中各选项的作用如下。

1）【无】：不设边框。若选中的文本或段落原来有边框，则边框将被去掉。

2）【方框】：给选中的文本或段落加上边框。

3）【阴影】：给选中的文本或段落添加具有阴影效果的边框。

4）【三维】：给选中的文本或段落添加具有三维效果的边框。

5）【自定义】：只在给段落加边框时有效。利用该选项可以给段落的某一段或某几段加上边框线。

6）【样式】列表框：可从中选择需要的边框样式。

7）【颜色】和【宽度】下拉列表：可设置边框的颜色和宽度，如图 3-50 所示。

8）【应用于】下拉列表：可从中选择添加边框的应用对象，如图 3-51 所示。若选择【文字】选项，则在选中的一个或多个文字的四周添加封闭的边框；如果选中的是多行文字，则给每行文字加上封闭边框。若选择【段落】选项，则给选中的段落添加边框。

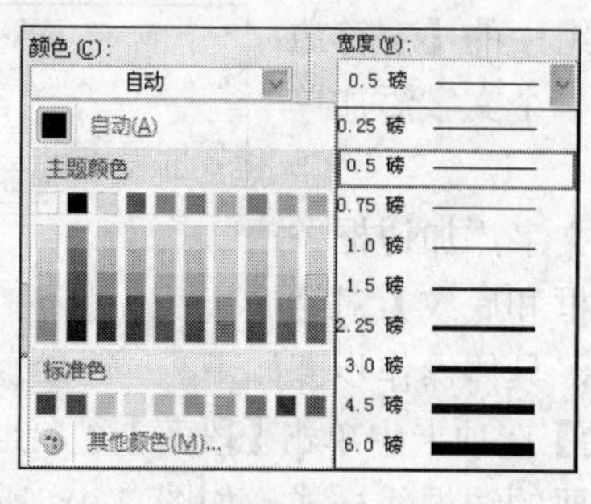

图 3-50

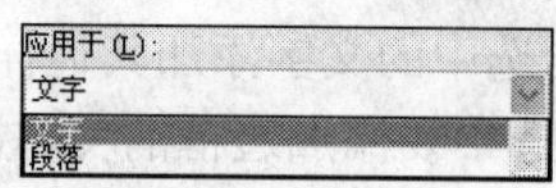

图 3-51

2. 添加页面边框

除了线型边框外，还可以在页面周围添加 Word 2010 提供的艺术型边框。

添加页面边框的具体操作步骤如下。

步骤 1：选择需要添加边框的段落，打开【边框和底纹】对话框。

步骤 2：选择【页面边框】选项卡，从中设置需要的选项，如图 3-52 所示。

1）设置线型边框，可分别从【样式】、【颜色】、【宽度】下拉列表中选择边框的线型、颜色和宽度。

2）设置艺术型边框，可以从【艺术型】下拉列表中选择一种图案，如图 3-53 所示。

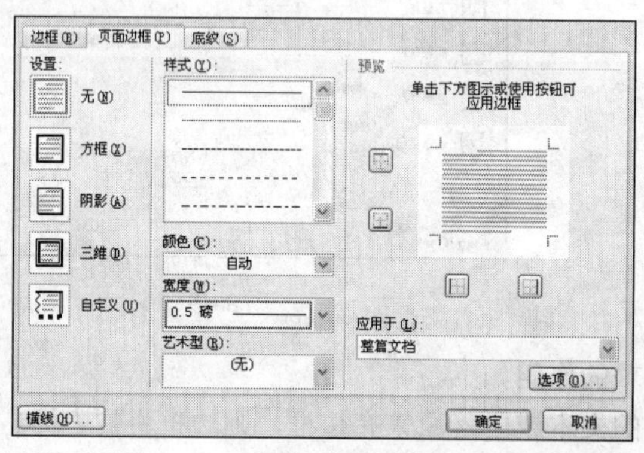

图 3-52

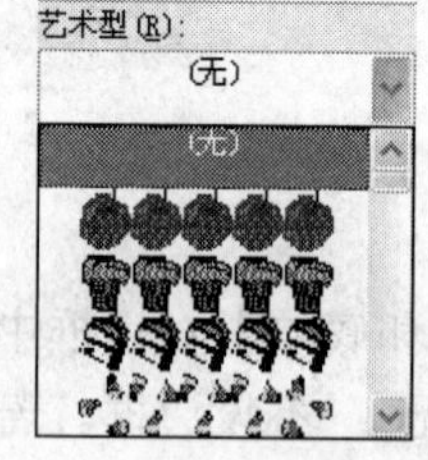

图 3-53

3）应用边框，单击【应用于】下拉按钮，在弹出的下拉列表中可选择添加边框的范围，如图 3-54 所示。

4）设置边框与页边界或正文的距离，单击【选项】按钮，弹出【边框和底纹选项】对话框，在该对话框中可以改变边框与页边界或正文的距离，如图 3-55 所示。

步骤 3：设置完成后单击【确定】按钮，即可应用于页面边框。

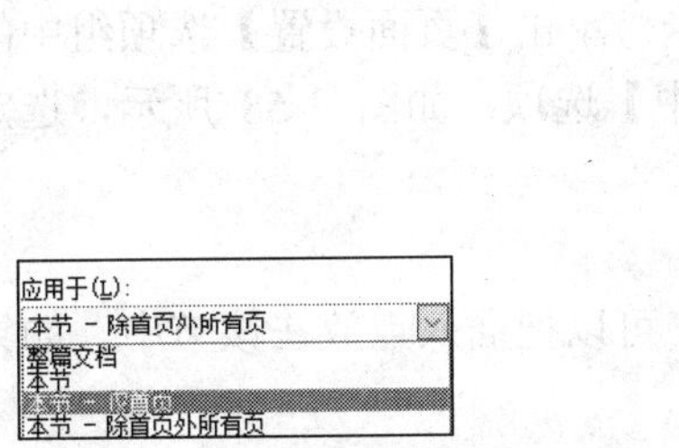

图 3-54　　　　图 3-55

3. 添加底纹

（1）给文字或段落添加底纹

步骤 1：选中要添加底纹的文字或段落，在【开始】选项卡中单击【段落】选项组中的【下框线】下拉按钮，在弹出的下拉列表中选择【边框和底纹】选项。

步骤 2：弹出【边框和底纹】对话框，选择【底纹】选项卡，如图 3-56 所示。在【填充】下拉列表中选择底纹的填充色，在【样式】下拉列表中选择底纹的样式，在【颜色】下拉列表中选择底纹内填充点的颜色，如图 3-57 所示，在【预览】区中可预览设置的底纹效果。

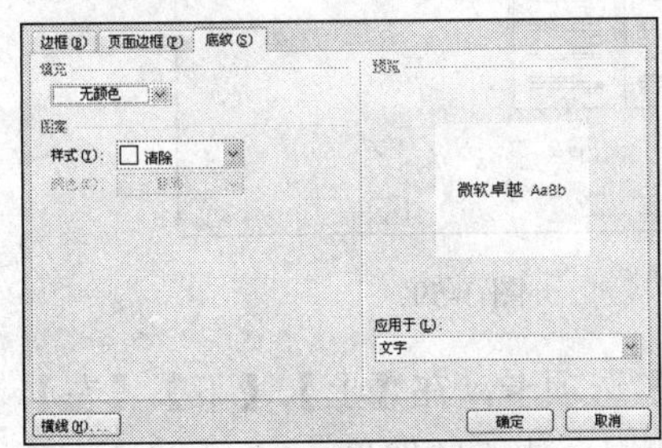

图 3-56

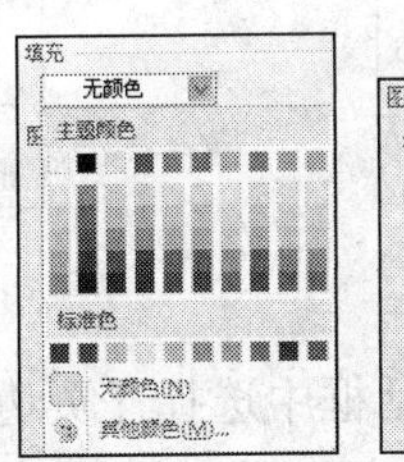

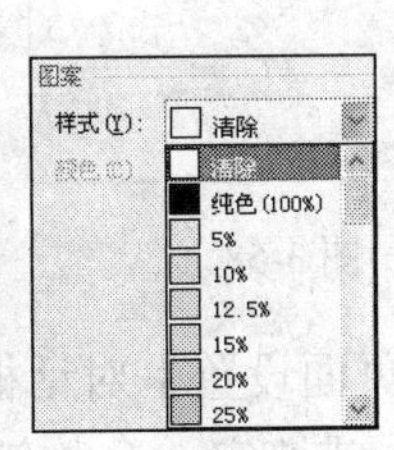

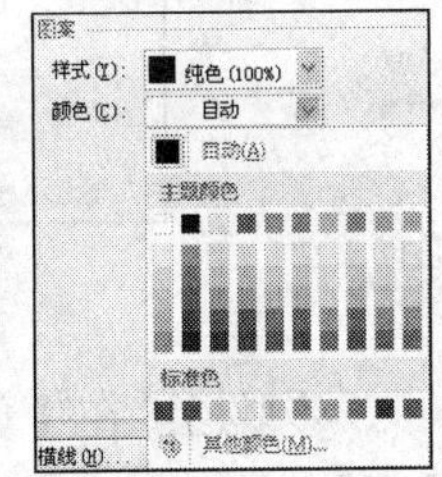

图 3-57

步骤 3：单击【确定】按钮，即可应用底纹效果。

（2）删除底纹

在【底纹】选项卡中将【填充】设置为【无颜色】，将【样式】设置为【清除】，单击【确定】按钮即可将底纹删除。

案例 18　页面设置

1. 设置页边距

页边距是指页面内容和页面边缘之间的距离。在默认情况下，Word 2010 创建的文档是纵向的，上、下各有 2.54 厘米的页边距，左、右各有 3.18 厘米的页边距。在实际应用中，用户可以根据实际需要设置页边距。

（1）使用预定的页边距

步骤 1：选择需要调整的页面。

步骤 2：选择【页面布局】选项卡，单击【页面设置】选项组中的【页边距】下拉按钮，在弹出的下拉列表中选择【适中】选项，如图 3-58 所示，选定的页面即可应用【适中】页边距。

（2）自定义页边距

步骤 1：要调整某一节的页边距，可以把插入点放在该节中。如果整篇文档没有分节，页边距的设置将影响整个文档。

步骤 2：单击【页面布局】选项卡【页面设置】选项组中的【页边距】下拉按钮，在弹出的下拉列表中选择【自定义边距】选项，弹出【页面设置】对话框，如图 3-59 所示。

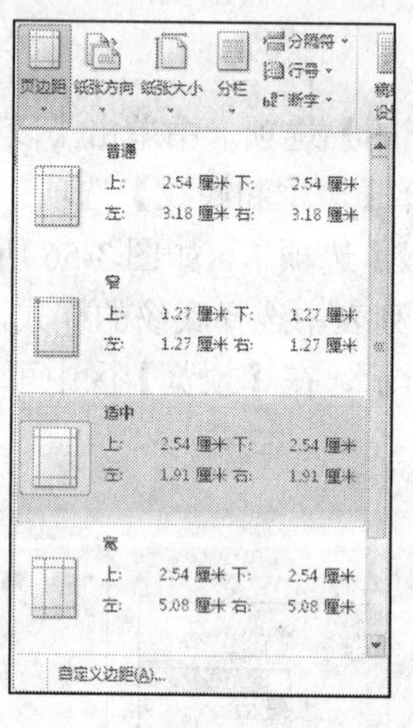

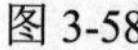
图 3-58

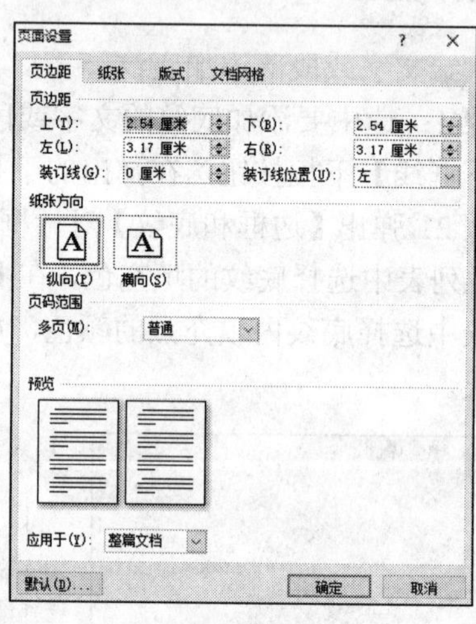

图 3-59

步骤 3：在【页面设置】对话框中选择【页边距】选项卡，在【上】、【下】、【左】、【右】微调框中输入或选定一个数值，即可设置页面四周页边距的宽度。

2. 设置纸张方向

通常纸张方向有【纵向】和【横向】两个选项。默认情况下，Word 2010 创建的文档是【纵向】的，用户可根据实际需要改变纸张的方向。

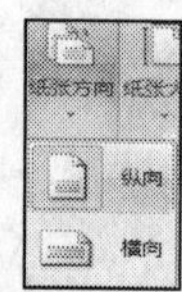

图 3-60

方法 1：单击【页面布局】选项卡【页面设置】选项组中的【纸张方向】下拉按钮，在弹出的下拉列表中选择纸张方向，如图 3-60 所示。

方法 2：单击【页面布局】选项卡【页面设置】选项组右下角的对话框启动器，在弹出的【页面设置】对话框中选择【页边距】选项卡，在【纸张】选项卡中选择相应的选项。

3. 设置纸张的大小

方法 1：单击【页面布局】选项卡【页面设置】选项组中的【纸张大小】下拉按钮，在弹出的下拉列表中选择纸张类型，如图 3-61（a）所示。

方法 2：如果用户需要进行更精确的设置，可以在弹出的【纸张大小】下拉列表中选择【其他页面大小】选项，在弹出的【页面设置】对话框的【纸张】选项卡中对纸张大小进行设置，如图 3-61（b）所示。

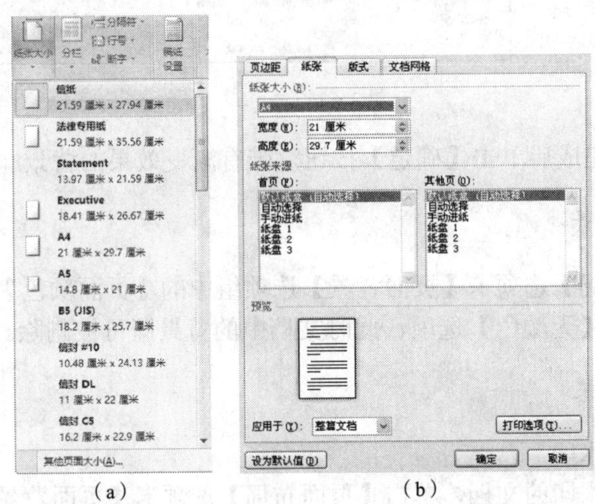

（a）　（b）

图 3-61

4. 设置页面和颜色背景

在 Word 2010 中除了可以为背景设置颜色外，还可以设置填充效果，弥补背景颜色单一的缺点，从而为背景设置提供了更加丰富的选择。

步骤 1：单击【页面布局】选项卡【页面背景】选项组中的【页面颜色】下拉按钮，如图 3-62 所示。

步骤 2：在弹出的下拉列表中，用户可以单击【主题颜色】或【标准色】中的色块图标选择需要的颜色。若没有需要的颜色，可选择【其他颜色】选项，在弹出的【颜色】对话框中进行自主选择。如果在弹出的下拉列表中选择【填充效果】选项，用户还可以进行特殊效果的设置，这里选择【填充效果】选项。

步骤 3：在弹出的【填充效果】对话框中有【渐变】、【纹理】、【图案】、【图片】4 个选项卡，用于设置页面特殊填充效果，如图 3-63 所示。

5. 设置填充效果

步骤 1：单击【页面布局】选项卡【页面背景】选项组中的【页面颜色】下拉按钮，在弹出的下拉列表中选择【填充效果】选项。

步骤 2：弹出【填充效果】对话框，选择【渐变】选项卡，在【颜色】选项组中选中【双色】单选按钮，在右侧的【颜色】下拉列表中进行设置，在【底纹样式】选项组中选中【水平】单选按钮，如图 3-64 所示。

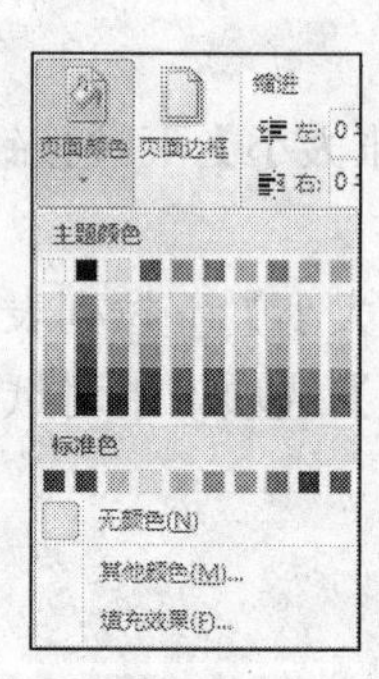
图 3-62

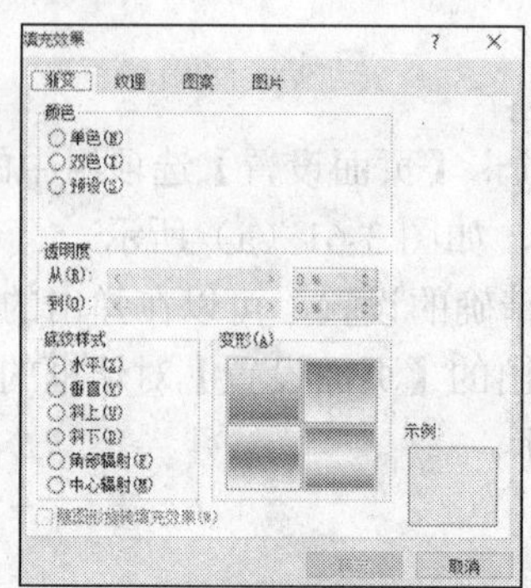
图 3-63

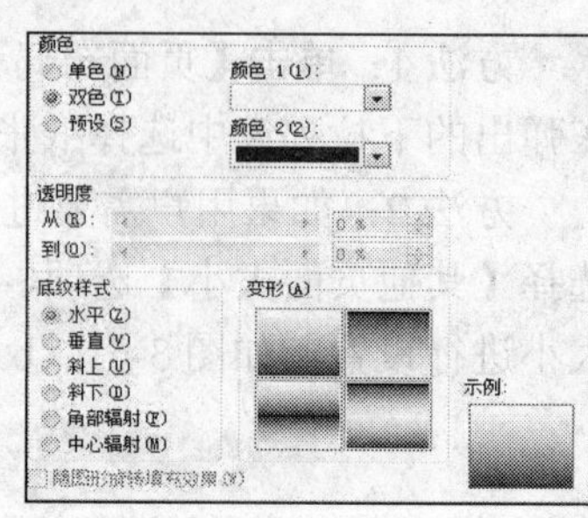
图 3-64

步骤 3：设置完成后单击【确定】按钮，带有渐变效果的背景即设置完成。

6. 删除文档背景

单击【页面布局】选项卡【页面背景】选项组中的【页面颜色】下拉按钮，在弹出的下拉列表中选择【无颜色】选项，此时文档中的背景即可被删除。

7. 设置水印效果

（1）使用内置水印

选择需要添加水印的文档，单击【页面布局】选项卡【页面背景】选项组中的【水印】下拉按钮，在弹出的下拉列表中选择一种 Word 2010 内置的水印，如图 3-65 所示，选择完成后即可为文档添加水印效果。

（2）自定义水印

如果默认水印不符合用户的要求，可以根据需要进行自定义水印的设置，具体的操作步骤如下。

步骤 1：单击【页面布局】选项卡【页面背景】选项组中的【水印】下拉按钮，在弹出的下拉列表中选择【自定义水印】选项，弹出【水印】对话框，如图 3-66 所示。

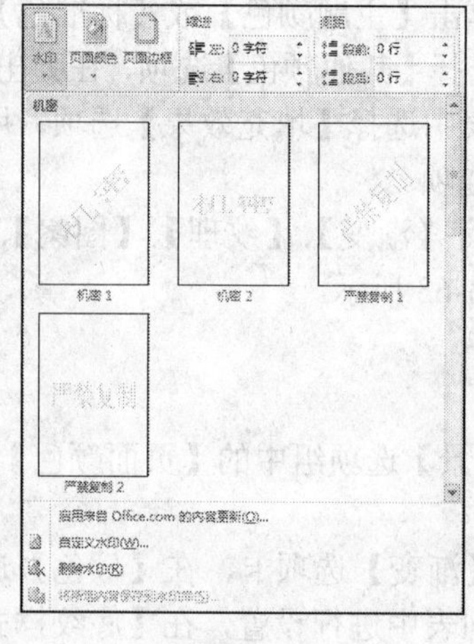
图 3-65

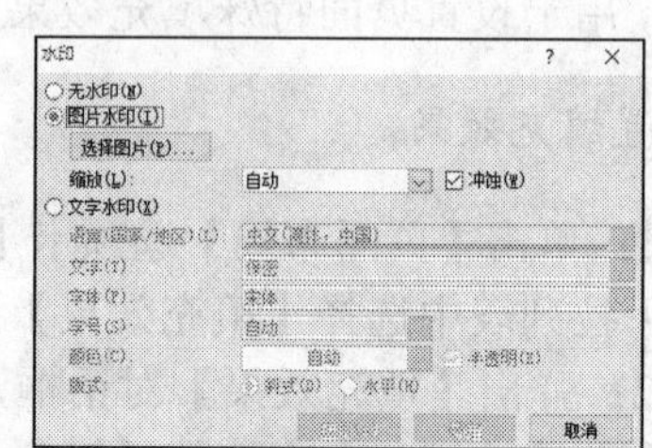
图 3-66

步骤 2：选中【文字水印】单选按钮，选择或输入水印文字，将【版式】设为【斜式】，若要以半透明显示文本水印，可选中【半透明】复选框，如图 3-67 所示。

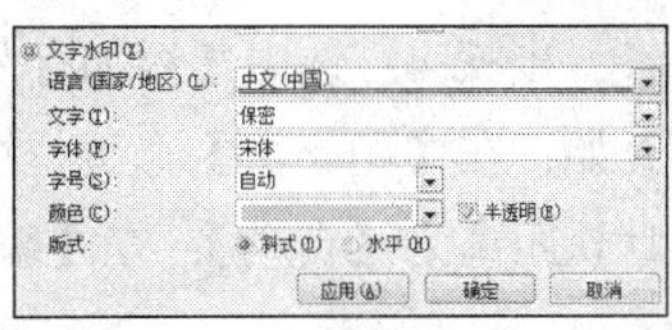

图 3-67

步骤 3：设置完成后，单击【应用】按钮即可。

此外，还可添加图片水印，在【水印】对话框中选中【图片水印】单选按钮，然后单击【选择图片】按钮，在弹出的对话框中选择需要的图片，即可将其作为水印使用。

8. 指定每页字数

用户在设置完页面大小或页边距之后，如果要对文档精确地指定每页字数，可以在【页面设置】对话框中进行设置。在 Word 2010 中操作时，设置文档网格就是设置页面的行数及每行的字数。

步骤 1：单击【页面布局】选项卡【页面设置】选项组右下角的对话框启动器。

步骤 2：在弹出的【页面设置】对话框中选择【文档网格】选项卡，如图 3-68 所示。

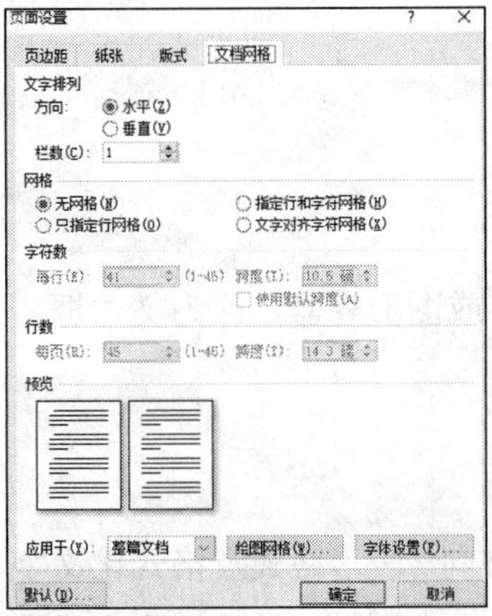

图 3-68

步骤 3：用户根据自己的情况编辑文档类型。在选中【无网格】单选按钮时，能使文档中所有段落样式文字的实际行间距与样式中的规定一致。在排版及编辑图文混排的长文档时，一般会指定每页的字数，因此应选中【指定行和字符网格】单选按钮，否则重新打开文档后，会出现图文不在原处的情况。

步骤 4：在【文字排列】选项组中有【水平】和【垂直】两个选项，若选中【水平】单选按钮，文档中的文本横向排放；若选中【垂直】单选按钮，文档中的文本纵向排放。

9. 显示网格和添加行号

将字符进行具体设置后，还可以在文档中查看字符网格，具体的操作步骤如下。

步骤 1：单击【页面布局】选项卡【页面设置】选项组右下角的对话框启动器，在弹出的【页面设置】对话框中选择【文档网格】选项卡，单击【绘图网格】按钮，弹出【绘图网格】对话框，如图 3-69 所示。

步骤 2：选中【在屏幕上显示网格线】和【垂直间隔】复选框，在【水平间隔】和【垂直间隔】微调框中输入相应的数值，单击【确定】按钮。

步骤 3：返回【页面设置】对话框，选择【版式】选项卡，如图 3-70 所示，单击【行号】按钮，弹出【行号】对话框。

步骤 4：选中【添加行号】复选框，在【起始编号】微调框中输入编号，默认从 1 开始；在【距正文】微调框中输入数值，即页面左边缘与文档文本左边缘之间的距离，默认距离为【自动】；在【编号】选项组中选择所需的编号方式，如图 3-71 所示。

图 3-69

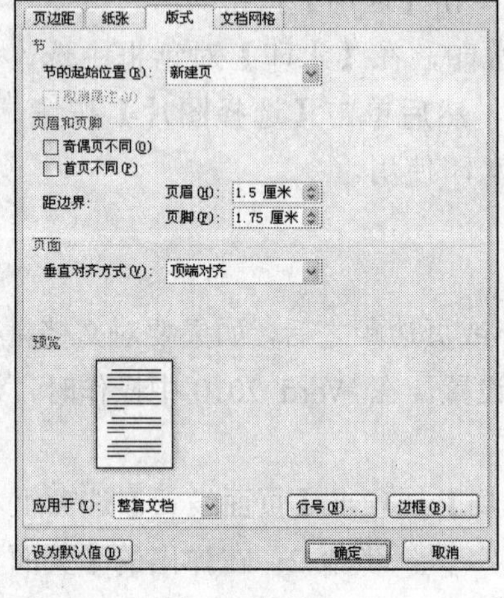

图 3-70

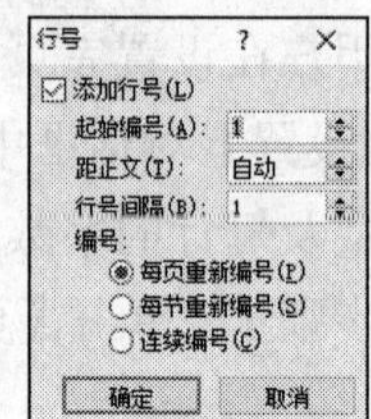

图 3-71

步骤 5：连续单击【确定】按钮，即可完成设置。

案例 19 文本框的应用

Word 2010 中提供了一种可移动位置、调整大小的文字或图形容器，称为文本框。使用文本框可以使排版达到更好的效果。

1. 插入文本框

用户可以像处理一个新页面一样处理文本框中的文字方向、段落格式及格式化文字等。文本框有横排文本框和竖排文本框两种，它们在本质上没有区别，只是排列方式不同而已。

步骤 1：单击【插入】选项卡【文本】选项组中的【文本框】下拉按钮，在弹出的下拉列表中选择内置文本框，或根据需要选择【绘制文本框】选项，在工作区绘制文本框，如图 3-72 所示。

步骤 2：在文本框中输入文本。

步骤 3：选中文本框，选择【绘图工具-格式】选项卡，单击【形状样式】选项组右下角的对话框启动器，在弹出的【设置形状格式】对话框中设置文本框的填充类型、线条颜色、线型等参数，如图 3-73 所示。

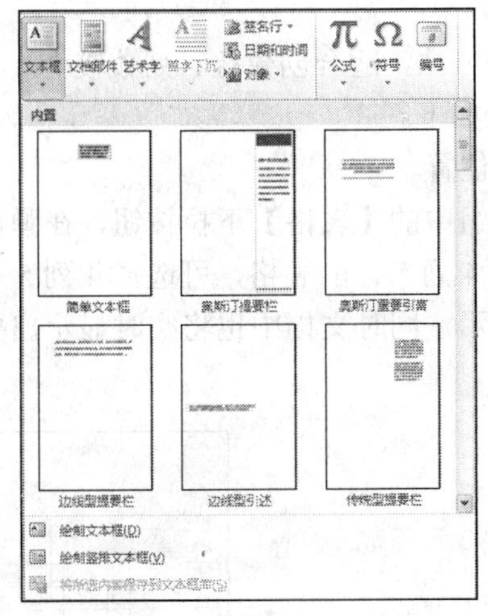

图 3-72

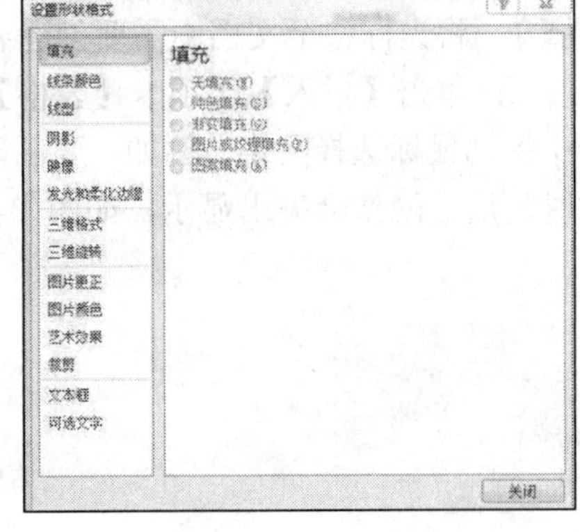

图 3-73

2. 链接文本框

将两个以上的文本链接在一起称为文本框链接。若文字在上一个文本框中已排满，则可在链接的下一个文本框中继续排下去，但是横排文本框与竖排文本框之间不可创建链接。

步骤 1：创建多个文本框后，先选择其中一个文本框。

步骤 2：在【绘图工具-格式】选项卡中单击【文本】选项组中的【创建链接】按钮，如图 3-74 所示。

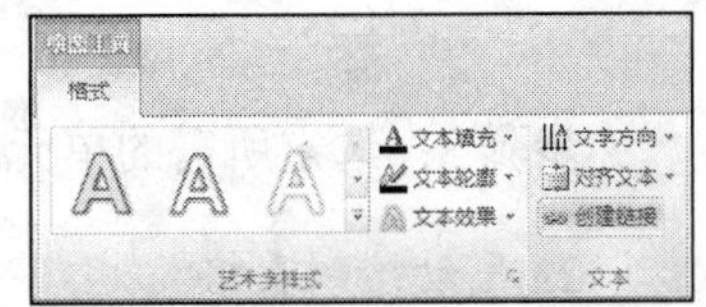

图 3-74

步骤 3：单击另一个文本框即可创建文本链接，按【Esc】键可结束文本链接。

案例 20　创建表格

1. 插入表格

（1）使用【插入表格】对话框插入表格

使用【插入表格】对话框创建表格，不仅可以设置表格格式，而且可以不受表格行、列的限制，是最常用的创建表格的方法。其具体的操作步骤如下。

步骤 1：将光标移至文档中需要创建表格的位置。

步骤 2：单击【插入】选项卡【表格】选项组中的【表格】下拉按钮，在弹出的下拉列表中选择【插入表格】选项，如图 3-75 所示。

步骤 3：在弹出的【插入表格】对话框中，将【列数】设置为 6，将【行数】设置为 5。在【“自动调整”操作】选项组中选择一种定义列宽的方式，在这里使用默认方式，如图 3-76 所示。

步骤 4：单击【确定】按钮，即可插入一个 6 列 5 行的表格。

（2）使用表格网格插入表格

使用表格网格插入表格是创建表格最快捷的方法，适合创建行、列数较少，具有规范的行高和列宽的简单表格。其具体的操作步骤如下。

步骤 1：将光标移至文档中需要创建表格的位置。

步骤 2：单击【插入】选项卡【表格】选项组中的【表格】下拉按钮，在弹出的下拉列表中拖动鼠标选择网络。例如，要创建一个 4 列 5 行的表格，可选择 4 列 5 行的网格，此时，所选网格会突出显示，如图 3-77 所示，同时文档中也将实时显示出要创建的表格。

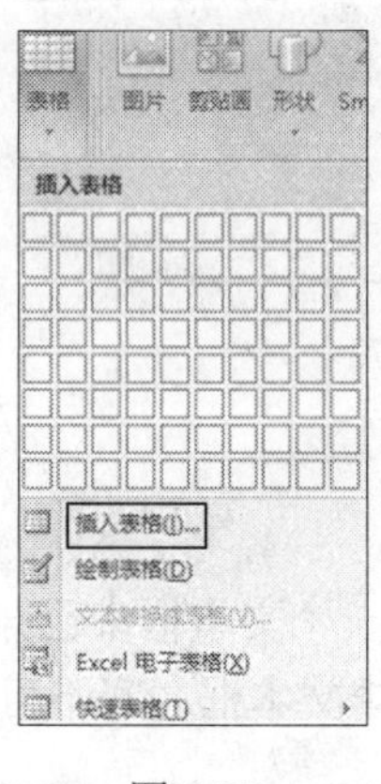

图 3-75

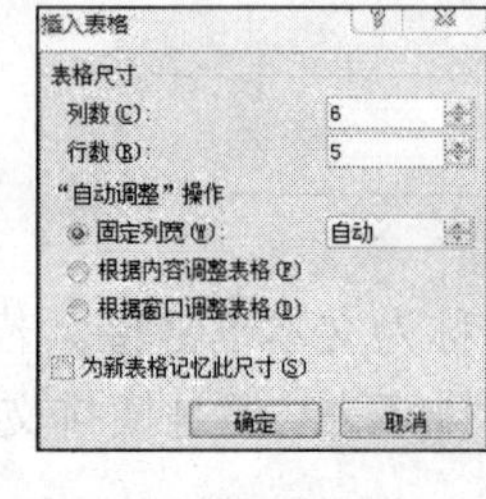

图 3-76

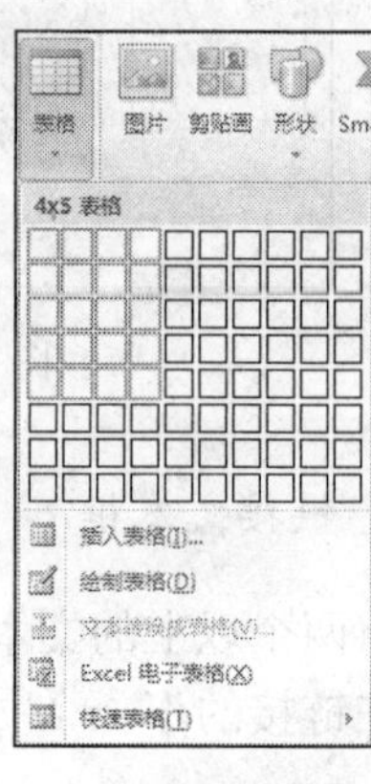

图 3-77

步骤 3：选定所需的单元格数量后单击，即可在光标位置插入一个空白表格。

2. 手动绘制表格

手动绘制表格可以绘制不规则单元格的行高、列宽或带有斜线表头的复杂表格，还可以非常灵活、方便地绘制或修改非标准表格。手动绘制表格的具体操作步骤如下。

步骤 1：单击【插入】选项卡【表格】选项组中的【表格】下拉按钮，在弹出的下拉列表中选择【绘制表格】选项，如图 3-78 所示。

步骤 2：此时鼠标指针会变成铅笔的形状，在需要绘制表格的位置按住鼠标左键并拖动鼠标，绘制一个矩形。

步骤 3：根据需要绘制行线和列线。

步骤 4：若要将多余的线条擦除，可选择【表格工具-设计】选项卡，单击【绘图边框】选项组中的【擦除】按钮，如图 3-79 所示。此时鼠标指针会变成橡皮的形状，单击要擦除的线条，即可将该线条擦除。

图 3-78

图 3-79

3. 向表格输入文本

一个单元格中可包含多个段落，也可包含多个样式。通常情况下，Word 能自动按照单元格中最高的字符串高度来设置每行文本的高度。当输入的文本到达单元格的右边线时，Word 2010 能自动换行并增加行高，以容纳更多的内容。按【Enter】键，即可在单元格中另起一段。

在单元格中输入文本时，可以配合下面的快捷键在表格中快速地移动插入符。

1）【Tab】键：将光标移到同一行的下一个单元格中。

2）【Shift+Tab】组合键：将光标移到当前行的前一个单元格中。

3）【Alt+Home】组合键：将光标移到当前行的第一个单元格中。

4）【Alt+End】组合键：将光标移到当前行的最后一个单元格中。

5）【↑】键：将光标移到上一行。

6）【↓】键：将光标移到下一行。

7）【Alt+PageUp】组合键：将光标移到插入符所在列的最上方单元格中。

8）【Alt+PageDown】组合键：将光标移到插入符所在列的最下方单元格中。

在单元格中输入文本与在文档中输入文本的方法是一样的，都是先指定插入符的位置（在表格中单击要输入文本的单元格，即可将插入符移动到要输入文本的单元格中），然后输入文本。

4. 使用快速表格

在 Word 2010 中，通过选择【快速表格】选项，可直接选择之前设定好的表格格式，从而快速创建新的表格，这样可以节省时间，提高工作效率。快速创建表格的具体操作步骤如下。

步骤 1：将光标移至文档中需要创建表格的位置。

步骤 2：单击【插入】选项卡【表格】选项组中的【表格】下拉按钮，在弹出的下拉列表中选择【快速表格】选项，然后根据需要在弹出的级联菜单中进行选择。例如，选择【双表】快速表格，则【双表】快速表格就会插入文档中。

步骤 3：选择【表格工具-设计】选项卡，在【表格样式】选项组中对快速表格进行相应的设置。

5. 将文本转换为表格

步骤 1：选中需要转换为表格的文本。

步骤 2：单击【插入】选项卡【表格】选项组中的【表格】下拉按钮，在弹出的下拉列表中选择【文本转换成表格】选项，如图 3-80 所示。

步骤 3：在弹出的【文本转换成表格】对话框中根据实际需求对【表格尺寸】、【“自动调整”操作】、【文字分隔位置】进行设置，如图 3-81 所示。

步骤 4：设置完成后单击【确定】按钮，即可将文本转换为表格。

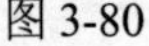
图 3-80

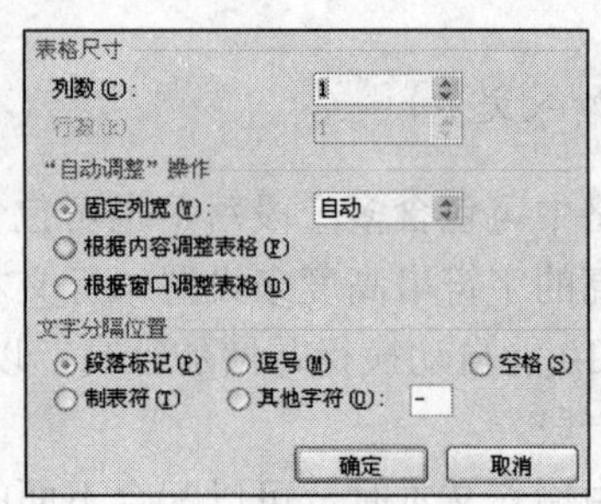

图 3-81

6. 将表格转换为文本

在 Word 2010 中也可将表格中的内容转换为普通的文本段落，并将转换后各单元格中的内容用段落标记、逗号、制表符或用户指定的特定字符隔开。其具体的操作步骤如下。

步骤 1：选中要转换的表格。

步骤 2：单击【表格工具-布局】选项卡【数据】选项组中的【转换为文本】按钮，如图 3-82 所示。

步骤 3：弹出【表格转换成文本】对话框，在【文字分隔符】选项组中选择要作为文本分隔符的选项，如图 3-83 所示。

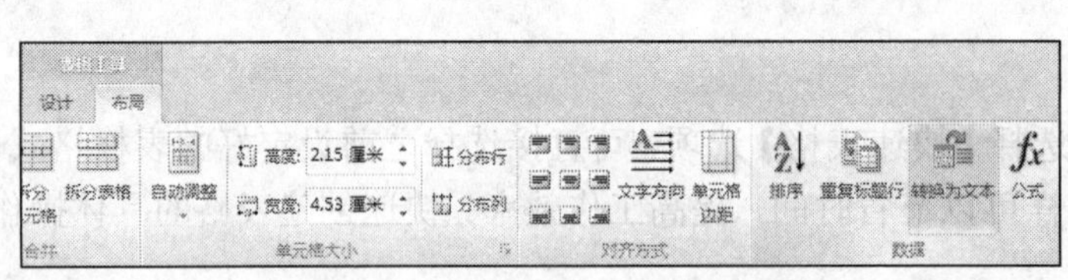

图 3-82

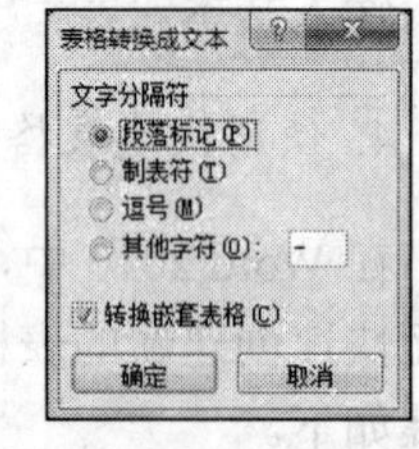

图 3-83

步骤 4：单击【确定】按钮，即可将表格转换为文本。

7. 管理表格中的单元格、行和列

为了更好地满足用户工作的需要，Word 2010 提供了多种修改已创建表格的方法。例如，添加新的单元格、行或列，删除多余的单元格、行或列，合并与拆分表格或单元格等。

（1）添加单元格

步骤 1：将光标移至需要插入单元格的单元格中。

步骤 2：右击，在弹出的快捷菜单中选择【插入】→【插入单元格】选项，弹出【插入单元格】对话框，如图 3-84 所示。

步骤 3：根据需要在【活动单元格右移】、【活动单元格下移】、【整行插入】、【整列插入】选项中进行选择。

（2）添加行或列

步骤 1：将光标移至目标位置。

步骤 2：选择【表格工具-布局】选项卡中的【行和列】选项组，如图 3-85 所示，执行以下操作。

1）单击【在上方插入】按钮：将在插入符所在行的上方插入新行。

2）单击【在下方插入】按钮：将在插入符所在行的下方插入新行。

3）单击【在左侧插入】按钮：将在插入符所在列的左侧插入新列。

4）单击【在右侧插入】按钮：将在插入符所在列的右侧插入新列。

提示：也可通过选择快捷菜单中的相应选项添加行或列，如图 3-84（a）所示。

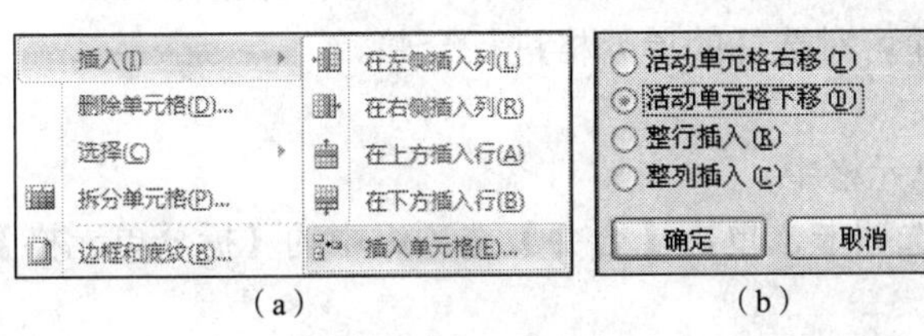

（a）　　（b）

图 3-84　　图 3-85

（3）删除单元格

步骤 1：将光标移至需要删除的单元格中。

步骤 2：选择【表格工具-布局】选项卡，单击【行和列】选项组中的【删除】下拉按钮，在弹出的下拉列表中选择【删除单元格】选项，如图 3-86 所示。

步骤 3：弹出【删除单元格】对话框，如图 3-87 所示，用户可根据需要选择下列 4 个选项中的一项。

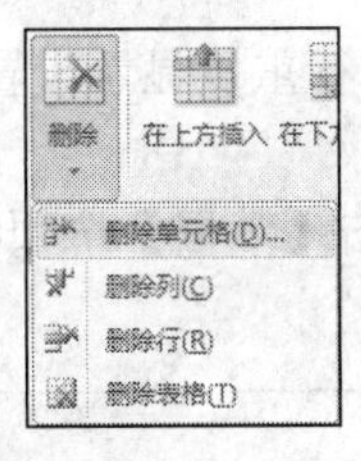

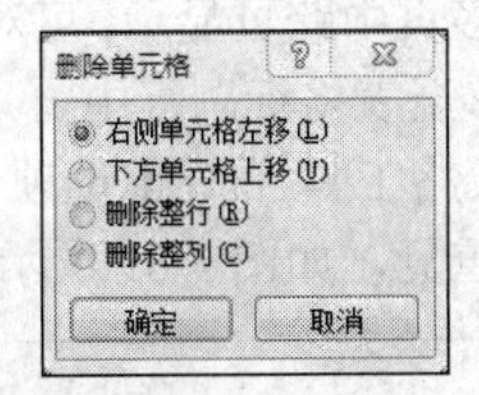

图 3-86　　图 3-87

1）选中【右侧单元格左移】单选按钮：删除选定的单元格，并将该行中其他单元格左移。

2）选中【下方单元格上移】单选按钮：删除选定的单元格，并将该列中剩余的单元格上移一行，该列底部会添加一个新的空白单元格。

3）选中【删除整行】单选按钮：删除包含选定的单元格在内的整行。

4）选中【删除整列】单选按钮：删除包含选定的单元格在内的整列。

步骤 4：选择完成后单击【确定】按钮即可。

（4）删除行或列

选择【表格工具-布局】选项卡，单击【行和列】选项组中的【删除】下拉按钮，在弹出的下拉列表中可以选择以下选项。

1）【删除列】：将单元格所在的整列删除。

2）【删除行】：将单元格所在的整行删除。

3）【删除表格】：将整个表格删除。

（5）合并单元格、拆分单元格、拆分表格

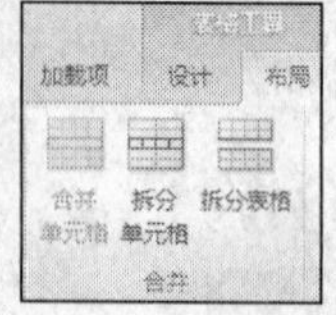

图 3-88

合并单元格、拆分单元格、合并表格可通过选项卡中的命令按钮来完成，如图 3-88 所示。

1）合并单元格。

步骤 1：选中需要合并的单元格。

步骤 2：选择【表格工具-布局】选项卡，单击【合并】选项组中的【合并单元格】按钮，即可对选择的单元格进行合并。

2）拆分单元格。

步骤 1：将光标移至需要拆分的单元格中。

步骤 2：选择【表格工具-布局】选项卡，单击【合并】选项组中的【拆分单元格】按钮。

步骤 3：在弹出的【拆分单元格】对话框中设置需要拆分的列数和行数，单击【确定】按钮，即可将选择的单元格进行拆分。

3）拆分表格。

步骤 1：将插入符置入要拆分的行的任意一个单元格中。

步骤 2：选择【表格工具-布局】选项卡，单击【合并】选项组中的【拆分表格】按钮，即可将表格拆分成两部分。

8. 设置标题重复

若需要使标题在多页中跨页显示，可对标题进行重复显示设置，具体操作步骤如下。

步骤 1：将光标移至表格标题行中。

步骤 2：选择【表格工具-布局】选项卡，单击【数据】选项组中的【重复标题行】按钮，即可设置标题重复，如图 3-89 所示。

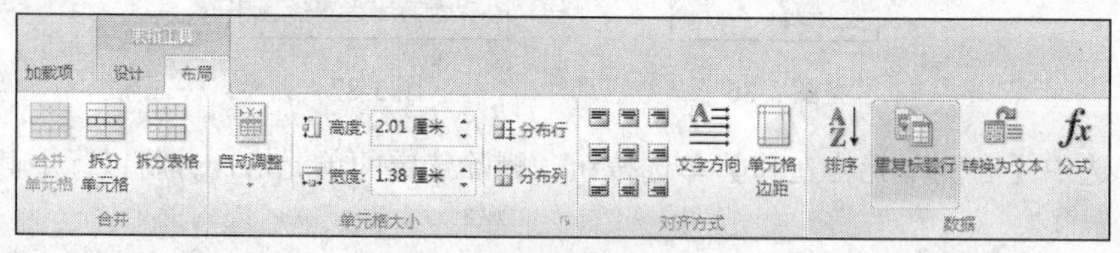

图 3-89

案例 21　美化表格设置

在 Word 2010 中可以使用内置的表格样式，或者使用边框、底纹和图形填充功能来美化表格及页面。为表格或单元格添加边框或底纹的方法与设置段落填充颜色或纹理填充一样。

1. 设置表格边框

步骤 1：选中表格右击，在弹出的快捷菜单中选择【边框和底纹】选项，弹出【边框和底纹】对话框，选择【边框】选项卡。

步骤 2：在【设置】选项组中选择【全部】选项，在【样式】列表框中选择一种边框样式，在【颜色】下拉列表中选择【绿色】，在【宽度】下拉列表中选择【1.5 磅】，在【应用于】下拉列表中选择【表格】，如图 3-90 所示。

步骤 3：设置完成后单击【确定】按钮，即可为表格添加边框。

2. 设置表格底纹

步骤 1：选中单元格右击，在弹出的快捷菜单中选择【边框和底纹】选项，弹出【边框和底纹】对话框，选择【底纹】选项卡。

步骤 2：在【填充】下拉列表中选择底纹颜色，这里选择【橄榄色，强调文字颜色 3，单色 40%】，在【应用于】下拉列表中选择【表格】，如图 3-91 所示。

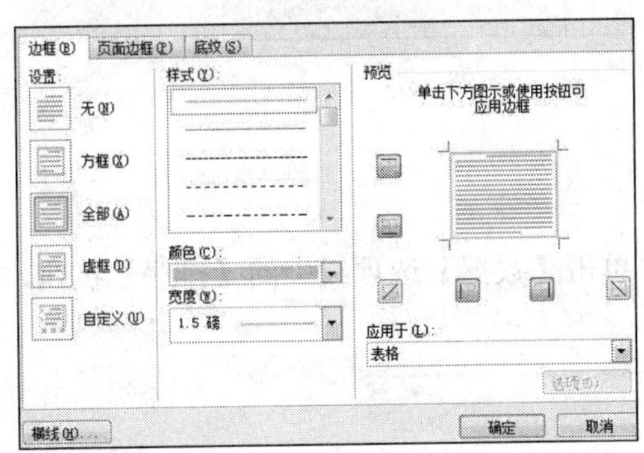

图 3-90

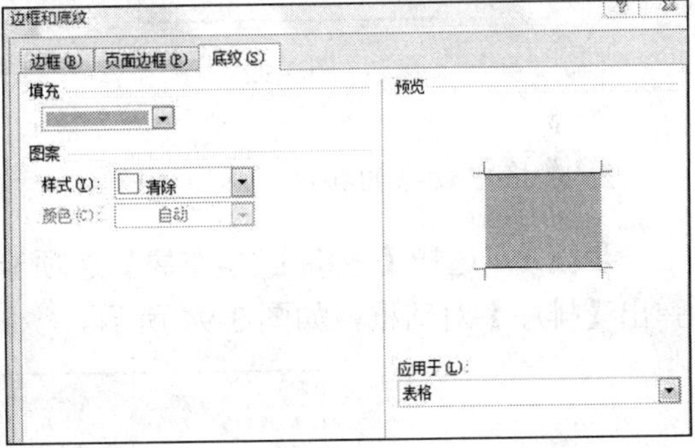

图 3-91

步骤 3：设置完成后单击【确定】按钮，即可为单元格填充底纹。

案例 22　表格的计算与排序操作

在 Word 2010 的表格中，可以依照某列对表格进行排序。对数值型数据还可以按从小到大或从大到小的不同方式进行排序。表格的计算功能可以对表格中的数据执行一些简单的运算，如求和、求平均值、求最大值等，并可以方便、快捷地得到计算结果。

1. 表格的计算

在 Word 2010 中，可以通过输入带有加、减、乘、除（+、−、×、/）等运算符的公式进行运算，也可以使用 Word 2010 附带的函数进行较为复杂的计算。

（1）单元格参数与单元格的值

为了方便在单元格之间进行运算，这里使用了一些参数来代表单元格、行或列。表格的列从左至右用英文字母（A，B，…）表示，表格的行自上而下用正整数（1，2，…）表示，每一个单元格的名称由其所在的行和列的编号组合而成。在表格中，排序或计算都是以单元格为单位进行的。

单元格中实际输入的内容称为单元格的值。如果单元格为空或不以数字开始，则该单元格的值等于 0。如果单元格以数字开始，后面还有其他非数字字符，则该单元格的值等于第一个非数字字符前的数字值。

（2）在表格中进行计算

步骤 1：选中 E2 单元格，选择【表格工具-布局】选项卡，单击【数据】选项组中的【公式】按钮，如图 3-92 所示，弹出【公式】对话框。

步骤 2：此时【公式】对话框的【公式】文本框中显示出了“=SUM(LEFT)”公式，表示对插入点左侧各单元格中的数值求和，如图 3-93 所示，单击【确定】按钮，求和结果就会显示在 E2 单元格中。下面以此类推。

图 3-92

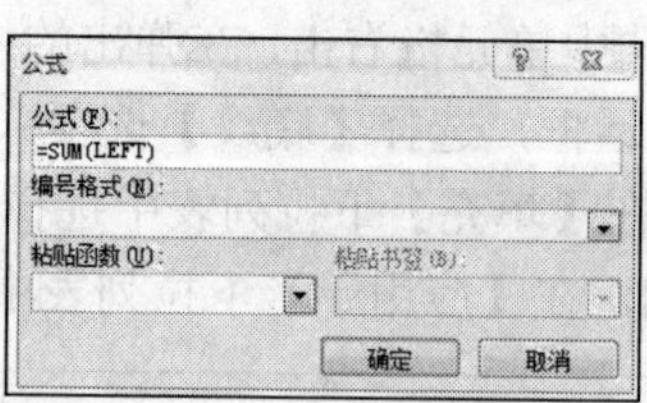

图 3-93

2. 表格中数据的排序

步骤 1：选择【表格工具-布局】选项卡，单击【数据】选项组中的【排序】按钮，弹出【排序】对话框，如图 3-94 所示。

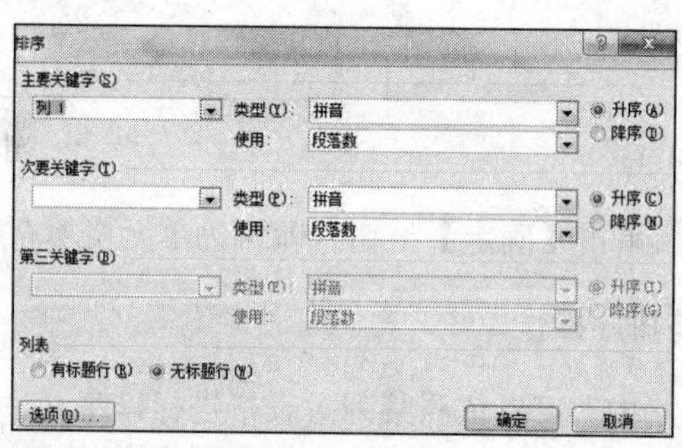

图 3-94

步骤 2：单击【主要关键字】下拉按钮，在弹出的下拉列表中选择一种排序依据，单击【类型】下拉按钮，在弹出的下拉列表中选择一种排序类型，这里选择【拼音】，然后选中【升序】单选按钮。

步骤 3：设置完成后单击【确定】按钮，即可按要求对表格内容进行排序。

案例 23 图片处理技术的应用

在文档中插入图片或剪贴画等可以增强文档的表达效果。Word 2010 的剪辑库中包含了大量的剪贴画、艺术字及文本框，用户可以根据需要将它们插入文档中。

1. 插入图片

Word 2010 利用多种应用程序（如 Windows 画图程序、AutoCAD 等）建立的【插入】、【链接到文件】等方式，可以把图形文件插入文档中，具体操作步骤如下。

步骤 1：将光标定位到需要插入图片的位置。

步骤 2：单击【插入】选项卡【插图】选项组中的【图片】按钮，如图 3-95 所示。

步骤 3：在弹出的【插入图片】对话框中选择要插入的图片，单击【插入】下拉按钮，在弹出的下拉列表中选择【插入】选项，如图 3-96 所示，即可插入所选的图片文件。

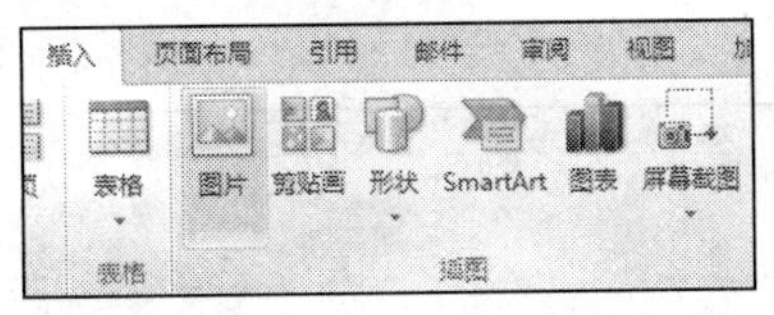

图 3-95

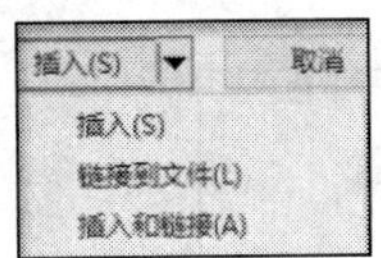

图 3-96

步骤 4：选中插入的图片，选择【图片工具-格式】选项卡。在该选项卡中的【调整】、【图片样式】、【排列】、【大小】选项组中对图片进行相应的设置，如图 3-97 所示。

图 3-97

2. 设置图片与文字环绕方式

设置图片版式，也就是设置图片与文字之间的环绕方式，具体操作步骤如下。

步骤 1：选中要设置文字环绕方式的图片。

步骤 2：选择【图片工具-格式】选项卡，单击【排列】选项组中的【自动换行】下拉按钮，在弹出的下拉列表中选择需要的环绕方式，如图 3-98 所示。还可以在下拉列表中选择【其他布局选项】选项，在弹出的【布局】对话框的【文字环绕】选项卡中进行设置，如图 3-99 所示。

图 3-98

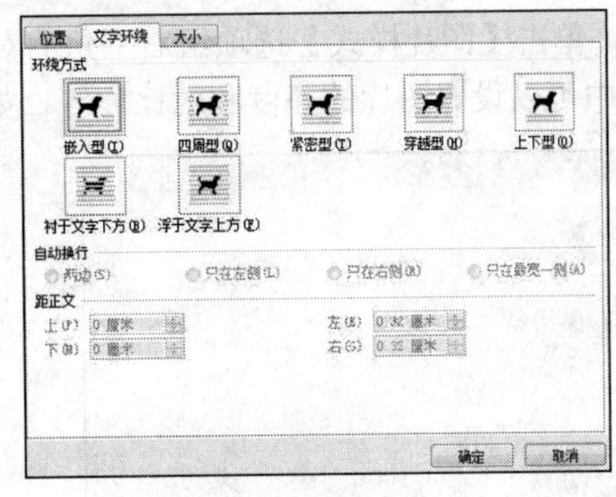

图 3-99

3. 在页面中设置图片位置

Word 2010 中提供了多种控制图片位置的工具，用户可以根据文档类型更快捷、更合理地布置图片，具体的操作步骤如下。

步骤 1：选择要设置的图片。

步骤 2：选择【图片工具-格式】选项卡，单击【排列】选项组中的【位置】下拉按钮，在弹出的下拉列表中选择需要的位置布局方式，如图 3-100 所示。还可以在下拉列表中选择【其他布局选项】选项，在弹出的【布局】对话框的【位置】选项卡中进行设置，如图 3-101 所示。

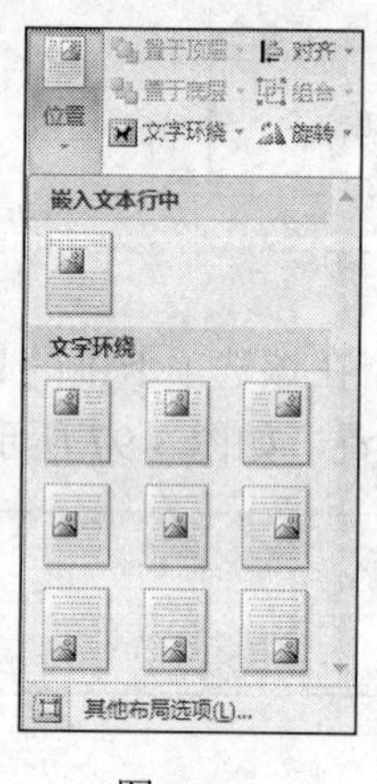

图 3-100

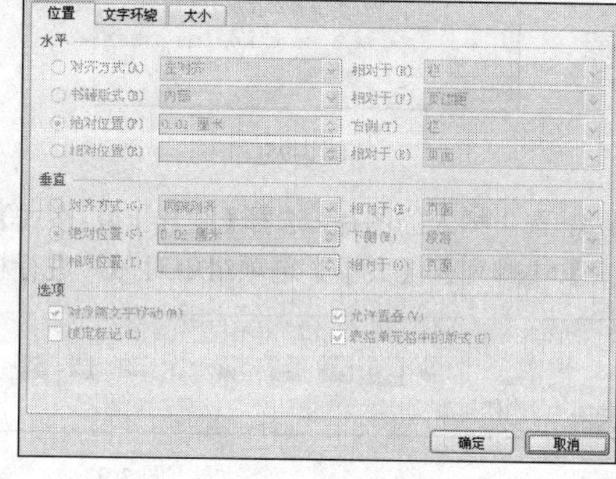

图 3-101

4. 设置图片格式

在文档中插入图片后，即可对图片的格式进行设置和排版。设置图片格式的具体操作步骤如下。

步骤 1：选择要设置格式的图片。

步骤 2：单击【图片工具-格式】选项卡【大小】选项组右下角的对话框启动器，在弹出的【布局】对话框的【大小】选项卡中可以设置图片的高度、宽度、旋转、缩放比例等，如图 3-102 所示。

步骤 3：单击【图片样式】选项组右下角的对话框启动器，在弹出的【设置图片格式】对话框中可以设置图片的亮度和对比度等，如图 3-103 所示。

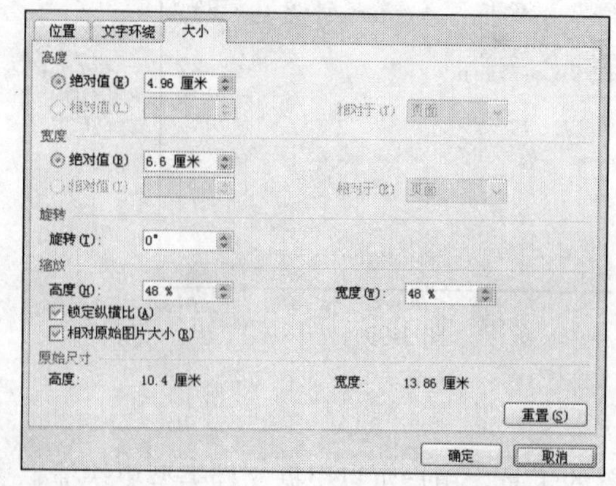

图 3-102

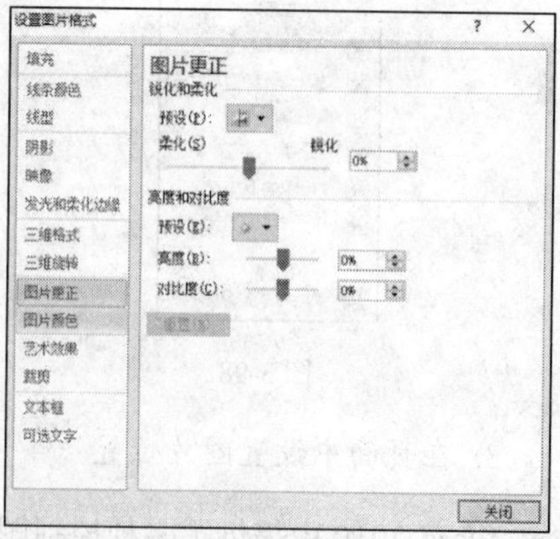

图 3-103

5. 为图片设置透明色

当用户将插入的图片设置为【浮于文字上方】时，可通过设置图片中的某种颜色为透明色使下面的部分文字显现出来。其具体操作步骤如下。

步骤 1：选择要设置透明色的图片。

步骤 2：选择【图片工具-格式】选项卡，单击【调整】选项组中的【颜色】下拉按钮，在弹出的下拉列表中选择【设置透明色】选项，如图 3-104 所示。

步骤 3：当鼠标指针变成笔形状时，在图中单击相应的位置指定透明色，则图片中被该颜色覆盖的文字就会显示出来。

6. 插入剪贴图

步骤 1：将光标定位到需要插入剪贴画的位置。

步骤 2：单击【插入】选项卡【插图】选项组中的【剪贴画】按钮，在弹出的【剪贴画】任务窗格的【搜索文字】文本框中输入剪贴画的名称或剪贴画的文件名，在【结果类型】下拉列表中选择搜索结果的类型，单击【搜索】按钮，如图 3-105 所示。

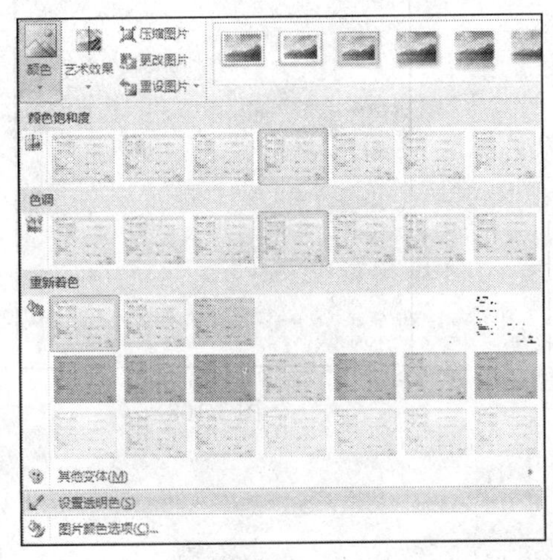

图 3-104

图 3-105

步骤 3：在【剪贴画】任务窗格中单击所需的图片，即可将剪贴画插入文档中。

7. 截取屏幕图片

步骤 1：将光标定位到需要插入图片的位置。

步骤 2：单击【插入】选项卡【插图】选项组中的【屏幕截图】按钮，在【可用视图】下拉列表中选择所需的屏幕图片，即可将屏幕画面插入文档中；或选择【屏幕剪辑】选项，根据需要截取需要的图片，如图 3-106 所示。

8. 裁剪图片

图片插入文档后，用户可根据需要对图片进行裁剪，并可裁剪为多种形状。其具体操作步骤如下。

步骤 1：选择需要裁剪的图片。

步骤 2：选择【图片工具-格式】选项卡，单击【大小】选项组中的【裁剪】按钮，图片周围会显示 8 个方向的黑色裁剪控制柄，如图 3-107 所示，使用鼠标拖动黑色控制柄调整图片的大小。

步骤 3：调整完成后在空白处单击，即可完成图片的裁剪。

步骤 4：单击【图片工具-格式】选项卡【大小】选项组中的【裁剪】下拉按钮，在弹出的下拉列表中选择【裁剪为形状】选项，在弹出的级联菜单中选择所需的形状，即可将图片裁剪为所选形状，如图 3-108 所示。

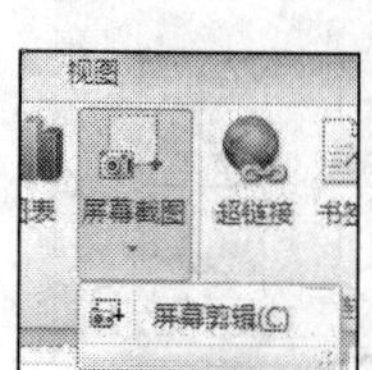

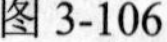

图 3-106

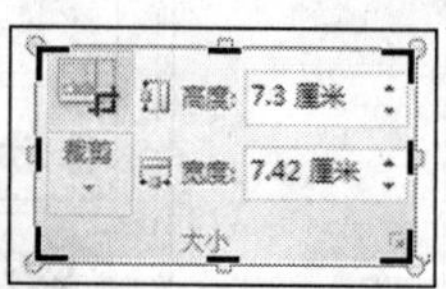

图 3-107

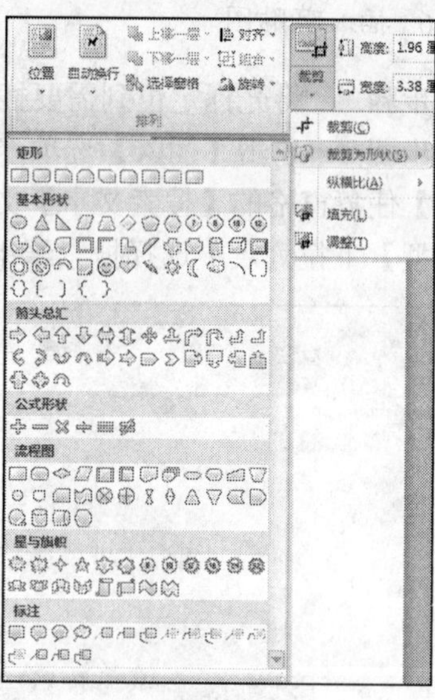

图 3-108

案例 24 创建 SmartArt 图形

SmartArt 图形是信息和观点的视觉表示形式，能够快速、轻松、有效地传达信息。Word 2010 中的 SmartArt 图形包括列表、流程、循环、层次结构、关系、矩阵、棱锥图和图片等。

1. 插入 SmartArt 图形

插入 SmartArt 图形的具体操作步骤如下。

步骤 1：将光标定位到需要插入 SmartArt 图形的位置。

步骤 2：单击【插入】选项卡【插图】选项组中的【SmartArt】按钮，在弹出的【选择 SmartArt 图形】对话框的左侧列表框中选择图形类型，在中间的列表框中选择所需的结构图，单击【确定】按钮，即可在文档中插入选择的层次布局结构图，如图 3-109 所示。

步骤 3：若用户要在插入的结构图中输入文本，可在结构图内直接单击【文本】字样，然后输入所需的文本即可。

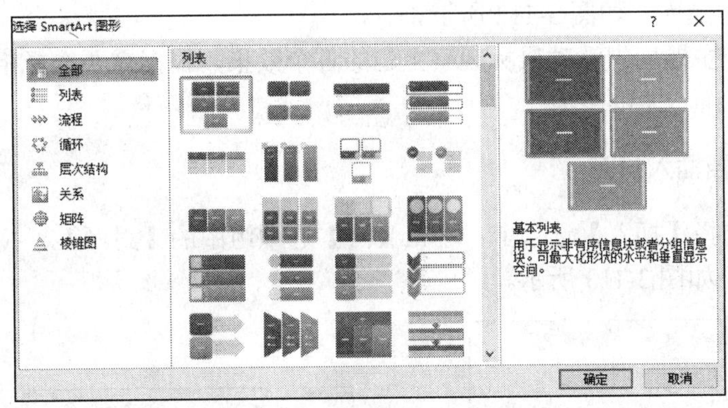

图 3-109

2. 设计 SmartArt 图形样式

在文档中插入了 SmartArt 图形后，可以为插入的 SmartArt 图形设置不同的样式。其具体的操作步骤如下。

步骤 1：选择要设置样式的 SmartArt 图形。

步骤 2：单击【SmartArt 工具-设计】选项卡【SmartArt 样式】选项组中的【其他】下拉按钮，在弹出的下拉列表中选择一种样式，如图 3-110 所示。

步骤 3：单击【SmartArt 工具-设计】选项卡【SmartArt 样式】选项组中的【更改颜色】下拉按钮，在弹出的下拉列表中选择一种颜色，如图 3-111 所示。

图 3-110

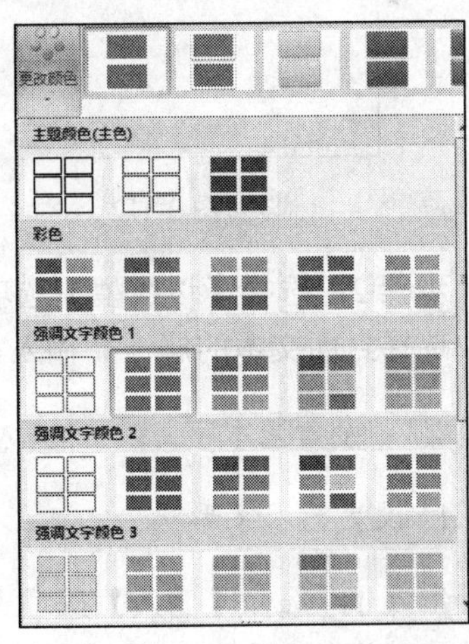

图 3-111

案例 25　使用主题调整文档外观操作

在 Word 2010 中调整文档外观比以往版本更加快捷，它省略了一系列的步骤，可以迅速将文档设置成所需效果。其具体的操作步骤如下。

步骤 1：选择【页面布局】选项卡，单击【主题】选项组中的【主题】下拉按钮，弹出系统内置主题库，如图 3-112 所示。

步骤 2：在主题库中滑动鼠标观察主题的各个效果，根据需要选择相应的主题，即可将其设置为当前文档的主题。

案例 26 为文档插入封面

步骤 1：选择【插入】选项卡，单击【页】选项组中的【封面】下拉按钮，弹出系统内置封面库，如图 3-113 所示。

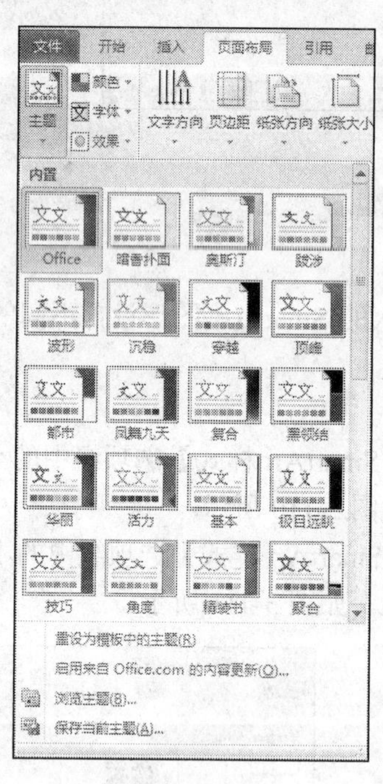

图 3-112

图 3-113

步骤 2：选择【边线型】选项，将在文档中的最前一页插入【边线型】封面，在文档中选择封面文本的属性，输入相应的信息，即可完成制作。

案例 27 设置艺术字

1. 设置艺术字形状

步骤 1：选择【插入】选项卡，单击【文本】选项组中的【艺术字】下拉按钮，在弹出的下拉列表中选择艺术字类型，如图 3-114 所示。

步骤 2：将艺术字插入文档后，选择【绘图工具-格式】选项卡，单击【形状样式】选项组中的【形状效果】下拉按钮，在弹出的下拉列表中可根据需求选择艺术字的各种形状，如图 3-115 所示。

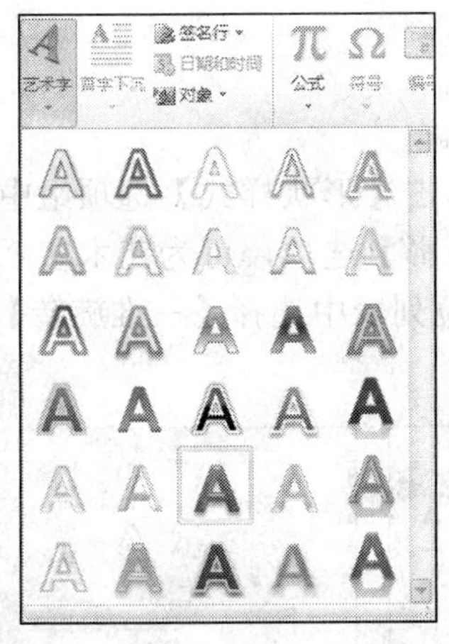
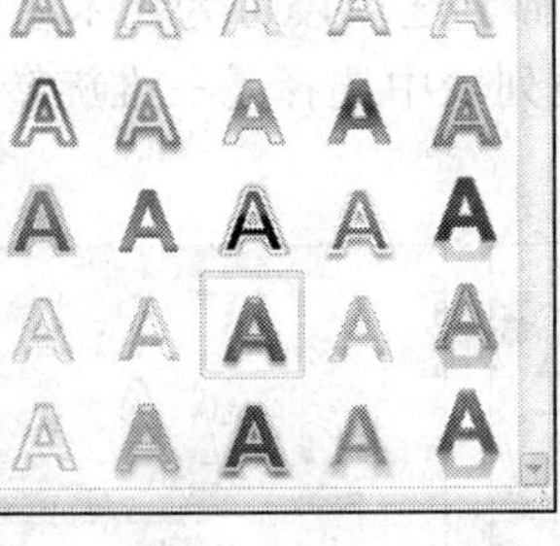

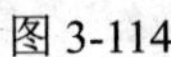
图 3-114

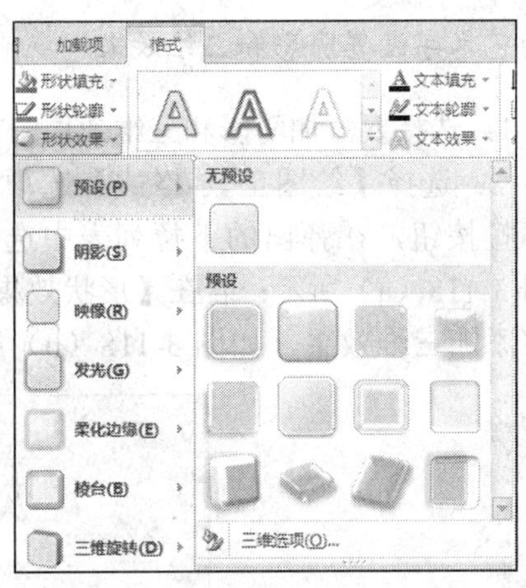

图 3-115

2. 旋转艺术字

用户可以对插入文档中的艺术字进行翻转和旋转等操作，具体操作步骤如下。

步骤 1：选择要翻转或旋转的艺术字。

步骤 2：选择【绘图工具-格式】选项卡，单击【大小】选项组右下角的对话框启动器，在弹出的【布局】对话框中选择【大小】选项卡，如图 3-116 所示。在【旋转】选项组的【旋转】微调框中设置旋转角度，单击【确定】按钮即可。

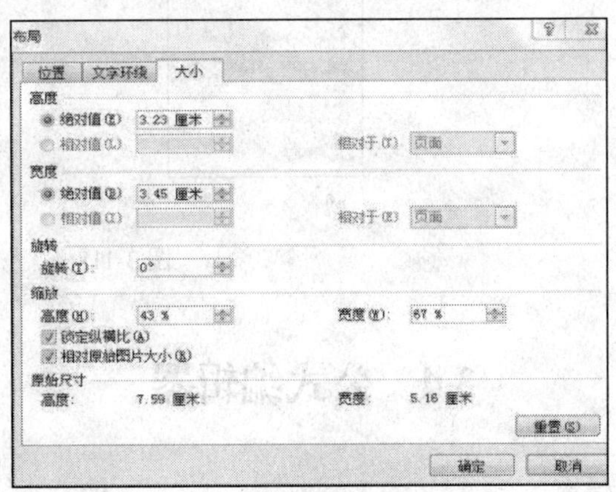

图 3-116

3. 美化艺术字

用户可以为创建的艺术字填充颜色、纹理、图案等，使艺术字的效果更佳，具体的操作步骤如下。

步骤 1：选择要设置的艺术字。

步骤 2：选择【绘图工具-格式】选项卡，单击【形状样式】选项组中的【形状填充】下拉按钮，在弹出的下拉列表中选择填充颜色，如图 3-117 所示。

4. 为艺术字设置阴影和三维效果

步骤 1：选择要添加阴影和三维效果的艺术字。

步骤 2：选择【绘图工具-格式】选项卡，单击【形状样式】选项组中的【形状效果】下拉按钮，在弹出的下拉列表中选择【阴影】选项，可为艺术字添加阴影效果，如图 3-118（a）所示；若在【形状效果】下拉列表中选择【三维旋转】选项，可为艺术字添加三维效果，如图 3-118（b）所示。

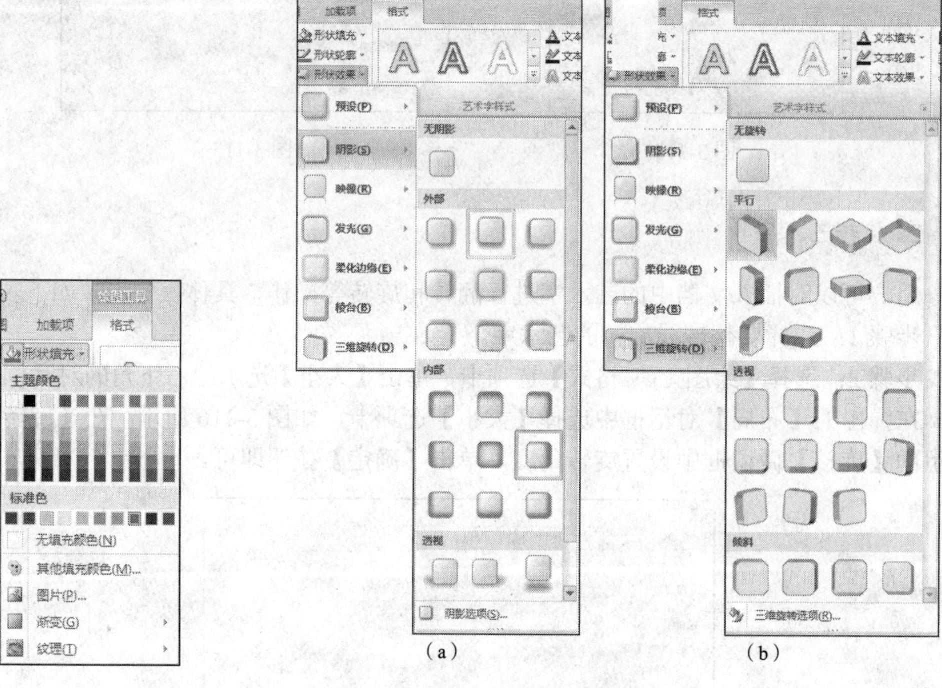

图 3-117

（a）　（b）

图 3-118

3.4 公式编辑器

案例 28 进入公式编辑器

要在文档中插入专业的数学公式，仅仅利用上、下标按钮来设置是远远不够的。使用公式编辑器，不但可以输入符号，还可以输入数字和变量。

1. 插入公式

若打开的文档中包含 Word 早期版本写入的公式，则可按以下步骤将文档转换为 Word 2010 版本。

步骤 1：选择【文件】→【信息】→【转换】选项，如图 3-119 所示。

图 3-119

步骤 2：选择【文件】→【保存】选项。

在文档中插入公式的操作步骤如下。

步骤 1：将光标移到要插入公式的位置，单击【插入】选项卡【符号】选项组中的【公式】按钮。

步骤 2：在弹出的下拉列表中选择【插入新公式】选项，此时功能区出现【公式工具-设计】选项卡，其中包含了大量的数学结构和数学符号，如图 3-120 所示。同时，文档中显示【在此处键入公式】编辑框。

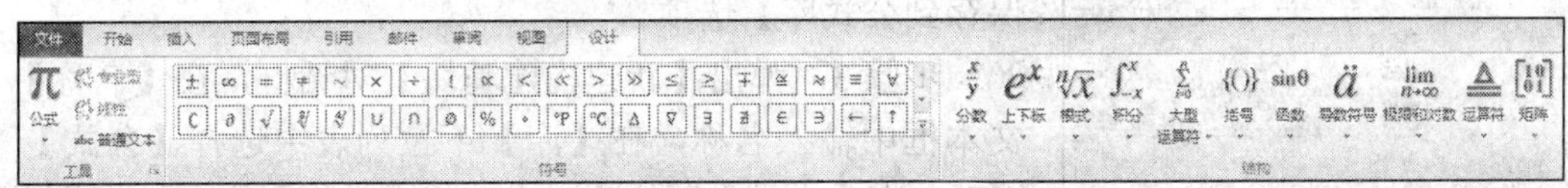

图 3-120

步骤 3：单击编辑框，在【公式工具-设计】选项卡中选择结构和数学符号进行输入，如果结构中包含占位符，则在占位符内单击，然后输入所需的数字或符号。

2. 插入常用公式

单击【插入】选项卡【符号】选项组中的【公式】下拉按钮，在弹出的下拉列表中将出现常用公式，在此单击选择即可。

案例 29　输入公式符号

创建公式时，功能区会根据数学排版概率自动调整字号、间距、格式。使用数学公式模板可以方便、快速地制作各种格式的数学公式，具体操作步骤如下。

步骤 1：把光标定位到要插入字符的位置，单击【插入】选项卡【符号】选项组中的【符号】下拉按钮，在弹出的下拉列表中选择【其他符号】选项，如图 3-121 所示。

步骤 2：在弹出的【符号】对话框中选择所需的数学符号，单击【插入】按钮，即可在文档中插入所需的字符，如图 3-122 所示。

步骤 3：插入完成后，单击公式编辑框以外的任何位置即可返回文档。

案例 30　将公式添加到常用公式库或将其删除

步骤 1：单击【插入】选项卡【符号】选项组中的【公式】下拉按钮，在弹出的下拉列表中选择要添加的公式。

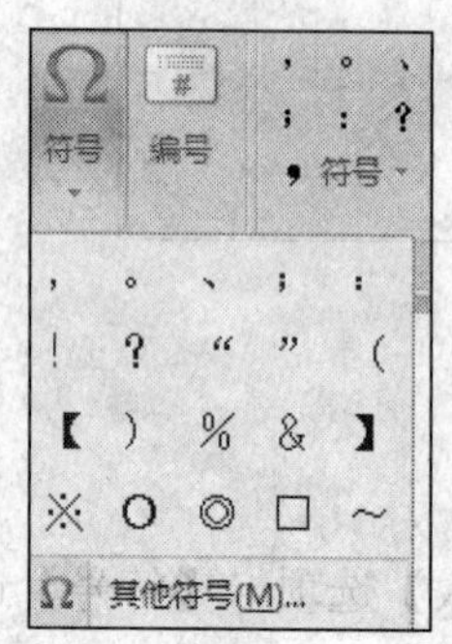

图 3-121

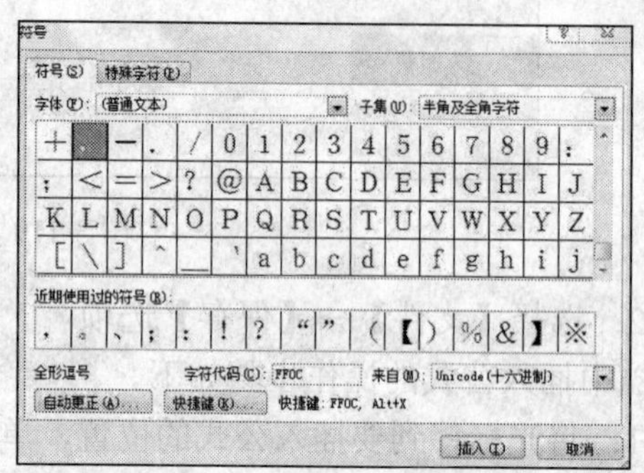

图 3-122

步骤 2：选中公式，选择【公式工具-设计】选项卡，单击【工具】选项组中的【公式】下拉按钮，在弹出的下拉列表中选择【将所选内容保存到公式库】选项。

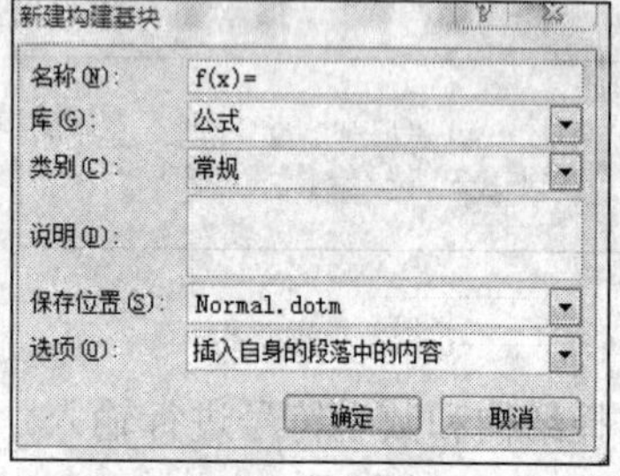

图 3-123

步骤 3：弹出【新建构建基块】对话框，在【名称】文本框中输入名称，在【库】下拉列表中选择【公式】选项，在【类别】下拉列表中选择【常规】选项，在【保存位置】下拉列表中选择【Normal.dotm】选项，如图 3-123 所示，单击【确定】按钮。

步骤 4：如果要在公式库中删除某公式，可选择【公式工具-设计】选项卡，单击【工具】选项组中的【公式】下拉按钮，在弹出的下拉列表中右击要删除的公式，在弹出的快捷菜单中选择【整理和删除】选项，如图 3-124 所示。

步骤 5：在弹出的【构建基块管理器】对话框中选择相应基块的名称，然后单击【删除】按钮即可，如图 3-125 所示。

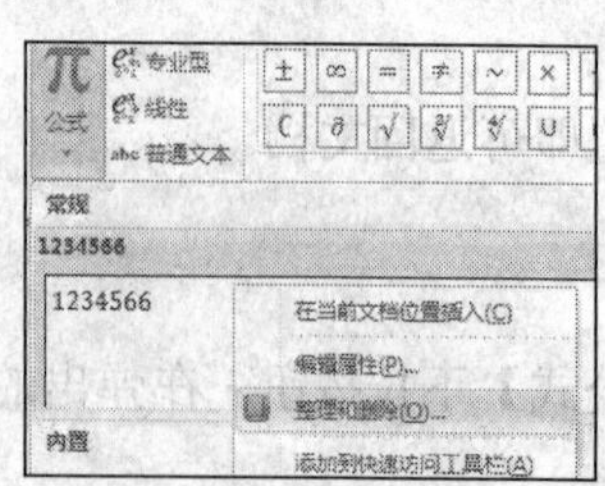

图 3-124

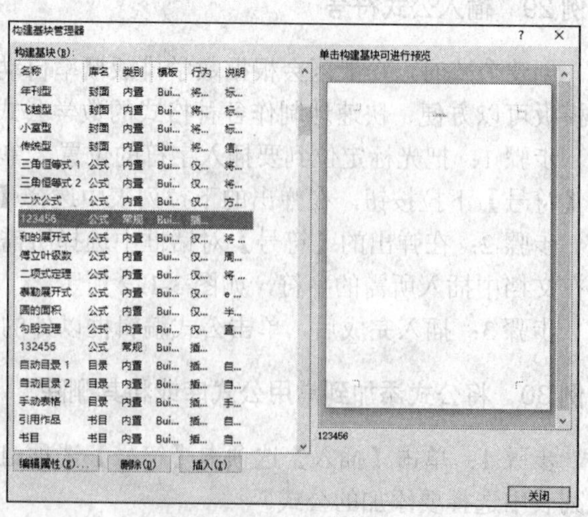

图 3-125

第 4 章　Excel 2010 案例操作

本章主要介绍 Excel 制表基础、工作簿与多工作表的基本操作、Excel 公式和函数、在 Excel 中创建图表、Excel 数据分析及处理等。

4.1　Excel 制表基础

案例 1　编辑表格

1. 输入数值型数据

在 Excel 2010 中，数值型数据是使用最多、最为复杂的数据类型。数值型数据由数字 0～9、正号“+”、负号“-”、小数点“.”、分数号“/”、百分号“%”、货币符号“¥”或“$”和千位分隔号“,”等组成。在 Excel 2010 中输入数值型数据时，Excel 自动将其沿单元格右边对齐。

（1）输入负数

输入负数时，必须在数字前加一个负号“-”或给数字加上圆括号。例如，输入-10 和（10）都可以在单元格中得到-10；如果要输入正数，则直接将数字输入单元格即可。

（2）输入百分比数据

输入百分比数据时，可以直接在数值后输入百分号。例如，要输入 450%，应先输入 450，然后输入%。

（3）输入分数

输入分数时，如输入 1/2，应先输入 0 和一个空格，然后输入 1/2。如果不输入 0 和空格，Excel 2010 会把该数据当作日期格式处理，存储为 1 月 2 日。

（4）输入小数

输入小数时，直接输入即可。当输入的数据量较大，且都具有相同的小数位时，可以利用【自动插入小数点】功能，从而省略输入小数点的麻烦。

下面介绍自动插入小数点的方法，具体操作步骤如下。

步骤 1：选择【文件】选项卡，打开后台视图，如图 4-1 所示，选择【选项】选项，弹出【Excel 选项】对话框。

步骤 2：选择【高级】选项卡，选中右侧【编辑选项】选项组中的【自动插入小数点】复选框，然后在【位数】微调框中输入小数位数，如图 4-2 所示。设置完成后，在表格中输入数字即可自动添加小数点。

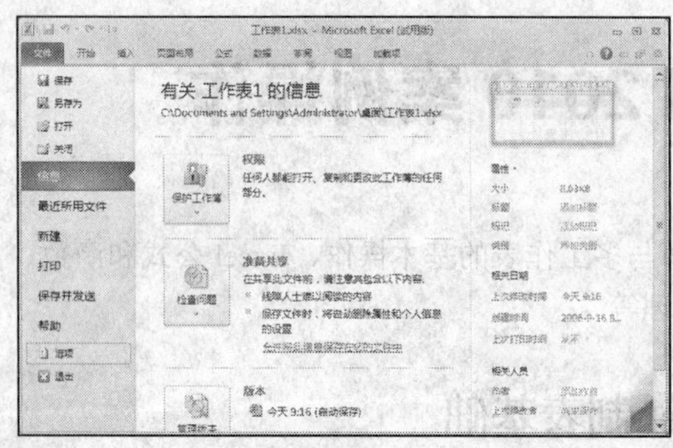

图 4-1

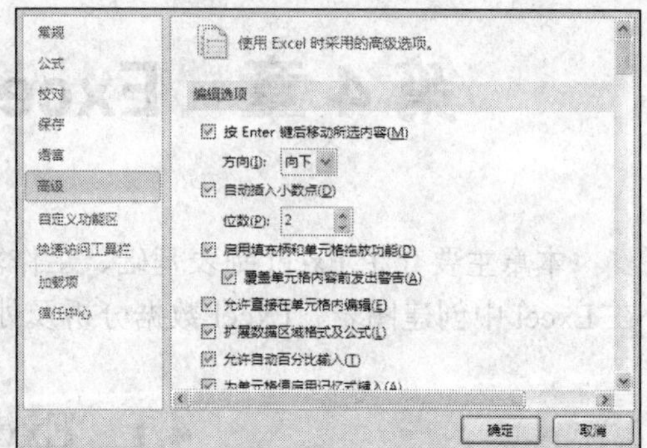

图 4-2

2. 输入日期和时间

（1）输入日期

可以用“/”或“-”来分隔日期的年、月、日。例如，输入【13/6/11】并按【Enter】键，Excel 2010 会将其转换为默认的日期格式，即【2013/6/11】，如图 4-3 所示。

（2）输入时间

小时与分钟或分钟与秒之间用冒号分隔，Excel 2010 一般把插入的时间默认为上午的时间。若要输入下午的时间，则在时间后面加一个空格，然后输入【PM】，如输入【06:05:05 PM】。还可以采用 24 小时制表示时间，即把下午的小时时间加上 12，如输入【18:05:05】。输入时间后的效果如图 4-4 所示。

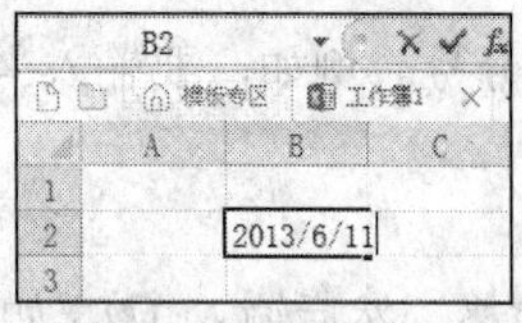

图 4-3

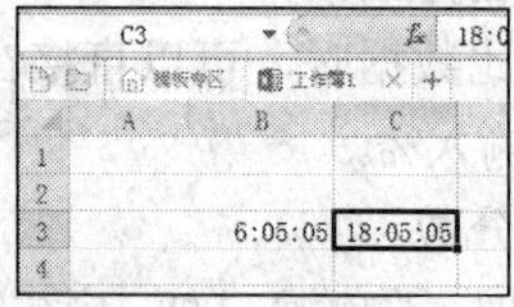

图 4-4

3. 文本输入

Excel 2010 中的文本包括字母、汉字、特殊符号、数字等，每个单元格最多可以包含 32767 个字符。

要在单元格中输入文本，首先选择单元格，输入文本后按【Enter】键确认。Excel 2010 会自动识别文本类型，并将文本对齐方式默认为【左对齐】，即文本沿单元格左边对齐。

如果数据全部由数字组成，如编码、学号等，则输入时应在数据前输入英文状态下的单引号“'”，如输入【'123456】。Excel 2010 就会将其看作文本，将它沿单元格左边对齐，如图 4-5 所示。此时，该单元格左侧会出现文本格式图标，当鼠标指针停在此图标上时，其右侧将出现一个下拉按钮，单击它就会弹出如图 4-6 所示的下拉列表，用户可根据需要进行选择。

当用户输入的文字过多，超过了单元格列宽时，会产生以下两种结果。

1）如果右边相邻单元格中没有任何数据，则超出的文字会显示在右边相邻的单元格中，如图 4-7 所示。

2）如果右边相邻的单元格中已存有数据，那么超出单元格宽度的部分将不显示，如图 4-8 所示。

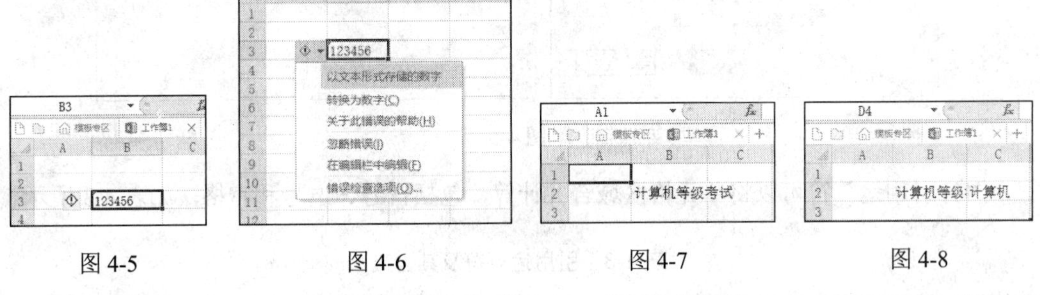

图 4-5　　图 4-6　　图 4-7　　图 4-8

4. 公式中的运算符

公式是工作表中的数值执行计算的等式，它可以对工作表数值进行各种运算。

公式中的信息还可以引用同一工作表中的其他单元格、同一工作簿不同工作表中的单元格，或其他工作簿的工作表中的单元格信息。

公式通常以等号“=”开头，在一个公式中可以包含各种运算符、常量、变量、函数及单元格引用等。运算符用于对公式中的元素进行特定类型的运算，可分为 4 种类型，即算术运算符、比较运算符、文本连接运算符和引用运算符。

1）算术运算符是指可以完成基本数学运算的符号，如表 4-1 所示。

表 4-1　算术运算符及其含义

算术运算符	含义	算术运算符	含义
+（加号）	加法	/（除号）	除法
-（减号）	减法或负数	%（百分号）	百分比
*（乘号）	乘法	^（脱字号）	乘方

2）比较运算符是可以比较两个数值并产生逻辑值的符号，如表 4-2 所示。

表 4-2　比较运算符及其含义

比较运算符	含义	比较运算符	含义
=（等号）	等于	>=（大于等于号）	大于或等于
>（大于号）	大于	<=（小于等于号）	小于或等于
<（小于号）	小于	<>（不等号）	不等于

3）文本连接运算符只有一个，即“&”，用来连接一个或多个文本字符串，以生成

一段文本。例如，在 B2 单元格中输入【初一】，在 C3 单元格中输入【十五】，然后在 D4 单元格中输入【=B2&C3】，按【Enter】键确认。运算完成后在 D4 单元格中显示【初一十五】，如图 4-9 所示。

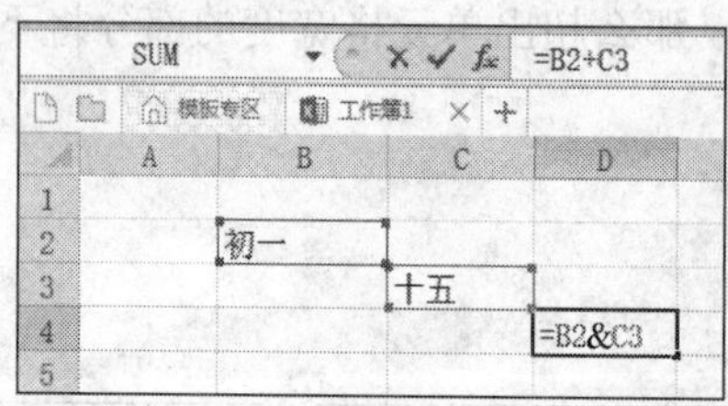
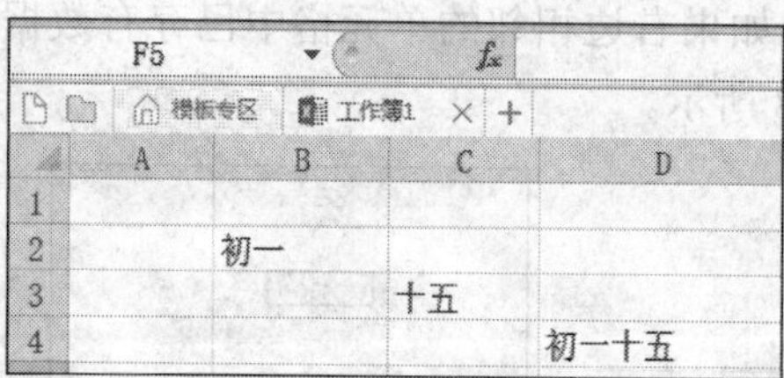

图 4-9

4）引用运算符可以将单元格区域合并计算，包括冒号、逗号和空格，如表 4-3 所示。

表 4-3 引用运算符及其含义

引用运算符	含义
:（冒号）	区域运算符，生成对两个引用之间所有单元格的引用，如【A1:B2】
,（逗号）	联合运算符，将多个引用合并为一个引用，如【SUM(A1:B2,A1:B2)】
空格	交叉运算符，生成对两个引用共同的单元格的引用，如【B2:D10 C10:C12】

5. 公式中的运算

（1）运算方法

公式按特定顺序进行计算。Excel 2010 中的公式以等号“=”开头，这个等号告诉 Excel 2010 随后的字符将组成一个公式。等号后面是要计算的元素，各操作数之间有运算符间隔。使用运算符的具体操作步骤如下。

步骤 1：打开 Excel 2010 操作窗口，新建空白工作簿。在 A1:D1 单元格中输入数据（10、20、30、40）。

步骤 2：选择 E1 单元格，在编辑栏中输入【=A1+B1+C1+D1】，如图 4-10 所示。

步骤 3：按【Enter】键确认，即可在 E1 单元格中显示计算结果，如图 4-11 所示。

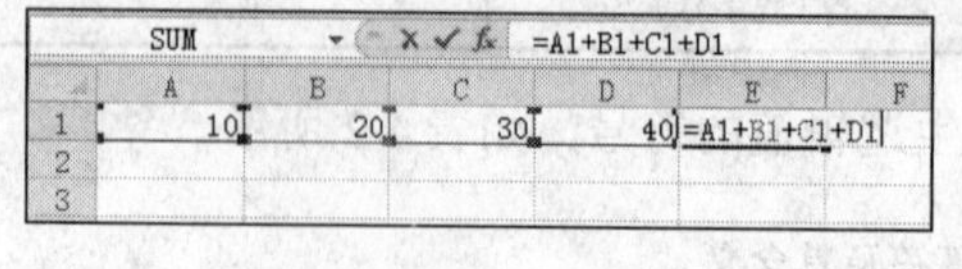

图 4-10

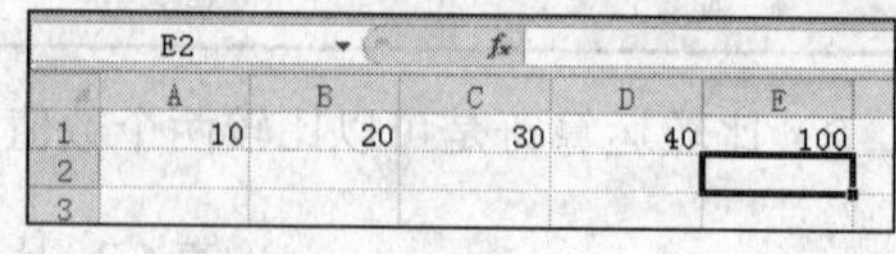

图 4-11

（2）运算符优先级

如果一个公式中有若干个运算符，Excel 2010 将按照表 4-4 所示的次序进行计算。如果一个公式中的若干个运算具有相同的优先顺序，Excel 2010 将从左到右进行计算。

表 4-4　运算符的优先级

运算符	含义	优先级	
：（冒号）、　（空格）、，（逗号）	引用	1	高
–	负数	2	↑
%	百分号	3	│
^	乘方	4	│
*和/	乘和除	5	│
+和–	加和减	6	│
&	连接两个文本字符串（串联）	7	↓
=、<、>、<=、>=、<>	比较运算符	8	低

（3）更改求值顺序

在计算中如果要更改求值的顺序，可将公式中要先计算的部分用括号括起来，具体操作步骤如下。

步骤 1：选择 E3 单元格，在编辑栏中输入【=(A1+B1+C1)*D1】，如图 4-12 所示。

步骤 2：按【Enter】键，即可在 E3 单元格中显示计算结果，如图 4-13 所示。

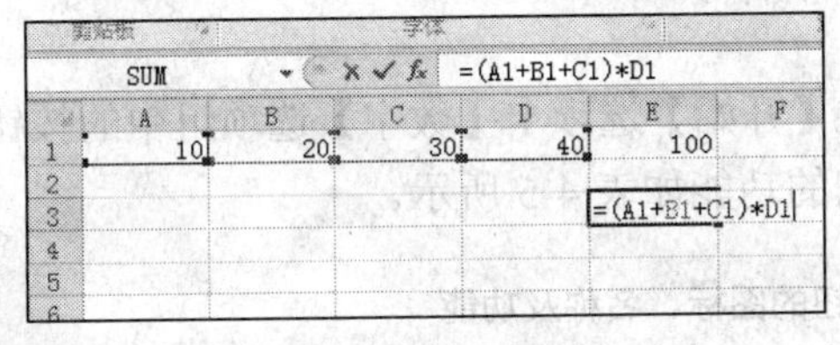

图 4-12

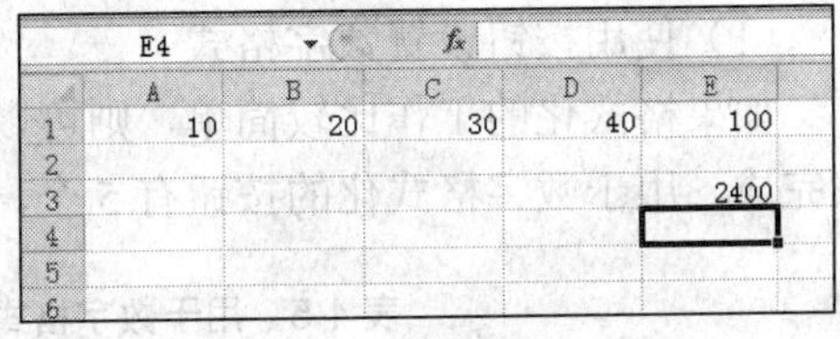

图 4-13

注意：输入公式的操作类似于输入文字，可以手写输入，也可以单击输入。

1）手写输入：手写输入公式是指直接输入公式内容。在选定的单元格中输入等号【=】，在其后面输入公式。输入时，字符会同时出现在单元格和编辑栏中。

2）单击输入：单击输入更为简单快捷，且不容易出现问题。可以直接单击单元格引用，而不用完全手动输入。

案例 2　整理与修饰表格

1. 设置文本对齐方式

选中要设置对齐方式的单元格，单击【开始】选项卡【对齐方式】选项组右下角的对话框启动器，在弹出的【设置单元格格式】对话框中选择【对齐】选项卡，在该选项卡中即可设置文本的对齐方式，如图 4-14 所示。

2. 设置字体字号

选中要设置字体字号的单元格，单击【开始】选项卡【字体】选项组右下角的对话框启动器，在弹出的【设置单元格格式】对话框中选择【字体】选项卡，在该选项卡中即可设置字体和字号，如图 4-15 所示。

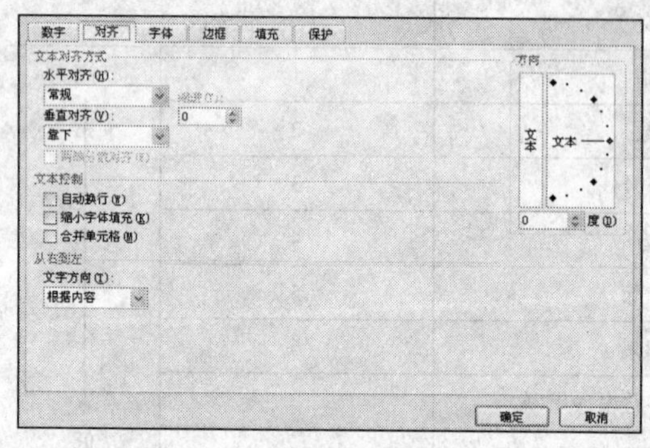

图 4-14

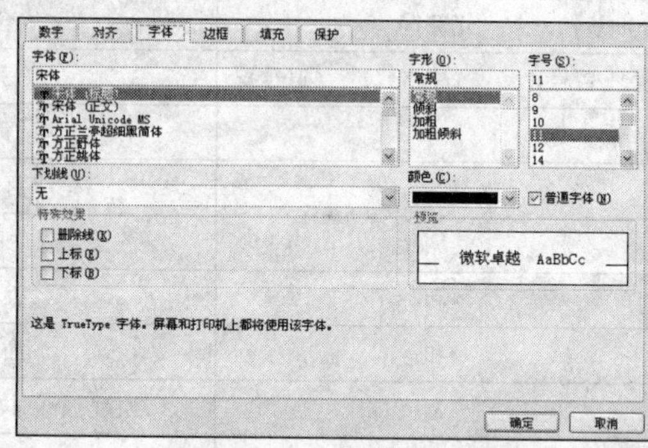

图 4-15

注意：也可以使用快捷菜单进行格式化工作，方法是选定要设置的单元格或单元格区域右击，在弹出的快捷菜单中选择【设置单元格格式】选项，这时也会弹出【设置单元格格式】对话框。

3. 设置数字格式

（1）使用按钮设置数字格式

如果格式化的工作比较简单，则可以通过【开始】选项卡【数字】选项组中的按钮来完成。用于数字格式化的按钮有 5 个，它们的功能如表 4-5 所示。

表 4-5　用于数字格式化按钮的图标、名称及功能

图标	名称	功能
	会计数字格式	为选定单元格选择替补货币格式
%	百分比样式	将单元格值显示为百分比
,	千位分隔样式	显示单元格值时使用千位分隔符
.0 .00	增加小数位数	每单击一次，数据增加一个小数位数
.00 .0	减少小数位数	每单击一次，数据减少一个小数位数

例如，要为工作表中的价格添加货币样式，可按照如下步骤操作。

步骤 1：在 C2:C6 单元格中输入数值并选中。

步骤 2：单击【会计数字格式】下拉按钮，弹出的下拉列表如图 4-16 所示，选择【¥中文（中国）】选项，即可在数字前面插入货币符号“¥”，插入结果如图 4-17 所示。

（2）使用【数字】选项卡设置数字格式

步骤 1：选定要设置的单元格、单元格区域或文本。

步骤 2：使用前面介绍的设置文本和单元格方法中的任意一种，弹出【设置单元格格式】对话框。

步骤 3：选择【数字】选项卡，在【分类】列表框中选择所需的类型，此时对话框右侧便显示本类型中可用的格式及示例，用户可以根据需要选择所需的格式，如图 4-18 所示。

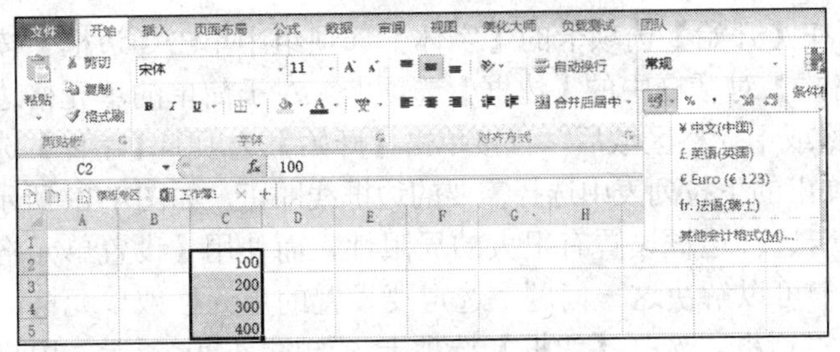

图 4-16

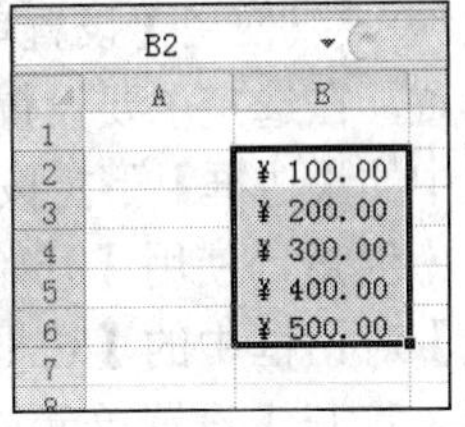

图 4-17

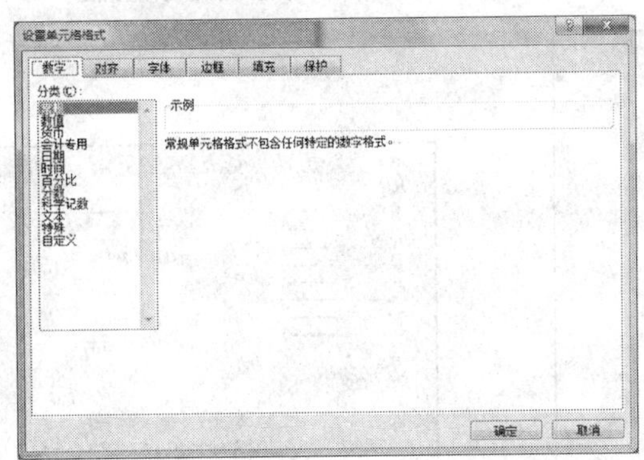

图 4-18

步骤 4：单击【确定】按钮即可完成设置。

其中，数字格式的分类与说明如表 4-6 所示。

表 4-6　数字格式的分类与说明

分类	说明
常规	不包含特定的数字格式
数值	可用于一般数字的表示，包括千位分隔符、小数位数、不可指定负数的显示方式
货币	可用于一般货币值的表示，包括货币符号、小数位数、不可指定负数的显示方式
会计专用	与货币一样，只是小数或货币符号是对齐的
日期	把日期和时间序列数值显示为日期值
时间	把日期和时间序列数值显示为时间值
百分比	将单元格值乘以 100 并添加百分号，还可以设置小数点的位置
分数	以分数显示数值中的小数，还可以设置分母的位数
科学记数	以科学记数法显示数字，还可以设置小数点的位置
文本	在文本单元格格式中，数字作为文本处理
特殊	用来在列表或数据中显示邮政编码、电话号码、中文大写数字、中文小写数字
自定义	用于创建自定义的数字格式

4. 设置单元格格式

（1）设置单元格边框

要设置单元格的边框，可在【开始】选项卡的【字体】选项组中单击【边框】按钮 ，或使用【设置单元格格式】对话框中的【边框】选项卡。对于简单的单元格边框设置，在选定了要设置的单元格或单元格区域后，直接单击【开始】选项卡【字体】选项组中的【边框】下拉按钮，在弹出的下拉列表中选择需要的边框线即可，如图 4-19 所示。

但是，使用【开始】选项卡进行边框设置有很大的局限性，而使用【设置单元格格式】对话框中的【边框】选项卡可以解决这一问题。选定要设置的单元格或单元格区域后，打开【设置单元格格式】对话框，选择【边框】选项卡，如图 4-20 所示。用户可根据对话框中提示的内容进行选择，然后单击【确定】按钮即可完成设置。

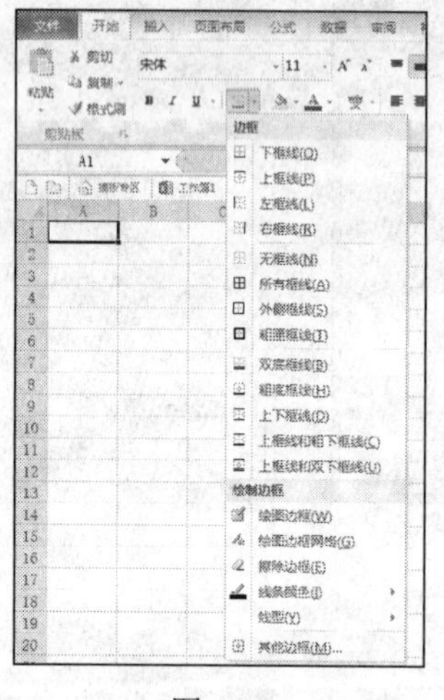

图 4-19

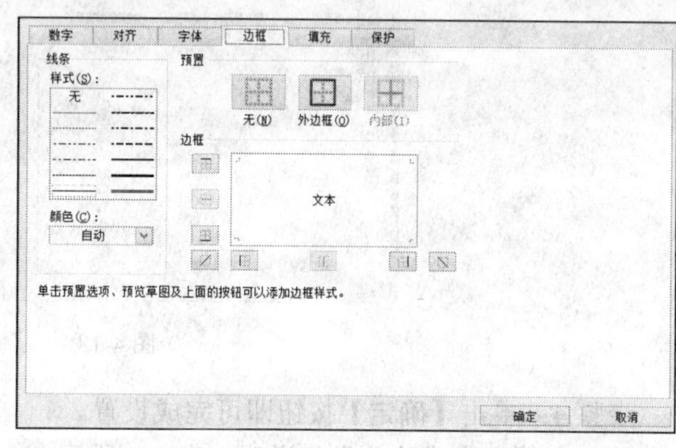

图 4-20

（2）设置单元格底纹

要设置单元格底纹，可以选定要设置底纹的单元格，单击【开始】选项卡【字体】选项组中的【填充颜色】下拉按钮 ，在弹出的下拉列表中选择所需颜色，如图 4-21（a）所示或利用【设置单元格格式】对话框中的【填充】选项卡进行底纹设置，如图 4-21（b）所示。

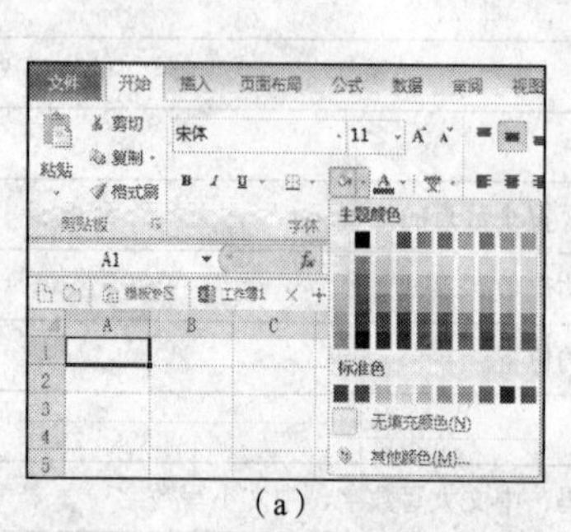

（a）

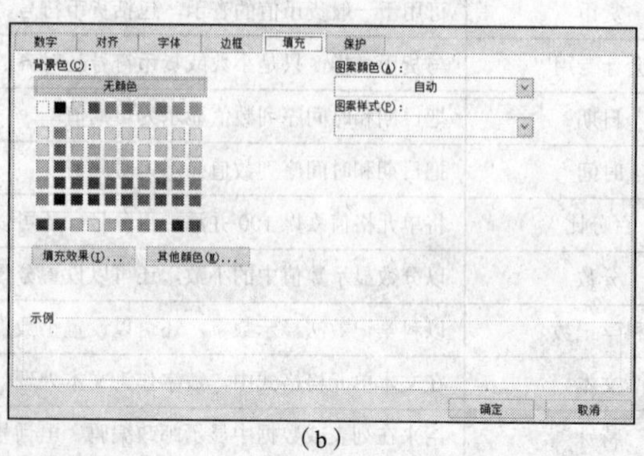

（b）

图 4-21

（3）调整行高

方法 1：使用鼠标拖动框线调整行高。

在对单元格高度要求不是十分精确时，可按照如下步骤快速调整行高。

步骤 1：将鼠标指针指向任意一行行号的下框线，这时鼠标指针变为上下双向箭头，表明该行高度可用鼠标拖动的方式自由调整。

步骤 2：拖动鼠标指针上下移动，直到调整到适合的高度为止。拖动时工作表中有一根横向虚线，释放鼠标时，这条虚线就成为该行调整后的下边框，如图 4-22 和图 4-23 所示。

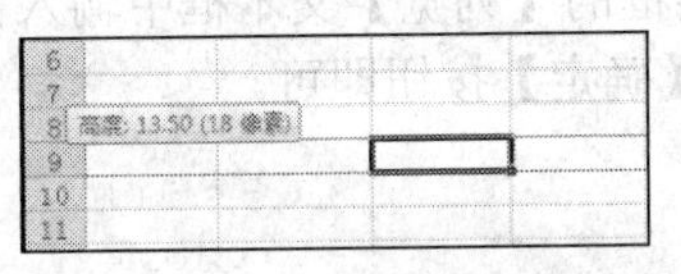

图 4-22

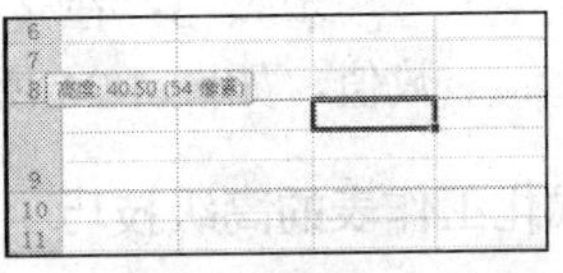

图 4-23

方法 2：使用【单元格】选项组中的【格式】命令调整行高。

若要精确地调整行高，可以使用【格式】下拉列表中的【行高】命令，具体操作步骤如下。

步骤 1：在工作表中选定需要调整行高的行，或选定该行中的任意一个单元格。

步骤 2：单击【开始】选项卡【单元格】选项组中的【格式】下拉按钮，弹出的下拉列表如图 4-24 所示。若选择【自动调整行高】选项，则可自动将该行高度调整为最适合的高度；若选择【行高】选项，则弹出【行高】对话框。

步骤 3：在【行高】对话框的【行高】文本框中输入所需高度的数值，如图 4-25 所示，单击【确定】按钮即可。

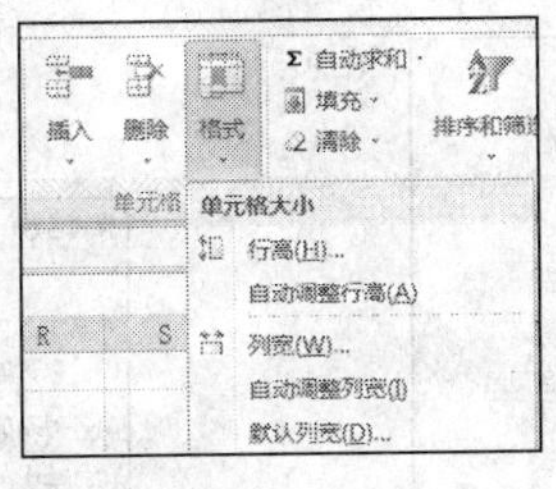

图 4-24

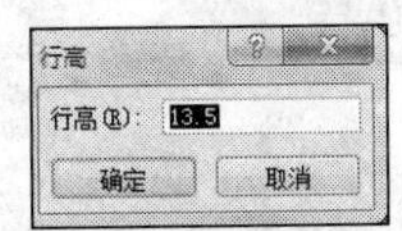

图 4-25

此外，在工作表中选定需要调整行高的行，或选定该行中的任意一个单元格之后，选中【设置单元格格式】对话框【对齐】选项卡中的【自动换行】复选框，Excel 2010 将自动调整该行高度并使单元格中的内容完全显示。

（4）调整列宽

方法 1：使用鼠标拖动框线调整列宽。

当对单元格的列宽要求不十分精确时，可按如下步骤快速调整列宽。

步骤 1：将鼠标指针指向任意一列列标的右框线，这时鼠标指针变为左右双向箭头，表明该列宽度可用鼠标拖动的方式自由调整。

步骤 2：拖动鼠标指针左右移动，直到将列宽调整到合适的宽度为止。拖动时工作表中有一根纵向虚线，释放鼠标时，这条虚线就成为该列调整后的右框线。

方法 2：使用【单元格】选项组中的【格式】命令调整列宽。

若要精确地调整列宽，可以使用【格式】下拉列表中的【列宽】命令，具体操作步骤如下。

步骤 1：在工作表中选定需要调整列宽的列，或选定该列中的任意一个单元格。

步骤 2：单击【开始】选项卡【单元格】选项组中的【格式】下拉按钮，弹出的下拉列表如图 4-24 所示。若选择【自动调整列宽】选项，则可自动将该列宽度调整为最适合的宽度；若选择【列宽】选项，则弹出【列宽】对话框。

图 4-26

步骤 3：在【列宽】对话框的【列宽】文本框中输入需要的宽度数值，如图 4-26 所示，单击【确定】按钮即可。

案例 3 格式化工作表的高级技巧

1. 设置单元格样式和格式

（1）指定单元格样式

步骤 1：选择要设置单元格样式的单元格。

步骤 2：单击【开始】选项卡【样式】选项组中的【单元格样式】下拉按钮，弹出的下拉列表如图 4-27 所示。

步骤 3：从中选择一个预定样式，相应的格式即可应用到当前选定的单元格中。

步骤 4：若要自定义单元格样式，则选择样式下拉列表中的【新建单元格样式】选项，弹出【样式】对话框，为样式命名后单击【格式】按钮，如图 4-28 所示，在弹出的【设置单元格格式】对话框中设置单元格格式，新建的单元格样式可以保存在单元格样式列表的【自定义】选项组中。

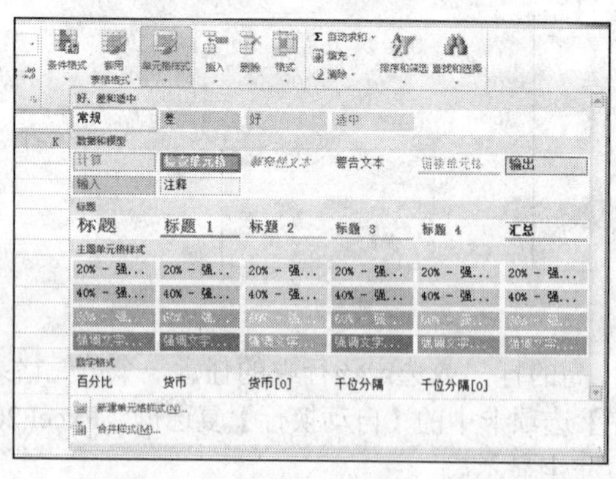

图 4-27

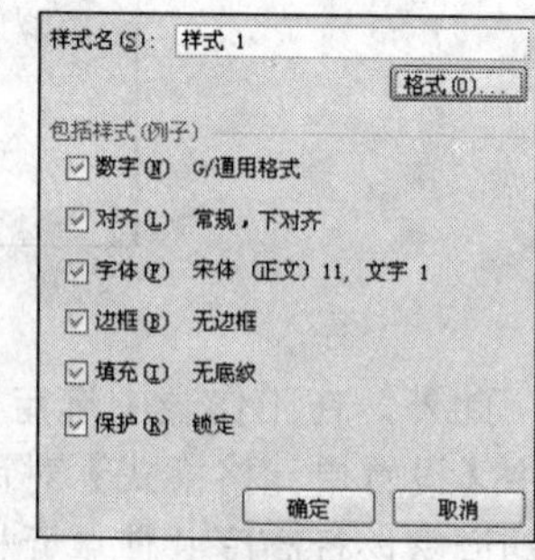

图 4-28

（2）套用表格格式

步骤 1：选择要套用格式的单元格区域，单击【开始】选项卡【样式】选项组中的【套用表格格式】下拉按钮，弹出表格格式模板下拉列表，如图 4-29 所示。

步骤 2：从中选择任意一个表格格式，相应的格式即可应用到当前选定的单元格区域中。

步骤 3：若要自定义单元格格式，可选择格式下拉列表中的【新建表样式】选项，弹出【新建表快速样式】对话框，如图 4-30 所示。在对话框中输入样式名称，选择需要设置的【表元素】并设置【格式】后，单击【确定】按钮，新建的单元格格式即可在格式列表中的【自定义】选项组中显示。

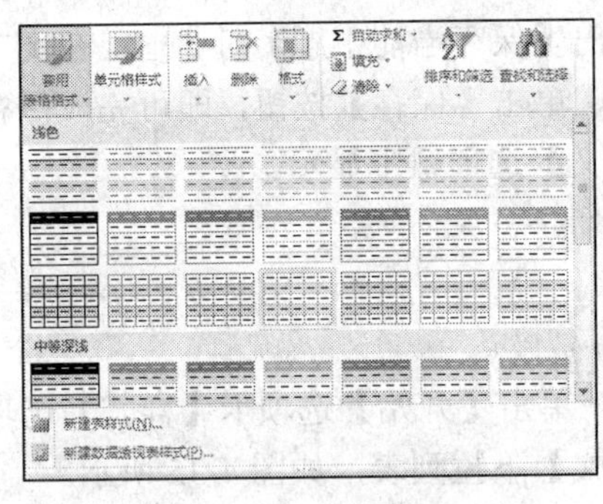

图 4-29

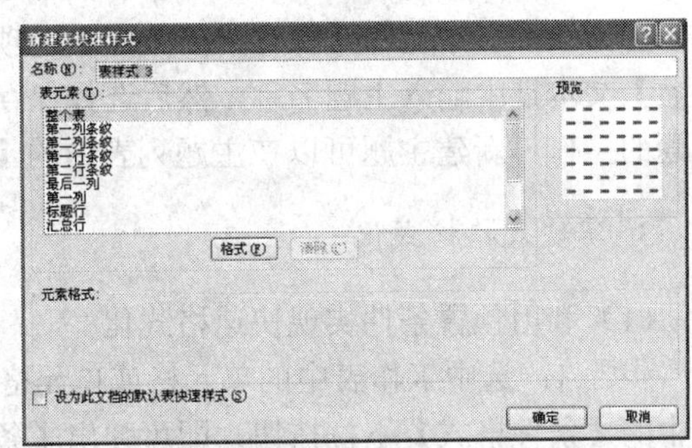

图 4-30

步骤 4：若要取消套用格式，可以选中已套用表格格式的区域，单击【表格工具-设计】选项卡【表格样式】选项组中的【其他】按钮，在弹出的样式下拉列表中选择【清除】选项即可。

2. 使用与设置主题

（1）使用主题

新建工作表，单击【页面布局】选项卡【主题】选项组中的【主题】下拉按钮，弹出的下拉列表如图 4-31 所示。单击主题图标，即可将选中的主题应用到当前工作表中。

（2）自定义主题

步骤 1：单击【页面布局】选项卡【主题】选项组中的【颜色】下拉按钮，在弹出的下拉列表中选择【新建主题颜色】选项，如图 4-32 所示，可以在弹出的【新建主题颜色】对话框中自行设置颜色组合。

步骤 2：单击【字体】下拉按钮，在弹出的下拉列表中选择【新建主题字体】选项，如图 4-33 所示，可以在弹出的【新建主题字体】对话框中自行设置字体组合。

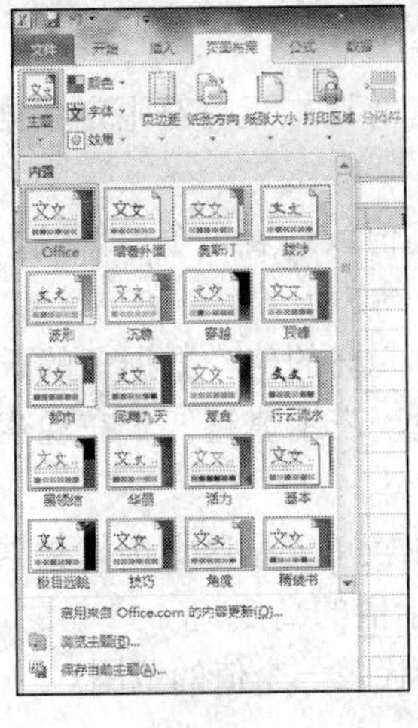

图 4-31

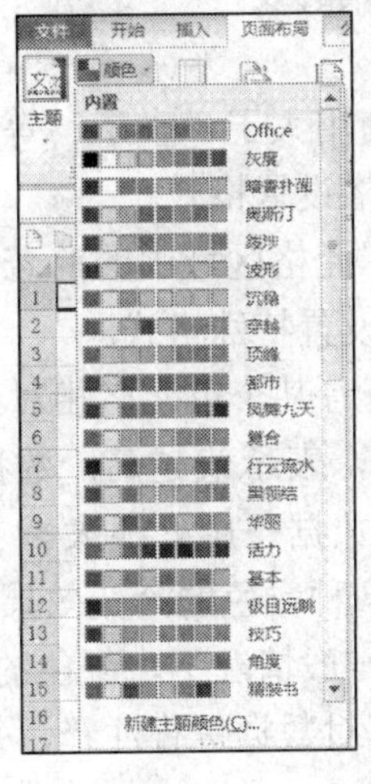

图 4-32

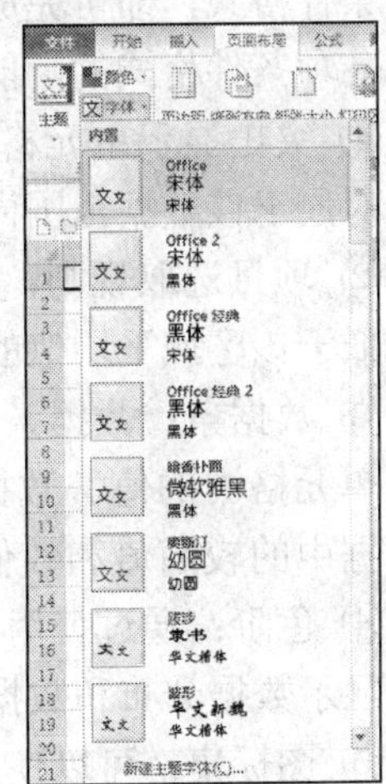

图 4-33

步骤 3：单击【效果】下拉按钮，弹出的下拉列表如图 4-34 所示，可以在其中选择一组主题效果。

步骤 4：单击【页面布局】选项卡【主题】选项组中的【主题】下拉按钮，在弹出的主题下拉列表中选择【保存当前主题】选项，弹出【保存当前主题】对话框。在【文件名】文本框中输入主题名称，然后选择保存位置，单击【保存】按钮，即可完成保存主题的操作。新建主题可以在主题列表中的【自定义】选项组中显示。

3. 实现表格格式化

（1）利用预置条件实现快速格式化

步骤 1：选中工作表中的单元格或单元格区域，单击【开始】选项卡【样式】选项组中的【条件格式】下拉按钮，即可弹出【条件格式】下拉列表，如图 4-35 所示。

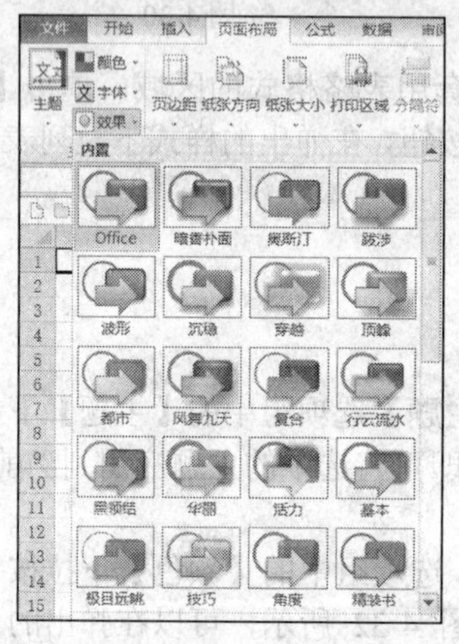

图 4-34

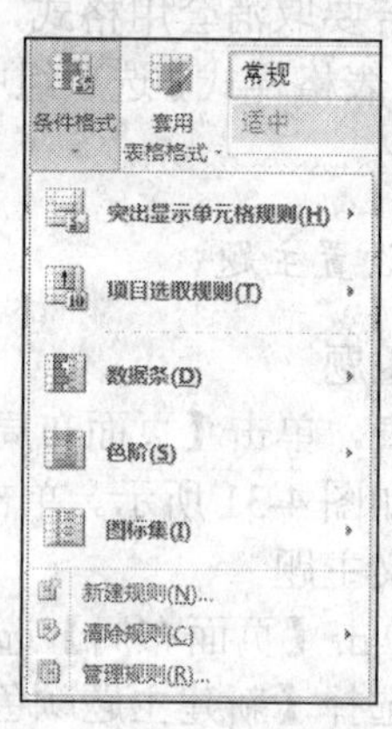

图 4-35

步骤 2：将鼠标指针指向任意一个条件规则，即可弹出级联菜单，从中选择任意预置的条件格式，即可完成条件格式的设置。

各项条件格式的功能如下。

① 突出显示单元格规则：使用大于、小于、等于、包含等比较运算符限定数据范围，对属于该数据范围内的单元格设置格式。

② 项目选取规则：将选取单元格区域中的前若干个最高值或后若干个最低值、高于或低于该区域平均值的单元格设置特殊格式。

③ 数据条：数据条可帮助查看某个单元格相对于其他单元格的值，数据条的长度代表单元格中的值。数据条越长，表示值越高；数据条越短，表示值越低。在观察大量数据中的较高值和较低值时，数据条用处很大。

④ 色阶：通过使用两种或 3 种颜色的渐变效果直观地比较单元格区域中的数据，用来显示数据分布和数据变化。一般情况下，颜色的深浅表示值的高低。

⑤ 图标集：可以使用图标集对数据进行注释，每个图标代表一个值的范围。

（2）自定义实现高级格式化

步骤 1：选中工作表中的单元格或单元格区域，单击【开始】选项卡【样式】选项组中的【条件格式】下拉按钮，在弹出的下拉列表中选择【管理规则】选项，弹出【条件格式规则管理器】对话框，单击【新建规则】按钮，如图 4-36 所示。

步骤 2：弹出【新建格式规则】对话框，在【选择规则类型】列表框中选择一个规则类型，然后在【编辑规则说明】选项组中设置规则说明，如图 4-37 所示，完成后单击【确定】按钮。

图 4-36

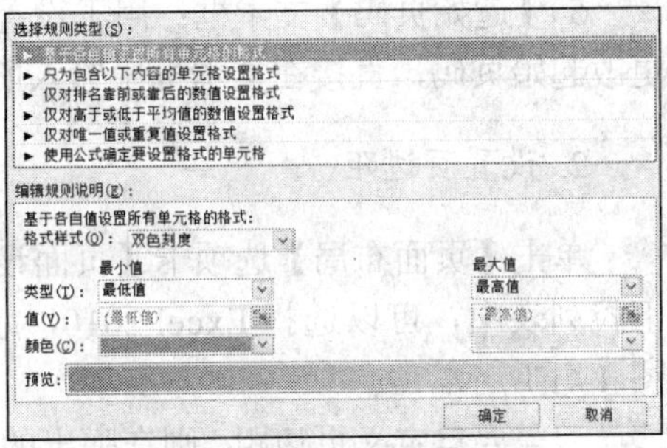

图 4-37

案例 4　工作表的打印与输出

1. 设置页面

步骤 1：单击【页面布局】选项卡【页面设置】选项组中的【纸张方向】下拉按钮，在弹出的下拉列表中选择【纵向】或【横向】两种纸张方向，如图 4-38 所示。

步骤 2：单击【页面布局】选项卡【页面设置】选项组中的【纸张大小】下拉按钮，在弹出的下拉列表中选择合适的纸张规格，如图 4-39 所示。

此外，还可以单击【页面布局】选项卡【页面设置】选项组右下角的对话框启动器，在弹出的【页面设置】对话框中选择【页面】选项卡对页面进行设置，如图 4-40 所示。

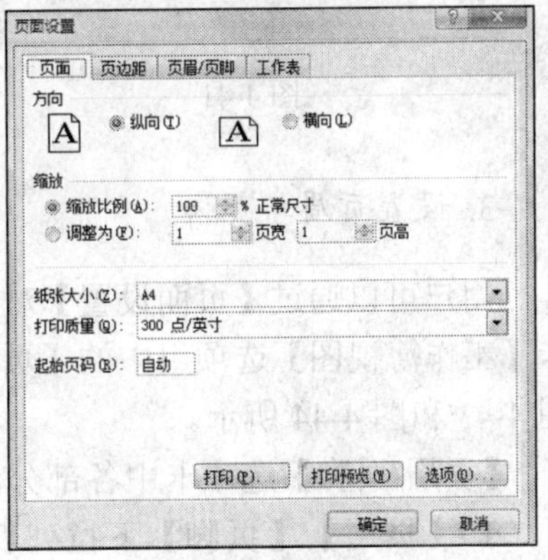

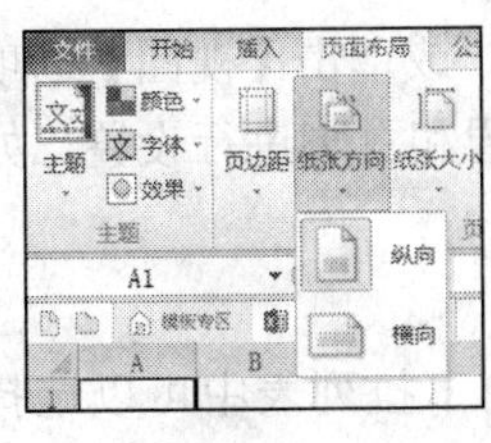

图 4-38

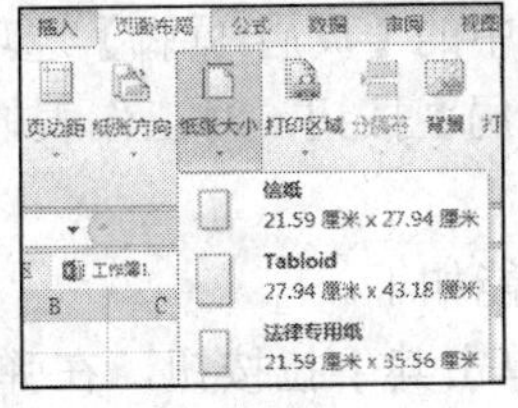

图 4-39

图 4-40

【页面】选项卡中各部分的功能如下。

1)【方向】选项组：用于设置打印方向。

2)【缩放】选项组：可以通过设置缩放百分比来缩小或放大工作表，也可以通过设置页宽、页高来进行缩放。

3)【纸张大小】下拉列表：用于设置纸张的大小，可以从其下拉列表中选择所需的纸张，默认的纸张大小为 A4。

4)【打印质量】下拉列表：用于设置打印输出的质量。

5)【起始页码】文本框：用于设置页码的起始编号，默认从 1 开始编号，如果需要更改起始页码，直接在文本框中输入所需编号即可。

2. 设置页边距

单击【页面布局】选项卡【页面设置】选项组中的【页边距】下拉按钮，在弹出的下拉列表中，可以选择 Excel 2010 内置的【普通】、【宽】、【窄】3 种页边距样式，如图 4-41 所示。

若需要自定义页边距，则在弹出的下拉列表中选择【自定义边距】选项，或单击【页面设置】选项组右下角的对话框启动器，弹出【页面设置】对话框。在该对话框中选择【页边距】选项卡，对页边距进行自定义设置，如图 4-42 所示。

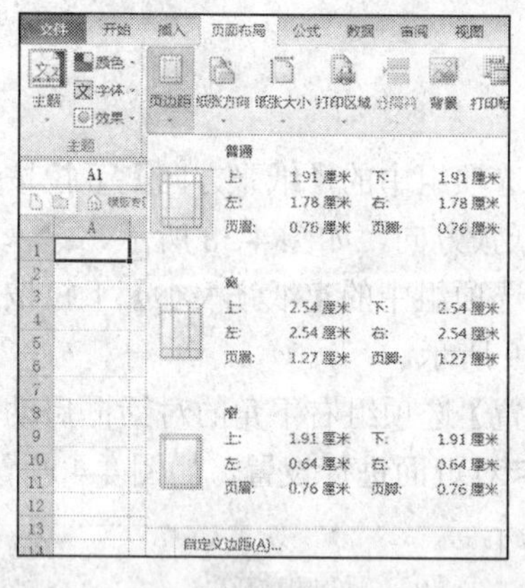

图 4-41

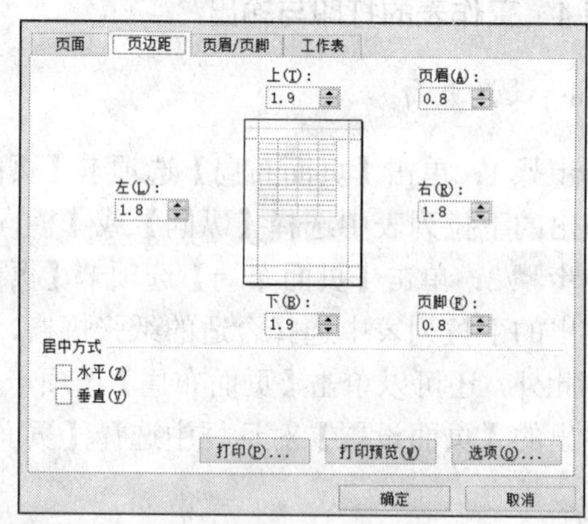

图 4-42

3. 设置页眉与页脚

用户可以通过【页面设置】对话框中的【页眉/页脚】选项卡，或单击【视图】选项卡【工作簿视图】选项组中的【页面布局】按钮，对工作表的页眉和页脚进行设置，如图 4-43 和图 4-44 所示。

【页眉/页脚】选项卡中各部分的功能如下。

1)【页眉】、【页脚】下拉列表：单击其下拉按钮，在弹出的下拉列表中可以选择 Excel 2010 内置的页眉、页脚。

2)【自定义页眉】、【自定义页脚】按钮：单击【自定义页眉】按钮或【自定义页脚】

按钮，在弹出的对话框中，用户可以自定义所需的页眉或页脚。

3）【奇偶页不同】复选框：选中该复选框，则奇数页与偶数页的页眉和页脚不同。

4）【首页不同】复选框：选中该复选框，则首页的页眉和页脚与其他页不同。

5）【随文档自动缩放】复选框：选中该复选框，则页眉和页脚随文档的调整自动放大或缩小。

6）【与页边距对齐】复选框：选中该复选框，则页眉和页脚将与页边距对齐。

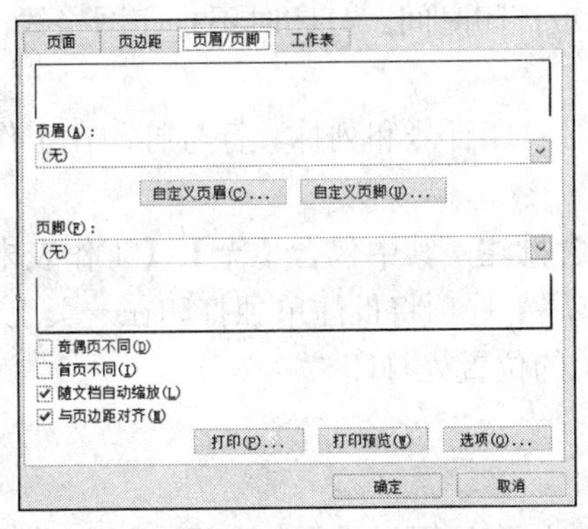

图 4-43

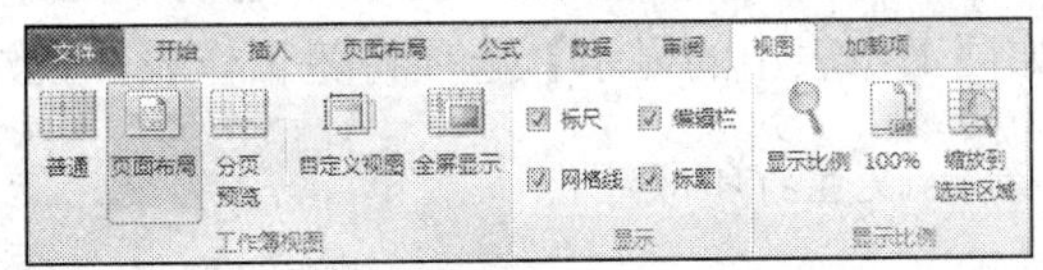

图 4-44

4. 设置打印区域

在工作表中选择需要打印的单元格区域，单击【页面布局】选项卡【页面设置】选项组中的【打印区域】下拉按钮，在弹出的下拉列表中选择【设置打印区域】选项，如图 4-45 所示，即可将选择的区域设置为打印区域。

5. 设置打印效果

在【页面设置】对话框的【工作表】选项卡中，用户可以设置一些打印的特殊效果（如打印标题、网格线、批注等），如图 4-46 所示。

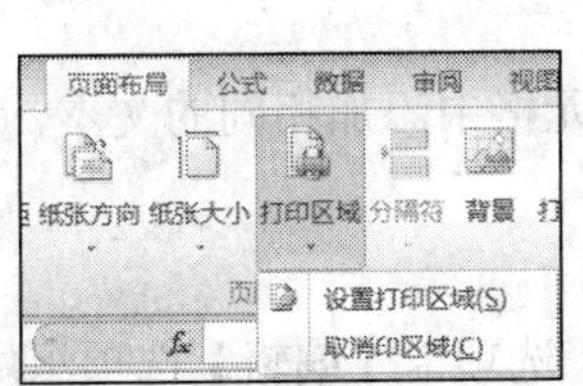

图 4-45

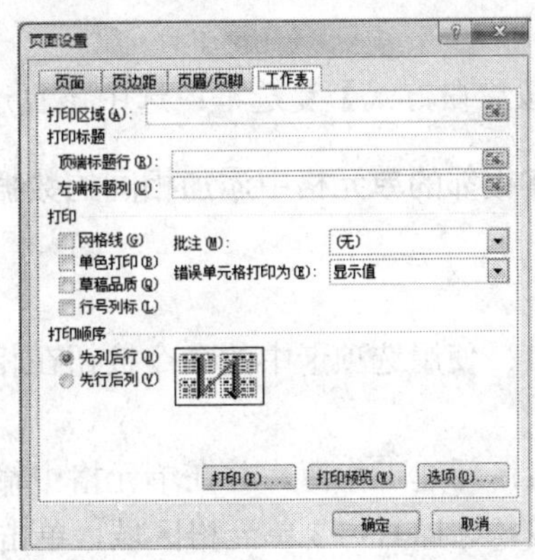

图 4-46

1)【打印标题】选项组：包括两个选项，即【顶端标题行】和【左端标题列】。当某个工作表中的内容很多、数据很长时，为了能看懂每页内各列或各行所表示的意义，需要在每一页上打印出行或列的标题。

2)【网格线】复选框：选中该复选框，即可在工作表中打印网格线。

3)【单色打印】复选框：选中该复选框，打印时可忽略其他打印颜色，适用于单色打印机用户。

4)【草稿品质】复选框：选中该复选框，可缩短打印时间。打印时不打印网格线，同时图形以简化方式输出。

5)【行号列标】复选框：选中该复选框，打印时打印行号和列标。行号打印在工作表数据的左端，列号打印在工作表数据的顶端。

6)【批注】下拉列表：用于设置打印时是否包含批注，其中包含【无】、【工作表末尾】、【如同工作表中的显示】3 个选项。【工作表末尾】选项将批注单独打印在一页上，【如同工作表中的显示】选项将随工作表在批注显示的位置处打印。

6. 设置打印顺序

在【页面设置】对话框的【工作表】选项卡中，用户还可以设置打印顺序。打印顺序是指工作表中的数据如何阅读和打印，包括【先列后行】和【先行后列】两个选项，功能如下。

1)【先列后行】单选按钮：选中该单选按钮后，可先由上向下再由左向右打印。

2)【先行后列】单选按钮：选中该单选按钮后，可先由左向右再由上向下打印。

7. 设置图表选项卡

如果用户打印的是图表工作表或工作表中的图表，则【页面设置】对话框中的【工作表】选项卡变为【图表】选项卡，其他选项卡及其内容仍保持不变。

【图表】选项卡中各选项的功能如下。

1)【草稿品质】复选框：选中该复选框，可忽略图形和网格线，加快打印速度，节省内存。

2)【按黑白方式】复选框：选中该复选框，将以黑白方式打印图表数据。

案例 5　在相邻的单元格中添加相同的数据

1. 填充文本

方法 1：使用选项卡中的命令按钮在相邻的单元格中添加相同的文本，具体操作步骤如下。

步骤 1：新建工作簿，并在单元格中输入文字。

步骤 2：选择 B3:F3 单元格区域，单击【开始】选项卡【编辑】选项组中的【填充】下拉按钮，在弹出的下拉列表中选择【向右】选项，如图 4-47 所示。

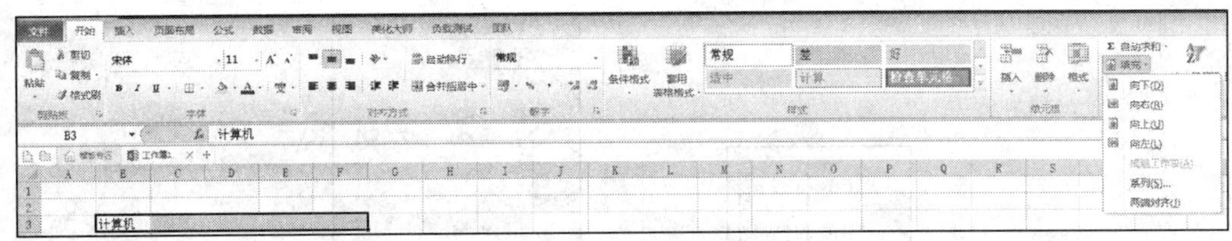

图 4-47

步骤 3：对选择的区域进行填充，填充后的效果如图 4-48 所示。

方法 2：使用单元格填充柄在相邻的单元格中添加相同的文本，具体操作步骤如下。

步骤 1：选择 B3 单元格，将鼠标指针移到该单元格右下角的填充柄上，此时指针变为加号形状。

步骤 2：按住鼠标左键拖动单元格填充柄到要填充的单元格中，填充后的效果如图 4-49 所示。

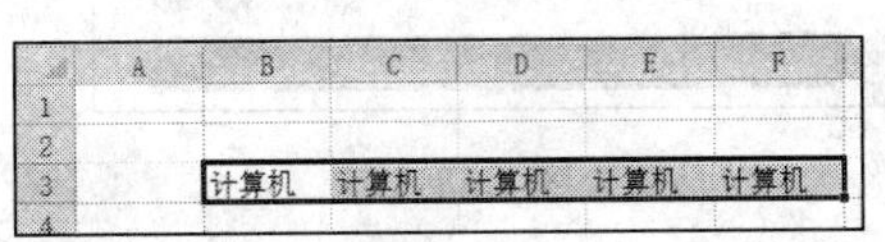

图 4-48

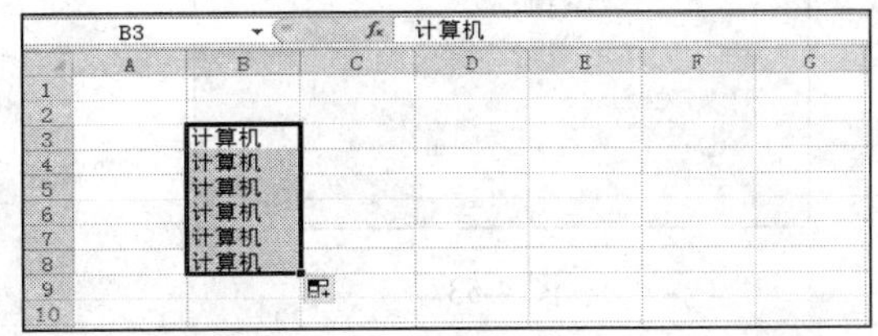

图 4-49

2. 自动填充可扩展序列数字和日期

步骤 1：新建工作簿，在 A1 单元格中输入【2017/1/1】。

步骤 2：选择 A1 单元格，将鼠标指针移动到该单元格右下角的填充柄上，当鼠标指针变为加号形状时，按住鼠标左键并向下拖动。

步骤 3：此时 Excel 2010 就会自动填充序列的其他值，填充完毕后即可看到实际效果，如图 4-50 所示。

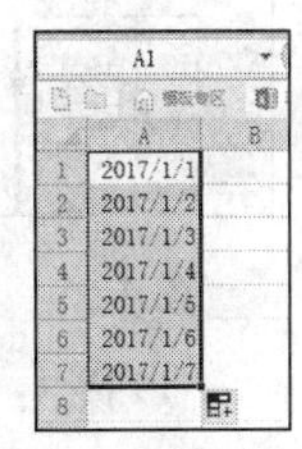

图 4-50

3. 填充等差序列

步骤 1：新建工作簿，在 B1 单元格中输入【3】，在 B2 单元格中输入【4.5】。

步骤 2：选择这两个单元格，向下拖动其右下角的填充柄。

步骤 3：将其拖动至合适位置上并释放鼠标左键，即可对选定的单元格进行等差序列填充，如图 4-51 所示。

4. 填充等比序列

步骤 1：新建工作簿，在 A1 单元格中输入【1】，然后选择从该单元格开始的行方向单元格区域或列方向单元格区域，此处选择 A1:D1 单元格区域。

步骤 2：单击【开始】选项卡【编辑】选项组中的【填充】下拉按钮，在弹出的下拉列表中选择【系列】选项，如图 4-52 所示，弹出【序列】对话框。

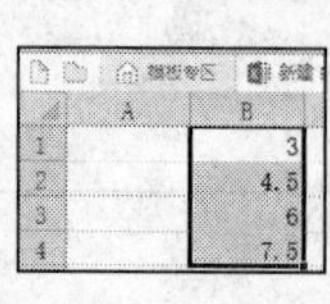

图 4-51

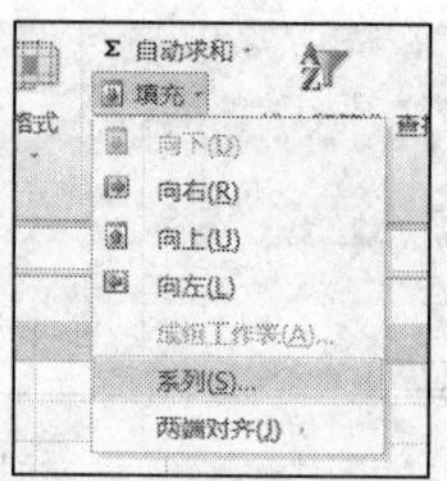

图 4-52

步骤 3：在【序列】对话框中选中【等比序列】单选按钮，在【步长值】文本框中输入【3】，如图 4-53 所示。

步骤 4：设置完成后，单击【确定】按钮即可完成填充，效果如图 4-54 所示。

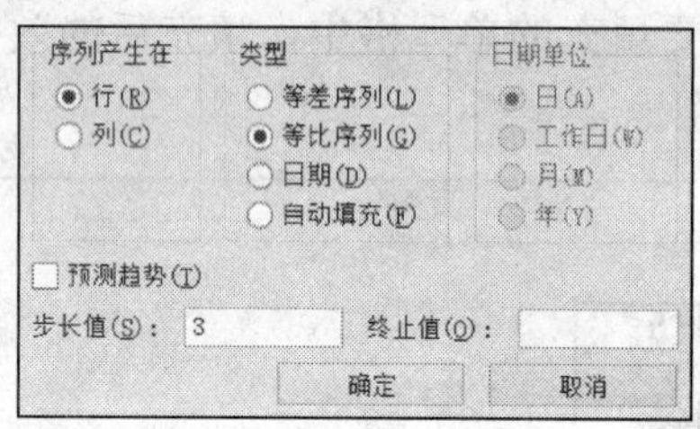

图 4-53

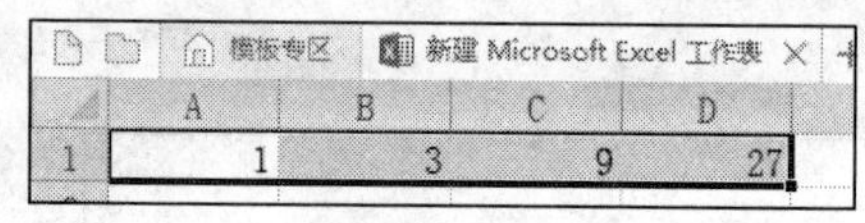

图 4-54

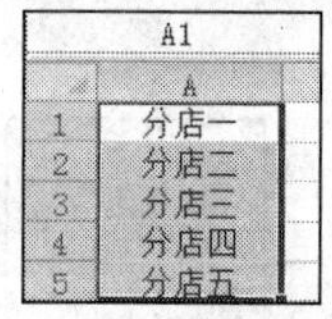

图 4-55

5. 自定义自动填充序列

步骤 1：新建工作簿，在 A1:A5 单元格区域输入【分店一】～【分店五】，并将其选中，如图 4-55 所示。

步骤 2：选择【文件】选项卡，在弹出的后台视图中选择【选项】选项。

步骤 3：弹出【Excel 选项】对话框，选择【高级】选项卡，在右侧的【常规】选项组中单击【编辑自定义列表】按钮，如图 4-56 所示。

步骤 4：在弹出的【自定义序列】对话框中单击【导入】按钮，所选择的单元格区域的数据将添加到【自定义序列】列表框中，如图 4-57 所示。

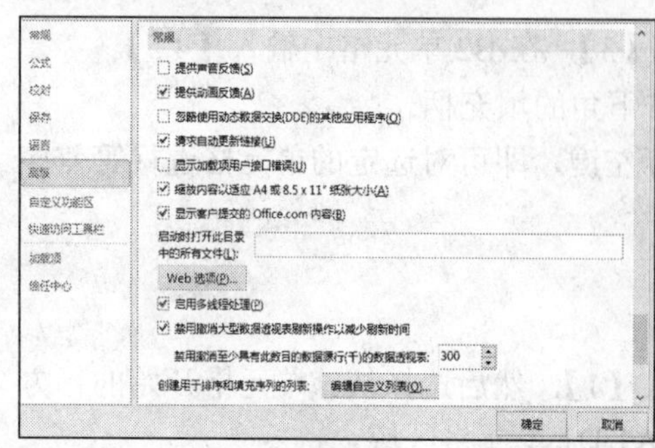

图 4-56

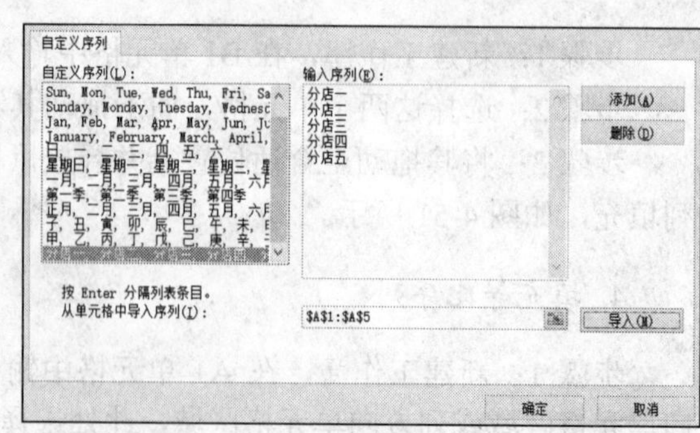

图 4-57

步骤 5：单击【确定】按钮返回【Excel 选项】对话框，再单击【确定】按钮返回工作表。以后在需要输入【分店一】～【分店五】序列时，只需在第一个单元格中输入【分店一】，然后拖动填充柄，即可自动填充序列。

注意：用户还可以直接通过【自定义序列】对话框输入要定义的序列，具体操作步骤如下。

步骤 1：在弹出的【自定义序列】对话框的【输入序列】文本框中输入需要定义的序列项，每输入一个序列项按一次【Enter】键。

步骤 2：单击【添加】按钮，输入的序列项将添加到左侧【自定义序列】列表框中，完成后单击【确定】按钮即可。

4.2　工作簿与工作表的基本操作

案例 6　工作簿的基本操作

1. 创建工作簿

（1）创建空白工作簿

选择【文件】选项卡中的【新建】选项，或按【Ctrl+N】组合键，在【可用模板】选项组中选择【空白工作簿】模板，单击【创建】按钮即可创建新的空白工作簿，如图 4-58 所示。

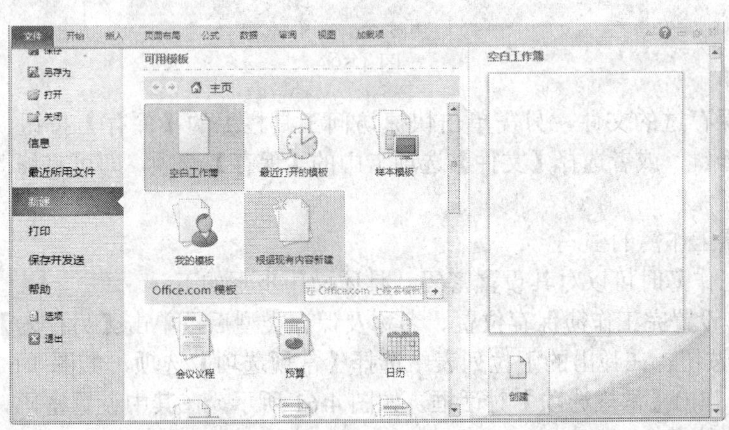

图 4-58

（2）基于现有工作簿创建新工作簿

步骤 1：选择【文件】选项卡中的【新建】选项，在【可用模板】选项组中选择【根据现有内容新建】模板，如图 4-58 所示。

步骤 2：弹出【根据现有工作簿新建】对话框，选择要打开的工作簿，单击【新建】按钮即可。

（3）基于另一个模板创建新的工作簿

步骤 1：选择【文件】选项卡中的【新建】选项，在【可用模板】选项组中选择【我的模板】模板，如图 4-58 所示。

步骤 2：弹出【新建】对话框，在该对话框中选择需要的模板，单击【确定】按钮即可。

2. 保存工作簿和设置密码

（1）保存工作簿

第一次保存工作簿的步骤如下。

步骤 1：选择【文件】选项卡中的【保存】选项，弹出【另存为】对话框。

步骤 2：选择保存位置，在【文件名】文本框中输入工作簿名称，在【保存类型】下拉列表中选择保存文件的格式，单击【保存】按钮，即可保存工作簿，如图 4-59 所示。

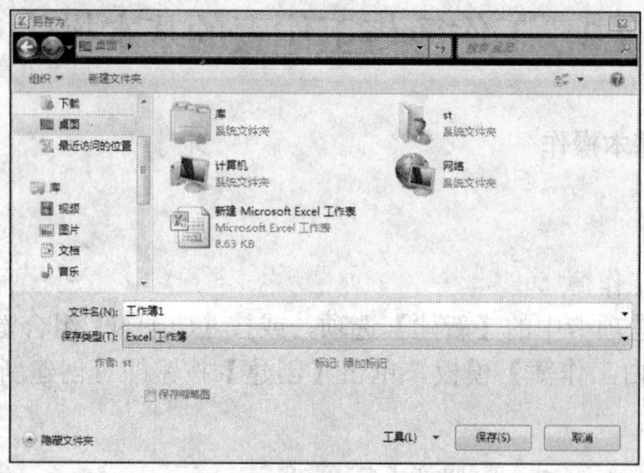

图 4-59

对已经保存过的文件，只需单击快捷访问工具栏上的【保存】按钮，或者直接按【Ctrl+S】组合键，或者选择【文件】选项卡中的【保存】选项，即可将修改或编辑过的文件按原路径保存。

（2）设置工作簿的密码

在保存工作簿时可以对其设置密码，具体操作步骤如下。

步骤 1：设置完工作簿保存位置、名称及保存类型后，单击【另存为】对话框中的【工具】下拉按钮，在弹出的下拉列表中选择【常规选项】选项，如图 4-60 所示。

步骤 2：弹出【常规选项】对话框，如图 4-61 所示，在其中设置密码，设置完成后单击【确定】按钮。

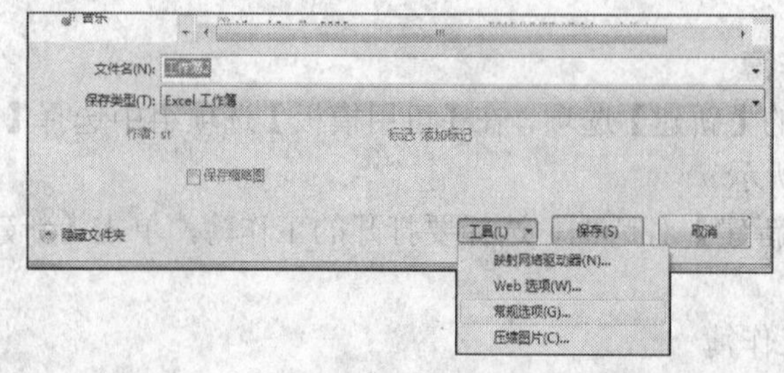

图 4-60

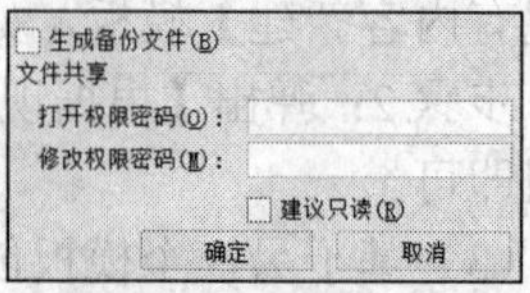

生成备份文件(B)
文件共享
打开权限密码(O):
修改权限密码(M):
建议只读(R)
确定
取消

图 4-61

步骤 3：弹出【确认密码】对话框，输入相同的密码，单击【确定】按钮，返回【另存为】对话框，单击【保存】按钮即可。

案例 7　编辑工作簿

1. 选择单元格

（1）使用鼠标

用鼠标选择是最常用、最快速的方法，只需在单元格上单击即可，被选择的单元格称为当前单元格。

（2）使用编辑栏

在编辑栏中输入单元格名称，如输入【B2】，然后按【Enter】键即可选择第 B 列第 2 行交汇处的单元格。

（3）使用方向键

使用键盘的上、下、左、右 4 个方向键，也可以选择单元格。在运行 Excel 2010 时，默认的选择是 A1 单元格，按向下方向键可选择下面的单元格，即 A2 单元格，按向右方向键，可选择右面的单元格，即 B1 单元格。

（4）使用定位命令

使用定位命令也可以选择单元格，具体操作步骤如下。

步骤 1：新建工作簿，单击【开始】选项卡【编辑】选项组中的【查找和选择】下拉按钮，在弹出的下拉列表中选择【转到】选项，如图 4-62 所示。

步骤 2：弹出【定位】对话框，在【引用位置】文本框中输入【H7】，如图 4-63 所示。

步骤 3：单击【确定】按钮，这时 H7 单元格就被选中，如图 4-64 所示。

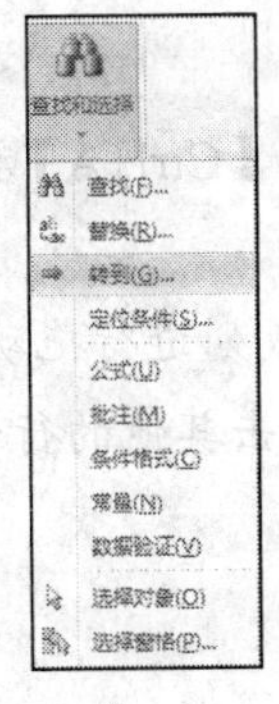

图 4-62

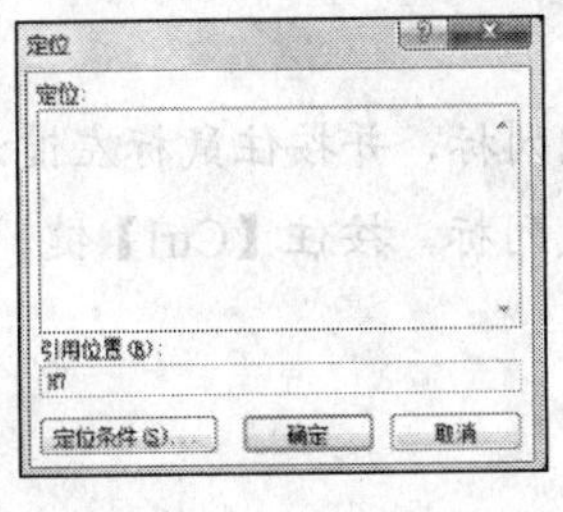

图 4-63

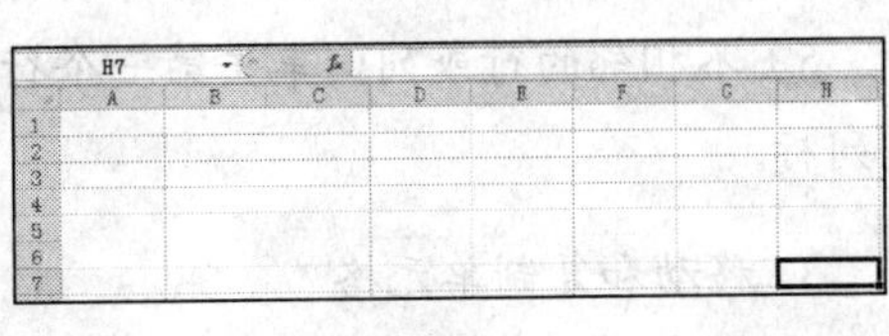

图 4-64

2. 选择单元格区域

（1）选择连续的单元格区域

步骤 1：新建工作簿，选择 A4 单元格，如图 4-65 所示。

步骤 2：按住鼠标左键，并拖动鼠标到 H10 单元格。

步骤 3：释放鼠标左键，即可选择 A4:H10 单元格区域，如图 4-66 所示。

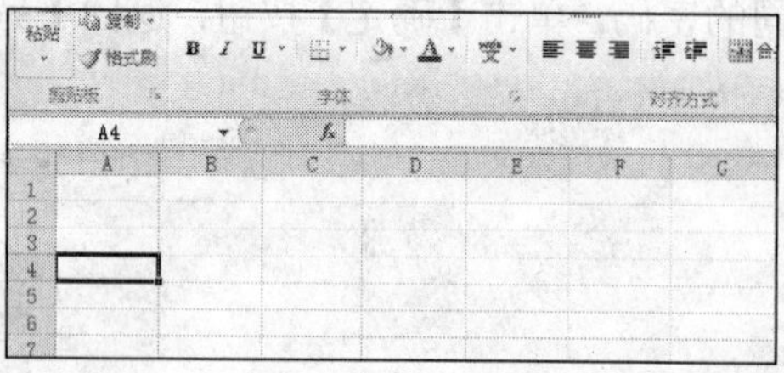

图 4-65

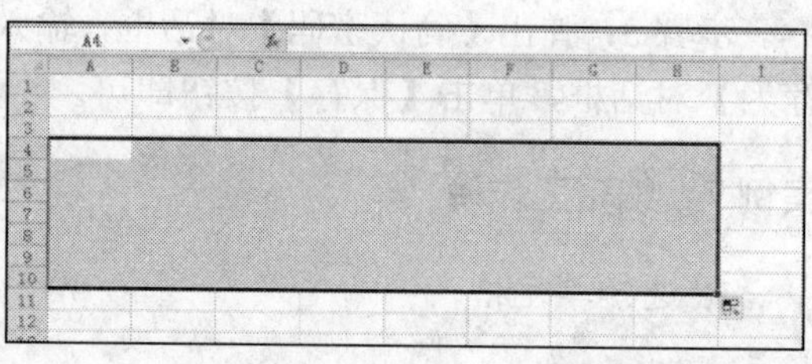

图 4-66

注意：还可以使用快捷键选择单元格区域。在选择 A4 单元格后，按住【Shift】键的同时单击 H10 单元格，也可以选择 A4:H10 单元格区域。

（2）选择不相邻的单元格区域

步骤 1：新建工作簿，选择 C2 单元格，按住鼠标左键并拖动鼠标到 H4 单元格，然后释放鼠标，如图 4-67 所示。

步骤 2：按住【Ctrl】键，同时按住并拖动鼠标选择 E5:M6 单元格区域，如图 4-68 所示。

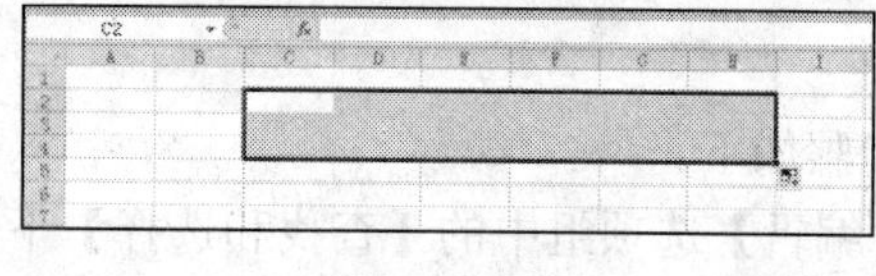

图 4-67

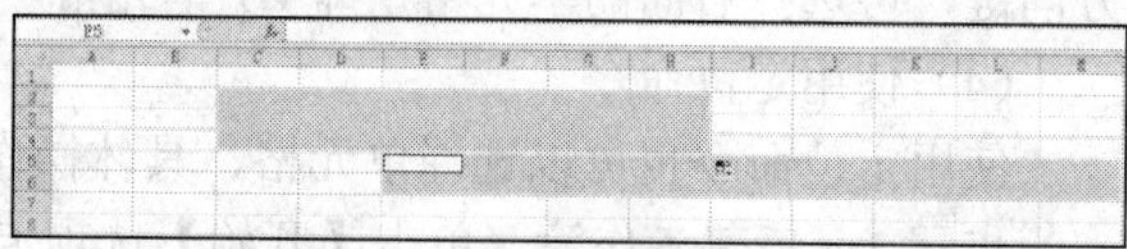

图 4-68

注意：在一个工作簿中经常会选择一些特殊的单元格区域。

1）整行：单击工作簿的行号。

2）整列：单击工作簿的列标。

3）整个工作簿：单击工作簿左上角行号与列标的交叉处，或按【Ctrl+A】组合键。

4）相邻的行或列：单击工作簿的行号或列标，并按住鼠标左键沿行或列进行拖动。

5）不相邻的行或列：单击第一个行号或列标，按住【Ctrl】键，再单击其他的行号或列标。

3. 移动和复制单元格

（1）移动单元格

步骤 1：新建工作簿，在 A5 单元格中输入内容，如图 4-69 所示，将鼠标指针放置在 A5 单元格的边框处。

步骤 2：当指针变为带上、下、左、右箭头的十字形状后，按住鼠标左键向下拖动至 A11 单元格处，释放鼠标左键，A5 单元格中的内容就被移到 A11 单元格中了，如图 4-70 所示。

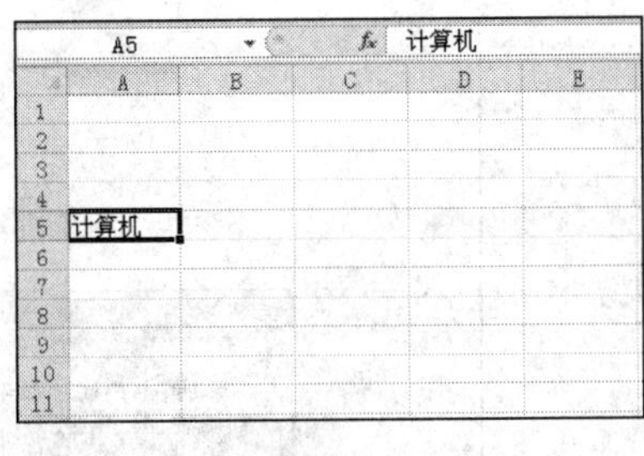

图 4-69

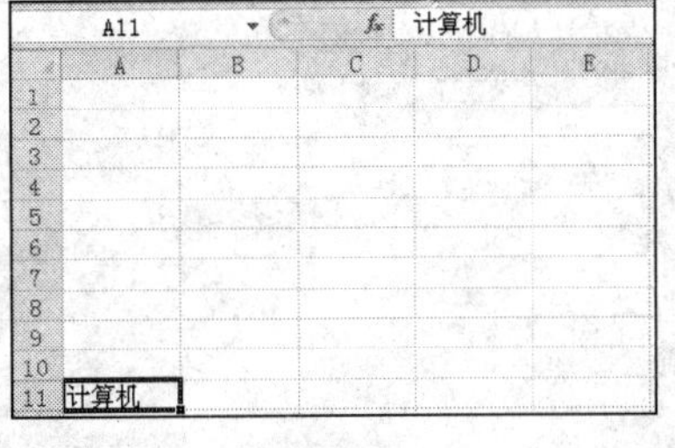

图 4-70

（2）复制单元格

步骤 1：新建工作簿，在 A5、B5 单元格中输入内容并选中，如图 4-71 所示，将鼠标指针放置在选中单元格的边框处。

步骤 2：按住【Ctrl】键，当鼠标指针变为形状时，按住鼠标左键拖动至 E7、F7 单元格处，释放鼠标左键，A5、B5 单元格中的内容就被复制到 E7、F7 单元格中了，如图 4-72 所示。

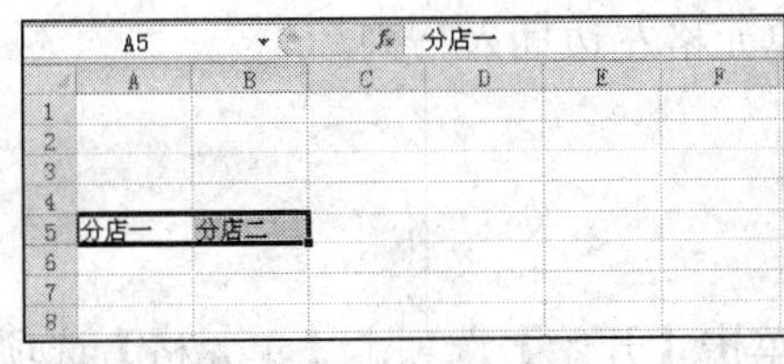

图 4-71

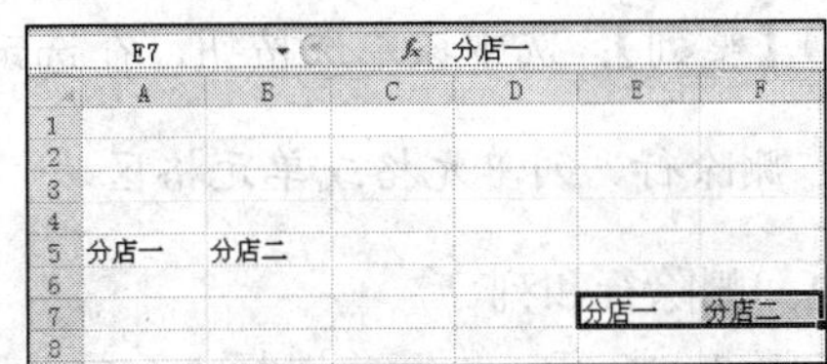

图 4-72

4. 插入行、列、单元格或单元格区域

（1）插入行、列

步骤 1：新建工作簿，选择一个单元格，单击【开始】选项卡【单元格】选项组中的【插入】下拉按钮，如图 4-73 所示。

步骤 2：在弹出的下拉列表中选择【插入工作表行】选项，Excel 2010 将在当前位置插入空行，原有的行自动下移；选择【插入工作表列】选项，Excel 2010 将在当前位置插入空列，原有的列自动右移。

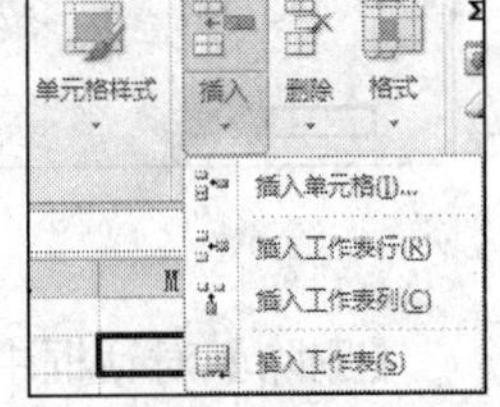

图 4-73

（2）插入单元格或单元格区域

步骤 1：新建工作簿，选择 B2:F7 单元格区域右击，在弹出的快捷菜单中选择【插入】选项，如图 4-74 所示。

步骤 2：弹出【插入】对话框，从中选择插入方式，如图 4-75 所示，单击【确定】按钮即可看到插入效果。

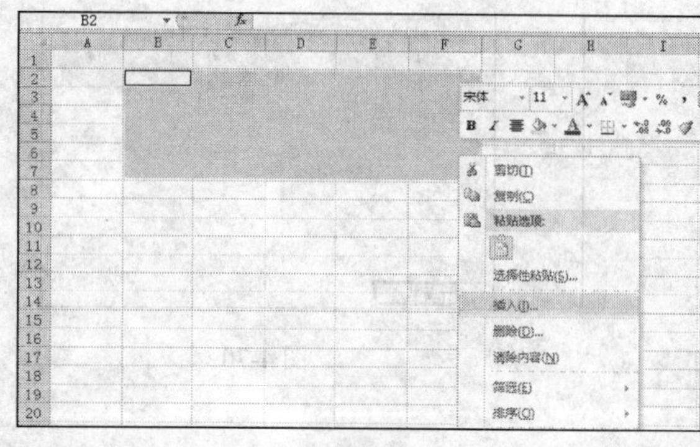

图 4-74

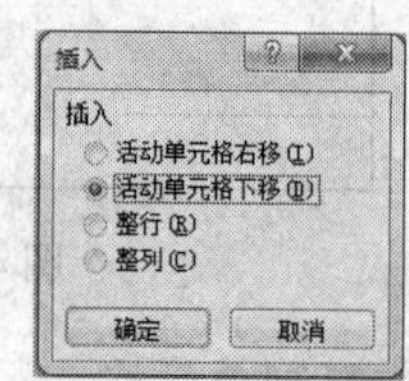

图 4-75

【插入】对话框有以下 4 个单选按钮。

1)【活动单元格右移】：选中该单选按钮，插入的单元格出现在所选单元格的左边。

2)【活动单元格下移】：选中该单选按钮，插入的单元格出现在所选单元格的上方。

3)【整行】：选中该单选按钮，在选定的单元格上面插入一行。

4)【整列】：选中该单选按钮，在选定的单元格左边插入一列。

5. 删除行、列单元格或单元格区域

（1）删除行和列

步骤 1：打开工作簿，选择 E4 单元格，单击【开始】选项卡【单元格】选项组中的【删除】下拉按钮，在弹出的下拉列表中选择【删除单元格】选项，如图 4-76 所示。

步骤 2：弹出【删除】对话框，从中选择删除方式，单击【确定】按钮即可，如图 4-77 所示。

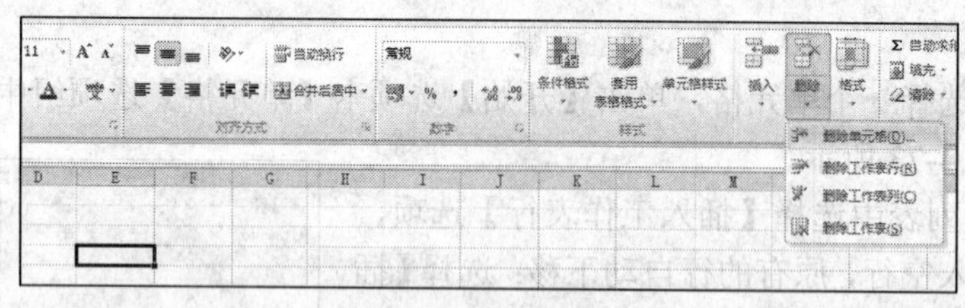

图 4-76

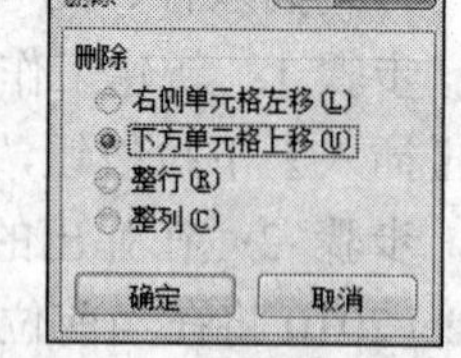

图 4-77

【删除】对话框中有以下 4 个单选按钮。

1)【右侧单元格左移】：选中该单选按钮，选定单元格或区域右侧已存在的数据将补充到该位置。

2)【下方单元格上移】：选中该单选按钮，选定单元格或区域下方已存在的数据将补充到该位置。

3)【整行】：选中该单选按钮，选定单元格或区域所在的行被删除。

4)【整列】：选中该单选按钮，选定单元格或区域所在的列被删除。

（2）清除单元格

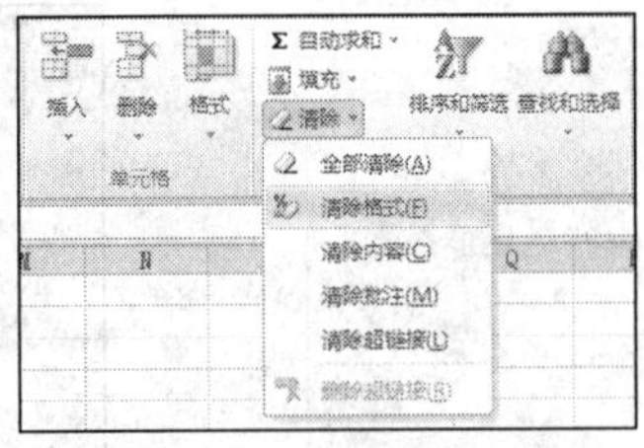

图 4-78

打开工作簿，选择要清除内容的单元格区域，单击【开始】选项卡【编辑】选项组中的【清除】下拉按钮，在弹出的下拉列表中选择相应的选项即可，如图 4-78 所示。

【清除】下拉列表中有多个选项可供用户选择，常用的几个选项如下所述。

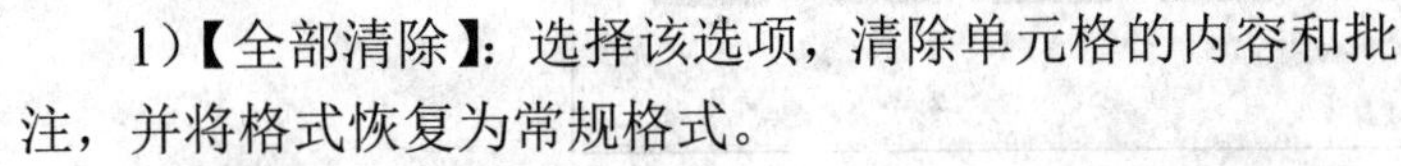

1)【全部清除】：选择该选项，清除单元格的内容和批注，并将格式恢复为常规格式。

2)【清除格式】：选择该选项，仅清除单元格的格式设置，将格式恢复为常规格式。

3)【清除内容】：选择该选项，仅清除单元格的内容，不改变其格式和批注。

4)【清除批注】：选择该选项，仅清除单元格的批注，不改变单元格的内容和格式。

6. 美化单元格

（1）设置单元格图案

步骤 1：选择要填充图案的单元格。

步骤 2：单击【开始】选项卡【字体】选项组右下角的对话框启动器。

步骤 3：弹出【设置单元格格式】对话框，选择【填充】选项卡，如图 4-79 所示，在【图案颜色】下拉列表中选择一种图案颜色，在【图案样式】下拉列表中选择一种图案样式，单击【确定】按钮。

（2）设置工作表的背景图案

步骤 1：选中要设置背景的工作表。

步骤 2：单击【页面布局】选项卡【页面设置】选项组中的【背景】按钮，如图 4-80 所示。

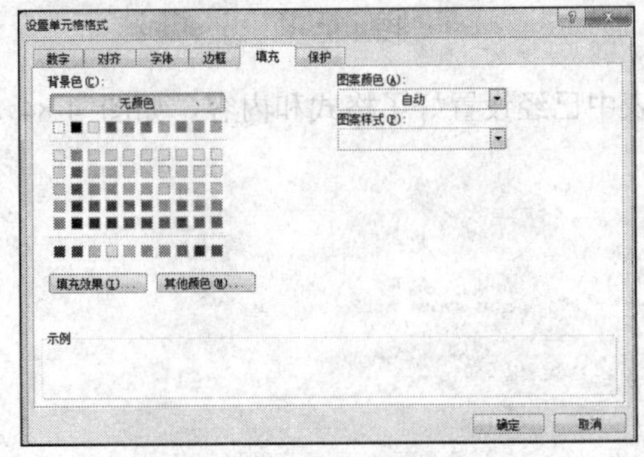

图 4-79

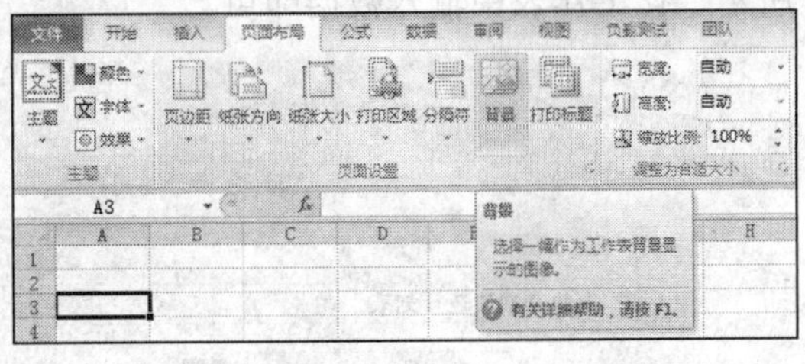

图 4-80

步骤 3：弹出【工作表背景】对话框，在该对话框中选择所需图片，单击【插入】按钮即可，如图 4-81 所示。

图 4-81

案例 8　工作簿模板的使用与创建

1. 使用自定义模板创建新工作簿

Excel 2010 提供了很多默认的工作簿模板，使用模板可以快速创建同类型的工作簿。

步骤 1：选择【文件】选项卡中的【新建】选项，在右侧的【可用模板】选项组中选择【样本模板】模板，如图 4-82 所示。

步骤 2：在弹出的列表框中选择【贷款分期付款】选项，如图 4-83 所示，单击【创建】按钮。

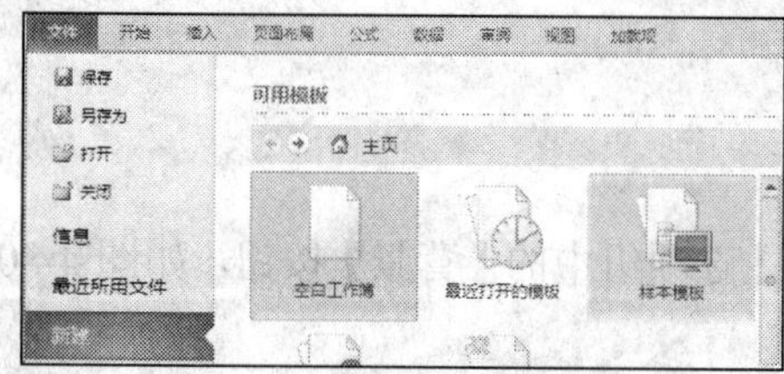

图 4-82

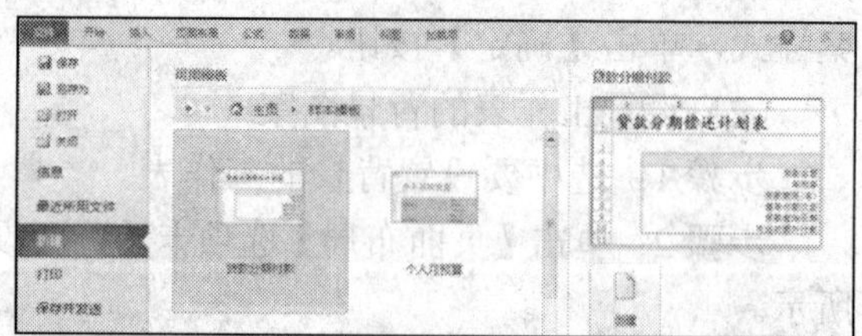

图 4-83

步骤 3：打开【贷款分期偿还计划表】，表中已经设置好了格式和内容，如图 4-84 所示，在工作表中输入数据即可。

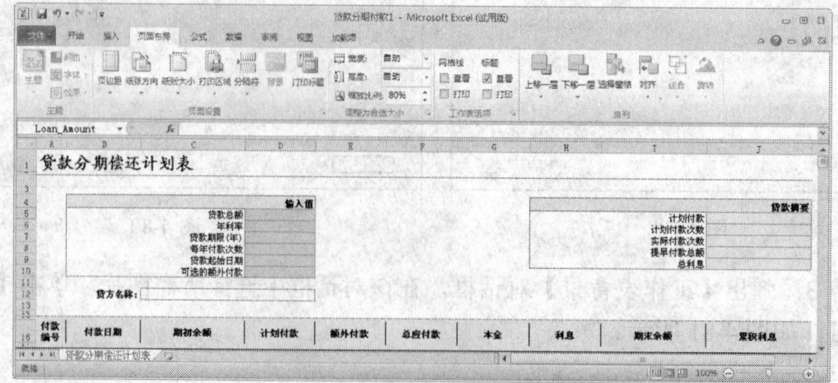

图 4-84

2. 创建模板

步骤 1：打开工作簿并进行调整和修改，只保留每个类似文件都需要的公用项目。

步骤 2：选择【文件】选项卡中的【另存为】选项，弹出【另存为】对话框。

步骤 3：在【文件名】文本框中输入模板的名称，在【保存类型】下拉列表中选择【Excel 模板】选项，如图 4-85 所示。

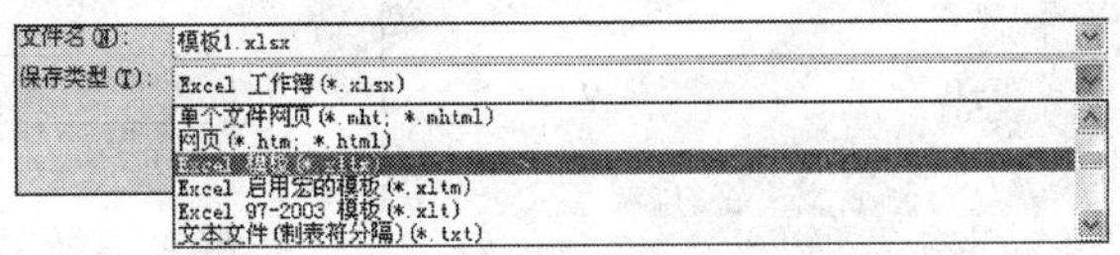

图 4-85

步骤 4：单击【保存】按钮，新模板将自动存放在 Excel 2010 的模板文件夹中。

案例 9　工作簿的隐藏与保护

1. 隐藏工作簿

步骤 1：打开工作簿，单击【视图】选项卡【窗口】选项组中的【隐藏】按钮，如图 4-86 所示。

步骤 2：当前工作簿窗口从屏幕上消失，如图 4-87 所示。

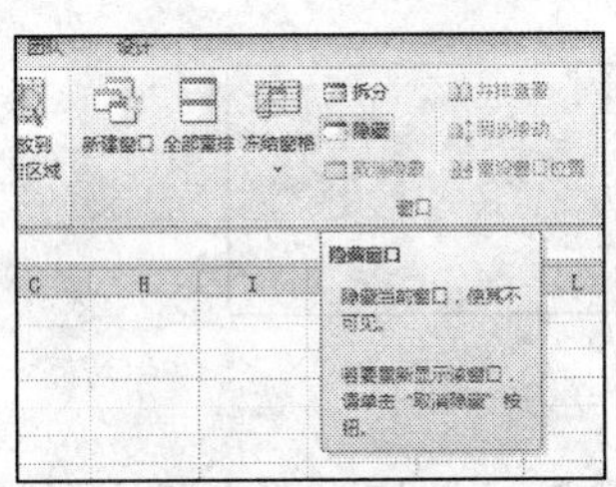

图 4-86

图 4-87

2. 取消隐藏工作簿

步骤1：单击【视图】选项卡【窗口】选项组中的【取消隐藏】按钮，如图4-88所示。

步骤2：弹出【取消隐藏】对话框，在【取消隐藏工作簿】列表框中选择想要恢复显示的工作簿，如图4-89所示，单击【确定】按钮即可取消隐藏。

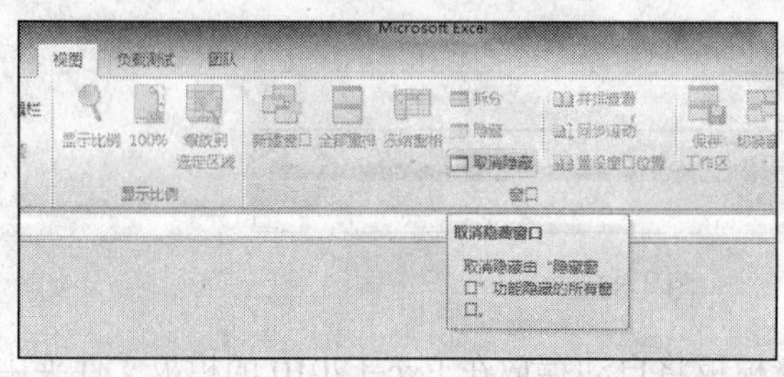

图4-88

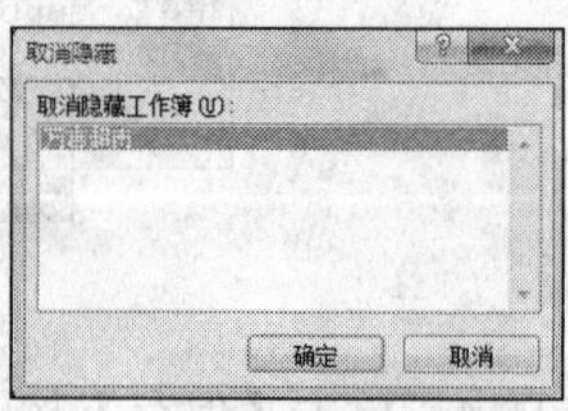

图4-89

3. 保护工作簿

步骤1：打开工作簿，单击【审阅】选项卡【更改】选项组中的【保护工作簿】按钮，如图4-90所示。

步骤2：弹出【保护结构和窗口】对话框，如图4-91所示，从中选中需要的复选框。

图4-90

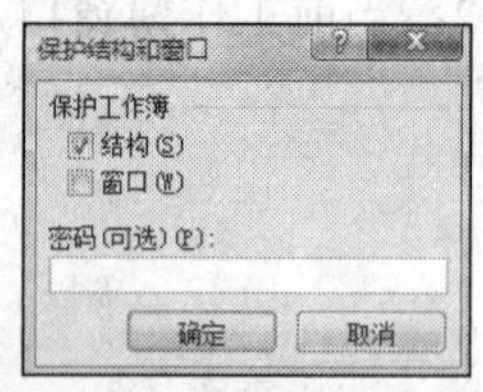

图4-91

注意：在【保护结构和窗口】对话框中，有两个复选框可供用户选择。

1）【结构】：选中该复选框，将阻止其他人对工作簿的结构进行修改，包括查看已经隐藏的工作表，移动、删除、隐藏工作表或更改工作表的表名，将工作簿移动或复制到另一个工作表中等。

2）【窗口】：选中该复选框，将阻止其他人修改工作表窗口的大小和位置，包括移动窗口、调整窗口大小或关闭窗口等。

步骤3：在【密码（可选）】文本框中输入密码，单击【确定】按钮，在随后弹出的【确定密码】对话框中再次输入相同的密码进行确认，单击【确定】按钮。

4. 取消工作簿的保护

步骤1：打开需要取消保护的工作簿文档。

图4-92

步骤2：单击【审阅】选项卡【更改】选项组中的【保护工作簿】按钮。

步骤3：在弹出的【撤销工作簿保护】对话框中输入设置的密码，如图4-92所示，单击【确定】按钮即可。

案例 10　工作表的基本操作

1. 插入工作表

（1）在现有工作表的末尾快速插入新工作表

打开工作簿，单击工作表标签右侧的【插入工作表】按钮，如图 4-93 所示，新的工作表将在现有工作表的末尾插入，如图 4-94 所示。

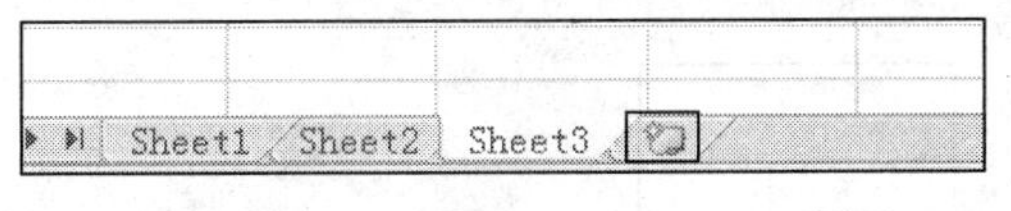

图 4-93

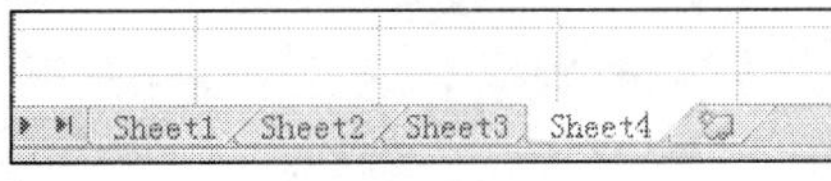

图 4-94

（2）在现有的工作表之前插入新工作表

选择要在前面插入新表的工作表，单击【开始】选项卡【单元格】选项组中的【插入】下拉按钮，在弹出的下拉列表中选择【插入工作表】选项，如图 4-95 所示。

完成上述操作后，即可在选择的工作表前插入一个新的工作表，如图 4-96 所示。

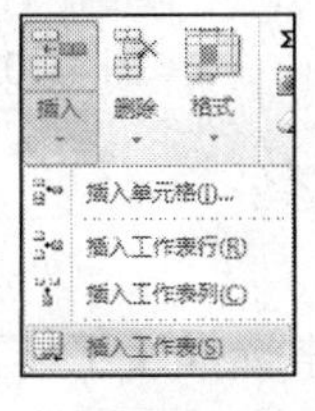

图 4-95

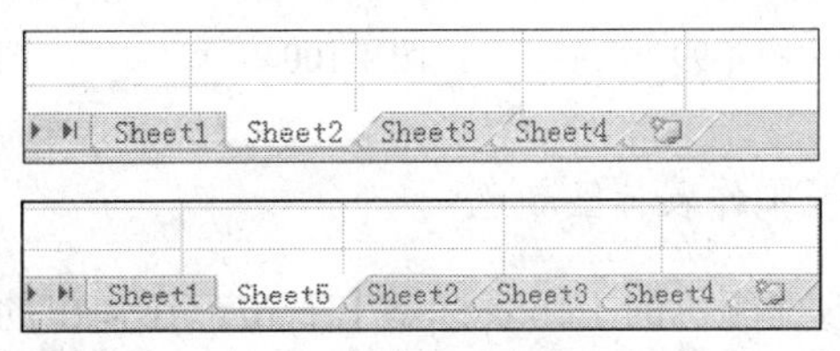

图 4-96

2. 删除工作表

选择要删除的工作表，单击【开始】选项卡【单元格】选项组中的【删除】下拉按钮，在弹出的下拉列表中选择【删除工作表】选项即可，如图 4-97 所示；或在工作表标签上右击，在弹出的快捷菜单中选择【删除】选项，如图 4-98 所示。

图 4-97

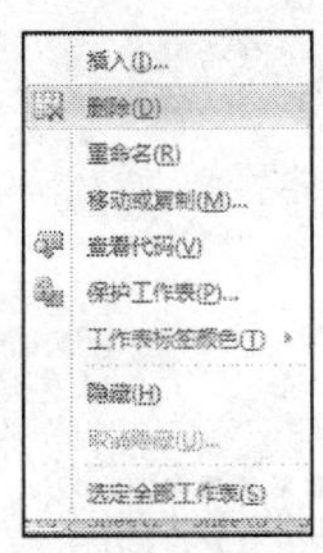

图 4-98

3. 重命名工作表

（1）在工作表标签上直接重命名

步骤 1：双击要重新命名的工作表标签【Sheet1】，此时该标签已高亮显示，进入可编辑状态，如图 4-99 所示。

步骤 2：输入新的标签名，按【Enter】键即可完成对该工作的重命名操作，如图 4-100 所示。

（2）使用快捷菜单重命名

步骤 1：在要重命名的工作表标签上右击，在弹出的快捷菜单中选择【重命名】选项，如图 4-101 所示。

步骤 2：此时工作表标签高亮显示，在标签上输入新的标签名，按【Enter】键即可完成工作表的重命名，如图 4-102 所示。

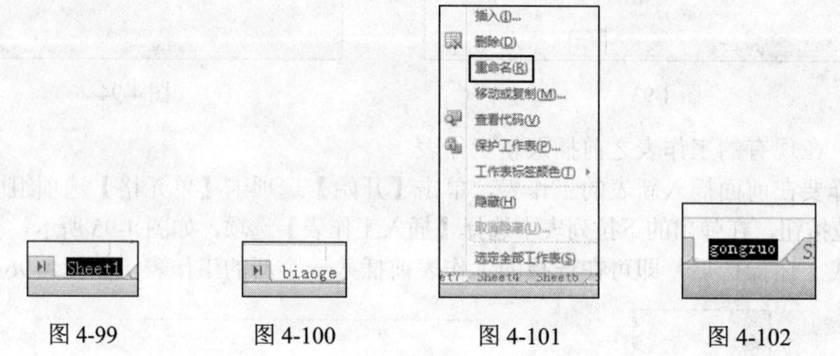

图 4-99　　图 4-100　　图 4-101　　图 4-102

4. 设置工作表标签颜色

在要改变颜色的工作表标签上右击，在弹出的快捷菜单中选择【工作表标签颜色】选项，如图 4-103 所示，或者单击【开始】选项卡【单元格】选项组中的【格式】下拉按钮，在弹出的下拉列表中选择【组织工作表】中的【工作表标签颜色】选项，如图 4-104 所示，在随后显示的颜色下拉列表中单击选择一种颜色。

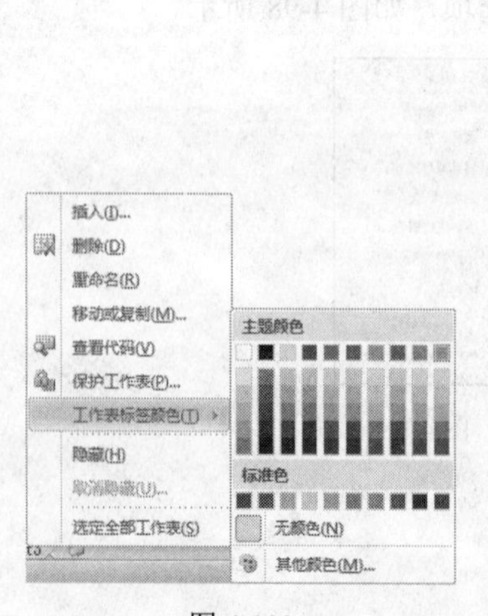

图 4-103

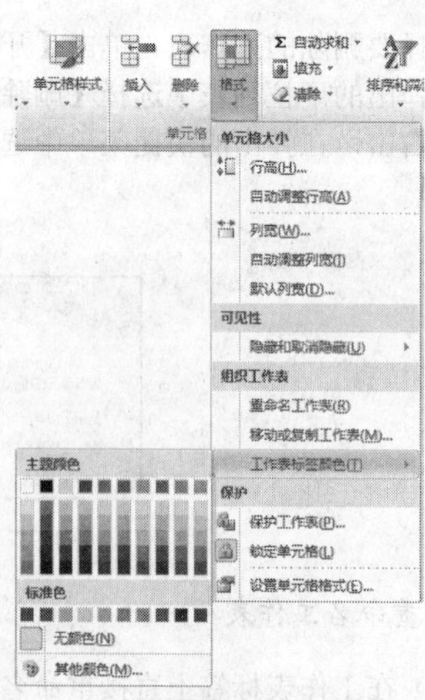

图 4-104

5. 移动或复制工作表

（1）移动工作表

可以在一个或多个工作簿中移动工作表，若要在不同的工作簿中移动工作表，则这些工作簿必须是打开的。移动工作表有以下两种方法。

方法 1：直接拖动法。

选择【Sheet1】工作表标签，按住鼠标左键不放，此时标签左上角出现黑色倒三角，如图 4-105 所示。拖动鼠标指针到指定的新位置，黑色倒三角随鼠标指针的移动而移动，到达目的位置后释放鼠标左键，工作表即移动到目的位置，如图 4-106 所示。

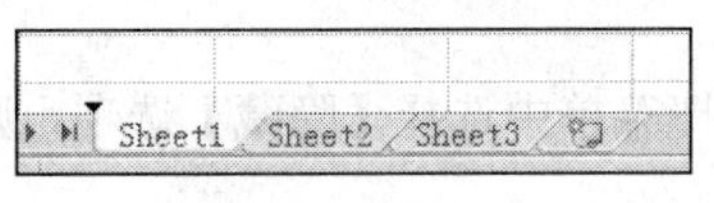

图 4-105

图 4-106

方法 2：快捷菜单法。

步骤 1：选择【Sheet1】工作表标签右击，在弹出的快捷菜单中选择【移动或复制】选项，如图 4-107 所示。

步骤 2：弹出【移动或复制工作表】对话框，在【下列选定工作表之前】列表框中选择【(移至最后)】选项，如图 4-108 所示。

步骤 3：单击【确定】按钮，即可将工作表移至指定的位置，即移到最后。

（2）复制工作表

选择工作表后，拖动鼠标的同时按住【Ctrl】键，即可复制工作表。另外，也可使用快捷菜单复制工作表。

步骤 1：选择【Sheet1】工作表右击，在弹出的快捷菜单中选择【移动或复制】选项。

步骤 2：弹出【移动或复制工作表】对话框，在【下列选定工作表之前】列表框中选择【Sheet2】选项，然后选中【建立副本】复选框，如图 4-109 所示。

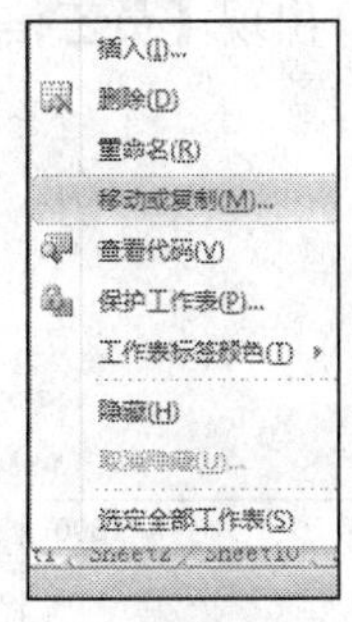

图 4-107

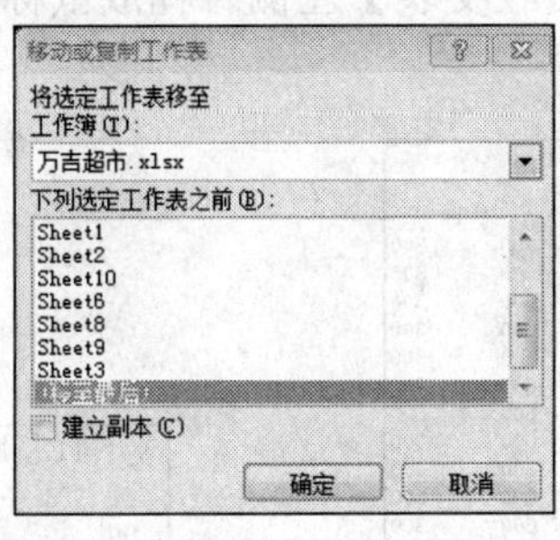

图 4-108

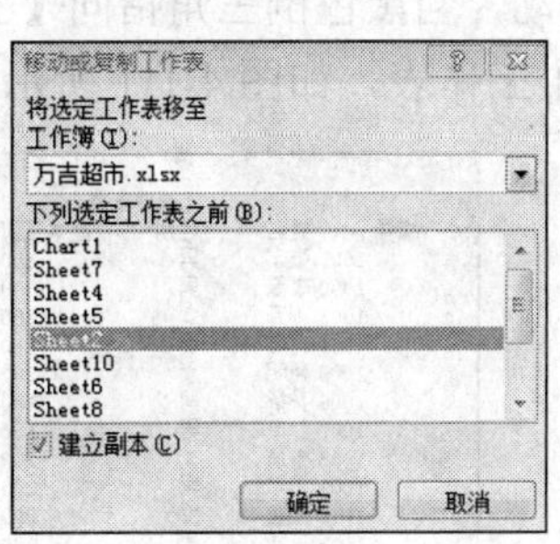

图 4-109

步骤 3：单击【确定】按钮，即可完成复制工作表的操作。

【移动或复制工作表】对话框中有 3 个选项供用户选择。

1）【将选定工作表移至工作簿】下拉列表：用于选择目标工作簿。

2）【下列选定工作表之前】列表框：用于选择将工作表复制或移动到目标工作簿的位置。如果选择列表框中的某一工作表标签，则复制或移动的工作表将位于该工作表之前；如果选择【(移至最后)】选项，则复制或移动的工作表将位于列表框中所有工作表之后。

3）【建立副本】复选框：选中该复选框，则执行复制工作表的命令；不选中该复选框，则执行移动工作表的命令。

6. 显示或隐藏工作表

（1）隐藏工作表

选择需要隐藏的工作表标签右击，在弹出的快捷菜单中选择【隐藏】选项，则工作表被隐藏。

（2）取消隐藏工作表

在任意一个工作表标签上右击，在弹出的快捷菜单中选择【取消隐藏】选项，弹出【取消隐藏】对话框，选择要取消隐藏的工作表，单击【确定】按钮，即可将工作表取消隐藏。

7. 设置案例表格

步骤 1：打开 Excel 文件。

步骤 2：将【Sheet1】重命名为【员工信息档案】，将【Sheet2】重命名为【工资收支表】，如图 4-110 所示。

步骤 3：右击【员工信息档案】工作表标签，在弹出的快捷菜单中选择【工作表标签颜色】选项，在弹出的级联菜单中选择【深红】选项。

步骤 4：右击【Sheet3】工作表标签，在弹出的快捷菜单中选择【删除】选项，删除 Sheet3 工作表。

步骤 5：单击【员工信息档案】工作表标签，按住【Ctrl】键不放，将鼠标指针向右拖动，当黑色倒三角指向【工资收支表】左侧时释放鼠标左键，出现【员工信息档案(2)】工作表，如图 4-111 所示。

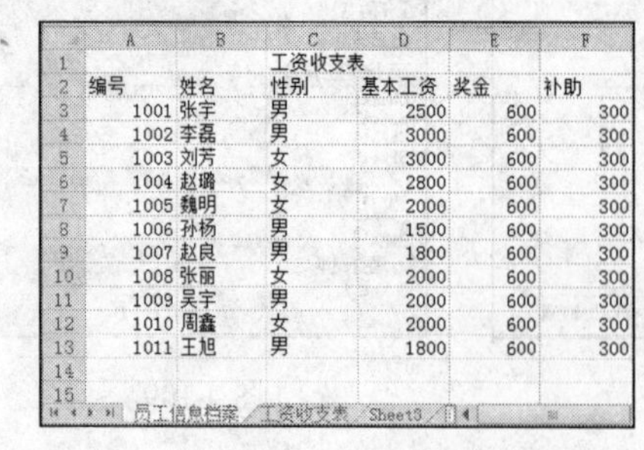

	A	B	C	D	E	F
1			工资收支表			
2	编号	姓名	性别	基本工资	奖金	补助
3	1001	张宇	男	2500	600	300
4	1002	李磊	男	3000	600	300
5	1003	刘芳	女	3000	600	300
6	1004	赵璐	女	2800	600	300
7	1005	魏明	女	2000	600	300
8	1006	孙杨	男	1500	600	300
9	1007	赵良	男	1800	600	300
10	1008	张丽	女	2000	600	300
11	1009	吴宇	男	2000	600	300
12	1010	周鑫	女	2000	600	300
13	1011	王旭	男	1800	600	300
14						
15						

图 4-110

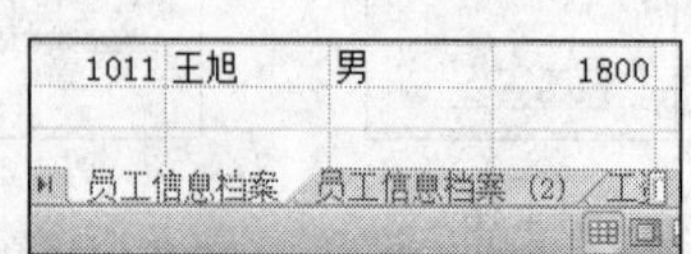

图 4-111

步骤 6：右击【员工信息档案 (2)】工作表标签，在弹出的快捷菜单中选择【隐藏】

选项，隐藏该工作表。

步骤 7：选择【文件】选项卡中的【另存为】选项，弹出【另存为】对话框，在【文件名】文本框中输入模板的名称，在【保存类型】下拉列表中选择【Excel 模板】选项，单击【保存】按钮保存工作表。

案例 11　保护和撤销保护工作表

1. 保护工作表

步骤 1：打开工作表。

步骤 2：单击【审阅】选项卡【更改】选项组中的【保护工作表】按钮，弹出【保护工作表】对话框，在【允许此工作表的所有用户进行】列表框中选中相应的编辑对象复选框，此处选中【选定锁定单元格】和【选定未锁定的单元格】复选框，并在【取消工作表保护时使用的密码】文本框中输入密码，如图 4-112 所示。

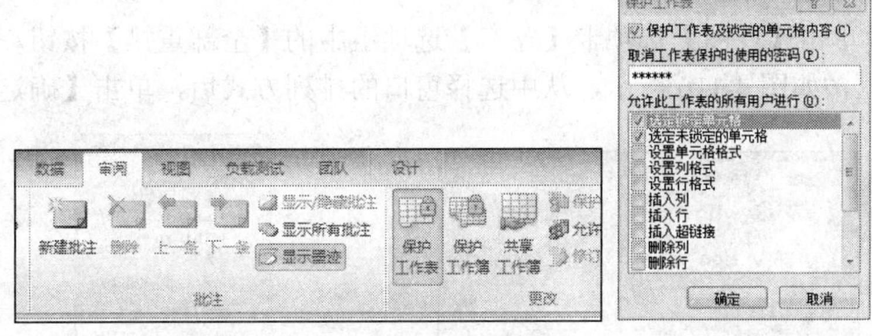

图 4-112

步骤 3：单击【确定】按钮，弹出【确认密码】对话框，在其中输入与刚才相同的密码。

步骤 4：单击【确定】按钮，当前工作表便处于保护状态。

2. 撤销工作表保护

步骤 1：单击【审阅】选项卡【更改】选项组中的【撤销工作表保护】按钮，如图 4-113 所示。

步骤 2：若设置了密码，则会弹出【撤销工作表保护】对话框，输入保护时设置的密码，如图 4-114 所示。

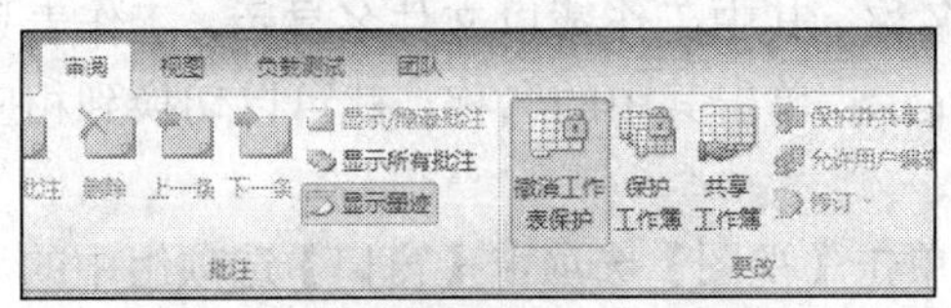

图 4-113

图 4-114

步骤 3：单击【确定】按钮即可撤销工作表保护。

案例 12　选择及操作多个工作表

1. 选择多个工作表

1）选择全部工作表：在某个工作表的标签上右击，在弹出的快捷菜单中选择【选定全部工作表】选项，就可以选择当前工作表中的所有工作表。

2）选择连续的多个工作表：单击要选择的多个工作表中的第一个标签，按住【Shift】键不放，再单击最后一个工作表标签，就可以选择连续的多个工作表。

3）选择不连续的多个工作表：单击要选中的工作表标签，按住【Ctrl】键不放，再单击其他要选择的工作表标签，就可以选择不连续的一组工作表。

2. 同时对多个工作表进行操作

步骤 1：单击【视图】选项卡【窗口】选项组中的【新建窗口】按钮，如图 4-115 所示，新建一个工作表窗口。

步骤 2：单击【视图】选项卡【窗口】选项组中的【全部重排】按钮，弹出【重排窗口】对话框，如图 4-116 所示，从中选择窗口的排列方式后，单击【确定】按钮。

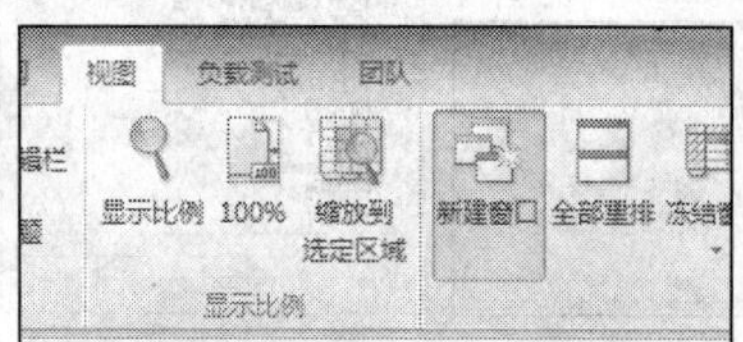

图 4-115

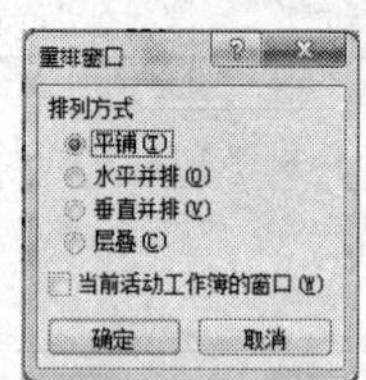

图 4-116

案例 13　工作窗口的视图控制

1. 多窗口显示与切换

在 Excel 2010 中可以同时打开多个工作簿，当工作表很大，很难在一个窗口中显示出全部的行或列时，可以将工作表划分为多个临时窗口。

1）定义窗口：打开工作簿，单击【视图】选项卡【窗口】选项组中的【新建窗口】按钮，原工作簿内容会显示在一个新的窗口中。

2）切换窗口：单击【视图】选项卡【窗口】选项组中的【切换窗口】下拉按钮，在弹出的下拉列表中将会显示所有窗口的名称，其中工作簿以文件名显示，工作表划分出的窗口则以【工作簿名：序号】的形式显示，单击其中的名称，就可以切换到相应的窗口。

3）并排查看：切换到一个工作簿中，单击【视图】选项卡【窗口】选项组中的【并排查看】按钮，两个窗口将并排显示，如图 4-117 所示。默认情况下，操作一个窗口中的滚动条，另一个窗口将会同步滚动。若单击【视图】选项卡【窗口】选项组中的【同步滚动】按钮，可以取消两个窗口的联动。再次单击【并排查看】按钮就可以取消并排显示。

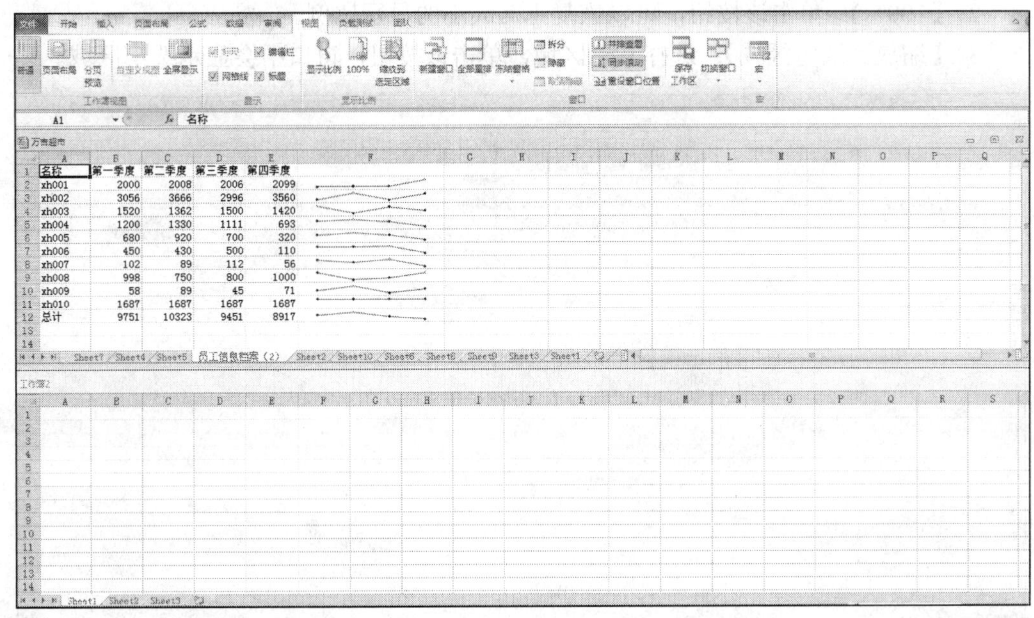

图 4-117

2. 冻结窗口

在工作表的某个单元格中单击，单元格上的行和左侧的列将在锁定范围内。单击【视图】选项卡【窗口】选项组中的【冻结窗格】下拉按钮，在弹出的下拉列表中选择【冻结拆分窗格】选项，如图 4-118 所示。此后，当前单元格上方的行和左侧的列始终保持可见，不会随着操作滚动条而消失。

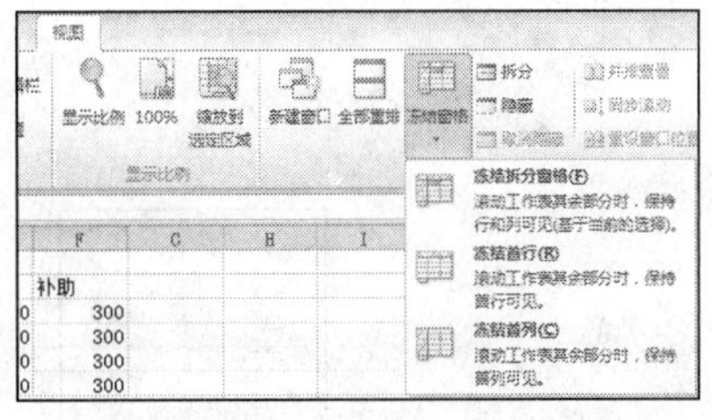

图 4-118

若是要取消窗口冻结，只需在【冻结窗格】下拉列表中选择【取消冻结窗格】选项即可。

3. 拆分窗口

单击【视图】选项卡【窗口】选项组中的【拆分】按钮，以当前单元格为坐标，将窗口拆分为 4 个，如图 4-119 所示。每个窗口均可进行编辑，再次单击【拆分】按钮可以取消窗口拆分。

4. 缩放窗口

单击【视图】选项卡【显示比例】选项组中的【显示比例】、【100%】、【缩放到选定区域】按钮，如图 4-120 所示，下面分别进行介绍。

1）【显示比例】：单击该按钮，弹出【显示比例】对话框，可以自由指定一个显示比例，如图 4-121 所示。

2）【100%】：单击该按钮，可以恢复正常大小的显示比例。

3）【缩放到选定区域】：选择某一区域，单击该按钮，窗口中会显示选定区域。

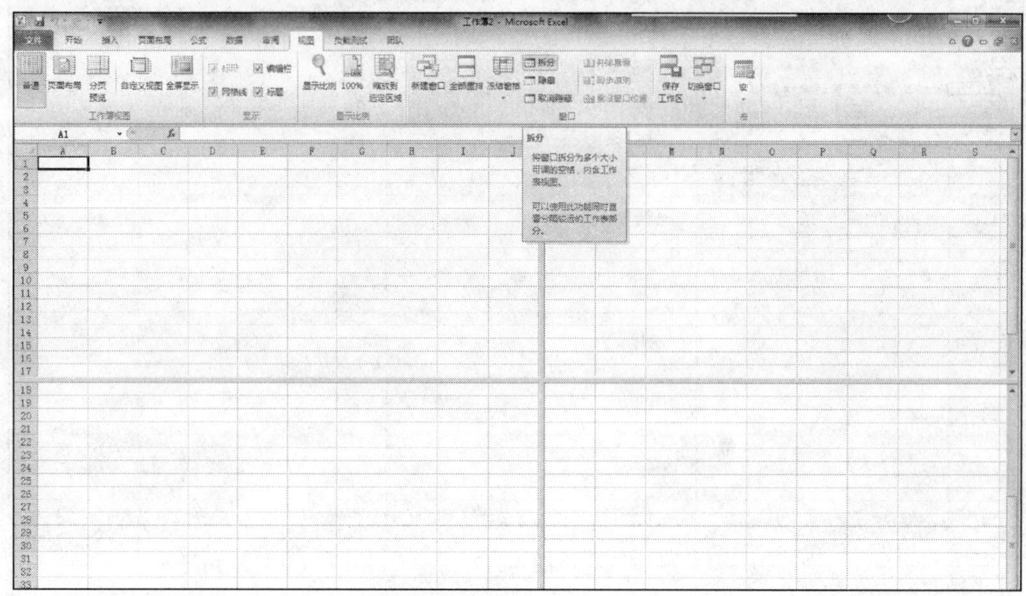

图 4-119

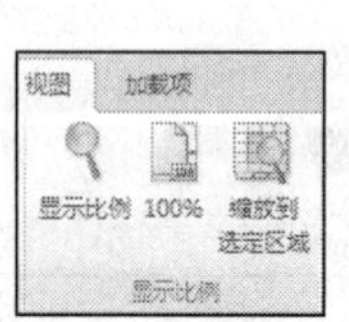

图 4-120

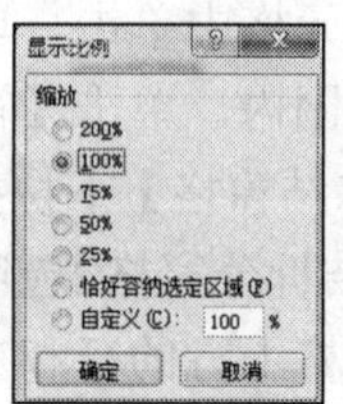

图 4-121

4.3 Excel 公式和函数

案例 14 使用公式的基本方法

1. 公式的创建

在单元格或编辑栏中直接输入需要计算的公式，然后按【Enter】键即可。

2. 公式的复制

公式的复制方法与一般数据的复制方法相同。复制公式可以使不同的数据以相同的公式进行快速计算，从而提高工作效率。

3. 公式的删除

选择需要同时删除公式和数据的单元格，按【Delete】键即可将公式和单元格的数据一起删除。

4. 公式的编辑

对公式进行编辑其实就是对公式进行修改，输入错误的公式导致计算结果出错。修改公式的方法与在单元格中修改数据一样，可直接在单元格和编辑栏中进行修改。

以在【人员统计表】工作簿中创建销售额的计算公式为例，具体操作步骤如下。

步骤 1：打开 Excel 文件。

步骤 2：选择 B12 单元格，在编辑栏中输入总计的计算公式【=B3+B4+B5+B6+B7+B8+B9+B10+B11】，如图 4-122 所示，按【Enter】键计算出总计。

步骤 3：使用相同方法计算出 C3:C11 的总计，如图 4-123 所示。操作完成后即可计算出全年总计。

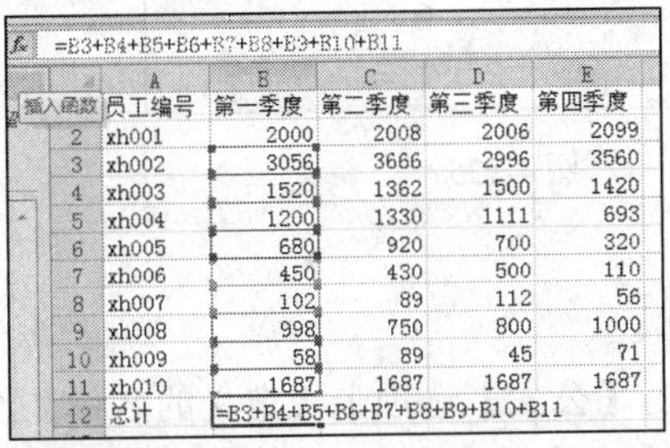

=B3+B4+B5+B6+B7+B8+B9+B10+B11

	A	B	C	D	E
插入函数	员工编号	第一季度	第二季度	第三季度	第四季度
2	xh001	2000	2008	2006	2099
3	xh002	3056	3666	2996	3560
4	xh003	1520	1362	1500	1420
5	xh004	1200	1330	1111	693
6	xh005	680	920	700	320
7	xh006	450	430	500	110
8	xh007	102	89	112	56
9	xh008	998	750	800	1000
10	xh009	58	89	45	71
11	xh010	1687	1687	1687	1687
12	总计	=B3+B4+B5+B6+B7+B8+B9+B10+B11			

图 4-122

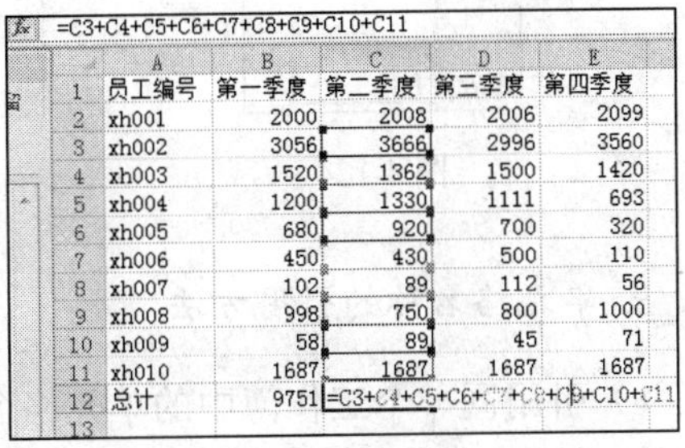

=C3+C4+C5+C6+C7+C8+C9+C10+C11

	A	B	C	D	E
1	员工编号	第一季度	第二季度	第三季度	第四季度
2	xh001	2000	2008	2006	2099
3	xh002	3056	3666	2996	3560
4	xh003	1520	1362	1500	1420
5	xh004	1200	1330	1111	693
6	xh005	680	920	700	320
7	xh006	450	430	500	110
8	xh007	102	89	112	56
9	xh008	998	750	800	1000
10	xh009	58	89	45	71
11	xh010	1687	1687	1687	1687
12	总计	9751	=C3+C4+C5+C6+C7+C8+C9+C10+C11		
13					

图 4-123

案例 15　单元格名称的定义及引用

1. 单元格名称的命名规则

为单元格或单元格区域命名需要遵守一定的规则，否则名称将不能使用。命名规则如下。

1）名称长度限制：即一个名称不能超过 255 个字符。

2）有效字符：名称中的第一个字符必须是字母、下划线或反斜杠（\），名称中的其余字符可以是字母、数字、句点和下划线，但名称中不能使用大、小写字母“C”“c”“R”“r”。

3）名称中不能包含空格：名称中不允许使用空格，但小数点和下划线可用作分隔符，如 Glass_Info 等。

4）不能与单元格地址相同，如 A12、$H$4、R2C5 等。

5）唯一性原则：名称在其适用范围内不可重复，必须唯一。

6）不区分大小写：名称可以包含大、小写字母，但 Excel 在名称中不区分大、小写字母。

2. 命名单元格或单元格区域

在 Excel 2010 中可对单元格和单元格区域进行命名，具体操作步骤如下。

步骤 1：打开 Excel 文件。

步骤 2：选择需要命名的单元格或单元格区域，双击【名称框】，定位文本插入点，在其中直接输入单元格或单元格区域的名称即可，如图 4-124 所示。

步骤 3：选择包含行/列标志的单元格区域，单击【公式】选项卡【定义的名称】选项组中的【定义名称】按钮，弹出【新建名称】对话框，在【名称】文本框中输入单元格名称，在【范围】下拉列表中选择单元格名称的作用范围，然后单击【确定】按钮即可，如图 4-125 所示。

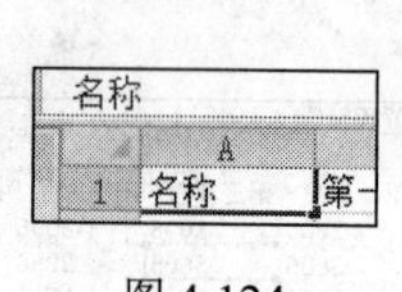

图 4-124

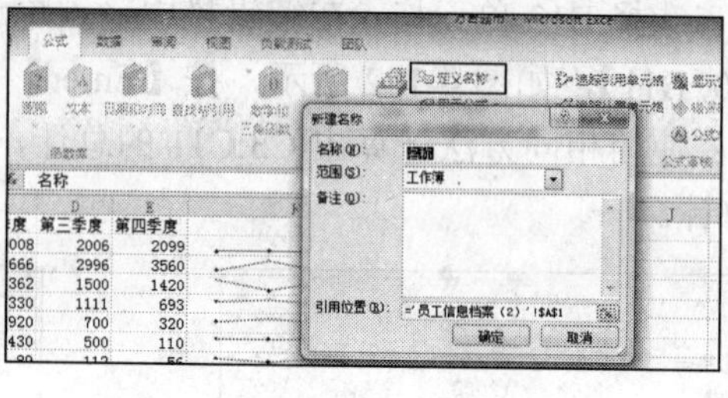

图 4-125

3. 单元格名称的引用方法

1）引用同一个工作簿中的单元格名称：单击【公式】选项卡【定义的名称】选项组中的【用于公式】下拉按钮，在弹出的下拉列表中选择【粘贴名称】选项，弹出【粘贴名称】对话框，如图 4-126 所示。选择需要粘贴的名称后，单击【确定】按钮，该名称被插入当前位置。

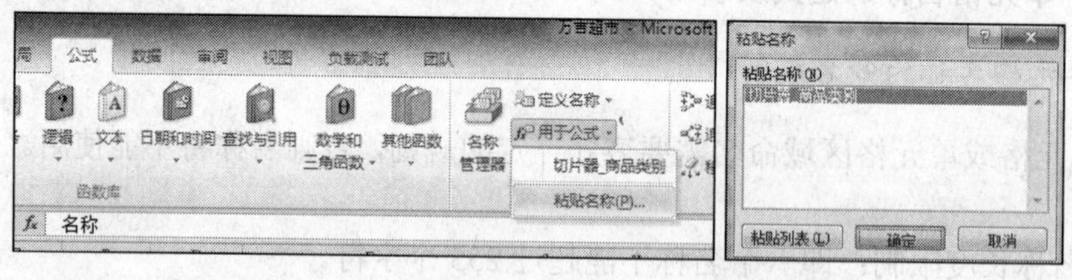

图 4-126

2）引用不同工作簿中的单元格名称：选择引用工作表单元格，输入等号“=”，单击被引用工作表中的被引用单元格，按【Enter】键即可。

案例 16　使用函数的基本方法

函数可用于执行简单或复杂的计算。每个函数都由 3 部分构成。

1）=：表示后面跟着函数（公式）。函数的结构以等号开始，后面紧跟函数名称和左括号，然后以逗号分隔输入该函数的参数，最后是右括号。

2）函数名：表示将执行的操作。如果要查看可用函数的列表，可单击一个单元格并按【Shift+F3】组合键。

3）参数：参数可以是数字、文本、TRUE 或 FALSE 等逻辑值、数组、错误值、常量、公式或其他函数。

此外，还有参数工具提示，在输入函数时，会出现一个带有语法和参数的工具提示。

案例 17　Excel 中常用函数的应用方法

1. 求和函数

SUM(Number1,[Number2],…)，如图 4-127 所示。

功能：将指定的参数 Number1，Number2，…相加求和。

参数说明：至少需要包含一个参数 Number1，每个参数都可以是区域、单元格引用、数组、常量、公式或另一个函数的结果。

2. 条件求和函数

SUMIF(Range,Criteria,Sum_range)，如图 4-128 所示。

功能：对指定单元格区域中符合指定条件的值求和。

参数说明：

1）Range：必选参数，用于条件判断的单元格区域。

2）Criteria：必选参数，指求和的条件，其形式可以为数字、表达式、单元格引用、文本或函数。

3）Sum_range：可选参数区域，要求和的实际单元格区域，如果 Sum_range 参数被省略，Excel 2010 会对 Range 中指定的单元格求和。

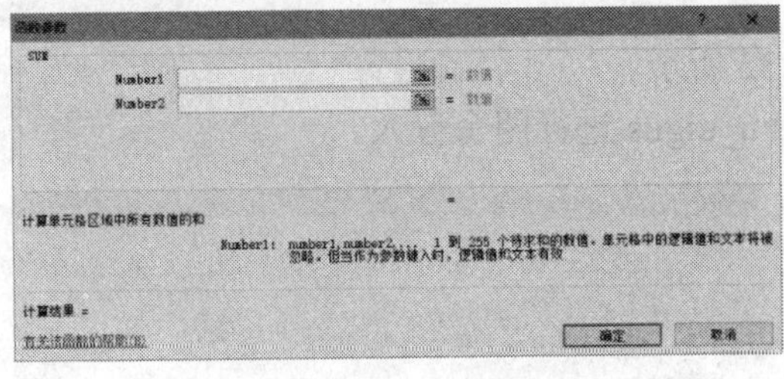

图 4-127

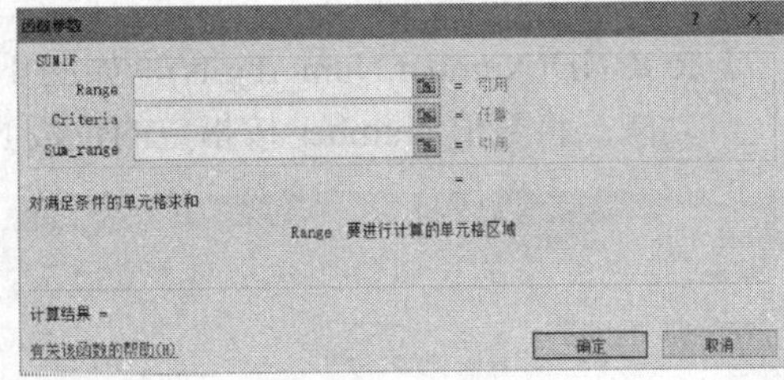

图 4-128

3. 多条件求和函数

SUMIFS(Sum_range,Criteria_range1,Criteria1,[Criteria_range2,Criteria2],…)，如图 4-129 所示。

功能：对指定单元格区域中满足多个条件的单元格求和。

参数说明：

1）Sum_range：必选参数，求和的实际单元格区域，忽略空白值和文本值。

2）Criteria_range1：必选参数，在其中计算关联条件的第一个区域。

3）Criteria1：必选参数，求和的条件，条件的形式可以为数字、表达式、单元格地址或文本。

4）Criteria_range2,Criteria2：可选参数，附加的区域及其关联条件，最多允许 129 个区域/条件，其中每个 Criteria_range 参数区域所包含的行数和列数必须与 Sum_range 参数相同。

4. 绝对值函数

ABS(Number)，如图 4-130 所示。

功能：返回数值 Number 的绝对值，Number 为必选参数。

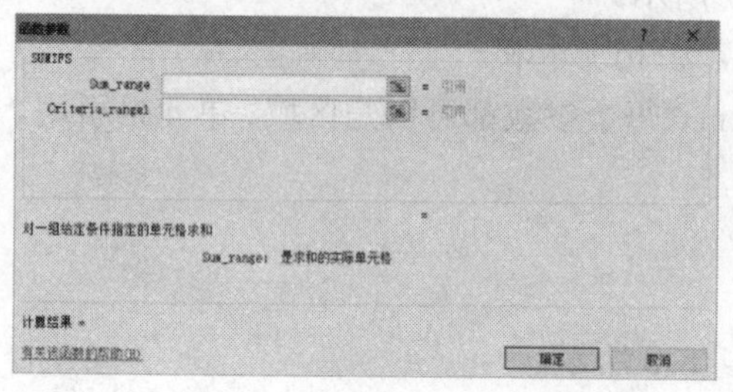

图 4-129

图 4-130

5. 向下取整函数

INT(Number)，如图 4-131 所示。

功能：将数值 Number 向下舍入到最接近的整数，Number 为必选参数。

6. 四舍五入函数

ROUND(Number,Num_digits)，如图 4-132 所示。

功能：将数值 Number 按指定的位数 Num_digits 进行四舍五入。

图 4-131

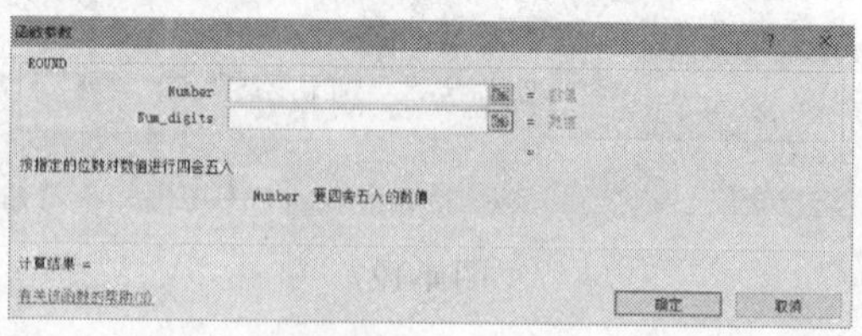

图 4-132

7. 取整函数

TRUNC(Number,[Num_digits])，如图 4-133 所示。

功能：将指定数值 Number 的小数部分截取，返回整数。Num_digits 为取整精度，默认值为 0。

8. 垂直查询函数

VLOOKUP(Lookup_value,Table_array,Col_index_num,[Range_lookup])，如图4-134所示。

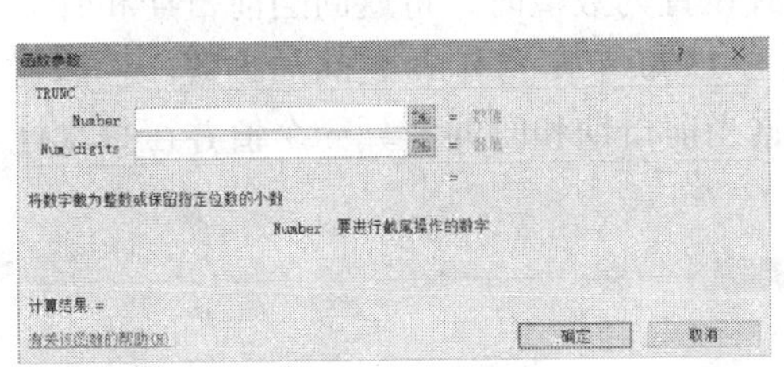

图 4-133

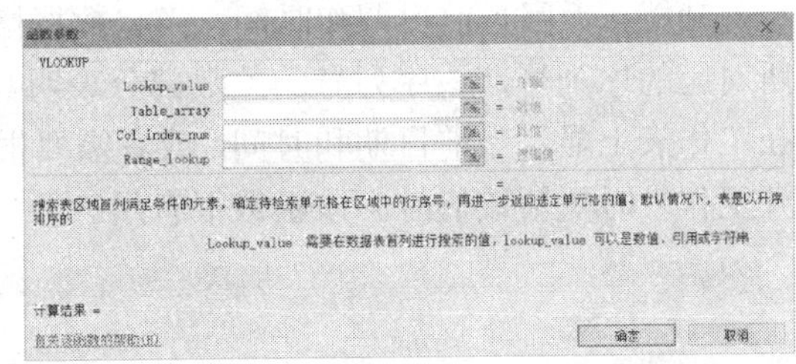

图 4-134

功能：搜索指定单元格区域的第一列，返回该区域相同行上任何指定单元格中的值。

参数说明：

1）Lookup_value：必选参数，要在表格或区域的第一列中搜索到的值。

2）Table_array：必选参数，要查找的数据所在的单元格区域，Table_array 第一列中的值就是 Lookup_value 要搜索的值。

3）Col_index_num：必选参数，最终返回数据所在的列号 Col_index_num 为 1 时，返回 Table_array 第一列中的值；Col_index_num 为 2 时，返回 Table_array 第二列中的值，以此类推。如果 Col_index_num 参数小于 1，则 VLOOKUP 返回错误值#VALUE!；大于 Table_array 的列数，则 VLOOKUP 返回错误值#REF!。

4）Range_lookup：可选参数，该值为一个逻辑值，取值为 TRUE 或 FALSE，指定希望 VLOOKUP 查找的是精确匹配值还是近似匹配值。如果 Range_lookup 为 TRUE 或被省略，则返回近似匹配值。如果找不到精确匹配值，则返回小于 Look_value 的最大值。如果 Range_lookup 参数为 FALSE，VLOOKUP 将只查找精确匹配值。如果 Table_array 的第一列中有两个或更多值与 Lookup_value 匹配，则使用第一个找到的值。如果找不到精确匹配值，则返回错误值#N/A。

9. 逻辑判断函数

IF(Logical_test,[Value_if_true],[Value_if_false])，如图 4-135 所示。

功能：如果指定条件的计算结果为 TRUE，IF 函数将返回某个值；如果该条件的计算结果为 FALSE，则返回另一个值。

参数说明：

1）Logical_test：必选参数，作为判断条件，如 A2=100 是一个逻辑表达式，如果单元格 A2 中的值等于 100，表达式的计算结果为 TRUE，否则为 FALSE。

2）Value_if_true：可选参数，Logical_test 参数的计算结果为 TRUE 时所要返回的值。

3）Value_if_false：可选参数，Logical_test 参数的计算结果为 FALSE 时所要返回的值。

10. 当前日期和时间函数

NOW()，如图 4-136 所示。

功能：返回当前日期和时间。当将数据格式设置为数值时，将返回当前日期和时间所对应的序列号，该序列号的整数部分表明其与 1900 年 1 月 1 日之间的天数。当需要在工作表上显示当前日期和时间，或者需要根据当前日期和时间计算一个值并在每次打开工作表时更新该值时，该函数很有用。

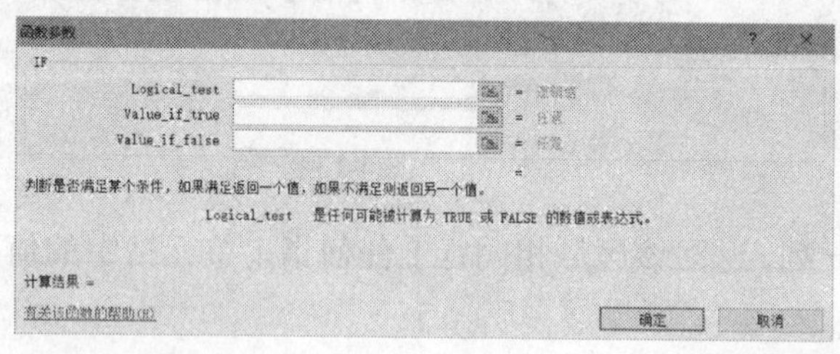

图 4-135

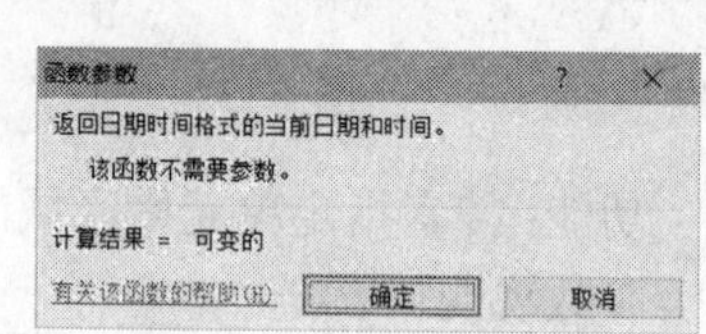

图 4-136

11. 年份函数

YEAR(Serial_number)，如图 4-137 所示。

功能：返回指定日期对应的年份。返回值为 1900～9999 之间的整数。

参数说明：Serial_number 必须是一个日期值，其中包含要查找的年份。

12. 当前日期函数

TODAY()，如图 4-138 所示。

功能：返回今天的日期。当将数据格式设置为数值时，将返回今天日期所对应的序列号，该序列号的整数部分表明其与 1900 年 1 月 1 日之间的天数。通过该函数，可以实现无论何时打开工作簿，工作表上都能显示当前日期；该函数也可以用于计算时间间隔和人的年龄。

参数说明：该函数没有参数，返回的是当前计算机系统的日期。

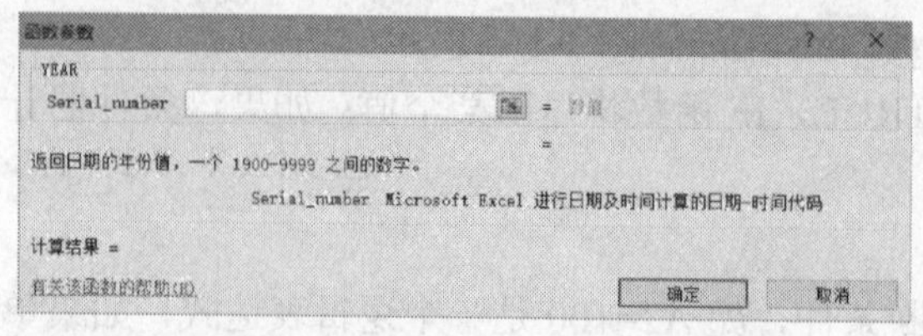

图 4-137

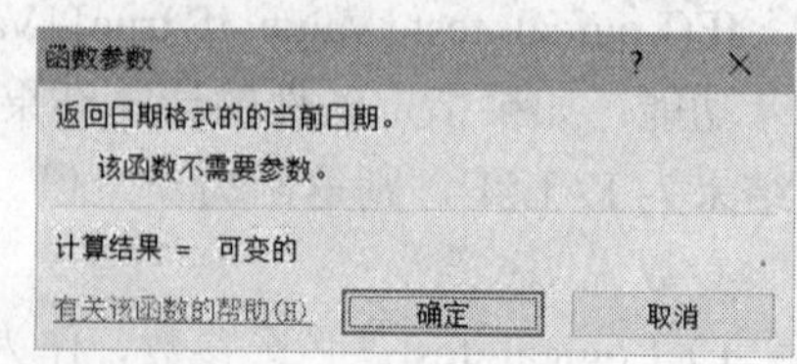

图 4-138

13. 平均值函数

AVERAGE(Number1,[Number2],…)，如图 4-139 所示。

功能：求指定参数 Number1，Number2，…的平均值。

参数说明：至少需要包含一个参数 Number1，最多可包含 255 个参数。

14. 条件平均值函数

AVERAGEIF(Range, Criteria,[Average_range])，如图 4-140 所示。

功能：对指定区域中满足给定条件的所有单元格中的数值求算术平均值。

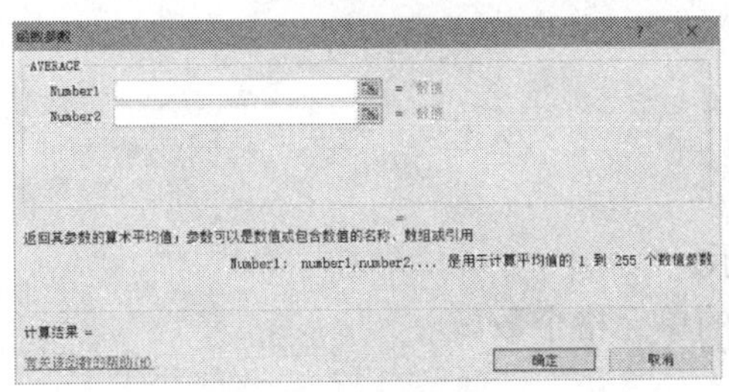

图 4-139

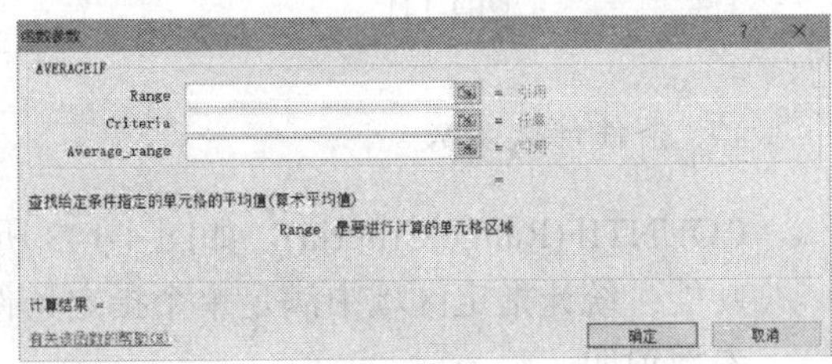

图 4-140

参数说明：

1）Range：必选参数，用于条件计算的单元格区域。

2）Criteria：必选参数，求平均值的条件，其形式可以为数字、表达式、单元格引用、文本或函数。

3）Average_range：可选参数，要计算平均值的实际单元格。如果 Average_range 参数被省略，Excel 2010 会对在 Range 参数中指定的单元格求平均值。

15. 多条件平均值函数

AVERAGEIFS(Average_range,Criteria_range1,Criteria1,[Criteria_range2,Criteria2], …)，如图 4-141 所示。

功能：对指定区域中满足多个条件的所有单元格中的数值求算术平均值。

参数说明：

1）Average_range：必选参数，要计算平均值的实际单元格区域。

2）Criteria_range1,Criteria_range2：在其中计算关联条件的区域。其中，Criteria_range1 是必选的，Criteria_range2 是可选的，最多可以有 127 个区域。

3）Criteria1,Criteria2：求平均值的条件。其中，Criteria1 是必选的，Criteria2 是可选的，最多可以有 127 个条件。

16. 计数函数

COUNT(Value1,[Value2],…)，如图 4-142 所示。

功能：统计指定区域中包含数值的个数，只对包含数字的单元格进行计数。

参数说明：至少包含一个参数，最多包含 255 个。

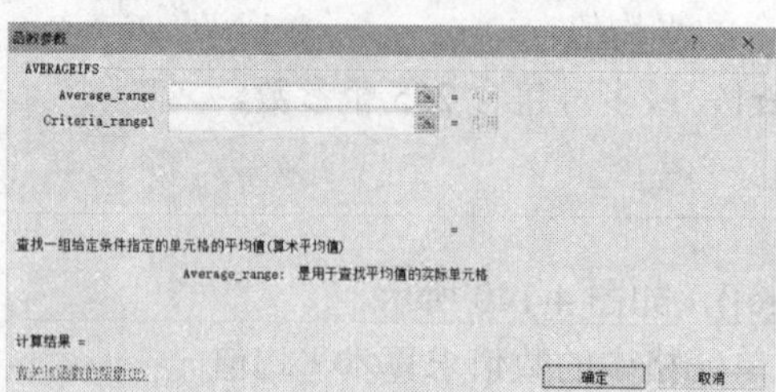

图 4-141

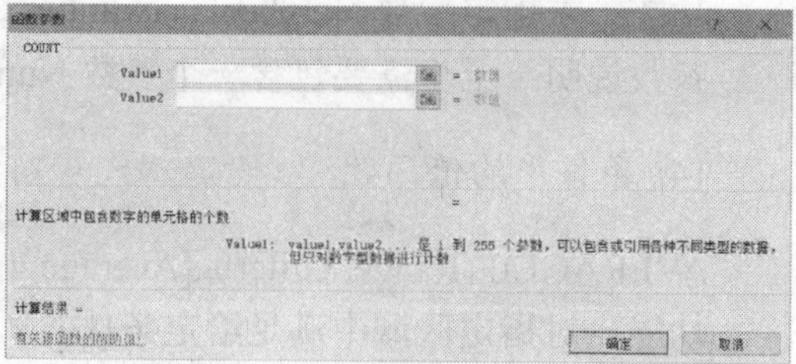

图 4-142

17. 条件计数函数

COUNTIF(Range,Criteria)，如图 4-143 所示。

功能：统计指定区域中满足单个指定条件的单元格个数。

参数说明：

1）Range：必选参数，计数的单元格区域。

2）Criteria：必选参数，计数的条件，条件的形式可以为数字、表达式、单元格地址或文本。

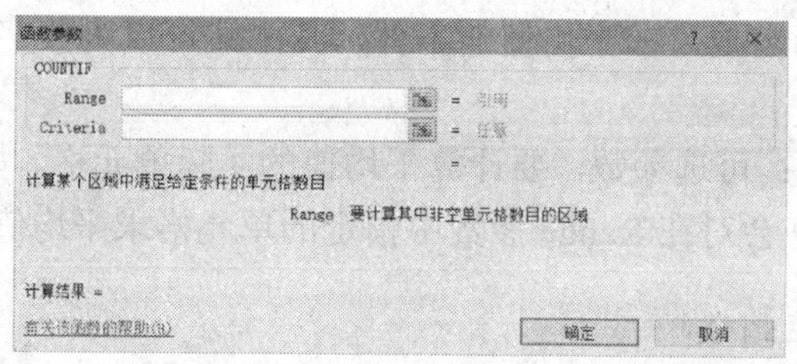

图 4-143

18. 多条件计数函数

COUNTIFS(Criteria_range1,Criteria1,[Criteria_range2,Criteria2],…)，如图 4-144 所示。

功能：统计指定区域内符合多个给定条件的单元格数量。可以将条件应用于跨多个区域的单元格，并计算符合所有条件的次数。

参数说明：

1）Criteria_range1：必选参数，在其中计算关联条件的第一个区域。

2）Criteria1：必选参数，计数的条件，条件的形式可以为数字、表达式、单元格地址或文本。

3）Criteria_range2,Criteria2：可选参数，附加的区域及其关联条件，最多允许 127 个区域/条件对。

每一个附加的区域都必须与参数 Criteria_range1 具有相同的行数和列数。这些区域可以不相邻。

19. 最大值函数

MAX(Number1,[Number2],…)，如图 4-145 所示。

功能：返回一组值或指定区域中的最大值。

参数说明：至少有一个参数，且必须是数值，最多可以有 255 个参数。

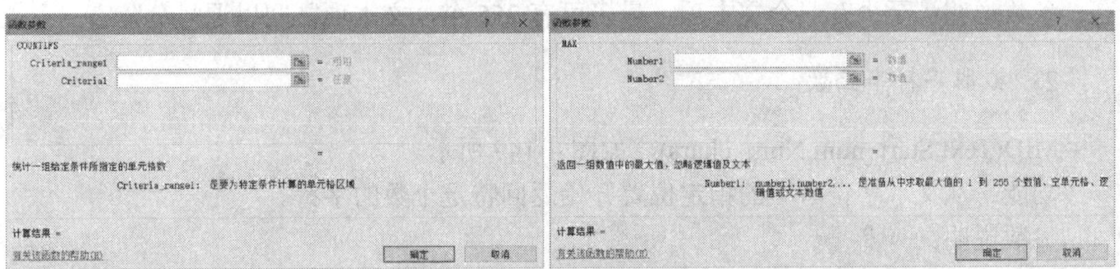

图 4-144　　　　图 4-145

20. 最小值函数

MIN(Number1,[Number2],…)，如图 4-146 所示。

功能：返回一组值或指定区域中的最小值。

参数说明：至少有一个参数，且必须是数值，最多可以有 255 个参数。

21. 排位函数

RANK.EQ(Number,Ref,[Order])和 RANK.AVG(Number,[Order])，如图 4-147 所示。

功能：返回一个数值在指定数值列表中的排位；如果多个值具有相同的排位，使用函数 RANK.AVG 将返回平均排位；使用函数 RANK.EQ 将返回实际排位。

参数说明：

1）Number：必选参数，用于确定其排位的数值。

2）Ref：必选参数，要查找的数值列表所在的位置。

3）Order：可选参数，指定数值列表的排序方式。如果 Order 为 0（零）或忽略，对数值的排位就会基于 Ref 是按照降序排序的列表；如果 Order 不为零，对数值的排位就会基于 Ref 是按照升序排序的列表。

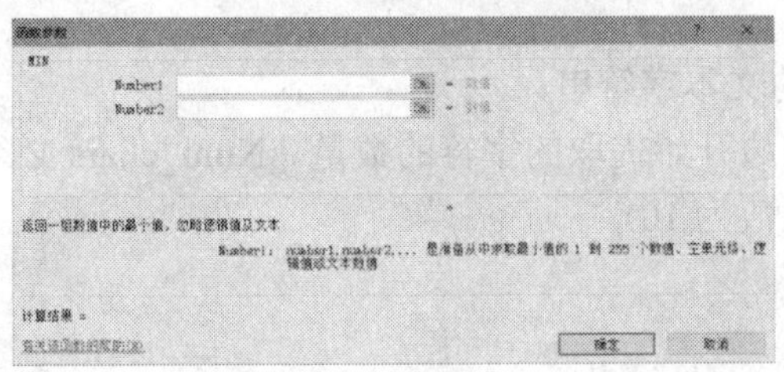

图 4-146

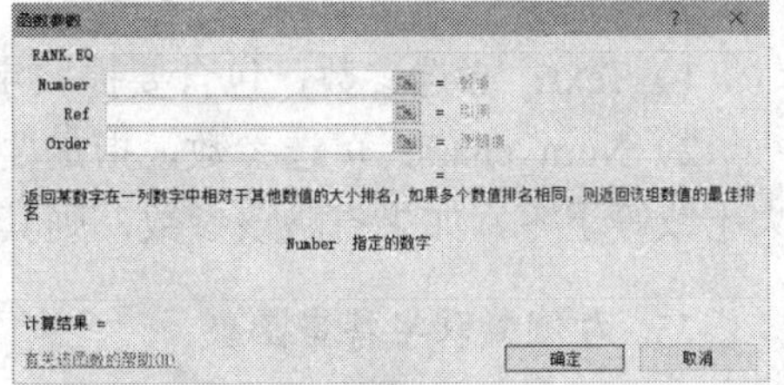

图 4-147

22. 文本合并函数

CONCATENATE(Text1,[Text2],…)，如图 4-148 所示。

功能：将几个文本项合并为一个文本项。可将最多 255 个文本字符串连接成一个文本字符串。连接项可以是文本、数字、单元格地址或这些项目的组合。

参数说明：至少有一个文本项，最多可有 255 个，文本项之间以逗号分隔。

23. 截取字符串函数

MID(Text,Start_num,Num_chars)，如图 4-149 所示。

功能：从文本字符串中的指定位置开始返回特定个数的字符。

参数说明：

1）Text：必选参数，包含要提取字符的文本字符串。

2）Start_num：必选参数，文本中要提取的第一个字符的位置。文本中第一个字符的位置为 1，以此类推。

3）Num_chars：必选参数，指定希望从文本串中提取并返回字符的个数。

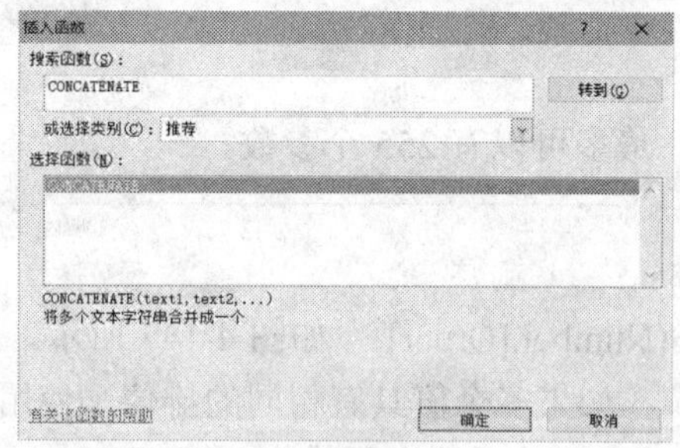

图 4-148

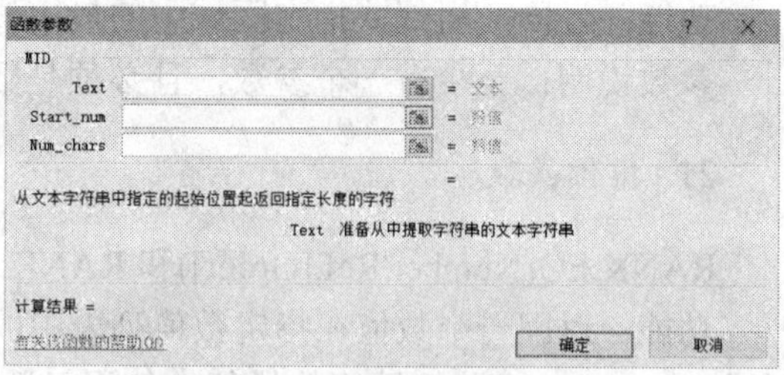

图 4-149

24. 左侧截取字符串函数

LEFT(Text,[Num_chars])，如图 4-150 所示。

功能：从文本字符串最左边开始返回指定个数的字符，也就是最前面的一个或几个个字符。

参数说明：

1）Text：必选参数，包含要提取字符的文本字符串。

2）Num_chars：可选参数，指定要从左边开始提取的字符的数量。Num_chars 必须大于或等于零，如果省略该参数，则其默认值为 10。

25. 右侧截取字符串函数

RIGHT(Text,[Num_chars])，如图 4-151 所示。

功能：从文本字符串最右边开始返回指定个数的字符，也就是最后面的一个或几字符。

参数说明：

1）Text：必选参数，包含要提取字符的文本字符串。

2）Num_chars：可选参数，指定要提取的字符的数量。Num_chars 必须大于或等于零，如果省略该参数，则其默认值为 10。

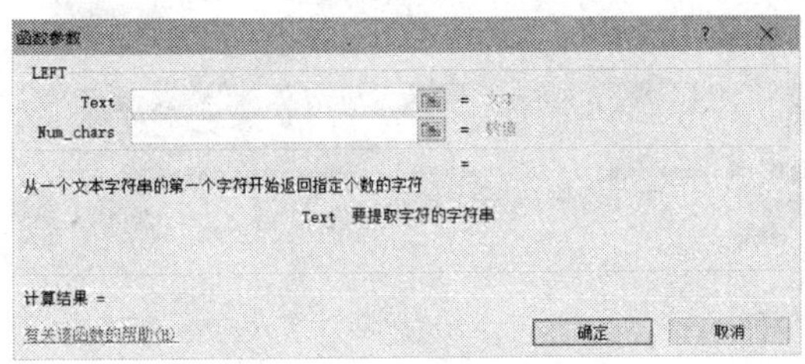

图 4-150

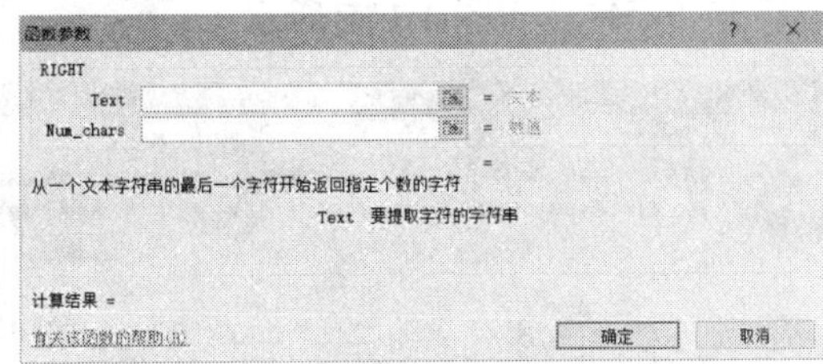

图 4-151

26. 删除空格函数

TRIM(Text)，如图 4-152 所示。

功能：删除指定文本或区域中的空格。除了单词之间的单个空格外，该函数将会清除文本中所有的空格。在从其他应用程序中获取带有不规则空格的文本时，可以使用 TRIM 函数。

27. 字符个数函数

LEN(Text)，如图 4-153 所示。

功能：统计并返回指定文本字符串中的字符个数。

参数说明：Test 为必选参数，代表要统计其长度的文本，空格也将作为字符进行计数。

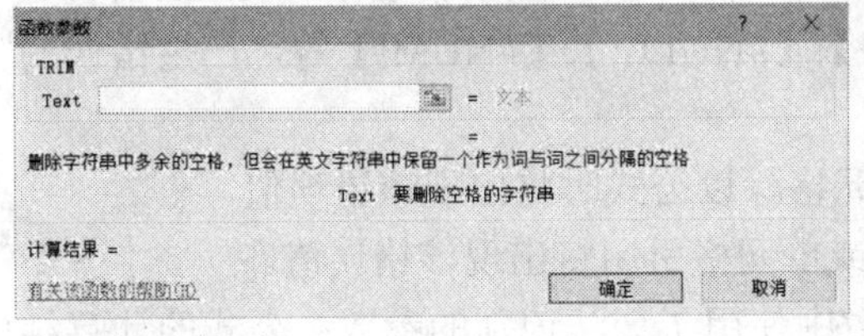

图 4-152

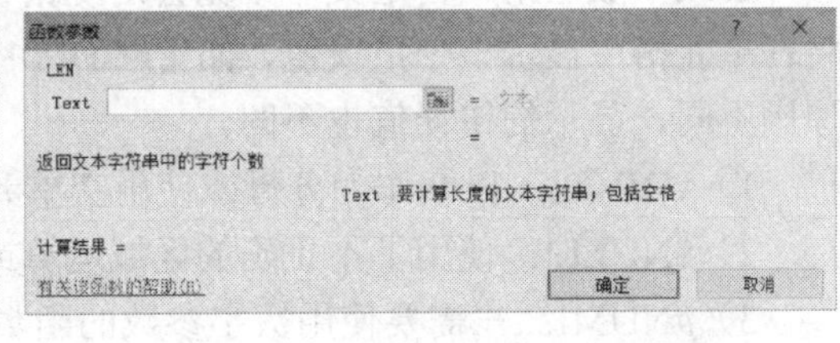

图 4-153

案例 18　公式与函数的常见问题说明

1. 公式中的循环引用

（1）定位并更正循环引用

编辑公式时，若显示有关创建循环引用的错误消息，则很可能是无意中创建了一个循环引用，状态栏中会显示相关循环引用的信息。这种情况下，可以找到并更正或删除这个错误的引用，具体操作步骤如下。

步骤 1：单击【公式】选项卡【公式审核】选项组中的【错误检查】下拉按钮，在弹出的下拉列表中选择【循环引用】选项，在弹出的级联菜单中即可显示当前工作表中

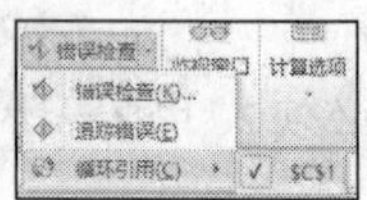

图 4-154

所有发生循环引用的单元格位置，如图 4-154 所示。

步骤 2：在【循环引用】列表中单击某个发生循环引用的单元格名称，就可以定位该单元格，检查其发生错误的原因并进行更正，如图 4-155 所示。

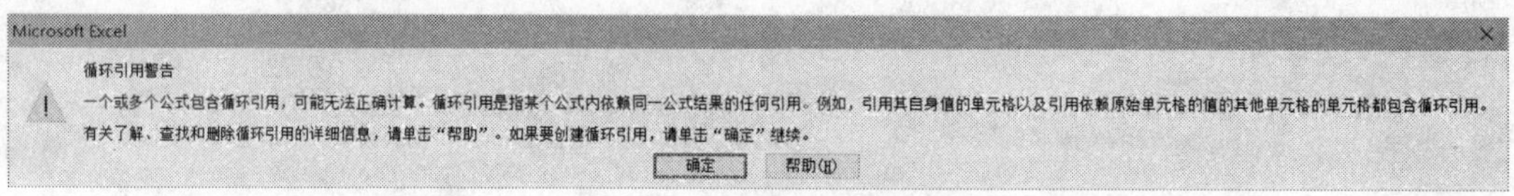

图 4-155

步骤 3：继续检查并更正循环引用，直到全部改完为止。

（2）更改 Excel 2010 迭代公式的次数，使循环引用起作用

若启用了迭代计算，但没有更改最大迭代或最大误差的值，则 Excel 2010 会在 100 次迭代后，或者循环引用中的所有值在两次相邻迭代之间的差异小于 0.001 时（以先发生的为准）停止计算。可以通过以下步骤设置最大迭代值和可接受的差异值。

步骤 1：在发生循环引用的工作表中，选择【文件】选项卡中的【选项】选项，弹出【Excel 选项】对话框，选择【公式】选项卡。

步骤 2：在【计算选项】选项组中，选中【启用迭代计算】复选框，在【最多迭代次数】微调框中输入最大迭代次数，在【最大误差】文本框中输入两次计算结果之间可以接受的最大差异值。

2. Excel 中常见的错误值

公式一般由用户自定义，难免会出现错误。当输入的公式不能进行正确的计算时，将在单元格中显示一个错误值，如【#DIV/0!】、【#NULL!】、【#NUM!】等，产生错误的原因不同，显示的错误值也不同。

1）#DIV/0!：以 0 作为分母或使用空单元格除以公式时将出现该错误值。

2）#NULL!：使用了不正确的区域运算或单元格引用将出现该错误值。

3）#NUM!：在需要使用数字参数的函数中使用了无法识别的参数；公式的计算结果太大或太小，无法在 Excel 2010 中显示；使用 IRR、PATE 等迭代函数进行计算，无法得到计算结果，都将出现该错误值。

4）#N/A：公式中无可用的数值或缺少了函数参数将出现该错误值。

5）#NAME?：公式中引用了无法识别的文本，删除了正在使用的公式中的名称，使用文本时引用了不相符的数据，都将返回该错误值。

6）#REF!：引用了一个无定义的单元格，如从工作表中删除了被引用的单元格或公式使用的对象链接；嵌入链接所指向的程序未运行，都将出现该错误值。

7）#VALUE!：公式中含有错误类型的参数或操作数，如当公式需要数字或逻辑值时，输入了文本；将单元格引用、公式或函数作为数组常量进行输入，都将产生该错误值。

4.4　在 Excel 中创建图表

案例 19　创建及编辑迷你图

1. 迷你图的特点及作用

1）迷你图是插入工作表单元格内的微型图表，可将迷你图作为背景在单元格内输入文本信息。

2）占用空间少，可以更加清晰、直观地表达数据的趋势。

3）可以根据数据的变化而变化，要创建多个迷你图，可选择多个单元格内相对应的基本数据。

4）可在迷你图的单元格内使用填充柄，方便以后为添加的数据行创建迷你图。

5）打印迷你图表时，迷你图将不会同时被打印。

2. 创建迷你图

下面通过销售量统计表介绍创建迷你图的方法，具体操作步骤如下。

步骤 1：打开销售量统计表。

步骤 2：单击需要插入迷你图的单元格。

步骤 3：单击【插入】选项卡【迷你图】选项组中的【折线图】按钮，如图 4-156 所示。在弹出的【创建迷你图】对话框的【数据范围】文本框中设置含有迷你图数据的单元格区域；在【位置范围】文本框中指定迷你图的放置位置，默认情况下显示已选定的单元格地址，如图 4-157 所示。

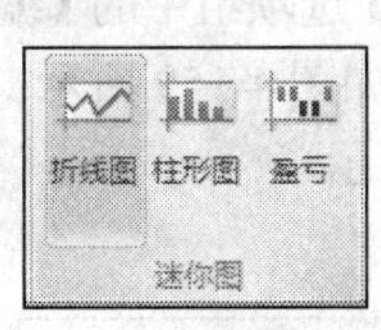

图 4-156

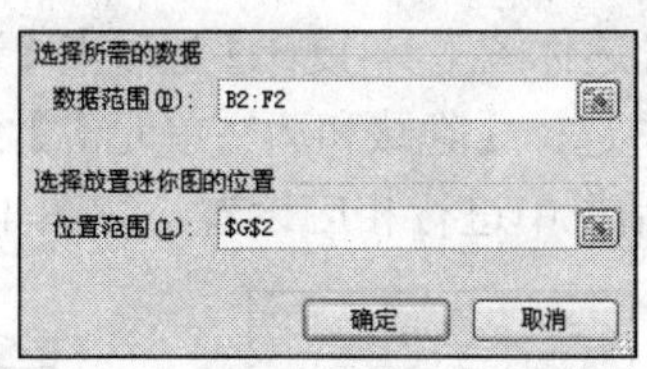

图 4-157

步骤 4：单击【确定】按钮，即可插入迷你图。

此外，还可向迷你图中输入文本信息，进行文本的设置，以及为单元格填充背景颜色等。

3. 改变迷你图的类型

创建迷你图后，可通过【迷你图工具-设计】选项卡对迷你图的类型进行设置。

步骤 1：单击需要改变类型的迷你图。

步骤 2：选择【迷你图工具-设计】选项卡【类型】选项组中的某一类型，如选择【柱形图】，如图 4-158 所示，即可将迷你图变为柱形图。

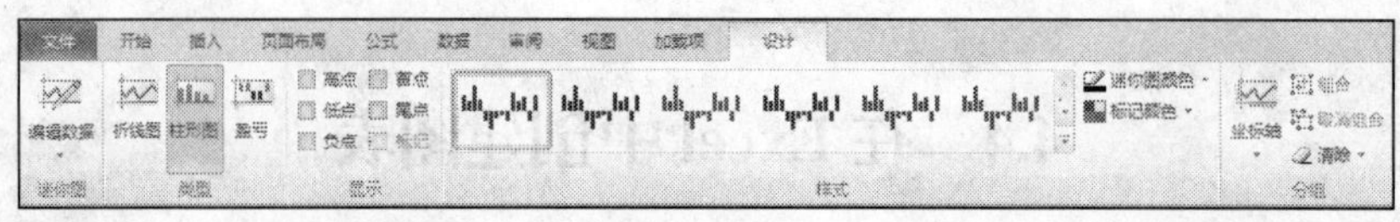

图 4-158

4. 突出显示数据点

用户可设置突出显示迷你图中的每项数据，具体操作步骤如下。

步骤 1：指定要突出显示数据点的迷你图。

步骤 2：在【迷你图工具-设计】选项卡【显示】选项组中进行下列设置。

1）显示最高值和最低值：分别选中【高点】和【低点】复选框。

2）显示第一个值和最后一个值：分别选中【首点】和【尾点】复选框。

3）显示所有数据标记：选中【标记】复选框。

4）显示负点：选中【负点】复选框。

5. 设置迷你图的样式和颜色

步骤 1：指定要设置样式和颜色的迷你图。

步骤 2：根据用户需求，在【迷你图工具-设计】选项卡【样式】选项组中选择要应用的样式。

单击【迷你图颜色】下拉按钮，在弹出的下拉列表中为迷你图定义颜色。

6. 处理隐藏和空的单元格

在设置迷你图时，可对空单元格进行处理，具体的操作步骤如下。

步骤 1：指定要设置的迷你图。

步骤 2：单击【迷你图工具-设计】选项卡【迷你图】选项组中的【编辑数据】下拉按钮，在弹出的下拉列表中选择【隐藏和清空单元格】选项，如图 4-159 所示。在弹出的【隐藏和空单元格设置】对话框中进行相应设置，如图 4-160 所示。

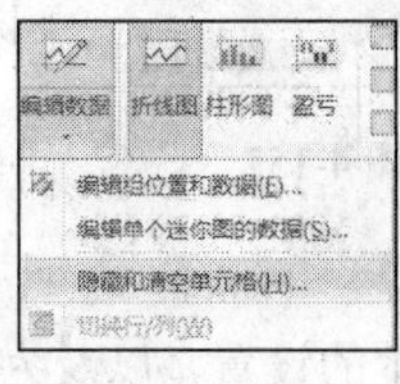

图 4-159

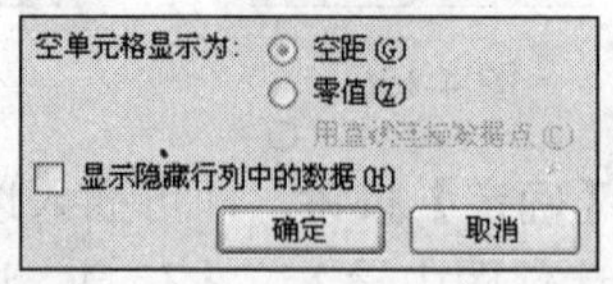

图 4-160

7. 清除迷你图

指定要清除的迷你图，单击【迷你图工具-设计】选项卡【分组】选项组中的【清除】按钮，即可将指定的迷你图清除。

案例 20 创建图表

Excel 2010 中的图表按照插入的位置，可以分为内嵌图表和工作图表。内嵌图表一般与数据源一起出现；工作表图表则与数据源分离。

按照表示数据的图形来区分，图表可分为柱形图、饼图和曲线图等多种类型。同一数据源可以使用不同的图表类型创建图表。

创建图表的方法有多种，下面介绍常用的两种方法。

1. 使用快捷键创建图表

步骤 1：选择数据区域中的某个单元格。

步骤 2：按【F11】键，即可创建默认表格图表，如图 4-161 所示。

2. 使用功能区创建图表

选择数据区域中的任意一个单元格，在【插入】选项卡的【图表】选项组中单击所需的图表类型的下拉按钮，在弹出的下拉列表中选择具体的类型；或单击右下角的对话框启动器，弹出【插入图表】对话框，在对话框中根据需要选择图表，如图 4-162 所示。

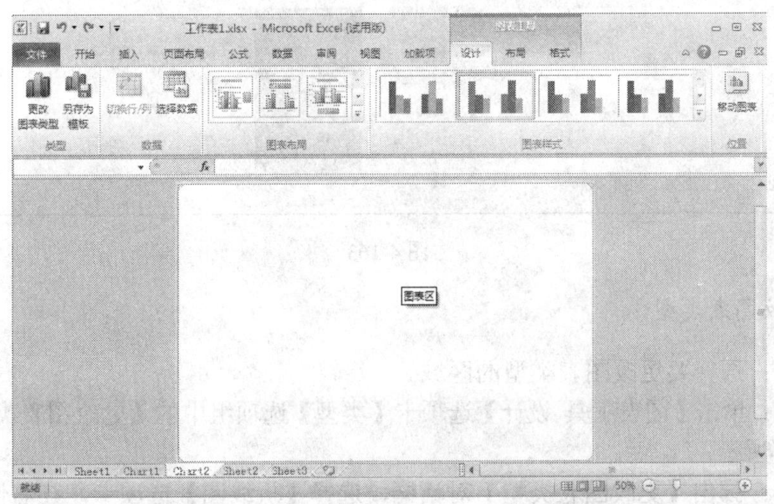

图 4-161

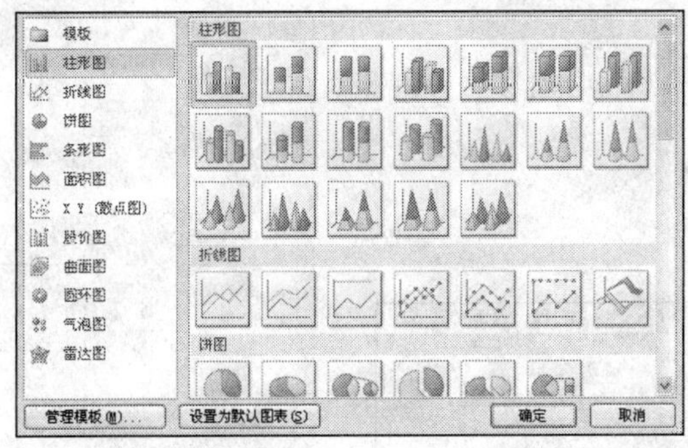

图 4-162

注意：可以在功能区中对图表类型、布局、样式、位置等进行更改。

案例 21　编辑图表

1. 修改图表

步骤 1：选择要进行编辑的图表区域。

步骤 2：单击【图表工具-布局】选项卡【当前所选内容】选项组中的【图表元素】下拉按钮，在弹出的下拉列表中选择所需的图表元素，以便对其进行格式的设置，如图 4-163 所示。

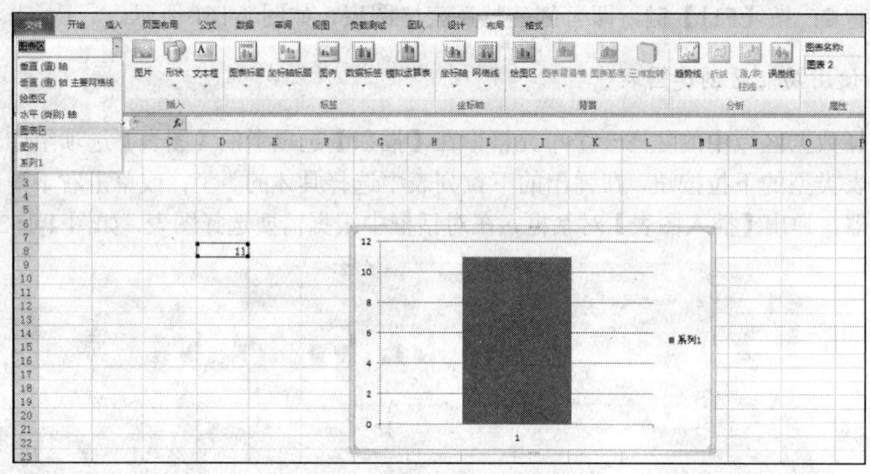

图 4-163

2. 更改图表类型

步骤 1：选择要更改图表类型的区域。

步骤 2：单击【图表工具-设计】选项卡【类型】选项组中的【更改图表类型】按钮，如图 4-164 所示。

步骤 3：弹出【更改图表类型】对话框，选择【折线图】选项卡，在右侧的折线图列表中选择【带数据标记的堆积折线图】类型，如图 4-165 所示。

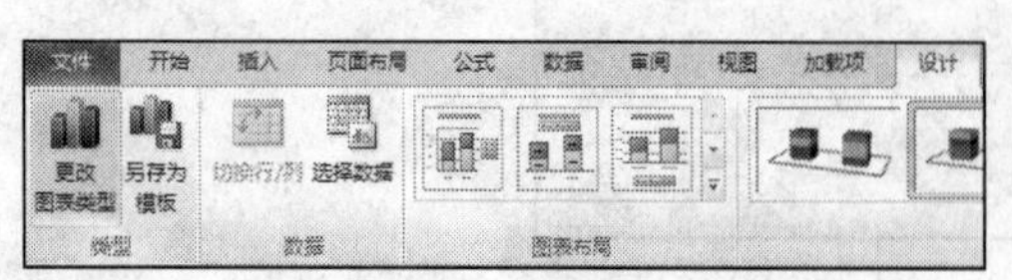

图 4-164

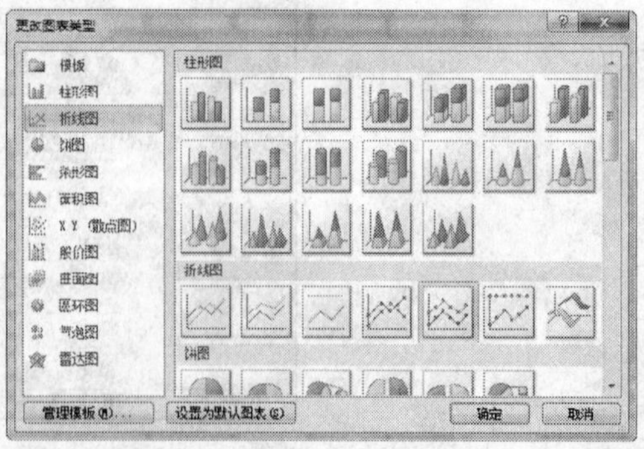

图 4-165

步骤 4：单击【确定】按钮，即可将图表类型改为折线图。

3. 编辑图表标题和坐标轴标题

利用【图表工具-布局】选项卡，可以为图表添加图表标题和坐标轴标题。具体操作步骤如下。

步骤 1：将光标移至图表标题中，输入需要的文字即可为图表添加标题。

步骤 2：单击【图表工具-布局】选项卡【标签】选项组中的【坐标轴标题】下拉按钮，在弹出的下拉列表中选择【主要纵坐标轴标题】中的【竖排标题】选项，如图 4-166 所示。

步骤 3：此时会添加一个坐标轴标题文本框，显示在图表左侧，使用更改图表标题的方法即可更改坐标轴标题，如图 4-167 所示。

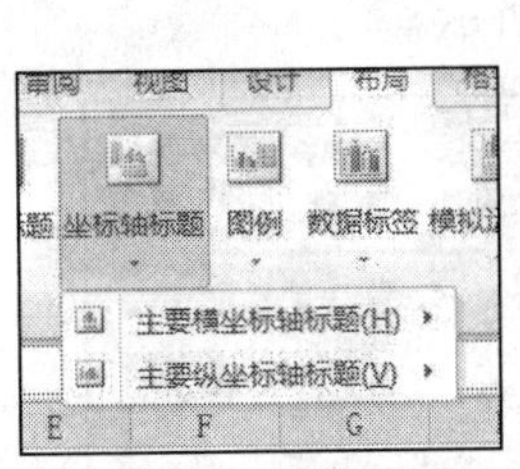

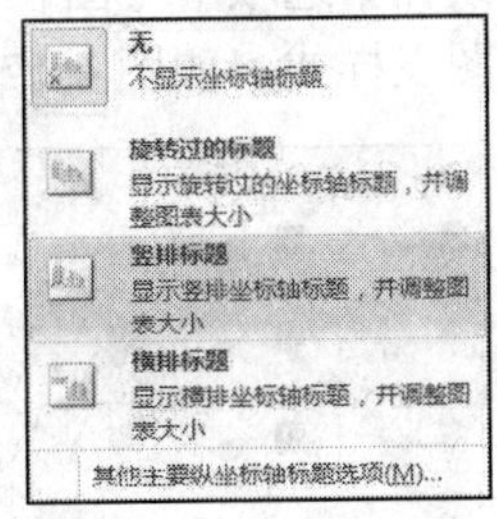

图 4-166

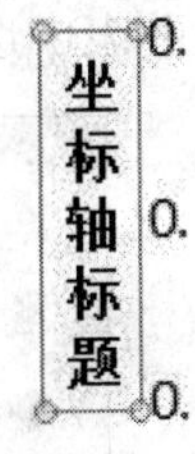

图 4-167

4. 添加网格线和数据标签

（1）添加网格线

为使图表中的数值更容易确定，可以使用网格线将坐标轴上的刻度进行延伸。

选择图表，单击【图表工具-布局】选项卡【坐标轴】选项组中的【网格线】下拉按钮，在弹出的下拉列表中选择【主要纵网格线】中的【次要网格线】选项，如图 4-168 所示。

（2）添加数据标签

步骤 1：在图表中选择要添加数据标签的数据系列。

步骤 2：单击【图表工具-布局】选项卡【标签】选项组中的【数据标签】下拉按钮，在弹出的下拉列表中选择相应的选项，即可完成数据标签的添加，如图 4-169 所示。

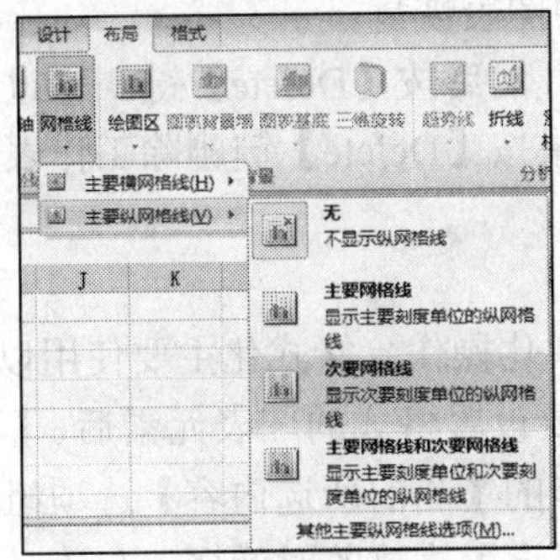

图 4-168

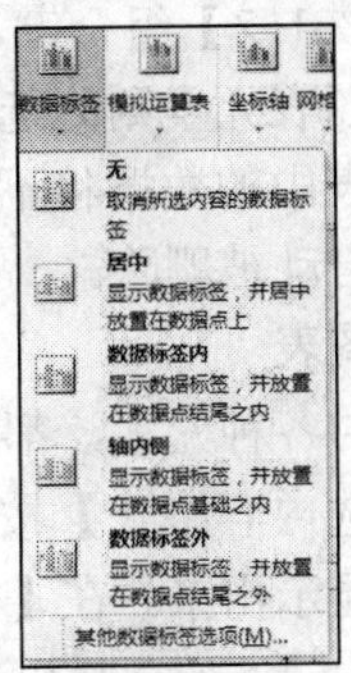

图 4-169

5. 更改图表布局

步骤 1：选择要更改布局的图表。

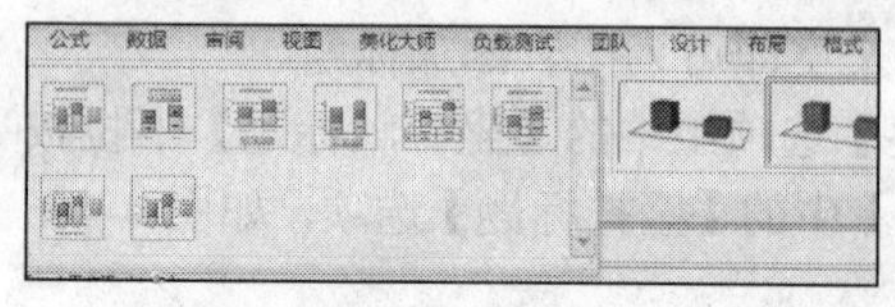

图 4-170

步骤 2：单击【图表工具-设计】选项卡【图表布局】选项组中的【其他】按钮，在弹出的下拉列表中选择所需的图表布局，如图 4-170 所示。

6. 更改图表样式

步骤 1：选择要设置样式的图表。

步骤 2：单击【图表工具-设计】选项卡【图表样式】选项组中的【其他】按钮，在弹出的下拉列表中选择所需的图表样式，如图 4-171 所示。

图 4-171

7. 复制、删除、格式化图表

（1）复制图表

选择图表，使用【复制】命令或按【Ctrl+C】组合键，将图表复制到剪贴板中。选择要放置图表的位置，使用【粘贴】命令或【Ctrl+V】组合键，即可复制一个新的图表。

（2）删除图表和图表元素

如果要把已经建立好的嵌入式图表删除，先单击图表，再按【Delete】键；对于图表工作表，可右击工作表标签，在弹出的快捷菜单中选择【删除】选项。如果不想删除图表，可使用【Ctrl+Z】组合键，将刚删除的图表恢复。

如果要删除图表元素则先选择图表元素，然后按【Delete】键。不过这样仅删除图表数据，而工作表中的数据将不被删除。如果按【Delete】键删除工作表中的数据，则图表中的数据将自动被删除。

（3）格式化图表

对于图表中的各种元素，都可以进行格式化操作。格式化主要使用以下两个工具。

1）【设置所选内容格式】按钮：当激活要设置格式的图表元素后，【图表工具】及其 3 个选项卡即显示出来。在【布局】选项卡的【当前所选内容】选项组中单击【设置所选内容格式】按钮，就会弹出相应图表元素设置格式的对话框，在该对话框中设置所选元素的格式。

2）【格式】选项卡：当图表元素被选定之后，会出现【图表工具-格式】选项卡。使用【格式】选项卡设置图表元素的格式与在 Word 中设置文档格式非常相似，这里不再详细介绍。

案例 22　打印图表

1. 打印整页图表

在工作表中放置单独的图表，即可直接将其打印到一张纸中。当用户的数据与图表在同一工作表中时，可先选择图表，然后单击【文件】选项卡中的【打印】按钮，即可将选中的图表打印在一张纸上。

2. 打印工作表中的数据

若不需要打印工作表中的图表，可只将工作表中的数据区域设置为打印区域，即可打印工作表中的数据，而不打印图表。

也可选择【文件】选项卡中的【选项】选项，在弹出的【Excel 选项】对话框中选择【高级】选项卡，在【此工作簿的显示选项】中的【对于对象，显示】选项组中，选中【无内容（隐藏对象）】单选按钮，隐藏工作表中的所有图表。这时再打印工作表，即可只打印工作表中的数据，而不打印图表。

3. 作为表格的一部分打印图表

若数据与图表在同一页中，可选择该页工作表，然后单击【文件】选项卡中的【打印】按钮即可。

4.5　Excel 数据分析及处理

案例 23　对表格数据进行合并计算

如果数据分散在各个明细表中，当需要将这些数据汇总到一个总表中时，可以使用合并计算功能。具体操作步骤如下。

步骤 1：打开一个含有 3 个工作表具体内容的 Excel 文件。

步骤 2：切换到【总计】工作表中，选中 A1 单元格，单击【数据】选项卡【数据工具】选项组中的【合并计算】按钮，如图 4-172 所示。

步骤 3：弹出【合并计算】对话框，在【函数】下拉列表中选择一个汇总函数，单击【引用位置】文本框右侧的按钮，如图 4-173 所示。

步骤 4：此时对话框变为缩略图，在第一个工作表中，选择 A1:C6 单元格区域，选择完成后单击【引用位置】文本框右侧的按钮。

步骤 5：返回【合并计算】对话框，单击【添加】按钮，再单击【引用位置】文本框右侧的按钮。

图 4-172

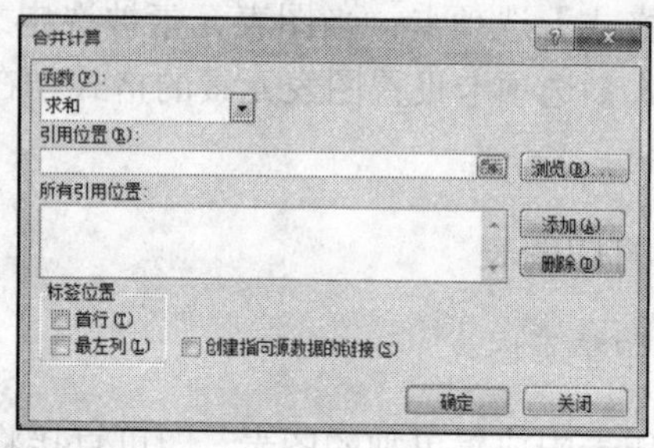

图 4-173

步骤 6：在第二个工作表中，选择 A1:C6 单元格区域，选择完成后单击【引用位置】文本框右侧的按钮。

步骤 7：返回【合并计算】对话框，单击【添加】按钮，再次单击【引用位置】文本框右侧的按钮。

步骤 8：在第三个工作表中，选择 A1:C6 单元格区域，选择完后单击【引用位置】文本框右侧的按钮。

步骤 9：返回【合并计算】对话框，单击【添加】按钮，然后单击【确定】按钮。

步骤 10：此时，选择的 3 个工作表的数据就可以进行合并计算，并在工作表中输入信息文本。

案例 24 数据排序

1. 简单排序

步骤 1：打开文件。

步骤 2：选择数据，单击【数据】选项卡【排序和筛选】选项组中的【升序】或【降序】按钮，即可按递增或递减的方式对工作表中的数据进行排序，如图 4-174 所示。也可以右击选择的数据，在弹出的快捷菜单中选择【排序】选项，然后在弹出的级联菜单中选择【升序】或【降序】选项对数据进行排序，如图 4-175 所示。

图 4-174

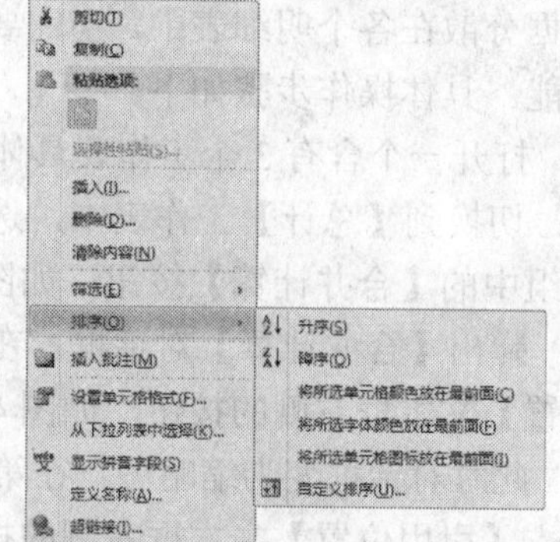

图 4-175

2. 复杂排序

步骤 1：打开文件。

步骤 2：单击【数据】选项卡【排序和筛选】选项组中的【排序】按钮。

步骤 3：弹出【排序】对话框，在【列】区域下的【主要关键字】下拉列表中选择【列 A】选项，在【排序依据】下拉列表中选择【数值】选项，在【次序】下拉列表中选择【降序】选项，如图 4-176 所示。

步骤 4：单击【添加条件】按钮，在【列】区域下设置【次要关键字】，将【排序依据】设置为【数值】，将【次序】设置为【升序】，如图 4-177 所示，设置完成后单击【确定】按钮。

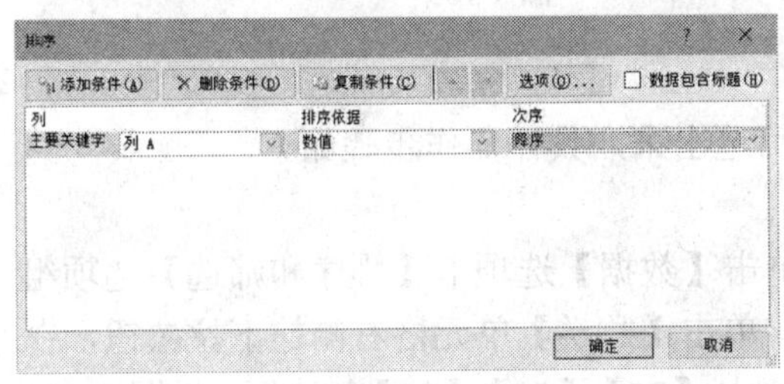

图 4-176

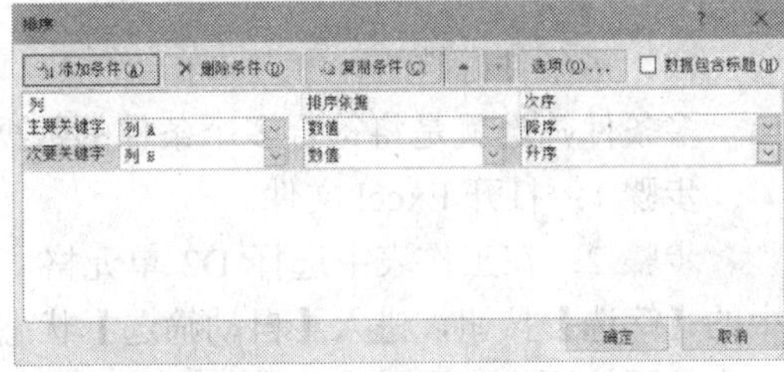

图 4-177

案例 25 数据筛选

在 Excel 2010 中，用户可以使用自动筛选和高级筛选两种方法来对数据进行筛选。自动筛选器是一种简便的筛选列表方法，高级筛选器则可规定很复杂的筛选条件。这样就可以将那些符合条件的记录显示在工作表中，而将其他不满足条件的记录在视图中隐藏起来。

1. 自动筛选

（1）单条件筛选

单条件筛选就是将符合一种条件的数据筛选出来，具体操作步骤如下。

步骤 1：打开 Excel 文件。

步骤 2：在工作表中选择 A2:F2 单元格，单击【数据】选项卡【排序和筛选】选项组中的【筛选】按钮。此时，数据列表中每个字段名的右侧将出现一个下拉按钮，如图 4-178 所示。

A	B	C	D	E	F
		某班级期末成绩			
学号	姓名	性别	语文	数学	英语

图 4-178

步骤 3：单击 C2 单元格中的下拉按钮，在弹出的下拉列表中取消选中【全选】复选框，选中【男】复选框，如图 4-179 所示。

步骤 4：单击【确定】按钮即可看到其他成绩被隐藏，如图 4-180 所示。

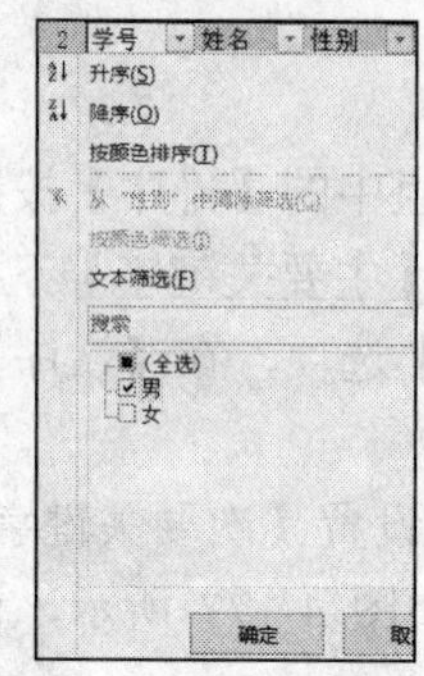

图 4-179

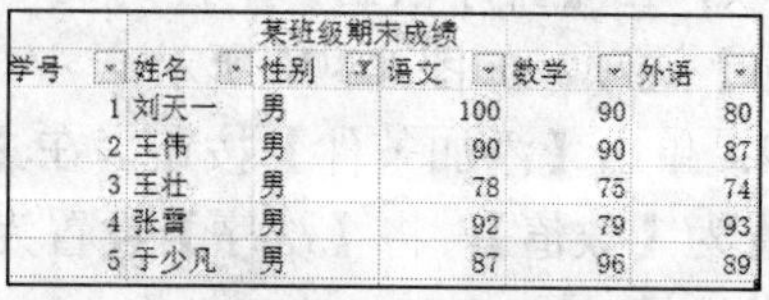

某班级期末成绩					
学号	姓名	性别	语文	数学	外语
1	刘天一	男	100	90	80
2	王伟	男	90	90	87
3	王壮	男	78	75	74
4	张雷	男	92	79	93
5	于少凡	男	87	96	89

图 4-180

（2）多条件筛选

多条件筛选就是将符合多个条件的数据筛选出来，具体操作步骤如下。

步骤 1：打开 Excel 文件。

步骤 2：在工作表中选择 D2 单元格，单击【数据】选项卡【排序和筛选】选项组中的【筛选】按钮，进入【自动筛选】状态。单击【数学】单元格右侧的下拉按钮，在弹出的下拉列表中取消选中【全选】复选框，选中【75】、【79】、【85】复选框，如图 4-181 所示。

步骤 3：单击【确定】按钮即可看到实际筛选后的效果，如图 4-182 所示。

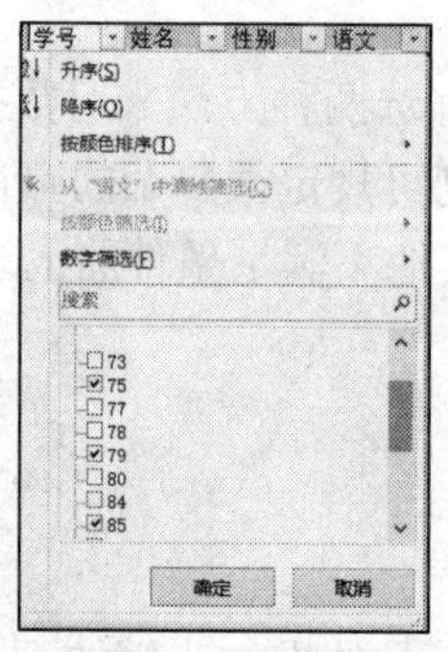

图 4-181

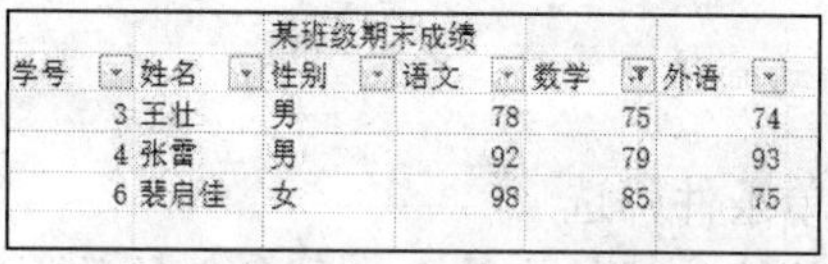

某班级期末成绩					
学号	姓名	性别	语文	数学	外语
3	王壮	男	78	75	74
4	张雷	男	92	79	93
6	裴启佳	女	98	85	75

图 4-182

2. 高级筛选

在实际应用中，常常涉及更复杂的筛选条件，利用自动筛选已无法完成，这时就需要使用高级筛选功能，具体操作步骤如下。

步骤 1：打开 Excel 文件。选择 A2:F2 单元格区域，单击【数据】选项卡【排序和筛选】选项组中的【筛选】按钮。

步骤 2：单击【开始】选项卡【单元格】选项组中的【插入】下拉按钮，在弹出的下拉列表中选择【插入工作表行】选项，如图 4-183 所示，连续操作 3 次，共插入 3 行作为创建高级筛选的条件区域。

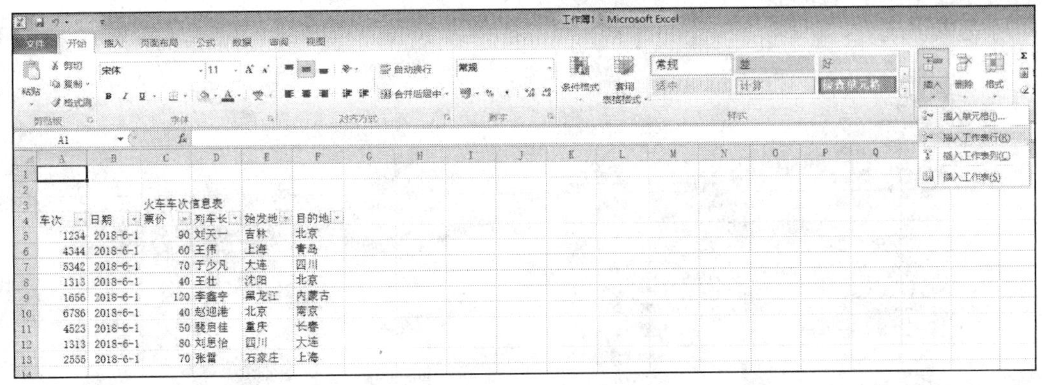

图 4-183

步骤 3：在插入的 3 行工作表行中建立条件列标签内容，如图 4-184 所示。

步骤 4：选择 A5 单元格，单击【数据】选项卡【排序和筛选】选项组中的【高级】按钮，弹出【高级筛选】对话框。

步骤 5：单击【列表区域】文本框右侧的按钮，在工作表中选择 A5:F14 单元格区域，单击【条件区域】文本框右侧的按钮，在工作表中选择 A1:B2 条件区域，如图 4-185 所示。

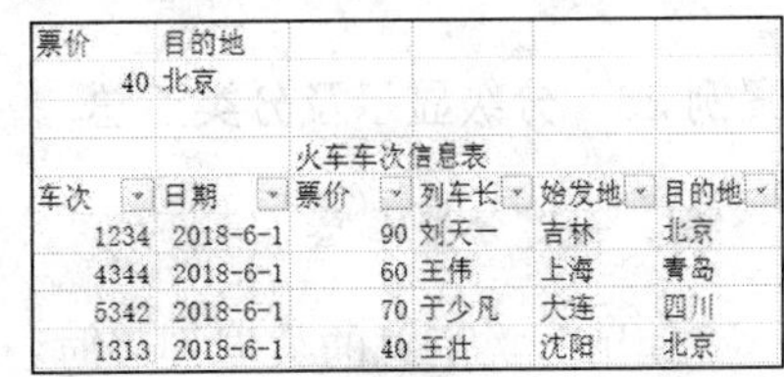

票价	目的地				
40	北京				
		火车车次信息表			
车次	日期	票价	列车长	始发地	目的地
1234	2018-6-1	90	刘天一	吉林	北京
4344	2018-6-1	60	王伟	上海	青岛
5342	2018-6-1	70	于少凡	大连	四川
1313	2018-6-1	40	王壮	沈阳	北京

图 4-184

步骤 6：返回【高级筛选】对话框，单击【确定】按钮即可完成筛选，如图 4-186 所示。

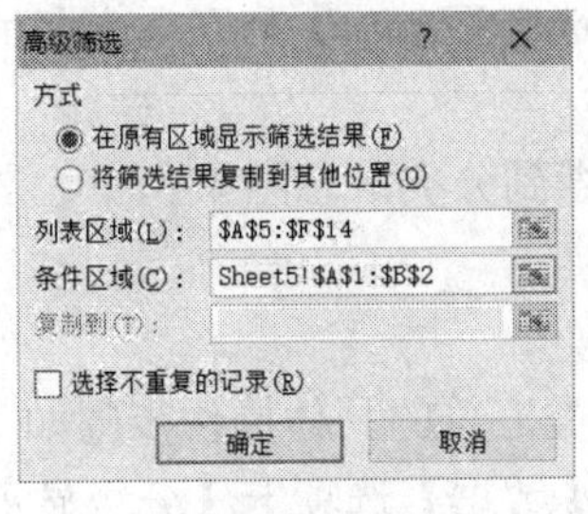

图 4-185

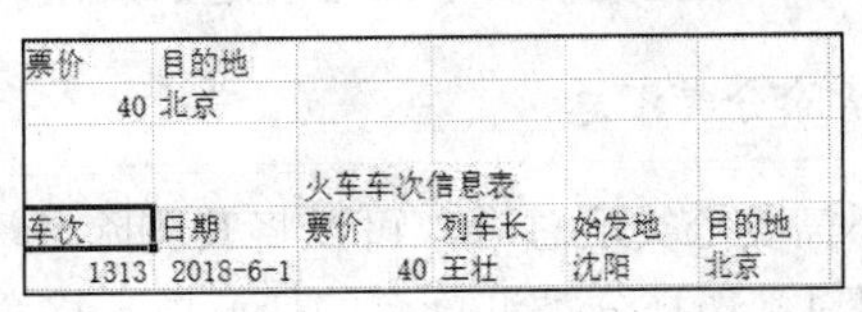

票价	目的地				
40	北京				
		火车车次信息表			
车次	日期	票价	列车长	始发地	目的地
1313	2018-6-1	40	王壮	沈阳	北京

图 4-186

3. 自定义筛选

自动筛选数据时，如果自动筛选的条件不能满足用户需求，则需要进行自定义筛选。

步骤 1：打开 Excel 文件。选择 A2:F2 单元格区域，单击【数据】选项卡【排序和筛选】选项组中的【筛选】按钮。

步骤 2：单击 C2 单元格中的下拉按钮，在弹出的下拉列表中选择【数字筛选】→【大于】选项，如图 4-187 所示。

步骤 3：在弹出的【自定义自动筛选方式】对话框中单击【大于】右侧文本框中的下拉按钮，在弹出的下拉列表中选择【80】选项，如图 4-188 所示，单击【确定】按钮即可完成筛选。

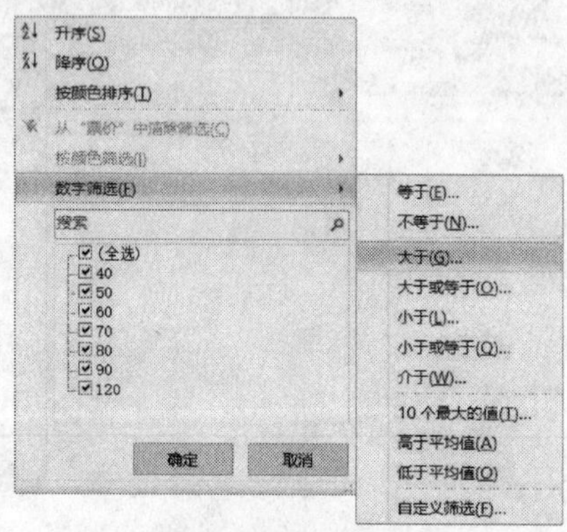

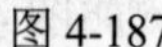
图 4-187

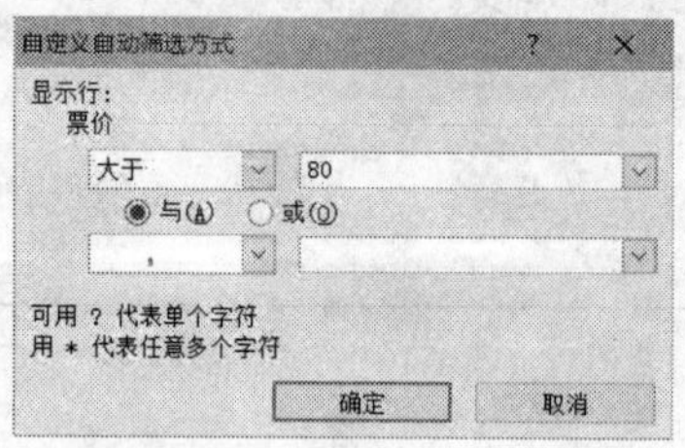

图 4-188

案例 26　分级显示及分类汇总

1. 创建分类汇总

使用分类汇总的数据列表时，每一列数据都有列标题。Excel 2010 使用列标题来决定如何创建数据组及如何计算总和，具体操作步骤如下。

步骤 1：打开 Excel 文件。

步骤 2：单击【数据】选项卡【分级显示】选项组中的【分类汇总】按钮。

步骤 3：弹出【分类汇总】对话框，在【分类字段】下拉列表中选择【学号】选项，在【汇总方式】下拉列表中选择相应的信息，在【选定汇总项】列表框中取消选中其他选项。

步骤 4：设置完成后单击【确定】按钮，即可得到分类汇总结果。

2. 清除分类汇总

在不需要分类汇总时，可以将其删除。清除分类汇总的具体操作步骤如下。

步骤 1：选择分类汇总后的任意单元格，单击【数据】选项卡【分级显示】选项组中的【分类汇总】按钮。

步骤 2：在弹出的【分类汇总】对话框中单击【全部删除】按钮即可。

3. 分级显示

（1）自行创建分级显示

步骤 1：打开需要建立分级显示的工作表，在数据列表中的任意位置上单击定位。

步骤 2：对作为分组依据的数据进行排序，在每组明细行的下方插入带公式的汇总行，输入摘要说明和汇总公式。

步骤 3：选择同组中的明细行或列，单击【数据】选项卡【分级显示】选项组中的【创建组】下拉按钮，在弹出的下拉列表中选择【创建组】选项，在弹出的【创建组】

对话框中选择行或列，如图 4-189 所示，单击【确定】按钮，所选行或列将联为一组，同时窗口左侧出现分级符号。依次为每组明细创建一个组。

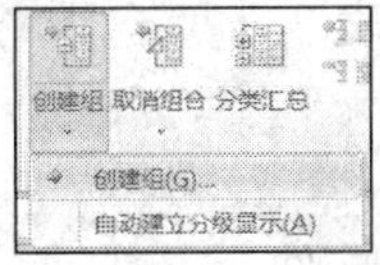

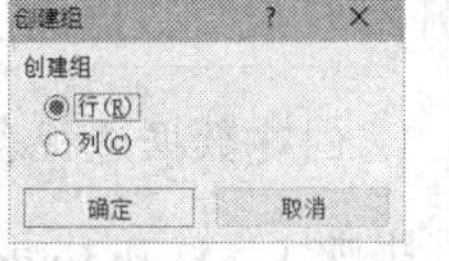

图 4-189

（2）复制分级显示的数据

步骤 1：使用分级显示符号将不需要复制的明细数据进行隐藏，选择要复制的数据区域。

步骤 2：单击【开始】选项卡【编辑】选项组中的【查找和选择】下拉按钮，在弹出的下拉列表中选择【定位条件】选项，如图 4-190 所示。

步骤 3：在弹出的【定位条件】对话框中，选中【可见单元格】单选按钮，如图 4-191 所示，单击【确定】按钮，通过【复制】、【粘贴】命令将选定的分级数据复制到其他位置即可。

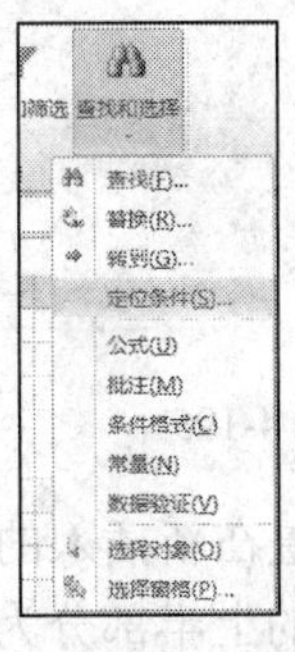

图 4-190

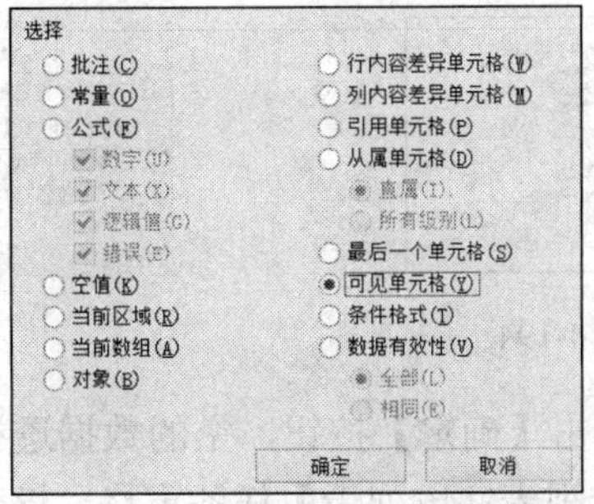

图 4-191

（3）删除分级显示

步骤 1：单击【数据】选项卡【分级显示】选项组中的【取消组合】下拉按钮，在弹出的下拉列表中选择【清除分级显示】选项，如图 4-192 所示。

步骤 2：若有隐藏的行（列），可单击【开始】选项卡【单元格】选项组中的【格式】下拉按钮，在弹出的下拉列表中选择【隐藏和取消隐藏】→【取消隐藏行】（【取消隐藏列】）选项，即可恢复显示，如图 4-193 所示。

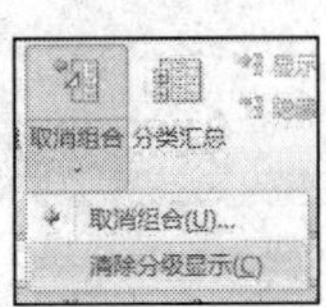

图 4-192

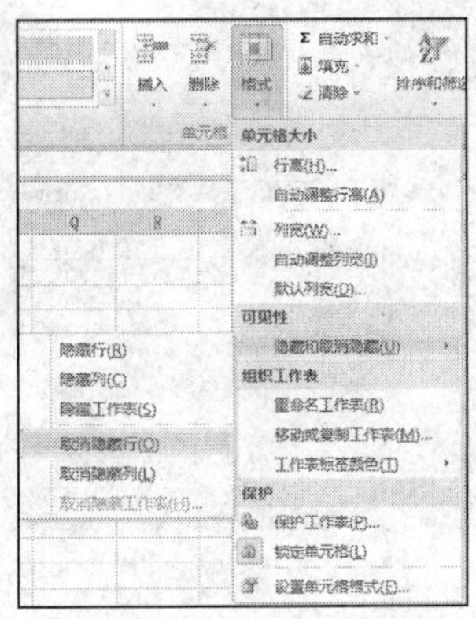

图 4-193

案例 27 设置数据透视表

1. 创建数据透视表

步骤 1：打开 Excel 文件。

步骤 2：在要创建数据透视表的数据清单中选择任意一个单元格。

步骤 3：单击【插入】选项卡【表格】选项组中的【数据透视表】按钮，如图 4-194 所示。

步骤 4：弹出【创建数据透视表】对话框，如图 4-195 所示，单击【选择一个表或区域】中的【表/区域】文本框右侧的按钮选择数据。

图 4-194

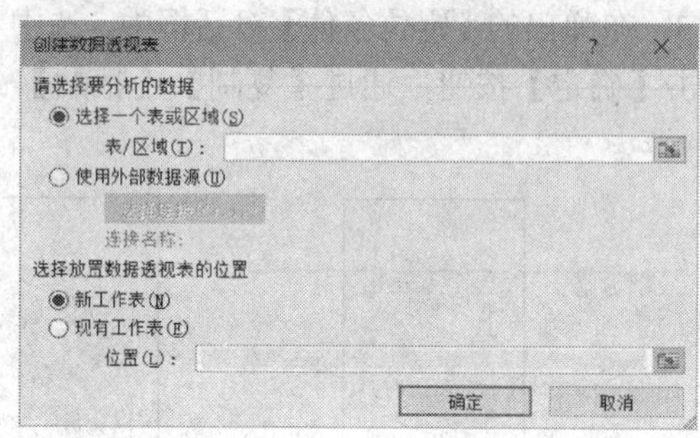

图 4-195

步骤 5：单击【确定】按钮，空的数据透视表会放置在新插入的工作表中，并在右侧显示【数据透视表字段列表】任务窗格，该任务窗格的上半部分为字段列表，下半部分为布局部分，包含【报表筛选】选项组、【列标签】选项组、【行标签】选项组和【数值】选项组，如图 4-196 所示。

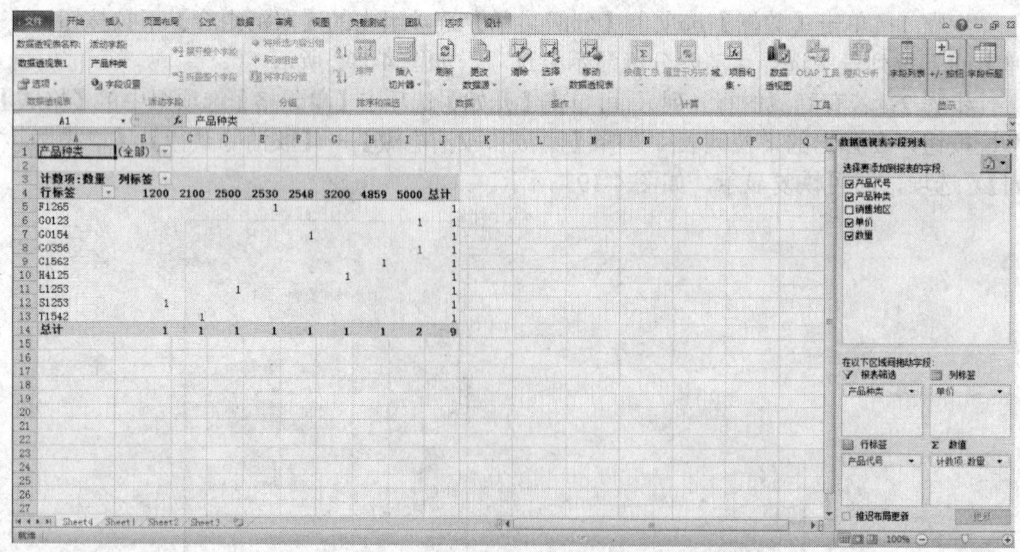

图 4-196

步骤 6：在【数据透视表字段列表】任务窗格中单击【产品代号】右侧的下拉按钮，在弹出的下拉列表中选择【添加到报表筛选】选项；单击【产品种类】右侧的下拉按钮，在弹出的下拉列表中选择【添加到行标签】选项；单击【单价】右侧的下拉按钮，在弹出的下拉列表中选择【添加到列标签】选项；单击【数量】右侧的下拉按钮，在弹出的下拉列表中选择【添加到值】选项，从而完成数据透视表的创建，如图 4-197 所示。

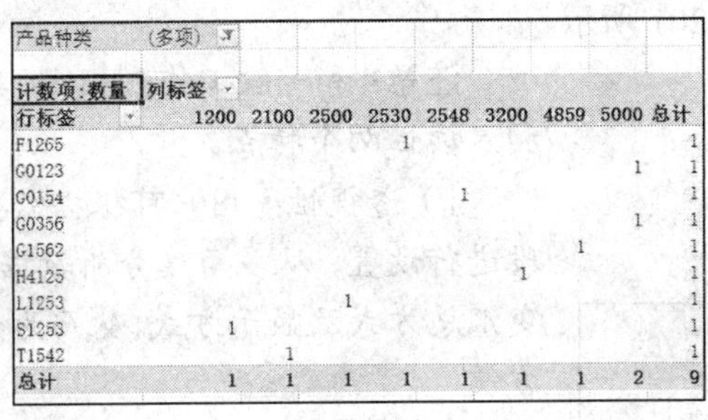

产品种类	(多项)								
计数项:数量	列标签								
行标签	1200	2100	2500	2530	2548	3200	4859	5000	总计
F1265				1					1
G0123								1	1
G0154					1				1
G0356								1	1
G1562							1		1
H4125						1			1
L1253			1						1
S1253	1								1
T1542		1							1
总计	1	1	1	1	1	1	1	2	9

图 4-197

2. 设置数据透视表格式

步骤 1：单击数据透视表。

步骤 2：在【数据透视表工具-设计】选项卡的【数据透视表样式选项】选项组中根据需要进行选择。若要用较亮或较浅的颜色格式替换每行，则选中【镶边行】复选框；若要在镶边样式中包括行标题，则选中【行标题】复选框；若要在镶边样式中包括列标题，则选中【列标题】复选框，如图 4-198 所示。

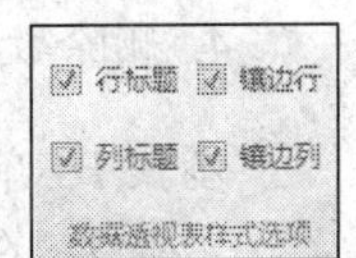

图 4-198

如果想要对数字格式进行修改，可以执行以下操作。

步骤 1：在数据透视表中，选择要更改数字格式的字段。

步骤 2：单击【选项】选项卡【活动字段】选项组中的【字段设置】按钮，如图 4-199 所示。

步骤 3：弹出【值字段设置】对话框，单击对话框底部的【数字格式】按钮，弹出【设置单元格格式】对话框，在【分类】列表框中选择所需的格式类别，如图 4-200 所示。

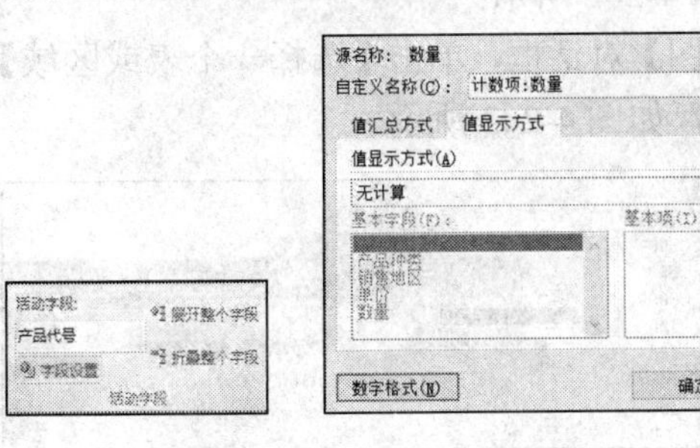

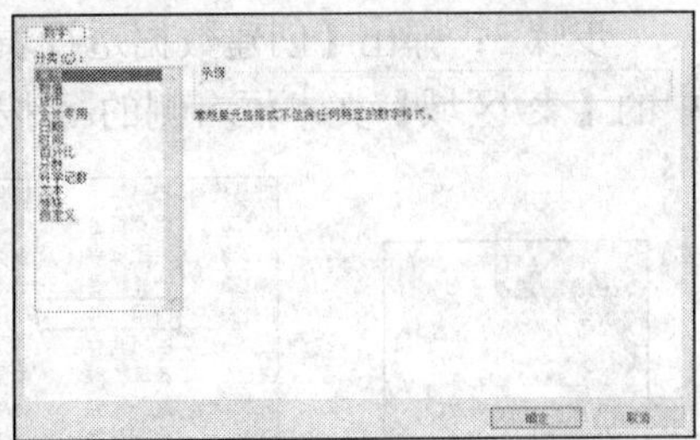

图 4-199　　图 4-200

3. 更新数据

创建了数据透视表后，如果在源数据中修改了数据，基于此数据清单的数据透视表并不会自动随之改变，需要更新数据源。

选中数据透视表右击，在弹出的快捷菜单中选择【刷新】选项，即可将数据更新至数据透视表；也可以单击【数据透视表工具-选项】选项卡【数据】选项组中的【刷新】按钮更新数据，如图 4-201 所示。

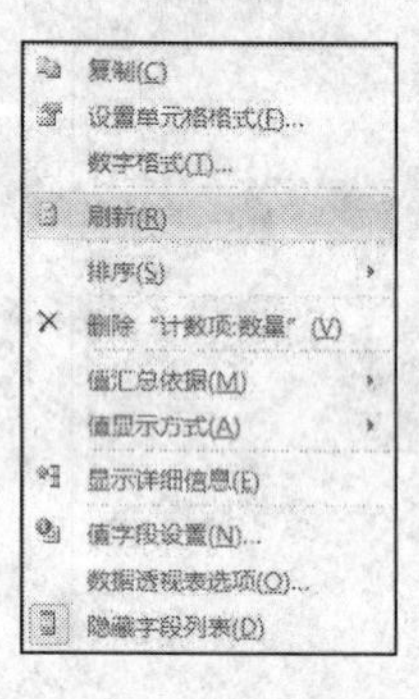

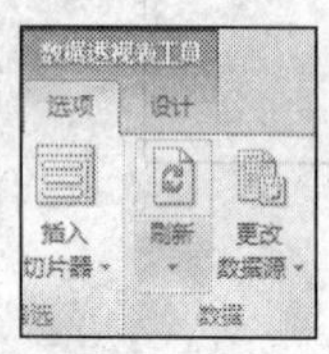

图 4-201

注意：和一般工作表相比，数据透视表具有透视性和只读性两个特点。

1）透视性：用户可根据需要，对数据透视表的字段进行设置，从多角度分析数据。此外，用户还可以改变汇总方式及显示方式，从而为分析数据提供了极大的方便。

2）只读性：数据透视表可以像一般工作表那样修饰或绘制图表，但有时候不能达到“即改即所见”的效果。也就是说，在源数据清单中更改了某个数据后，还必须通过【刷新】命令才能达到更新的目的。

4. 删除数据透视表

步骤 1：单击【数据透视表工具-选项】选项卡【操作】选项组中的【选择】下拉按钮。

步骤 2：在弹出的下拉列表中选择【整个数据透视表】选项。

步骤 3：按【Delete】键即可删除透视表。

案例 28　设置数据透视图

1. 创建数据透视图

步骤 1：打开 Excel 文件。

步骤 2：单击【插入】选项卡【表格】选项组中的【数据透视表】下拉按钮，在弹出的下拉列表中选择【数据透视图】选项，如图 4-202 所示。

步骤 3：弹出【创建数据透视表及数据透视图】对话框，单击【选择一个表或区域】中的【表/区域】文本框右侧的按钮选择数据，如图 4-203 所示。

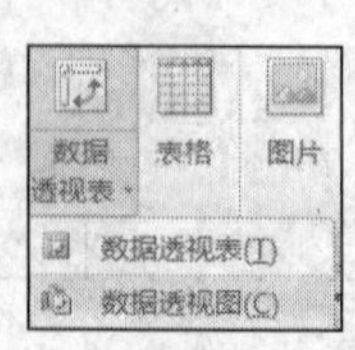

图 4-202

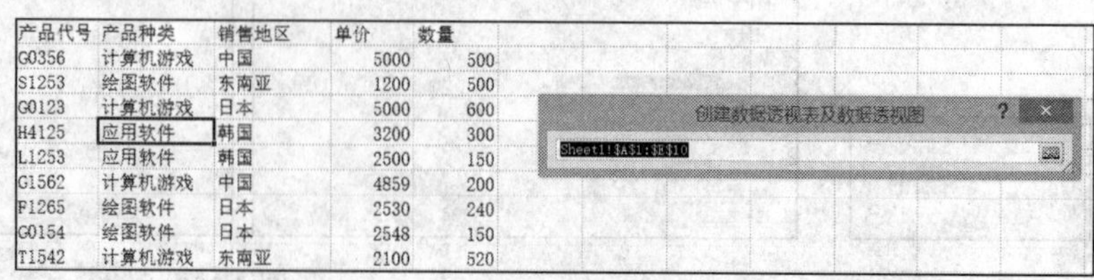

产品代号	产品种类	销售地区	单价	数量
G0356	计算机游戏	中国	5000	500
S1253	绘图软件	东南亚	1200	500
G0123	计算机游戏	日本	5000	600
H4125	应用软件	韩国	3200	300
L1253	应用软件	韩国	2500	150
G1562	计算机游戏	中国	4859	200
F1265	绘图软件	日本	2530	240
G0154	绘图软件	日本	2548	150
T1542	计算机游戏	东南亚	2100	520

图 4-203

步骤 4：数据选择完成后，再次单击文本框右侧的按钮，返回【创建数据透视表】对话框，如图 4-204 所示。

步骤 5：单击【确定】按钮，空的数据透视图会放置在新插入的工作表中，也会显示数据透视表，如图 4-205 所示。

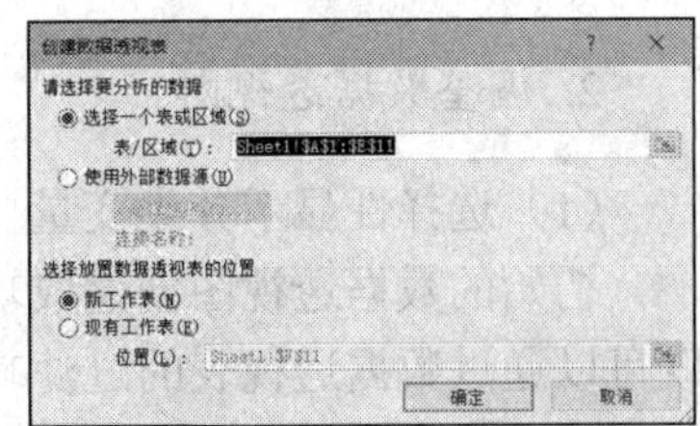

图 4-204

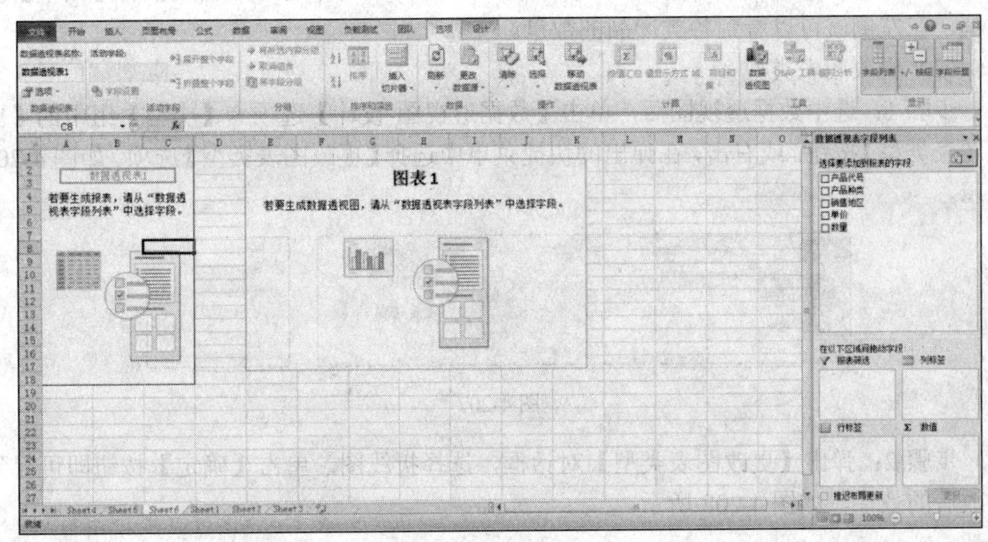

图 4-205

步骤 6：在【数据透视表字段列表】任务窗格中单击【产品代号】右侧的下拉按钮，在弹出的下拉列表中选择【添加到报表筛选】选项；单击【产品种类】右侧的下拉按钮，在弹出的下拉列表中选择【添加到轴字段】选项；单击【单价】右侧的下拉按钮，在弹出的下拉列表中选择【添加到图例字段】选项；单击【数量】右侧的下拉按钮，在弹出的下拉列表中选择【添加到值】选项，从而完成数据透视图的创建，如图 4-206 所示。

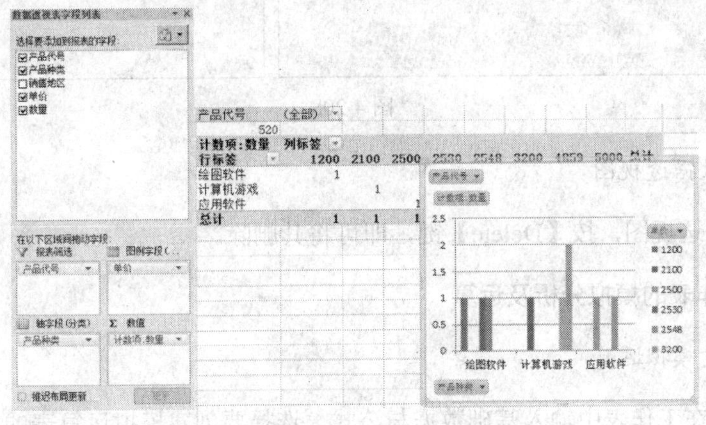

图 4-206

2. 调整数据透视图

（1）选择性显示分类变量

初始的数据透视图创建成功后，可以像数据透视表一样选取分类变量的不同类型。既可以通过数据透视表的过滤功能来实现数据透视图的实时更改，也可以使用【数据透视图筛选窗口】浮动栏来实现。

例如，在【数据透视表字段列表】任务窗格中，只选中【产品种类】和【数量】复选框，在左侧就可以看到各类产品的数量。

（2）更改图表类型

步骤 1：选中数据透视图后，单击【数据透视图-设计】选项卡【类型】组中的【更改图表类型】按钮；或右击，在弹出的快捷菜单中选择【更改图表类型】选项，如图 4-207 所示。

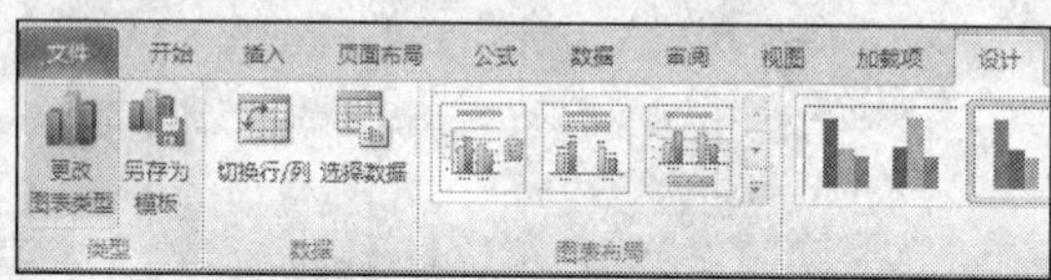

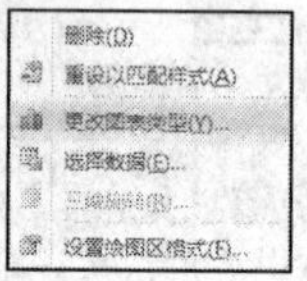

图 4-207

步骤 2：弹出【更改图表类型】对话框，选择折线图，单击【确定】按钮即可得到更改后的效果，如图 4-208 所示。

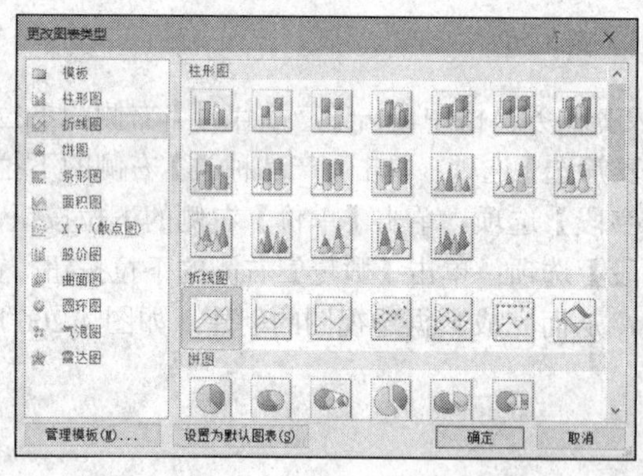

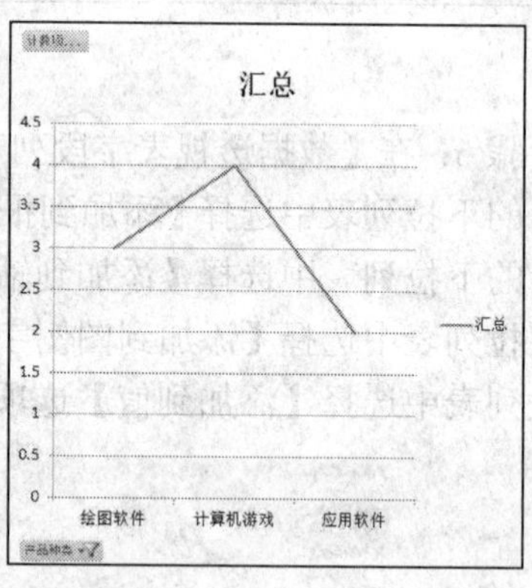

图 4-208

3. 删除数据透视图

选中数据透视图，按【Delete】键，即可将其删除。

案例 29 工作表的模拟分析及运算

1. 单变量模拟运算

步骤 1：在工作表中输入基础数据与公式，选择要创建模拟运算表的单元格区域，其中第 1 行包含变量单元格和公式单元格。

步骤 2：单击【数据】选项卡【数据工具】选项组中的【模拟分析】下拉按钮，在弹出的下拉列表中选择【模拟运算表】选项，如图 4-209 所示。

步骤 3：弹出【模拟运算表】对话框，如图 4-210 所示。若模拟运算表变量值在一列中输入，则应在【输入引用列的单元格】文本框中选择第一个变量值所在的位置；若模拟运算表变量值在一行中输入，则应在【输入引用行的单元格】文本框中选择第一个变量值所在的位置。

步骤 4：单击【确定】按钮，选定的区域将自动生成模拟运算表。

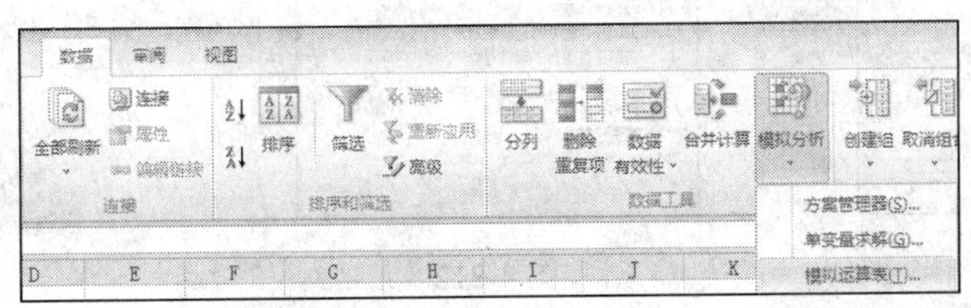

图 4-209

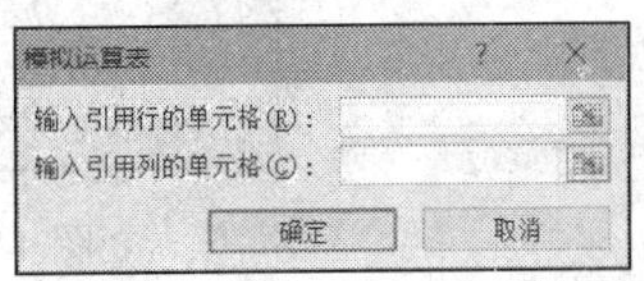

图 4-210

2. 双变量模拟运算表

步骤 1：在工作表中输入基础数据与公式，公式需要至少包括两个单元格引用，输入相关的变量值。

步骤 2：选择要创建模拟运算表的单元格区域，第一行和第一列需要包含公式单元格和变量值，目的是可以测算出不同单价、不同销量下利润的变化情况。

步骤 3：单击【数据】选项卡【数据工具】选项组中的【模拟分析】下拉按钮，在弹出的下拉列表中选择【模拟运算表】选项。

步骤 4：弹出【模拟运算表】对话框，对【输入引用列的单元格】和【输入引用行的单元格】进行设置，然后单击【确定】按钮，在选定区域中即可自动生成模拟运算表。

案例 30 共享、编辑、修订、批注工作簿

1. 共享工作簿

共享工作簿是指允许网络上的多位用户同时查看和修订的工作簿。设定共享工作簿的具体操作步骤如下。

步骤 1：创建一个新工作簿或打开一个现有的工作簿。

步骤 2：单击【审阅】选项卡【更改】选项组中的【共享工作簿】按钮，即可弹出【共享工作簿】对话框。

步骤 3：在【编辑】选项卡中选中【允许多用户同时编辑，同时允许工作簿合并】复选框，如图 4-211 所示。

步骤 4：在【高级】选项卡中选择要用于跟踪和变化的选项，如图 4-212 所示，然后单击【确定】按钮。

步骤 5：如果该工作簿包含指向其他工作簿或文档的链接，可以链接并更新任何损

坏的链接，方法是单击【数据】选项卡【连接】选项组中的【编辑链接】按钮，在弹出的对话框中查看并更新链接后，对更新结果进行保存。

步骤 6：将该工作簿文件放到网络上其他用户可以访问的位置即可。

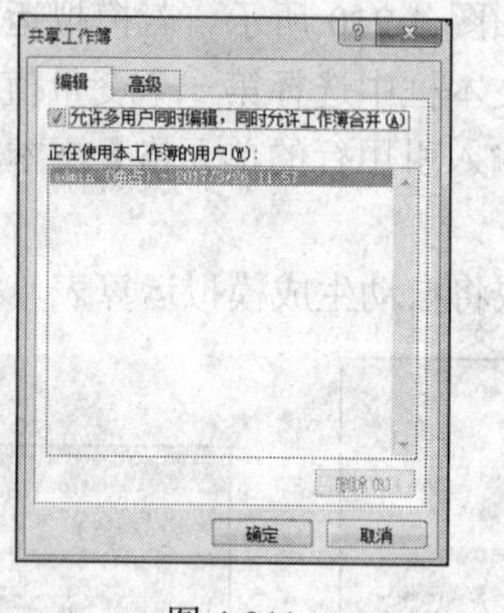

图 4-211

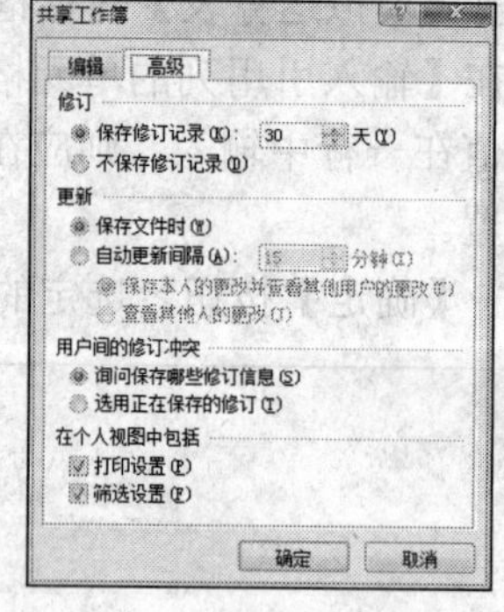

图 4-212

2. 编辑共享工作簿

步骤 1：打开网络共享位置的工作簿。

步骤 2：选择【文件】选项卡中的【选项】选项，弹出【Excel 选项】对话框，选择【常规】选项卡，在【对 Microsoft Office 进行个性化设置】选项组中的【用户名】文本框中输入用户名（该名称用于在共享工作簿中标识特定用户的工作），如图 4-213 所示，单击【确定】按钮。

步骤 3：在共享工作簿的工作表中可以输入数据，并对其进行编辑修改。

步骤 4：保存对工作簿所做的更改。

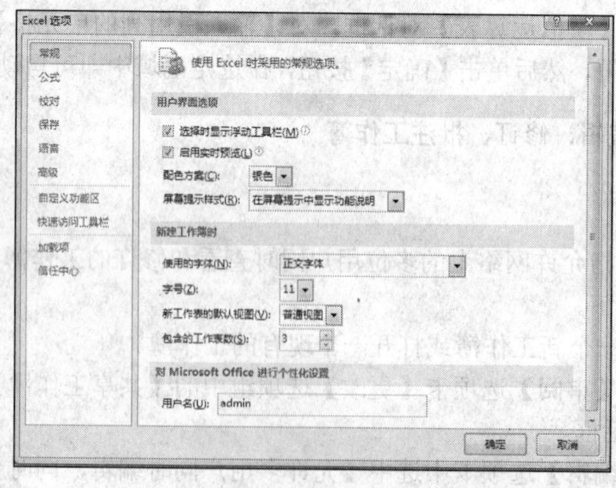

图 4-213

3. 修订工作簿

修订功能仅在共享工作簿中才可以启用。实际上，在打开修订时，工作簿会自动变为共享工作簿，当关闭修订或停止共享工作簿时，会永久删除所有修订记录。

（1）启用工作簿修订

步骤 1：打开工作簿，单击【审阅】选项卡【更改】选项组中的【共享工作簿】按钮。

步骤 2：弹出【共享工作簿】对话框，在【编辑】选项卡中选中【允许多用户同时编辑，同时允许工作簿合并】复选框。

步骤 3：选择【高级】选项卡，在【修订】选项组的【保存修订记录】微调框中设定修订记录保存的天数。

步骤 4：单击【确定】按钮，在随后弹出的提示保存对话框中继续单击【确定】按钮保存工作簿。

（2）关闭工作簿的修订跟踪

步骤 1：单击【审阅】选项卡【更改】选项组中的【共享工作簿】按钮。

步骤 2：弹出【共享工作簿】对话框，在【高级】选项卡的【修订】选项组中选中【不保存修订记录】单选按钮，单击【确定】按钮，在弹出的提示对话框中单击【确定】按钮。

4. 批注工作簿

利用添加批注功能，可以在不影响单元格数据的情况下对单元格内容添加解释、说明性文字，以方便他人对表格内容的理解。

1）添加批注：选择需要添加批注的单元格，单击【审阅】选项卡【批注】选项组中的【新建批注】按钮，或者从快捷菜单中选择【插入批注】选项，在批注框中输入批注内容。

2）查看批注：默认情况下批注是隐藏的，单元格右上角的红色三角形表示单元格中存在批注，将鼠标指针指向包含批注的单元格，批注就会显示出来以供查阅。

3）显示/隐藏批注：若想将批注显示在工作表中，单击【审阅】选项卡【批注】选项组中的【显示/隐藏批注】按钮，将当前单元格中的批注设置为显示；单击【显示所有批注】按钮，将当前工作表中的所有批注设置为显示；再次单击【显示/隐藏批注】按钮或【显示所有批注】按钮，即可隐藏批注。

4）编辑批注：在含有批注的单元格中单击，然后单击【审阅】选项卡【批注】选项组中的【编辑批注】按钮，可在批注框中对批注内容进行编辑修改。

5）删除批注：在含有批注的单元格中单击，然后单击【审阅】选项卡【批注】选项组中的【删除】按钮即可将批注删除。

第 5 章　PowerPoint 2010 案例操作

本章主要介绍 PowerPoint 2010 的基础知识、演示文稿的基本操作、演示文稿的视图模式、演示文稿的外观设计、编辑幻灯片中的对象、设置幻灯片播放效果、幻灯片的放映与输出等。

5.1　PowerPoint 2010 的基础知识

案例 1　启动与退出操作

PowerPoint 2010 启用的新文件扩展名为.pptx。该文件由若干个幻灯片组成，并且按序号从小到大排列。

1. *启动* PowerPoint 2010

启动 PowerPoint 2010 的方法有以下几种。

1）选择【开始】→【Microsoft Office】→【Microsoft PowerPoint 2010】选项。

2）双击桌面上的 Microsoft PowerPoint 2010 快捷方式图标，即可启动 Microsoft PowerPoint 2010 程序。

3）双击文件夹中的 PowerPoint 演示文稿，即可启动该软件并打开演示稿。

2. PowerPoint 2010 *窗口介绍*

PowerPoint 2010 窗口如图 5-1 所示。

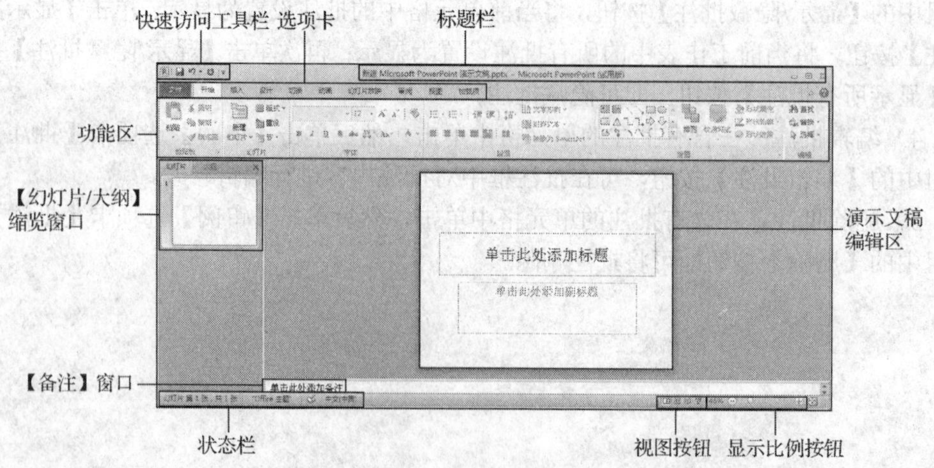

图 5-1

（1）功能区

在 PowerPoint 2010 中，用来代替菜单和工具栏的是功能区。为了便于浏览，功能区包含多个围绕特定方案或对象进行组织的选项卡。功能区与菜单栏和工具栏相比，能承载更多丰富的内容。

1）快速访问工具栏。在用户处理演示文稿的过程中，可能会执行某些常见的或重复性的操作。对于这类情况，可以使用快速访问工具栏，该工具栏位于功能区的左上方，包括【保存】、【撤销】、【恢复】等按钮。用户还可以根据需要添加常用的功能按钮，操作方法与 Word 类似。

2）标题栏。标题栏位于窗口的顶部，用来显示当前演示文稿的文件名，其右上角有【最小化】按钮、【最大化/向下还原】按钮和【关闭】按钮。【最大化/向下还原】按钮的下面是【功能区最小化】按钮，单击该按钮，可隐藏功能区中各选项卡中的选项组。拖动标题栏可以拖动窗口，双击标题栏可以最大化或还原窗口。

3）选项卡。选项卡位于标题栏下方，常用的选项卡包括【文件】、【开始】、【插入】、【设计】、【切换】、【动画】等。选项卡下还包括若干个组，有时根据操作对象不同，还会增加相应的选项卡，即上下文选项卡。

（2）演示文稿编辑区

演示文稿编辑区位于功能区下方，主要包括【幻灯片/大纲】缩览窗口、【幻灯片】窗口和【备注】窗口。

1）【幻灯片/大纲】缩览窗口：包括【幻灯片】和【大纲】两个选项卡。选择【幻灯片】选项卡，可以显示各幻灯片的缩略图。单击某幻灯片的缩略图，即可在幻灯片的窗口中显示该幻灯片。利用【幻灯片/大纲】缩览窗口可以重新排序、添加或删除幻灯片。在【大纲】选项卡中，可以显示各幻灯片的标题与正文信息，在幻灯片中编辑标题或正文信息时，大纲窗口也同时变化。

2）【幻灯片】窗口：包括文本、图片、表格等对象，在该窗口可编辑幻灯片内容。

3）【备注】窗口：用于标注对幻灯片的解释、说明等备注信息，供用户参考。

（3）状态栏

状态栏位于窗口左侧底部，在不同的视图模式下显示的内容会有所不同，主要显示当前幻灯片的序号、幻灯片主题和输入法等信息。

（4）视图按钮

视图按钮组中共有 4 个按钮，分别是普通视图、幻灯片浏览、阅读视图和幻灯片放映。

（5）显示比例按钮

显示比例按钮位于视图按钮右侧，单击该按钮，可以在弹出的【显示比例】对话框中选择幻灯片的显示比例；拖动右侧的滑块也可以调节显示比例。

3. 退出 PowerPoint 2010

退出 PowerPoint 2010 的方法有以下几种。

1）单击 Microsoft PowerPoint 2010 窗口右上角的【关闭】按钮。

2）单击窗口左上角的 P 按钮，在弹出的下拉列表中选择【关闭】选项。

3）选择【文件】选项卡中的【退出】选项。

4）按【Alt+F4】组合键。

5）右击标题栏，在弹出的快捷菜单中选择【关闭】选项。

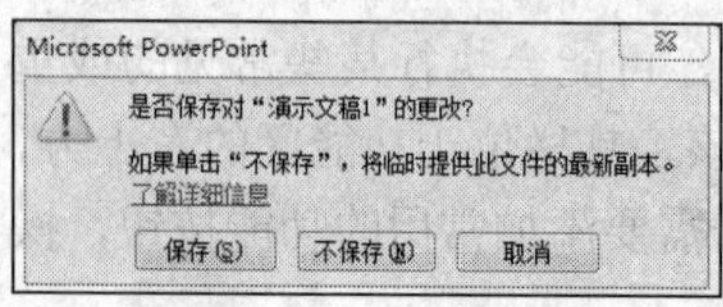

图 5-2

退出 PowerPoint 时，系统会弹出提示对话框，要求用户确认是否保存对演示文稿的编辑工作，单击【保存】按钮则保存文档后退出，单击【不保存】按钮则直接退出不保存文档，如图 5-2 所示。

5.2　演示文稿的基本操作

案例 2　新建演示文稿

新建演示文稿的方法有以下几种。

1）启动 PowerPoint 2010 后，系统会新建一个空白的演示文稿。

2）选择【文件】选项卡，在打开的后台视图中选择【新建】选项，在右侧的【可用的模板和主题】选项组中选择要新建的演示文稿类型，然后单击【创建】按钮即可，如图 5-3 所示。

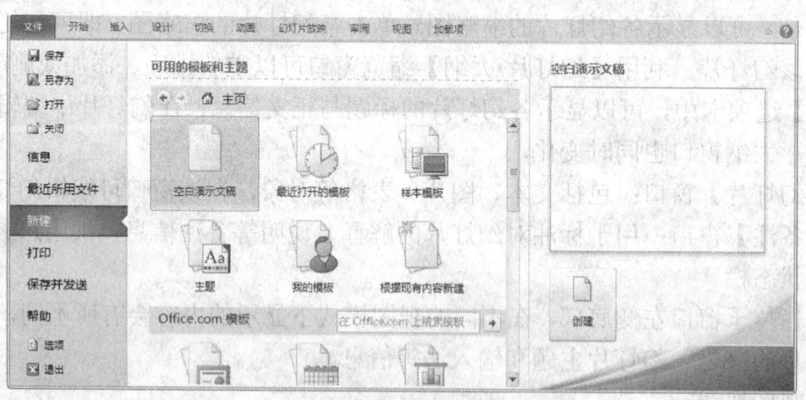

图 5-3

3）按【Ctrl+N】组合键，新建一个空白演示文稿。

案例 3　插入和删除幻灯片

系统默认新建的幻灯片是【标题幻灯片】，在操作过程中有时需要继续添加或删除幻灯片。

1. 插入幻灯片

插入幻灯片的方法有以下几种。

1）单击【开始】选项卡【幻灯片】选项组中的【新建幻灯片】按钮，如图 5-4（a）所示，即可在当前幻灯片的下面添加一张新的幻灯片。

2）在【幻灯片】窗口中选择幻灯片，按【Enter】键，可直接在该幻灯片下创建一张新的幻灯片，如图 5-4（b）所示。

3）选择幻灯片，按【Ctrl+D】组合键也可插入幻灯片。

2. 删除幻灯片

删除幻灯片的方法有以下两种。

1）在【幻灯片】窗口中选择幻灯片右击，在弹出的快捷菜单中选择【删除幻灯片】选项，即可将选择的幻灯片删除，如图 5-5 所示。

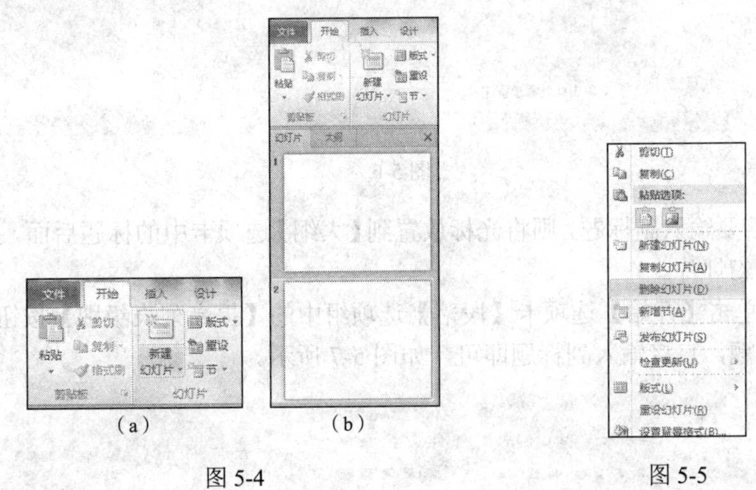

（a） （b）

图 5-4

图 5-5

2）在【幻灯片】窗口中选择幻灯片，按【Delete】键即可将其删除。

案例 4 编辑幻灯片

启动 PowerPoint 2010 之后，系统会新建一个默认的【标题幻灯片】，在其中可以进行以下编辑操作。

1. 使用占位符

幻灯片中的虚线边框称为占位符。用户可以在占位符中输入标题、副标题或正文文本。

要在幻灯片的占位符中添加标题或副标题，可以先单击占位符，然后输入或粘贴文本。如果文本的大小超过占位符的大小，PowerPoint 2010 会在输入文本时以递减的方式缩小字体的字号和字间距，使文本适应占位符的大小。

2. 使用【大纲】缩览窗口

在【大纲】选项卡中编辑文字，要注意文字的条理性。由于幻灯片篇幅有限，因此，幻灯片中的文字要简洁、清楚。其具体操作步骤如下。

步骤 1：选择【大纲】选项卡，单击要添加标题的幻灯片。

步骤 2：直接输入标题内容，输入的内容同时也会在幻灯片中显示出来，如图 5-6 所示。

图 5-6

步骤 3：若要输入副标题，则将光标放置到【大纲】选项卡中的标题后面，按【Enter】键，新建一张幻灯片。

步骤 4：单击【开始】选项卡【段落】选项组中的【提高列表级别】按钮，即可将其转换为副标题，直接输入副标题即可，如图 5-7 所示。

图 5-7

3. 使用文本框

使用文本框可以将文本放置到幻灯片中的任意位置，如可以通过文本框为图片添加标题等。在文本框中添加文本的具体操作步骤如下。

步骤 1：单击【插入】选项卡【文本】选项组中的【文本框】下拉按钮，在弹出的下拉列表中选择【横排文本框】或【垂直文本框】选项，如图 5-8 所示。

步骤 2：按住鼠标左键不放，在要插入文本框的位置拖动鼠标绘制文本框，释放鼠标左键，然后在绘制好的文本框中输入文本即可。

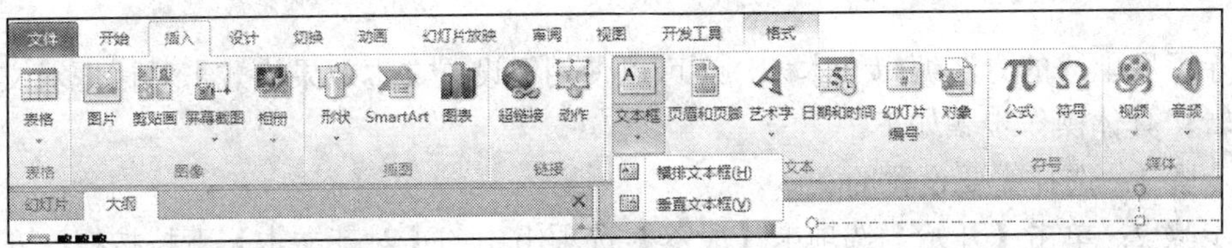

图 5-8

案例 5　编辑文本

1. 更改文本外观

输入文本之后，为了使其更加美观，还可以对其进行修改，如更改文本的字体、字号等。更改文本外观的具体操作步骤如下。

步骤 1：选择需要修改的文本。

步骤 2：单击【开始】选项卡【字体】选项组中的【字体】下拉按钮，在弹出的下拉列表中选择一种字体，这里选择【方正兰亭超细黑简体】。

步骤 3：在【字体】选项组中的【字号】下拉列表中选择一个字号，这里选择【72】。

步骤 4：在【字体】选项组中分别单击【加粗】按钮和【文字阴影】按钮，并将字体设置为红色，最终效果如图 5-9 所示。

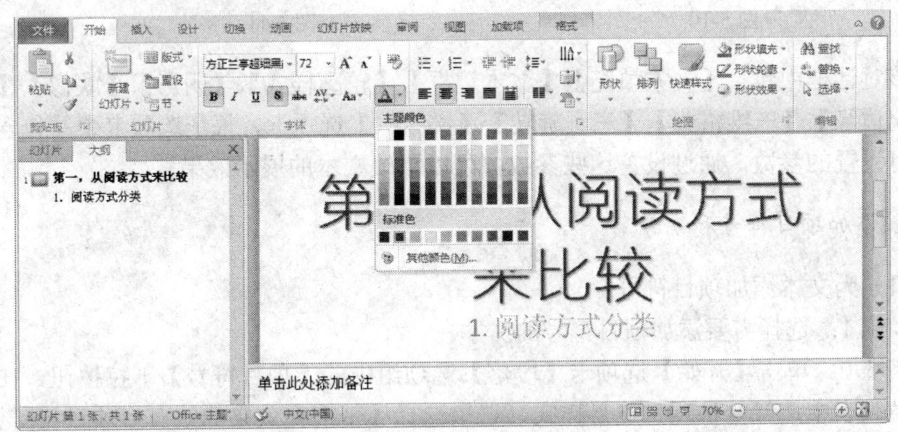

图 5-9

2. 对齐文本

对齐文本是指更改文字在占位符或文本框中的对齐方式。对齐文本的具体操作步骤如下。

步骤 1：选择需要设置的文本。

步骤 2：单击【开始】选项卡【段落】选项组中的【对齐文本】下拉按钮，在弹出的下拉列表中选择一种对齐方式即可，如图 5-10 所示。

3. 设置文本的效果格式

除了用上述的方法编辑文本外，还可以使用【设置文本效果格式】对话框对文本进行编辑，具体操作步骤如下。

步骤 1：选择需要设置的文本。

步骤 2：单击【开始】选项卡【段落】选项组中的【对齐文本】下拉按钮，在弹出的下拉列表中选择【其他选项】选项，弹出【设置文本效果格式】对话框，如图 5-11 所示。

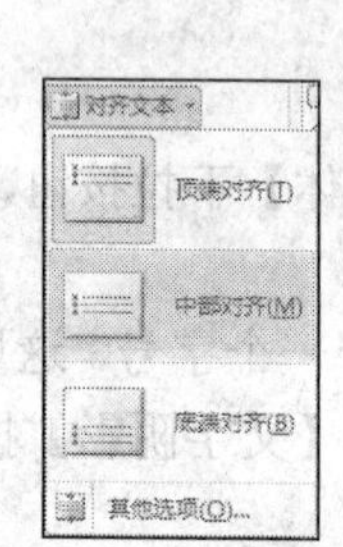

图 5-10

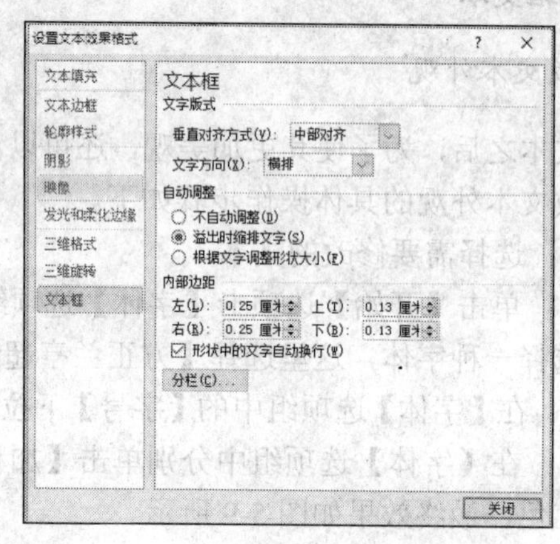

图 5-11

该对话框中包括【文本填充】、【文本边框】、【轮廓样式】、【阴影】、【映像】、【发光和柔化边缘】、【三维格式】、【三维旋转】、【文本框】选项卡，每个选项卡中又包含了若干个可设置的参数，通过设置这些参数，可以更改文本的展示效果。

4. 添加项目符号和编号

（1）为文本添加项目符号

步骤 1：选择需要添加项目符号的文本。

步骤 2：单击【开始】选项卡【段落】选项组中的【项目符号】下拉按钮，在弹出的下拉列表中选择一种项目符号样式，这里选择【带填充效果的钻石形项目符号】，如图 5-12 所示。

步骤 3：单击即可将项目符号添加到文本中。

（2）为文本添加编号

步骤 1：选择需要添加编号的文本。

步骤 2：单击【开始】选项卡【段落】选项组中的【编号】下拉按钮，在弹出的下拉列表中选择一种编号样式，这里选择数字编号，如图 5-13 所示。

步骤 3：单击即可将编号添加到文本中。

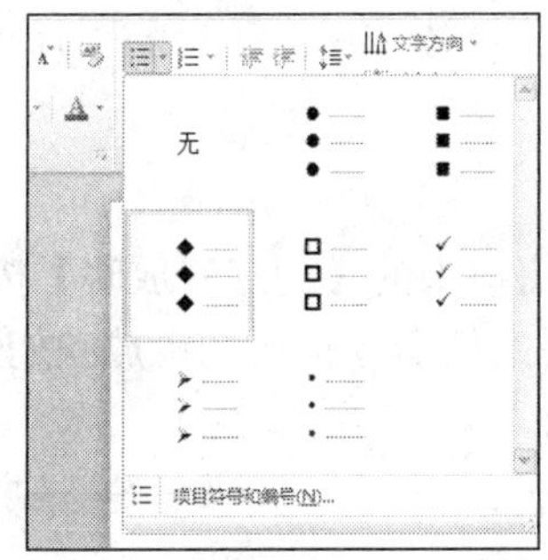

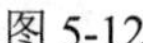

图 5-12

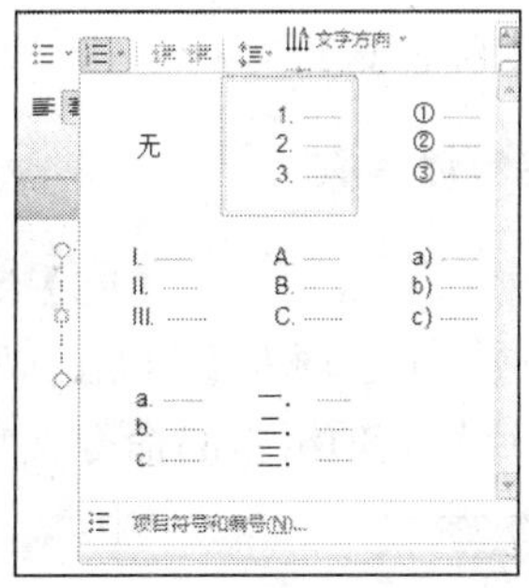

图 5-13

案例 6　复制和移动幻灯片

当需要几张内容相同的幻灯片时，可以使用复制粘贴功能进行操作。

1. 复制幻灯片

步骤 1：在【幻灯片】窗口选择需要复制的幻灯片后右击，在弹出的快捷菜单中选择【复制】选项，如图 5-14 所示。

步骤 2：在【幻灯片】窗口选择目标幻灯片后右击，在弹出的快捷菜单中选择【粘贴选项】中的【保留源格式】选项，即可将该幻灯片粘贴在选择的目标幻灯片下方，如图 5-15 所示。

2. 移动幻灯片

在【幻灯片】窗口中选择需要移动的幻灯片，按住鼠标左键拖动幻灯片，当选择的幻灯片靠近其他幻灯片时可以看见一条显示线，如图 5-16 所示，表示即将插入的位置，释放鼠标左键即可改变幻灯片的位置。

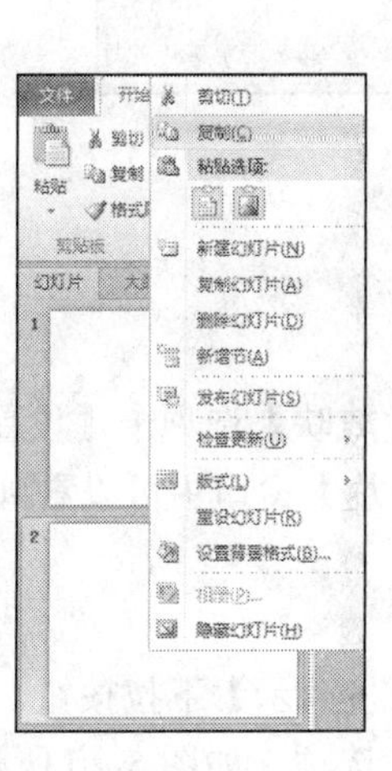

图 5-14

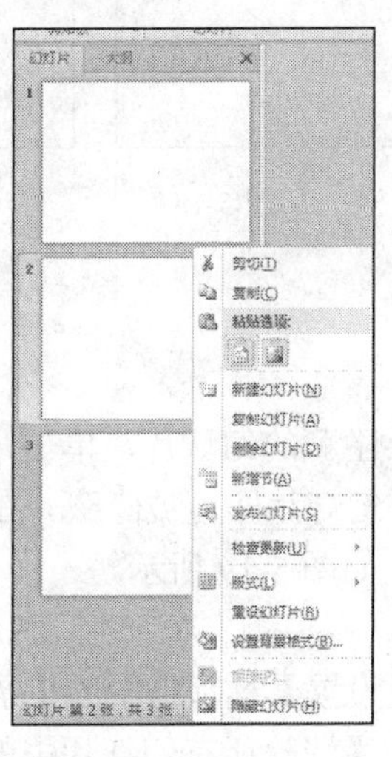

图 5-15

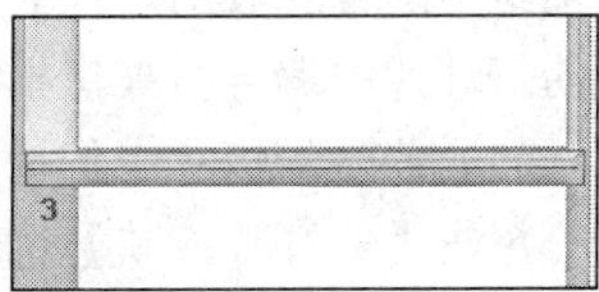

图 5-16

案例7 放映和设置幻灯片

1. 放映幻灯片

幻灯片制作完成后，按【F5】键，或单击视图窗口中的【幻灯片放映】按钮，或利用【幻灯片放映】选项卡【开始放映幻灯片】选项组中的命令按钮均可放映幻灯片。【开始放映幻灯片】选项组中的命令按钮如图5-17所示。

图5-17

1）【从头开始】按钮：单击该按钮，幻灯片将从第一张开始播放。

2）【从当前幻灯片开始】按钮：单击该按钮，幻灯片将从当前页面开始播放。

3）【自定义幻灯片放映】按钮：单击该按钮，用户可以根据需要自定义演示文稿中要播放的幻灯片。具体操作步骤如下：单击【自定义幻灯片放映】下拉按钮，在弹出的下拉列表中选择【自定义放映】选项。在弹出的【自定义放映】对话框中单击【新建】按钮，弹出【定义自定义放映】对话框，设置幻灯片放映名称，然后在左侧的列表框中选择需要放映的幻灯片，单击【添加】按钮后，单击【确定】按钮，返回【自定义放映】对话框，在【自定义放映】列表框中已添加了自定义的放映列表，单击【放映】按钮即可进行放映，如图5-18所示。

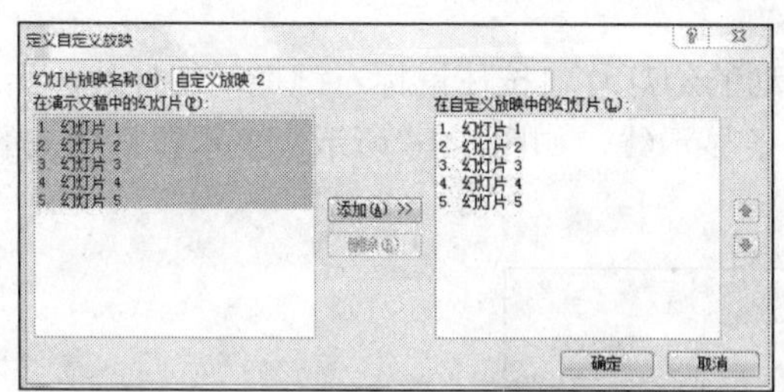

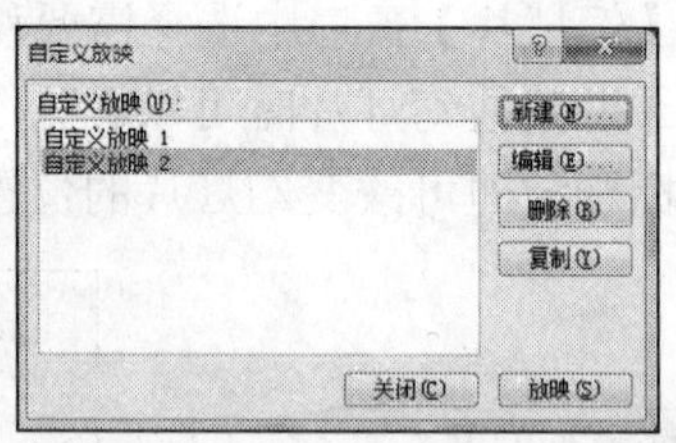

图5-18

2. 设置幻灯片

（1）隐藏幻灯片

在【幻灯片】窗口中选中需要隐藏的幻灯片，单击【幻灯片放映】选项卡【设置】选项组中的【隐藏幻灯片】按钮，幻灯片即可被隐藏。在【幻灯片】窗口中可以看到隐藏的幻灯片的编号会被黑框框住，如图5-19所示。

（2）清除幻灯片中的计时

单击【幻灯片放映】选项卡【设置】选项组中的【录制幻灯片演示】下拉按钮，在弹出的下拉列表中选择【清除】→【清除所有幻灯片中的计时】选项，如图5-20所示，即可将幻灯片中所有的计时清除。

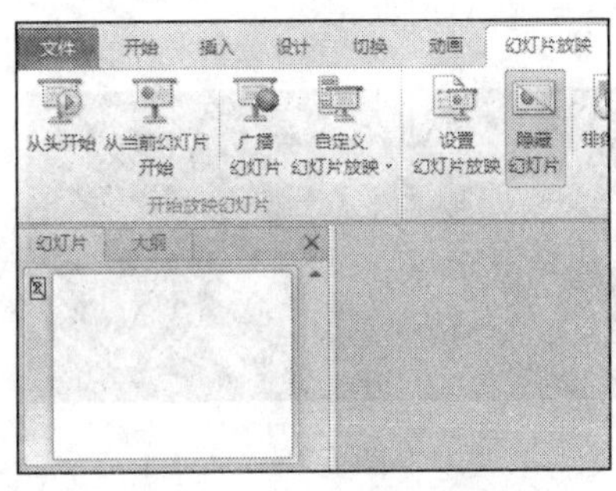

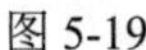
图 5-19

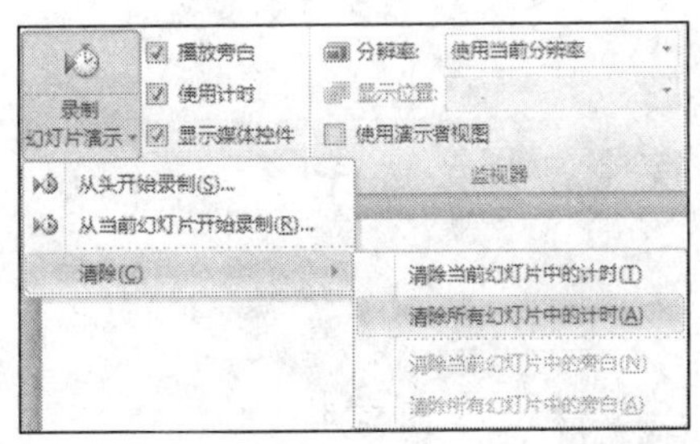

图 5-20

（3）在播放时进行标注

步骤 1：放映幻灯片时，右击播放页面，在弹出的快捷菜单中选择【指针选项】→【笔】选项，如图 5-21 所示。

步骤 2：再次右击播放页面，在弹出的快捷菜单中选择【指针选项】→【墨迹颜色】→【红色】选项，如图 5-22 所示。

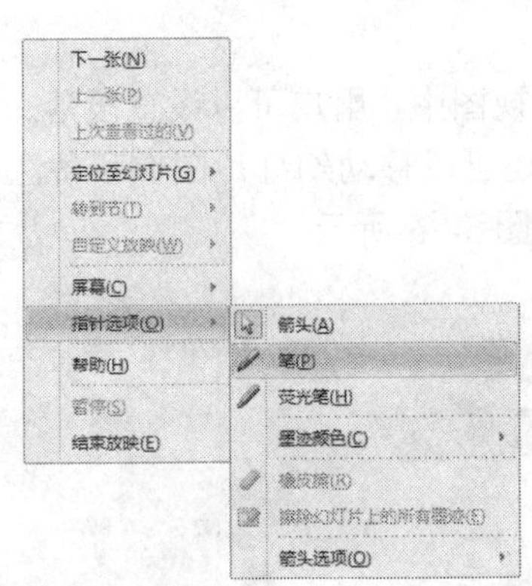

图 5-21

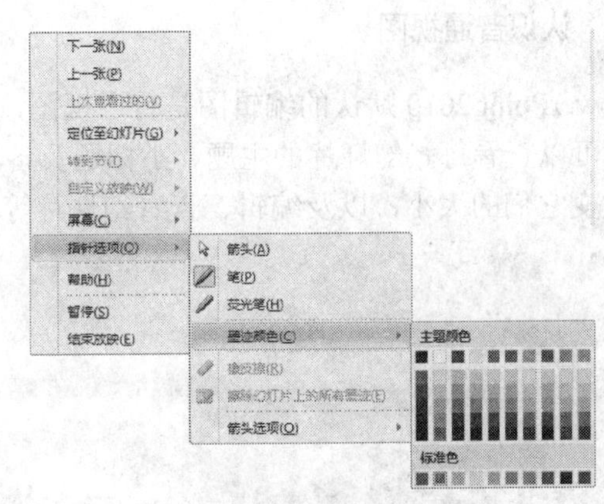

图 5-22

步骤 3：对幻灯片中的文字图片进行标注。

步骤 4：按【Esc】键退出幻灯片播放，弹出提示对话框，单击【保留】按钮，如图 5-23 所示。

图 5-23

（4）屏幕的操作

PowerPoint 2010 在放映幻灯片时提供了多种灵活的幻灯片切换控制等操作，同时也允许幻灯片在放映时以黑屏或白屏的方式显示。

步骤 1：放映幻灯片时，右击播放页面，在弹出的快捷菜单中选择【屏幕】→【黑屏】选项，如图 5-24 所示。

步骤 2：执行该操作后，幻灯片将以黑屏的方式显示，如图 5-25 所示，按【Esc】键即可退出黑屏模式。

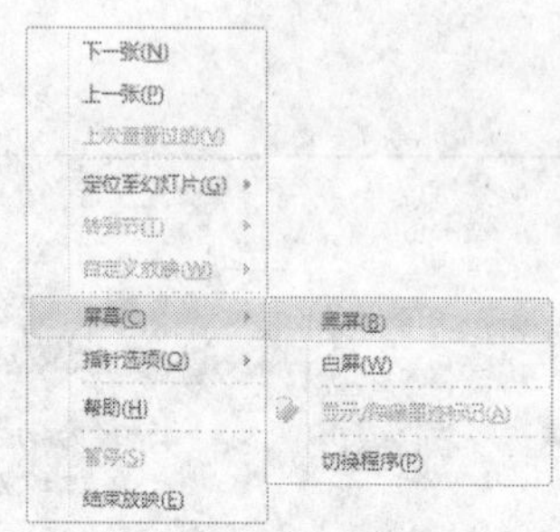

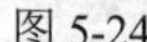
图 5-24

图 5-25

5.3 演示文稿的视图模式

PowerPoint 2010 包括普通视图、幻灯片浏览视图、备注页视图和阅读视图 4 种主要的视图方式。

案例 8 认识普通视图

PowerPoint 2010 默认的编辑图是普通视图，在该视图中，用户可以设置段落、字符格式，可以查看每张幻灯片的主题、小标题及备注，还可以移动幻灯片图像和备注页方框，改变它们的大小，以及编辑、查看幻灯片等，如图 5-26 所示。

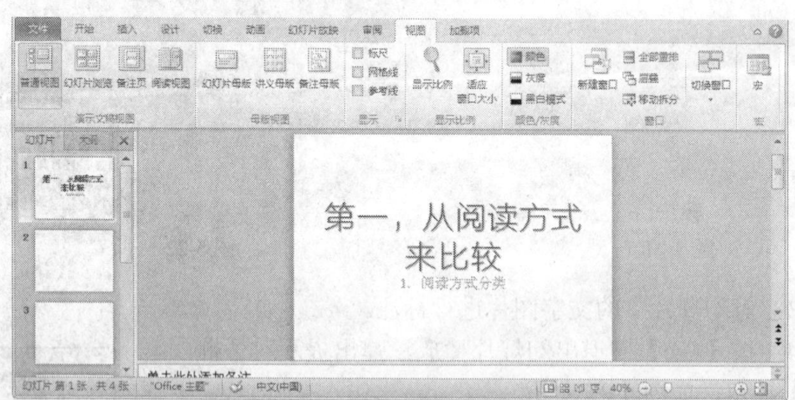

图 5-26

案例 9 认识幻灯片浏览视图

幻灯片浏览视图可以以缩略图的形式对演示文稿中的多张幻灯片同时进行浏览。在该视图中，可以输入、查看每张幻灯片的主题、小标题及备注，并且可以移动幻灯片图像和备注页方框，或改变它们的大小，使用户看出各个幻灯片之间的搭配是否协调。另外，还可以进行删除、移动及复制等操作，使用户可以更加方便、快捷地了解幻灯片的情况。单击【视图】选项卡【演示文稿视图】选项组中的【幻灯片浏览】按钮，即可切换到幻灯片浏览视图，如图 5-27 所示。

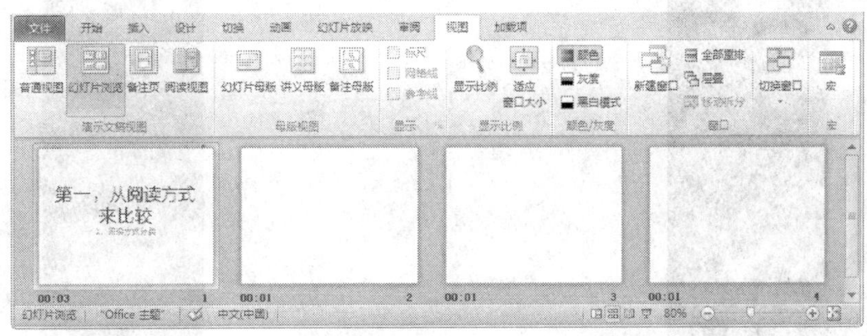

图 5-27

案例 10　认识备注页视图

备注页视图与其他视图的不同之处在于，它的上方显示幻灯片，下方显示备注页。在此视图的模式下，用户无法对上方显示的当前幻灯片的缩略图进行编辑，但可以输入或更改备注页中的内容。单击【视图】选项卡【演示文稿视图】选项组中的【备注页】按钮，即可切换到备注页视图，如图 5-28 所示。若显示的不是要加备注的幻灯片，可以利用窗口右边的滚动条找到所需的幻灯片。

图 5-28

案例 11　认识阅读视图

阅读视图是一种特殊的查看模式，它使用户在屏幕上阅读扫描文档更为方便。激活后，阅读该视图将显示当前文档并隐藏大多数不重要的屏幕元素，包括 Microsoft Windows 任务栏。阅读视图可通过大屏幕放映演示文稿，方便用户查看幻灯片的内容和放映效果等，如图 5-29 所示。

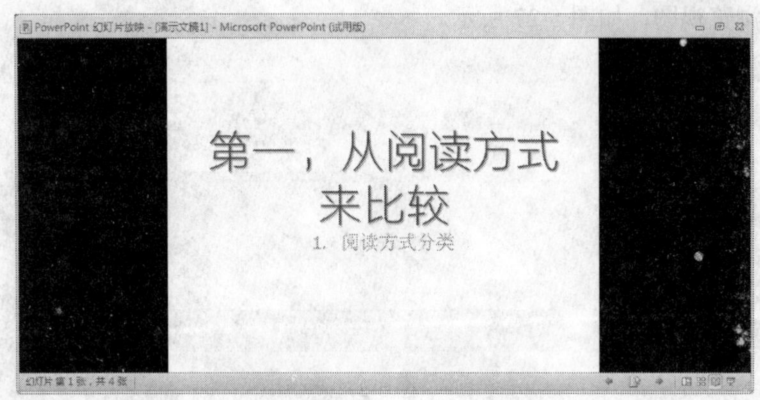

图 5-29

5.4 演示文稿的外观设计

案例 12　设置主题

PowerPoint 2010 中提供了大量的主题样式，这些主题样式设计了不同的颜色、字体样式和对象颜色样式。用户可以根据不同的需求选择不同的主题直接应用于演示文稿中，还可以对所创建的主题进行修改，以达到令人满意的效果。

1. 应用内置主题

步骤 1：打开演示文稿文件。

步骤 2：选中第一张幻灯片，单击【设计】选项卡【主题】选项组中的【其他】按钮，打开主题下拉列表进行选择，如图 5-30 所示。

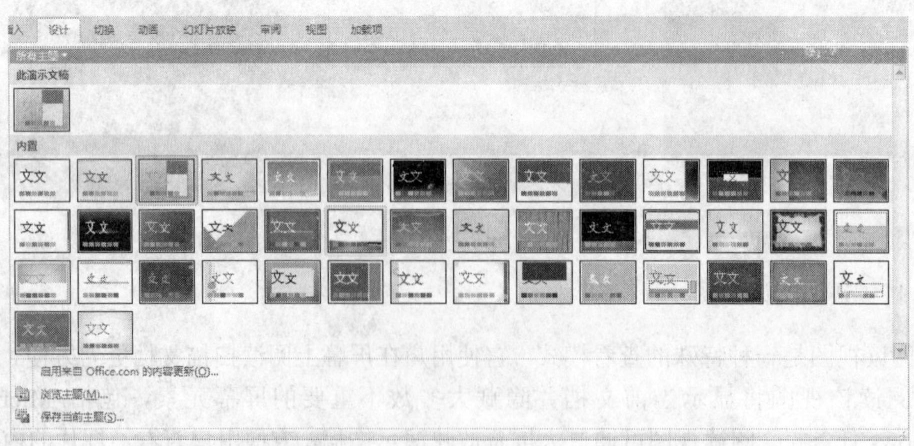

图 5-30

完成主题选择后的效果如图 5-31 所示。

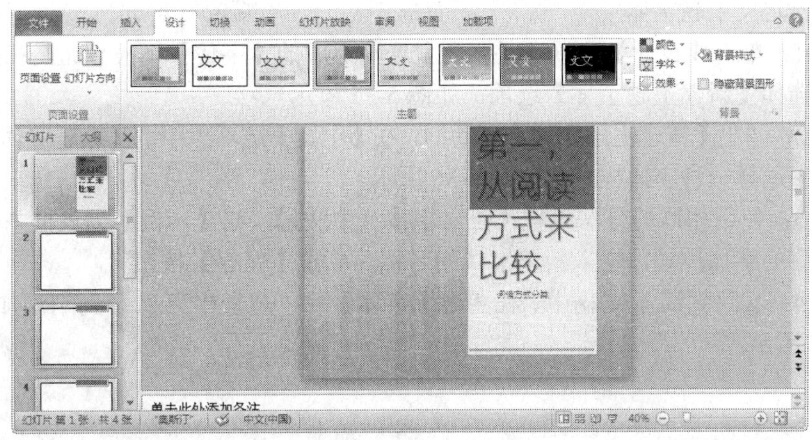

图 5-31

2. 自定义主题设计

虽然内置主题类型丰富，但不是所有主题的样式都能符合用户的要求，这时可以对内置主体进行自定义设置。

（1）自定义主题颜色

步骤 1：单击【设计】选项卡【主题】选项组中的【颜色】下拉按钮，在弹出的下拉列表中选择【新建主题颜色】选项，如图 5-32 所示。

步骤 2：弹出【新建主题颜色】对话框，单击颜色块右侧的下拉按钮，在弹出的下拉列表中选择需要的颜色，设置完成后，在【名称】文本框中输入自定义颜色的名称，如图 5-33 所示，单击【保存】按钮。

步骤 3：返回演示文稿，再次单击【颜色】下拉按钮，在弹出的下拉列表中可以看到刚添加的主题颜色，如图 5-34 所示。在自定义主题颜色上右击，在弹出的快捷菜单中可以进行相应的设置。

图 5-32

图 5-33

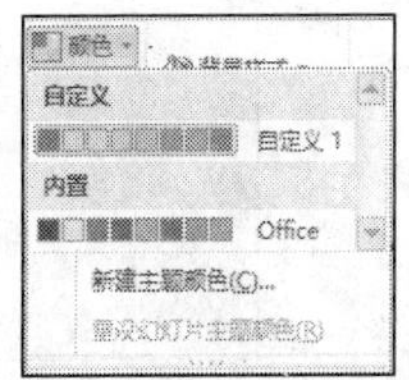

图 5-34

（2）自定义主题字体

步骤 1：单击【设计】选项卡【主题】选项组中的【字体】下拉按钮，在弹出的下拉列表中选择【新建主题字体】选项，如图 5-35 所示。

步骤 2：弹出【新建主题字体】对话框，在【中文】选项组中的【标题字体（中文）】下拉列表中选择一种字体样式，如图 5-36 所示。

步骤 3：使用相同的方法设置【正文字体（中文）】，在【示例】列表框中可以预览设置完成后的字体样式，输入新建字体的名称，单击【保存】按钮。

步骤 4：返回到演示文稿中，在主题【字体】下拉列表中可以看到刚添加的字体，如图 5-37 所示。

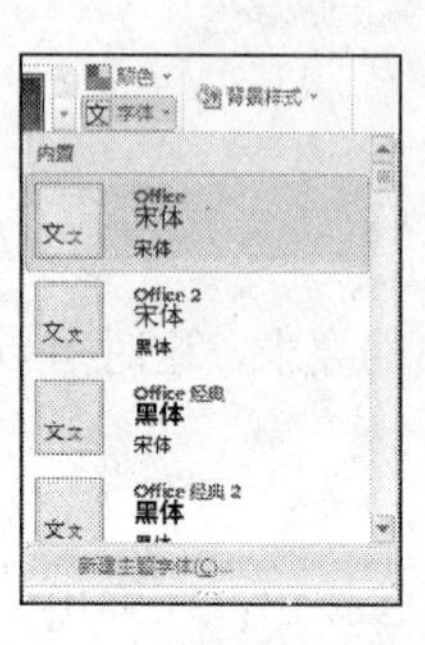

图 5-35

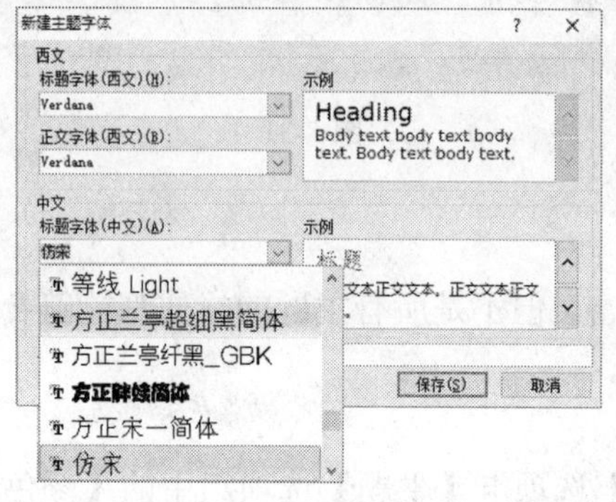

图 5-36

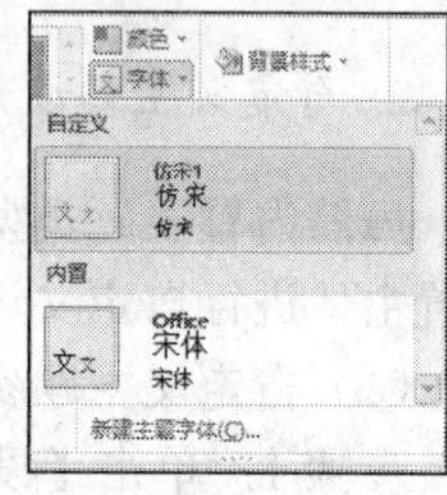

图 5-37

（3）自定义主题背景

步骤 1：单击【设计】选项卡【背景】选项组中的【背景样式】下拉按钮，在弹出的下拉列表中选择【设置背景格式】选项，如图 5-38 所示。

步骤 2：弹出【设置背景格式】对话框，在该对话框中可以设置背景的填充颜色，如图 5-39 所示，设置完成后单击【关闭】按钮，则当前幻灯片应用该背景。如果单击【全部应用】按钮，则全部幻灯片应用该背景。

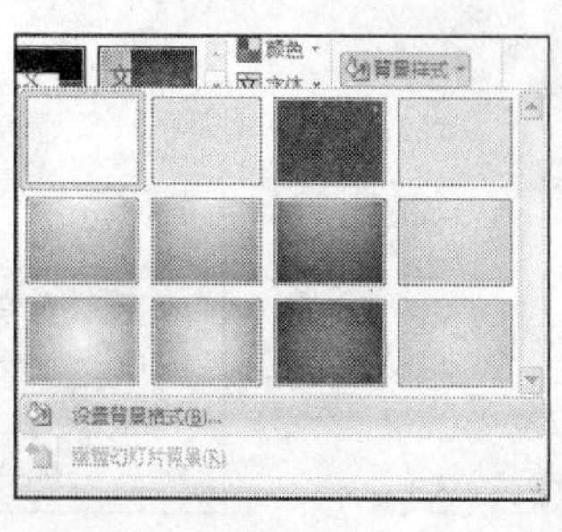

图 5-38

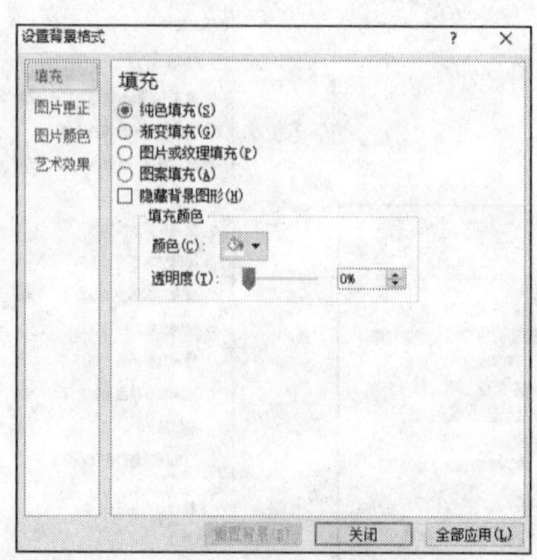

图 5-39

（4）设置主题背景样式

PowerPoint 2010 为每个主题提供了 12 种背景样式，如图 5-38 所示。用户可以选择其中一种快速改变演示文稿中所有幻灯片的背景，也可以只改变某一幻灯片的背景。通常情况下，从列表中选择一种背景样式，则演示文稿的全部幻灯片均采用该背景样式。若只希望改变部分幻灯片的背景，则右击背景样式，在弹出的快捷菜单中选择【应用于所选幻灯片】选项，选定的幻灯片将采用该背景样式，其他幻灯片背景不变。背景样式设置可以改变设有主题的幻灯片主题背景，也可以为未设置主题的幻灯片添加背景。

案例 13　设置背景

背景样式是当前演示文稿中主题颜色和背景样式的组合，背景设置主要在【设置背景格式】对话框的【填充】选项卡中完成。

1. 背景颜色填充

（1）纯色填充

打开【设置背景格式】对话框，选择【填充】选项卡，选中【纯色填充】单选按钮，在【颜色】下拉列表中选择需要的背景颜色；也可以选择【其他颜色】选项，在弹出的【颜色】对话框中进行设置。拖动【透明度】滑块，设置颜色的透明度，如图 5-40 所示。

（2）渐变填充

打开【设置背景格式】对话框，选择【填充】选项卡，选中【渐变填充】单选按钮，可以选择预设的颜色进行填充，也可以自定义渐变颜色进行填充。

预设颜色填充背景：单击【预设颜色】下拉按钮，在弹出的下拉列表中选择一种预设颜色。

自定义渐变颜色填充背景：在【类型】下拉列表中选择一种渐变类型；在【方向】下拉列表中选择一种渐变方向；在【渐变光圈】选项组中，出现与所选颜色个数相等的渐变光圈个数，可以单击【添加渐变光圈】按钮添加渐变光圈，或拖动【渐变光圈】滑块调节渐变颜色；在【颜色】下拉列表中，用户可以对背景的主题颜色进行相应的设置。此外，拖动【亮度】和【透明度】滑块，还可以设置背景的亮度和透明度，如图 5-41 所示。

2. 图案填充

打开【设置背景格式】对话框，选择【填充】选项卡，选中【图案填充】单选按钮，在出现的图案列表中选择需要的图案，在【前景色】和【背景色】下拉列表中可以自定义图案的前景颜色和背景颜色，如图 5-42 所示。单击【关闭】或【全部应用】按钮，所选图案即可成为幻灯片的背景。

3. 图片或纹理填充

（1）图片填充

打开【设置背景格式】对话框，选择【填充】选项卡，选中【图片或纹理填充】单选按钮，在【插入自】选项组中单击【文件】按钮，在弹出的【插入图片】对话框中选择需要的图片，单击【插入】按钮。返回【设置背景格式】对话框，单击【关闭】或【全部应用】按钮，所选图片即可成为幻灯片的背景。也可以选择剪贴画或剪贴板中的图片填充背景，若已经设置主题，则所设置的背景可能被主题背景图形所覆盖，此时可以在【设置背景格式】对话框中选中【隐藏背景图形】复选框，如图 5-43 所示。

（2）纹理填充

打开【设置背景格式】对话框，选择【填充】选项卡，选中【图片或纹理填充】单选按钮，单击【纹理】下拉按钮，在弹出的图案下拉列表中选择需要的纹理，如图 5-44 所示。还可以在【平铺选项】选项组中设置偏移量、缩放比例、对齐方式和镜像类型。

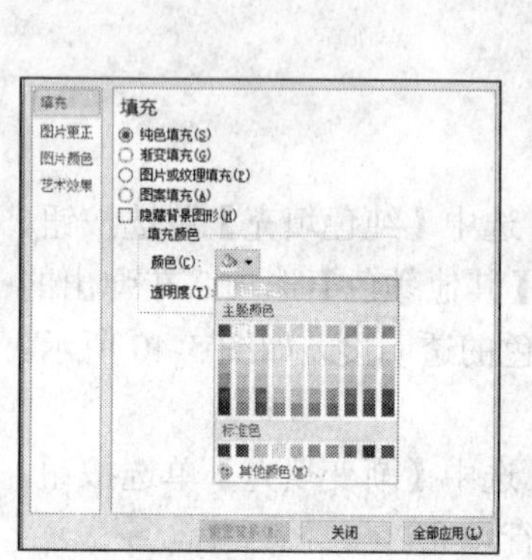

图 5-40

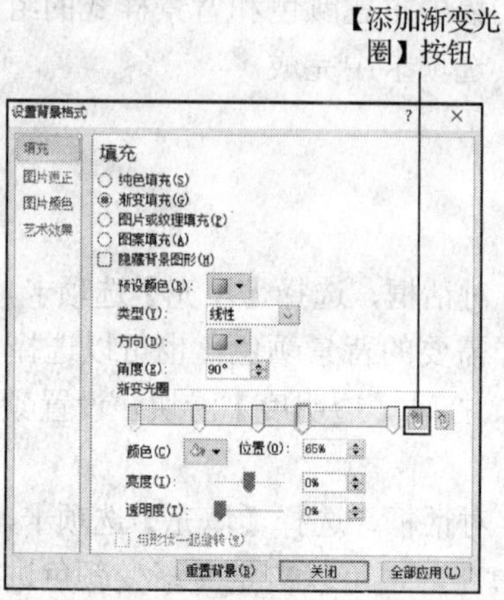

【添加渐变光圈】按钮

图 5-41

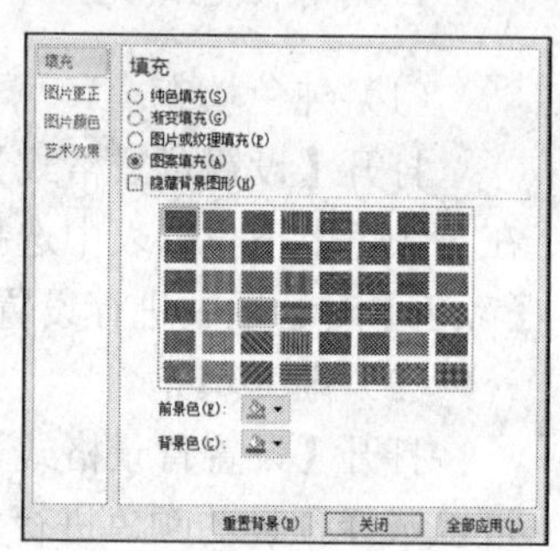

图 5-42

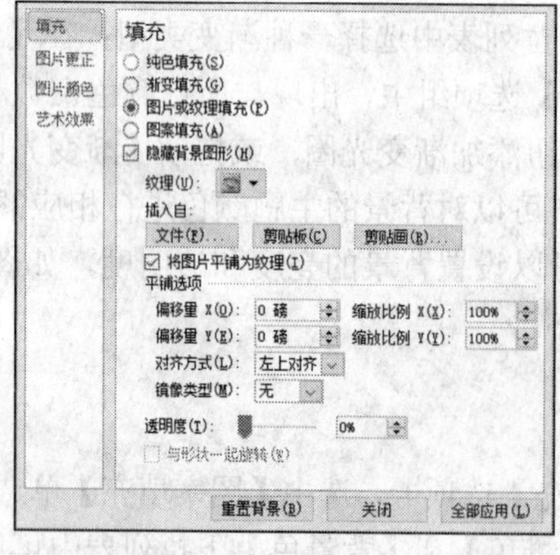

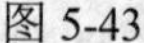

图 5-43

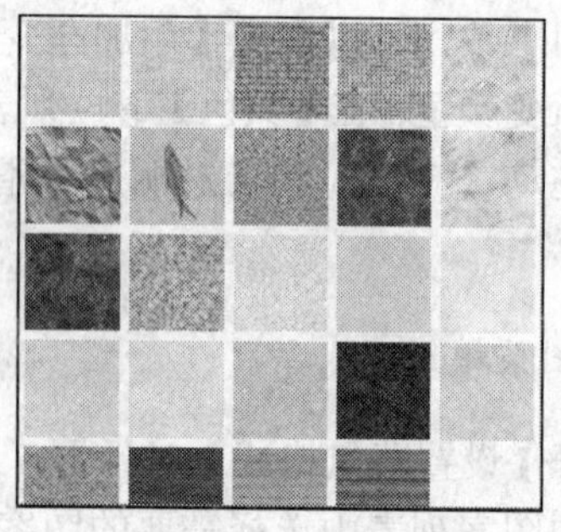

图 5-44

案例 14 制作幻灯片母版

幻灯片母版是演示文稿中的重要组成部分。使用母版可以使整个幻灯片具有统一的风格和样式，用户无须再对幻灯片进行设置，只需在相应的位置输入所需要的内容即可，从而减少了重复性工作。

1. 创建母版

在 PowerPoint 2010 中，母版分为 3 类：幻灯片母版、讲义母版和备注母版。

（1）创建幻灯片母版

步骤 1：单击【视图】选项卡【母版视图】选项组中的【幻灯片母版】按钮，如图 5-45 所示。

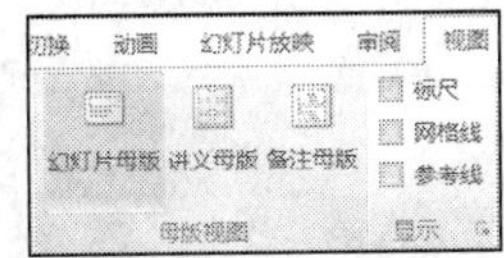

图 5-45

步骤 2：此时系统会自动切换至【幻灯片母版】视图，并在功能区最前面显示【幻灯片母版】选项卡，如图 5-46 所示。

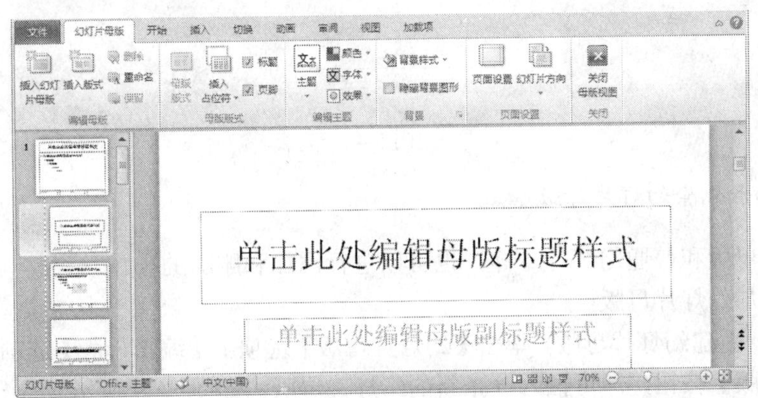

图 5-46

（2）创建讲义母版

步骤 1：单击【视图】选项卡【母版视图】选项组中的【讲义母版】按钮。

步骤 2：此时系统会自动切换至【讲义母版】视图，并在功能区最前面显示【讲义母版】选项卡，如图 5-47 所示。

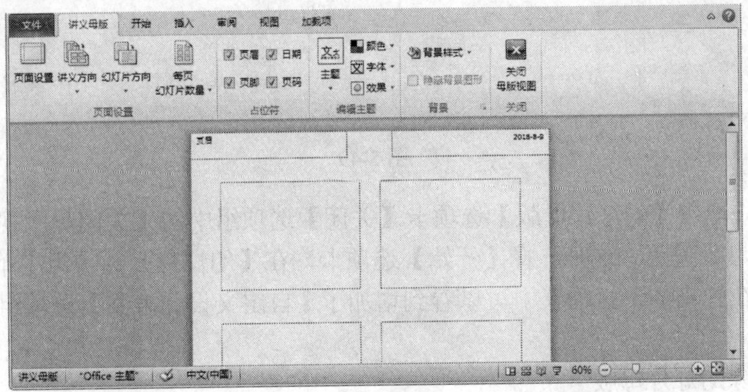

图 5-47

（3）创建备注母版

步骤 1：单击【视图】选项卡【母版视图】选项组中的【备注母版】按钮。

步骤 2：此时系统会自动切换至【备注母版】视图，并在功能区最前面显示【备注母版】选项卡，如图 5-48 所示。

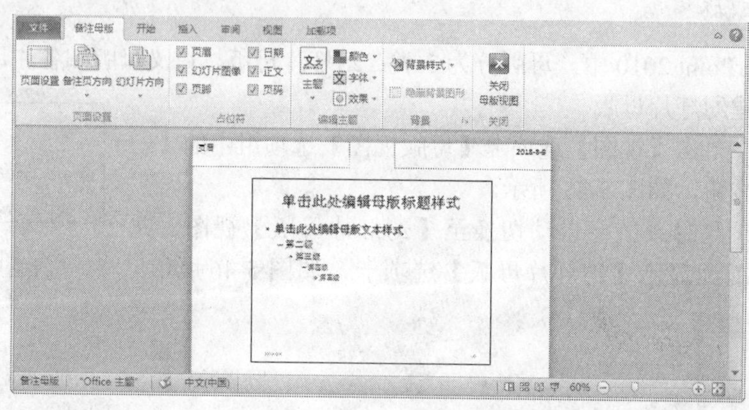

图 5-48

2. 添加和删除幻灯片母版

幻灯片母版和普通幻灯片一样，也可以进行添加和删除的操作。

（1）添加幻灯片母版

步骤 1：新建幻灯片母版，单击【幻灯片母版】选项卡【编辑母版】选项组中的【插入幻灯片母版】按钮，即可插入一张新的幻灯片母版，如图 5-49 所示。

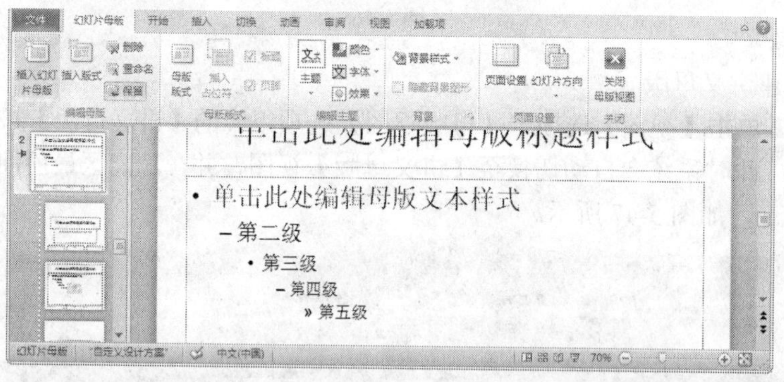

图 5-49

步骤 2：单击【幻灯片母版】选项卡【关闭】选项组中的【关闭母版视图】按钮，可将幻灯片母版关闭。这时选择【开始】选项卡，在【幻灯片】选项组中单击【版式】下拉按钮，在弹出的下拉列表中可以看到增加了【自定义设计方案】选项组，如图 5-50 所示。

（2）删除幻灯片母版

步骤 1：选中需要删除的幻灯片母版，单击【幻灯片母版】选项卡【编辑母版】选项组中的【删除】按钮，即可将选中的幻灯片母版删除。

步骤 2：关闭母版。这时再打开【版式】下拉列表，可以看到选中的幻灯片母版已被删除。

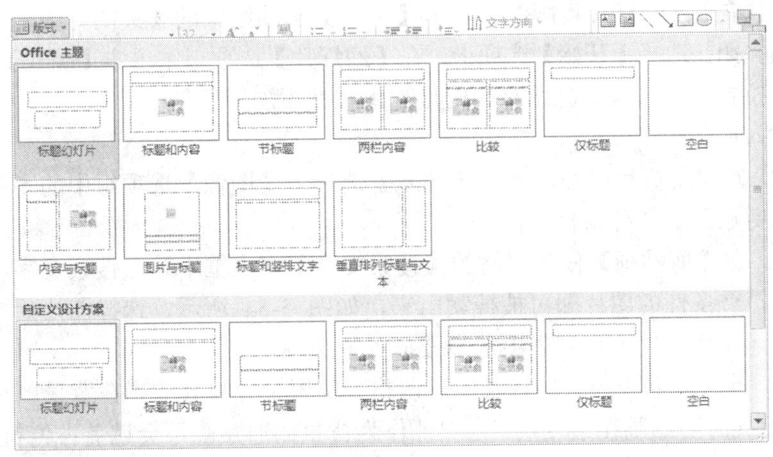

图 5-50

3. 重命名幻灯片母版

创建完幻灯片母版后，每张幻灯片版式都有属于自己的名称，可以对该幻灯片进行重命名。

步骤 1：单击【幻灯片母版】选项卡【编辑母版】选项组中的【重命名】按钮。

步骤 2：弹出【重命名版式】对话框，在【版式名称】文本框中输入新版式的名称，单击【重命名】按钮即可。

4. 设置幻灯片母版背景

（1）插入图片

步骤 1：新建幻灯片母版，单击【插入】选项卡【图像】选项组中的【图片】按钮，如图 5-51 所示。

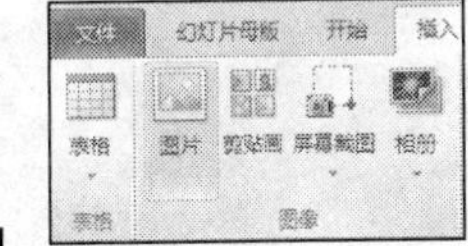

图 5-51

步骤 2：弹出【插入图片】对话框，选择素材图片，单击【插入】按钮。

步骤 3：图片插入幻灯片中后，同时会出现【图片工具-格式】选项卡，如图 5-52 所示。

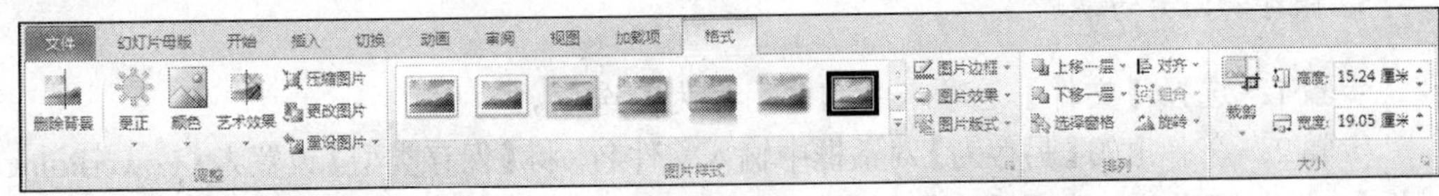

图 5-52

步骤 4：此时图片位于最顶层，为保证作为背景的图片不会遮盖占位符中的内容，可以将图片置于底层。选择背景图片，单击【开始】选项卡【绘图】选项组中的【排列】下拉按钮，在弹出的下拉列表中选择【置于底层】选项，如图 5-53 所示。设置完成后，图片将位于最底层，占位符出现在背景图片上方。

步骤 5：单击【幻灯片母版】选项卡【关闭】选项组中的【关闭母版视图】按钮，将母版视图关闭。选择【开始】选项卡，在【幻灯片】选项组中单击【版式】下拉按钮，在弹出的下拉列表中可以看到所有的幻灯片版式都添加了背景图片。

（2）插入剪贴画

步骤 1：新建幻灯片母版，单击【插入】选项卡【图像】选项组中的【剪贴画】按钮，弹出【剪贴画】任务窗格。

步骤 2：在【剪贴画】任务窗格的【搜索文字】文本框中输入搜索文字，单击【搜索】按钮，符合条件的图片即可被搜索出来，如图 5-54 所示，选择图片后单击其右侧的下拉按钮，在弹出的下拉列表中选择【插入】选项。

步骤 3：此时剪贴画插入幻灯片中，调整其位置，并将其放置在背景图片上层。

步骤 4：此时剪贴画在最顶层，为保证作为背景的剪贴画不会遮盖占位符中的内容，可以将剪贴画置于底层。选择剪贴画，单击【开始】选项卡【绘图】选项组中的【排列】下拉按钮，在弹出的下拉列表中选择【置于底层】选项。设置完成后，剪贴画将位于最底层，占位符出现在剪贴画上方。

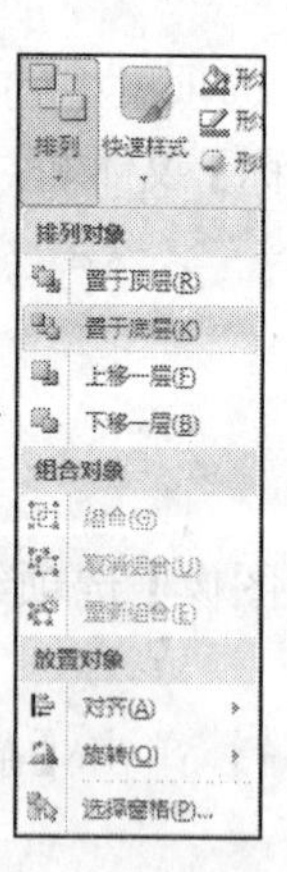

图 5-53

图 5-54

5. 保存幻灯片母版

步骤 1：选择【文件】选项卡中的【另存为】选项。

步骤 2：在弹出的【另存为】对话框中输入文件名，将【保存类型】设置为【PowerPoint 模板】，设置完成后单击【保存】按钮即可。

6. 设置占位符

（1）插入占位符

占位符是幻灯片的重要组成部分。如果常用一种占位符，可以将其直接插入母版中方便操作。

步骤 1：新建幻灯片母版后单击【幻灯片母版】选项卡【编辑母版】选项组中的【插入幻灯片母版】按钮，在幻灯片栏中选择【仅标题】版式，如图 5-55 所示。

步骤 2：单击【幻灯片母版】选项卡【母版版式】选项组中的【插入占位符】下拉按钮，在弹出的下拉列表中选择【图表】选项，如图 5-56 所示。

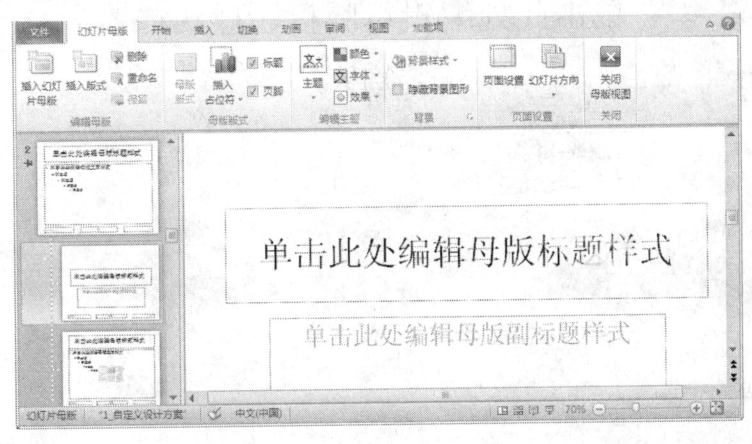

图 5-55

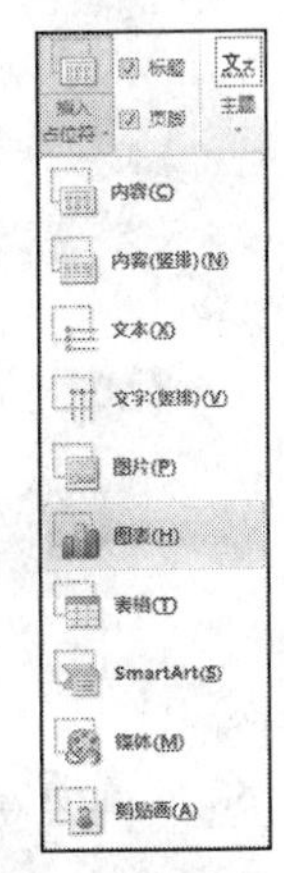

图 5-56

步骤 3：选择完成后，鼠标指针变为十字形，按住鼠标左键拖动鼠标即可绘制占位符。

步骤 4：绘制完成后，单击【幻灯片母版】选项卡【编辑母版】选项组中的【重命名】按钮，弹出【重命名版式】对话框，在【版式名称】文本框中输入新版式名称，单击【重命名】按钮。

步骤 5：设置完成后单击【幻灯片母版】选项卡【关闭】选项组中的【关闭母版视图】按钮，关闭母版视图。

步骤 6：单击【开始】选项卡【幻灯片】选项组中的【版式】下拉按钮，在弹出的下拉列表中可以看到刚设置的幻灯片母版发生了变化。

步骤 7：单击修改完成后的图表幻灯片，即可创建该版式幻灯片，单击图标即可插入图表文件。

（2）修改占位符

步骤 1：插入母版后，在幻灯片栏中选择【图片与标题】版式，如图 5-57 所示。

步骤 2：选择【单击图标添加图片】占位符，按【Delete】键将其删除。

步骤 3：单击【幻灯片母版】选项卡【编辑母版】选项组中的【重命名】按钮，在弹出的【重命名版式】对话框中的【版式名称】文本框中输入新版式名称，单击【重命名】按钮。

步骤 4：单击【开始】选项卡【幻灯片】选项组中的【版式】下拉按钮，在弹出的下拉列表中可以看到刚设置的幻灯片母版发生了变化。

7. 删除幻灯片母版中的形状

设置完成后的幻灯片母版会有很多形状，可以将不需要的形状从模板中删除。

插入母版后，选择幻灯片母版中的形状图形，按【Delete】键即可将选择的图形删除。

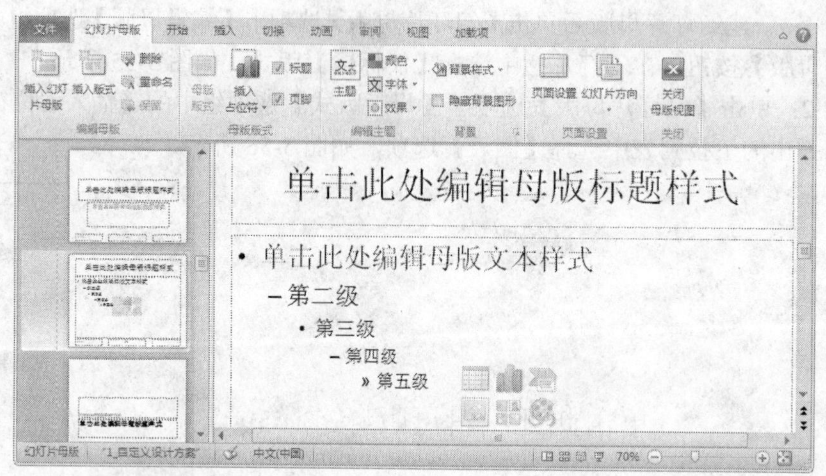

图 5-57

8. 设置页眉和页脚

在幻灯片母版中包括页眉和页脚，当需要在每张幻灯片的页脚中都插入固定内容时，可以在母版中进行设置，从而省去单独添加内容的操作。同样，在不需要显示页眉或页脚时，也可以将其隐藏。

步骤 1：单击【插入】选项卡【文本】选项组中的【页眉和页脚】按钮。

步骤 2：弹出【页眉和页脚】对话框，选中【时间和日期】、【幻灯片编号】、【页脚】复选框，如图 5-58 所示，并在【页脚】文本框中输入文本，单击【全部应用】按钮。

步骤 3：此时对页眉和页脚的设置将应用到幻灯片母版中，再创建幻灯片时，页脚处就会显示之前设置的内容。

步骤 4：如果在某个版式中不需要显示页脚（页眉），可选中页脚（页眉）。

步骤 5：在【幻灯片母版】选项卡的【母版版式】选项组中取消选中【页脚】（【页眉】）复选框，即可将页脚（页眉）隐藏。

9. 设置母版主题

（1）设置母版主题颜色

步骤 1：单击【幻灯片母版】选项卡【编辑主题】选项组中的【颜色】下拉按钮，在弹出的下拉列表可以使用预置颜色，也可以自定义颜色，这里选择【新建主题颜色】选项，如图 5-59 所示。

步骤 2：弹出【新建主题颜色】对话框，选择需要设置颜色的选项，单击颜色块右侧的下拉按钮，然后在弹出的下拉列表中选择需要的颜色，如图 5-60 所示。

步骤 3：当颜色列表中没有合适的颜色时，可以在颜色下拉列表中选择【其他颜色】选项，弹出【颜色】对话框。在【自定义】选项卡中根据需要选择适合的颜色，如图 5-61 所示，选择完成后单击【确定】按钮返回【新建主题颜色】对话框。

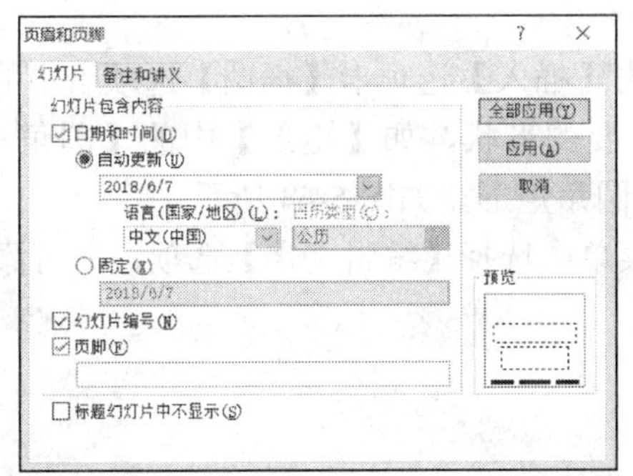

图 5-58

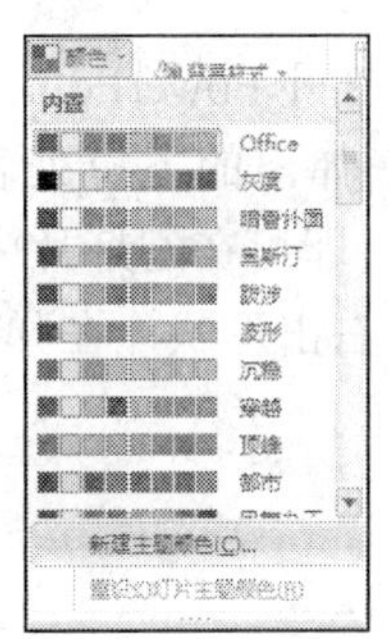

图 5-59

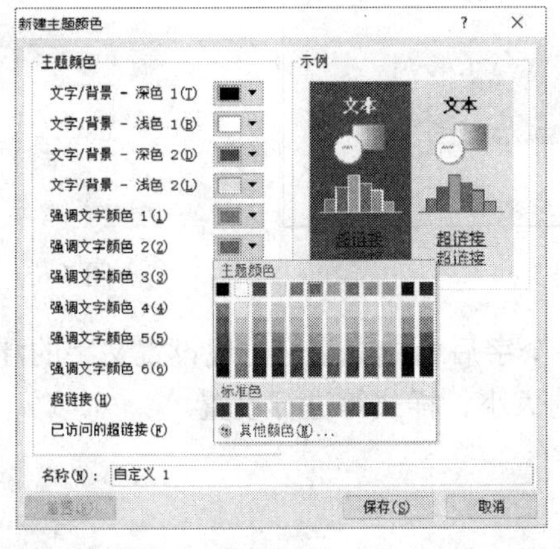

图 5-60

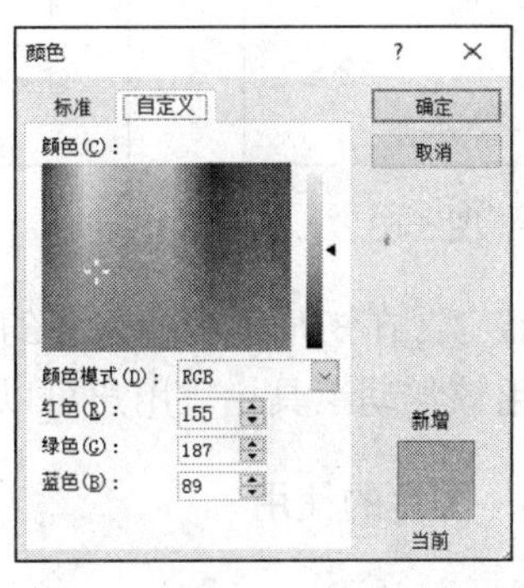

图 5-61

步骤 4：设置完颜色后，在【名称】文本框中输入自定义颜色的名称，单击【保存】按钮。此时幻灯片母版即可应用刚才设置的主题颜色。

步骤 5：关闭母版视图，单击【开始】选项卡【幻灯片】选项组中的【版式】下拉按钮，在弹出的下拉列表中可以看到所有幻灯片版式都应用了该主题颜色。

（2）设置母版主题字体

单击【幻灯片母版】选项卡【编辑主题】选项组中的【字体】下拉按钮，在弹出的下拉列表中可以使用预置字体样式，也可以自定义字体，这里选择一种预置字体，如图 5-62 所示。选择完成后，字体样式即可应用到幻灯片母版中。

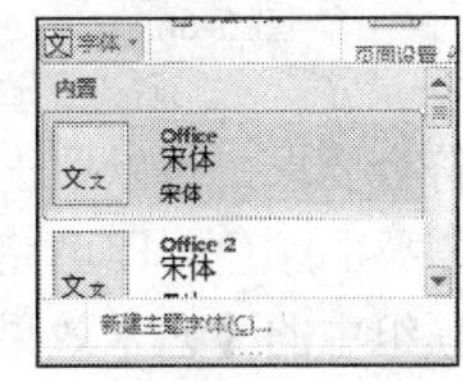

图 5-62

5.5　编辑幻灯片中的对象

案例 15　形状的使用

制作幻灯片时，需要将一些照片或图片插入各种圆形、方形或其他形状中，具体操作步骤如下。

步骤 1：打开 PowerPoint 2010，单击【插入】选项卡【插图】选项组中的【形状】下拉按钮，在弹出的下拉列表中选择需要的形状，如【矩形】中的【圆角矩形】，如图 5-63 所示，即可在幻灯片中绘制一个圆角矩形，如图 5-64 所示。

步骤 2：右击形状，在弹出的快捷菜单中选择【编辑文字】选项，即可添加文字，如图 5-65 所示。

图 5-63

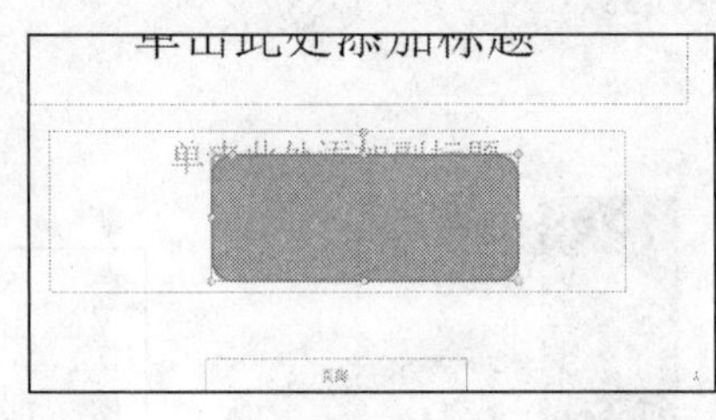
图 5-64

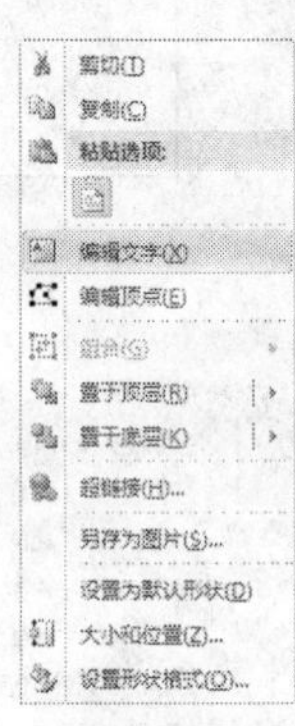

图 5-65

步骤 3：在矩形框中输入【幻灯片】3 个字后选中文字，出现设置文字的浮动工具栏，利用该浮动工具栏，用户可以对字体的大小、样式等进行设置。

案例 16　图片的使用

步骤 1：打开 PowerPoint 2010，单击【插入】选项卡【图像】选项组中的【图片】按钮，如图 5-66 所示。在弹出的【插入图片】对话框中选择一幅图片，单击【插入】按钮。

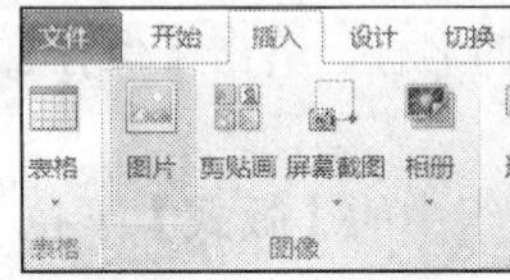

图 5-66

步骤 2：如果插入图片的亮度、对比度、清晰度没有达到要求，可以单击【图片工具-格式】选项卡【调整】选项组中的【更正】下拉按钮，在弹出的下拉列表中选择需要的图片，即可更改图片的亮度、对比度和清晰度。如果图片的色彩饱和度、色调不符合要求，可以单击【调整】选项组中的【颜色】下拉按钮，在弹出的下拉列表中选择需要的颜色，即可完成颜色的设置。如果要为图片添加特殊效果，可以单击【调整】选项组中的【艺术效果】下拉按钮，在弹出的下拉列表中选择需要的效果即可。

案例 17　图表的使用

PowerPoint 2010 提供的图表功能可以将数据和统计结果以各种图表的形式显示出来，使数据更加直观、形象。创建图表后，图表与创建图表的数据源之间就建立了联系，如果工作表中的数据源发生了变化，图表也会随之发生变化。

步骤 1：打开 PowerPoint 2010，单击【插入】选项卡【插图】选项组中的【图表】按钮，如图 5-67（a）所示。

步骤 2：弹出【插入图表】对话框，在左侧图表模板类型列表框中选择需要创建的图表类型，在右侧的图表类型列表框中选择合适的图表，单击【确定】按钮即可，如图 5-67（b）所示。

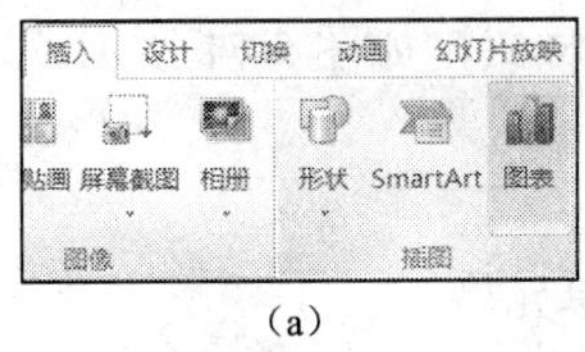

(a)

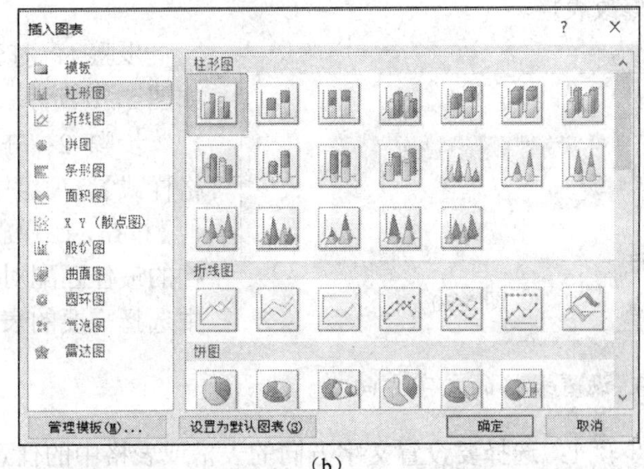

(b)

图 5-67

注意：插入图表后，用户即可对图表进行编辑、修改、美化等操作，其操作方法与第 4 章 Excel 电子表格中的操作类似，此处不再赘述。

案例 18 表格的使用

1. 插入表格

方法 1：选择要插入表格的幻灯片，单击【插入】选项卡【表格】选项组中的【表格】下拉按钮，在弹出的下拉列表中选择【插入表格】选项，如图 5-68 所示。弹出【插入表格】对话框，输入相应的行数和列数，单击【确定】按钮即可插入一个指定行数和列数的表格。拖动表格的控制点，可以改变表格的大小，拖动表格边框，可以定位表格。

方法 2：新建【标题和内容】版式幻灯片，单击内容区的【插入表格】图标按钮，如图 5-69 所示。弹出【插入表格】对话框，输入相应的行数和列数，单击【确定】按钮即可创建表格。

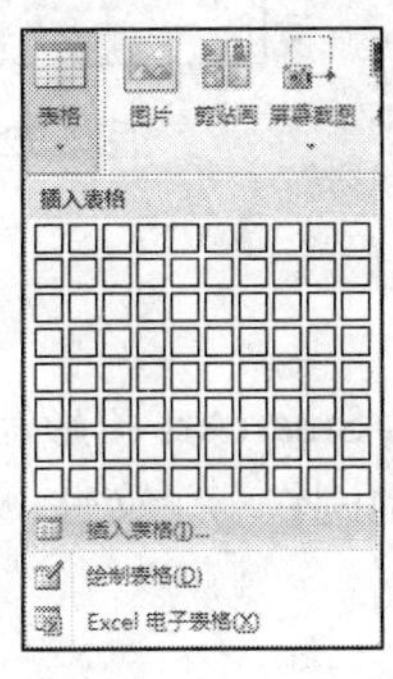

图 5-68

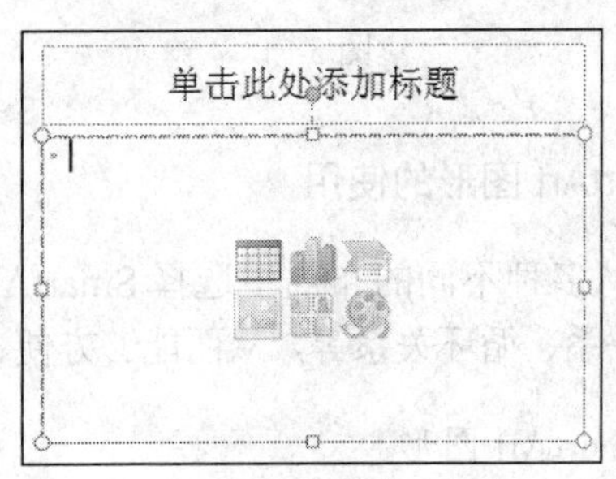

图 5-69

2. 编辑表格

插入表格后，可以利用【表格工具-设计】和【表格工具-布局】选项卡中的命令编辑和修改表格。

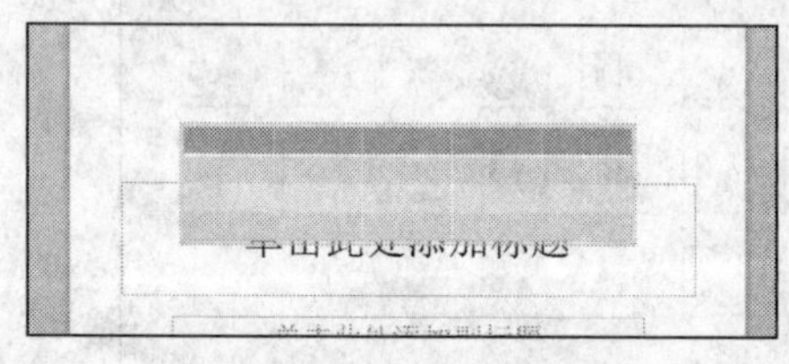

图 5-70

步骤 1：打开 PowerPoint 2010，绘制表格，如图 5-70 所示。

步骤 2：在【表格工具-设计】选项卡【表格样式】选项组中选择表格样式，还可以单击【其他】按钮，在弹出的【表格样式】下拉列表的【文档的最佳匹配对象】、【淡】、【中】、【深】选项组中选择需要的表格样式，如图 5-71 所示。

3. 设置表格的文字方向

步骤 1：选择要设置文字方向的表格或表格中的任意单元格。

步骤 2：单击【表格工具-布局】选项卡【对齐方式】选项组中的【文字方向】下拉按钮，在弹出的下拉列表中选择文字的排列方向，如图 5-72 所示。

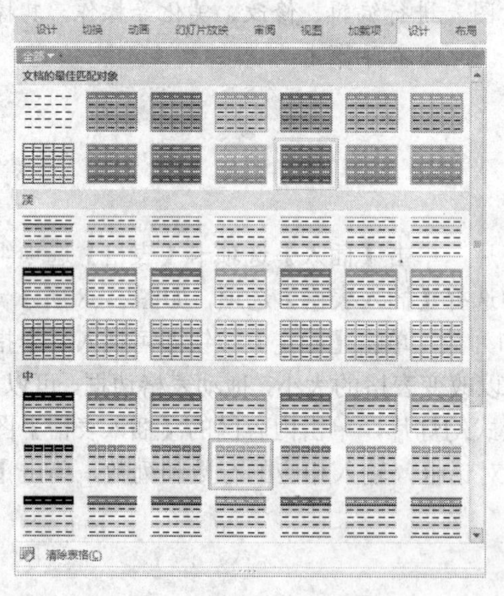

图 5-71

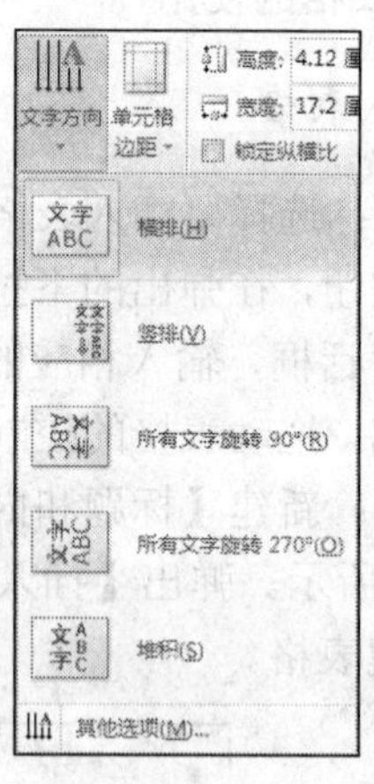

图 5-72

案例 19 SmartArt 图形的使用

用户可以从多种不同的布局中选择 SmartArt 图形。SmartArt 图形能够清楚地表现层级关系、附属关系、循环关系等，从而能够方便、快捷地制作一个文件，并达到更佳效果。

1. 插入 SmartArt 图形

步骤 1：选择要插入 SmartArt 图形的幻灯片，单击【插入】选项卡【插图】选项组中的【SmartArt】按钮，如图 5-73 所示。

步骤 2：在弹出的【选择 SmartArt 图形】对话框中根据需要进行选择，单击【确定】按钮即可，如图 5-74 所示。

图 5-73

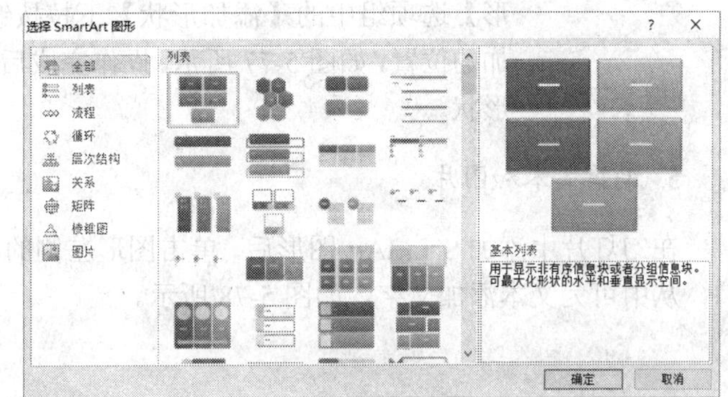

图 5-74

2. 改变 SmartArt 图形的颜色

选择插入的 SmartArt 图形，单击【SmartArt 工具-设计】选项卡【SmartArt 样式】选项组中的【更改颜色】下拉按钮，在弹出的下拉列表中选择所需的颜色，如图 5-75 所示。操作完成后，SmartArt 图形的颜色即可更改。

3. 更改 SmartArt 图形中某个图形的背景颜色

选择需要改变颜色的图形，单击【SmartArt 工具-格式】选项卡【形状样式】选项组中的【形状填充】下拉按钮，在弹出的下拉列表中选择所需要的颜色，如图 5-76 所示。操作完成后，所选中图形的背景颜色即可改变。

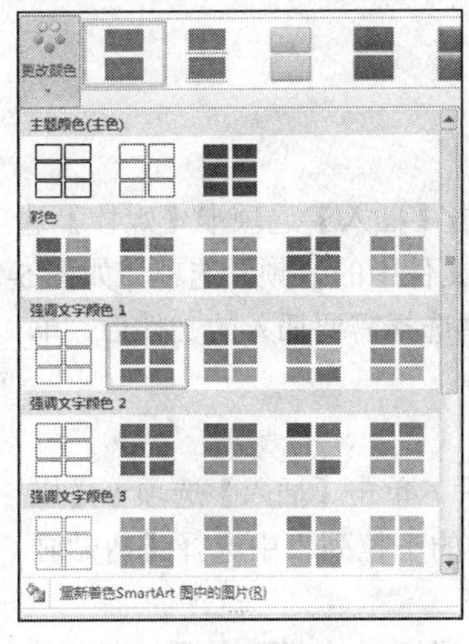

图 5-75

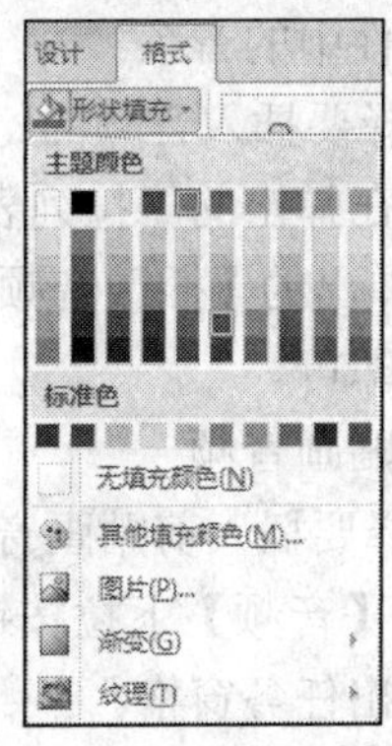

图 5-76

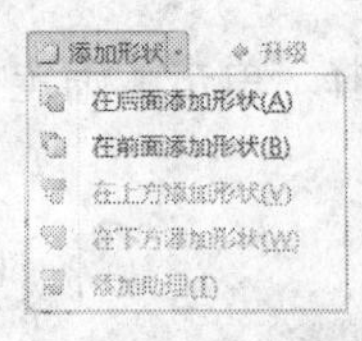

图 5-77

4. 添加形状

选择 SmartArt 形状，单击【SmartArt 工具-设计】选项卡【创建图形】选项组中的【添加形状】下拉按钮，在弹出的下拉列表中选择添加的位置，如图 5-77 所示。操作完成后，即可添加一个相同的 SmartArt 形状。

5. 编辑文本和图片

在幻灯片中添加 SmartArt 图形后，单击图形左侧的小三角形按钮，即可弹出文本窗口，从中可为文本添加文字，如图 5-78 所示。

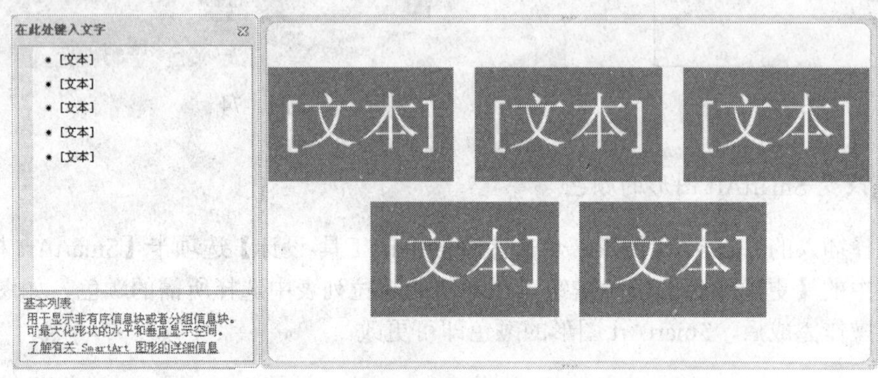

图 5-78

案例 20 音频及视频的使用

用户在 PowerPoint 2010 中不仅可以插入图形、图片，还可以添加影片、声音并设置影片和声音的播放方式等。

1. 插入音频

（1）插入文件中的音频

步骤 1：选择要插入音频的幻灯片，单击【插入】选项卡【媒体】选项组中的【音频】下拉按钮，在弹出的下拉列表中选择【文件中的音频】选项，如图 5-79 所示。

步骤 2：在弹出的【插入音频】对话框中选择需要插入的文件后，单击【插入】按钮即可。

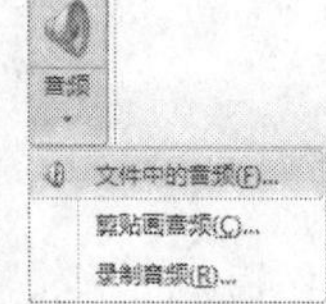

图 5-79

（2）插入剪贴画音频

步骤 1：选择要插入剪贴画音频的幻灯片，单击【插入】选项卡【媒体】选项组中的【音频】下拉按钮，在弹出的下拉列表中选择【剪贴画音频】选项，弹出任务窗格。

步骤 2：在弹出的任务窗格中搜索或选择所需的剪贴画后，即可将其添加到幻灯片中。

步骤 3：在【放映】模式中查看幻灯片的播放效果。

（3）插入录制音频

步骤 1：选择要插入音频的幻灯片，单击【插入】选项卡【媒体】选项组中的【音频】下拉按钮，在弹出的下拉列表中选择【录制音频】选项。

步骤 2：在弹出的【录音】对话框中单击 ● 按钮进行录音，单击 ■ 按钮停止录音，单击 ▶ 按钮播放声音，如图 5-80 所示。

步骤 3：单击【确定】按钮，即可将录音插入幻灯片中。

2. 插入视频

（1）插入文件中的视频

步骤 1：选择要插入视频的幻灯片，单击【插入】选项卡【媒体】选项组中的【视频】下拉按钮，在弹出的下拉列表中选择【文件中的视频】选项，如图 5-81 所示。

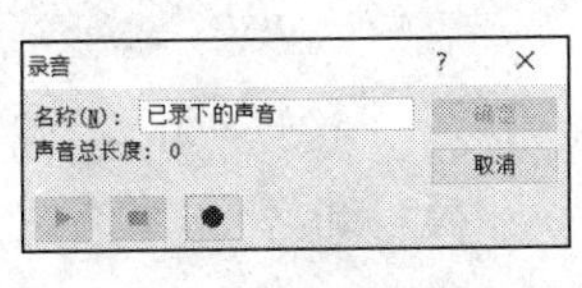

图 5-80

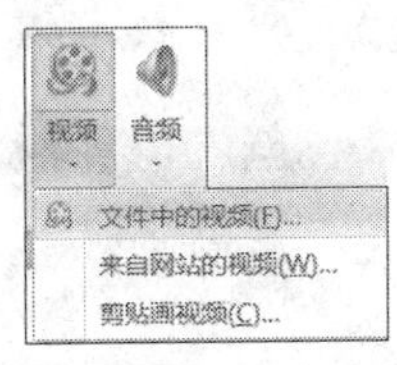

图 5-81

步骤 2：在弹出的【插入视频文件】对话框中选择需要插入的文件后，单击【插入】按钮即可。

（2）插入剪贴画视频

步骤 1：选择要插入剪贴画视频的幻灯片，单击【插入】选项卡【媒体】选项组中的【视频】下拉按钮，在弹出的下拉列表中选择【剪贴画视频】选项，此时在窗口右侧出现【剪贴画】任务窗格。

步骤 2：用户可以在【搜索文字】文本框中输入要查找的剪贴画视频的关键字，也可以直接在列表框中选择需要的剪贴画视频。

步骤 3：双击选中的剪贴画视频，即可将其添加到幻灯片中，将幻灯片切换到放映模式，幻灯片会自动播放该剪贴画视频。

案例 21 创建艺术字

1. 插入艺术字

步骤 1：选择要插入艺术字的幻灯片。

步骤 2：单击【插入】选项卡【文本】选项组中的【艺术字】下拉按钮，在弹出的下拉列表中选择需要的样式，如图 5-82 所示。

步骤 3：插入艺术字后，可以在【开始】选项卡的【字体】选项组中，为艺术字设置所需的字体和字号等。

2. 添加艺术字效果

步骤 1：在幻灯片中选择要添加艺术字效果的普通文字。

步骤 2：单击【绘图工具-格式】选项卡【艺术字样式】选项组中的【其他】按钮，在弹出的下拉列表中选择所需的艺术字样式后，如图 5-83 所示，即可为普通文字添加艺术字效果。

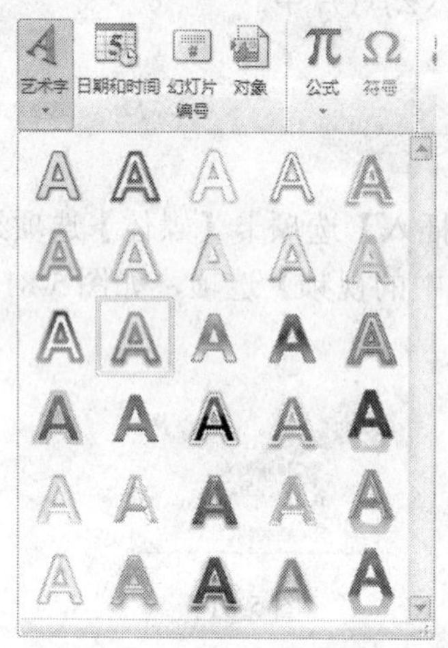

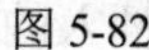
图 5-82

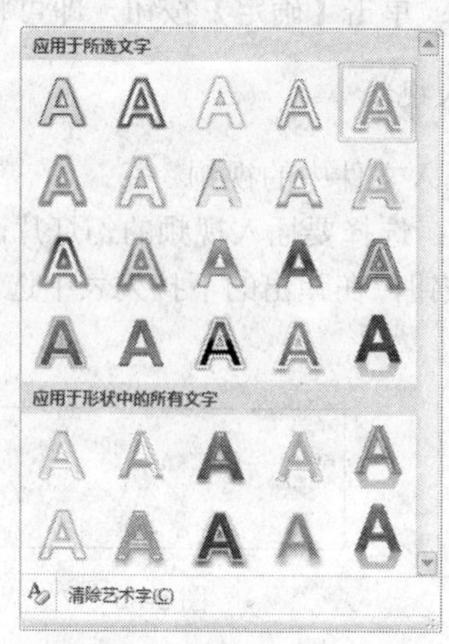

图 5-83

3. 自定义文本格式

步骤 1：选择幻灯片中需要自定义的文本。

步骤 2：单击【绘图工具-格式】选项卡【艺术字样式】选项组右下角的对话框启动器，弹出【设置文本效果格式】对话框。

步骤 3：选择【文本填充】选项卡，选中【图片或纹理填充】单选按钮，选择插入文件，选中【将图片平铺为纹理】复选框，将【对齐方式】设置为【左上对齐】，如图 5-84 所示。

步骤 4：单击【关闭】按钮，即可将设置应用到所选文本中。

4. 设置文字变形效果

步骤 1：选择幻灯片中需要改变形状的文字。

步骤 2：单击【绘图工具-格式】选项卡【艺术字样式】选项组中的【文本效果】下拉按钮，在弹出的下拉列表中选择【转换】选项，然后在弹出的级联菜单中选择所需的转换样式，如图 5-85 所示。操作完成后，即可将选中的文字变形。

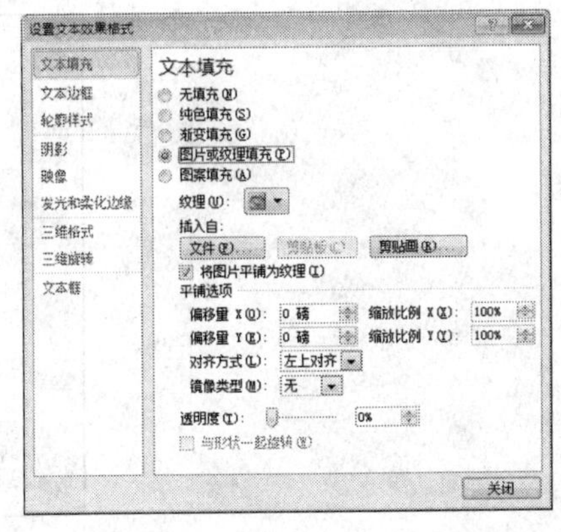

图 5-84

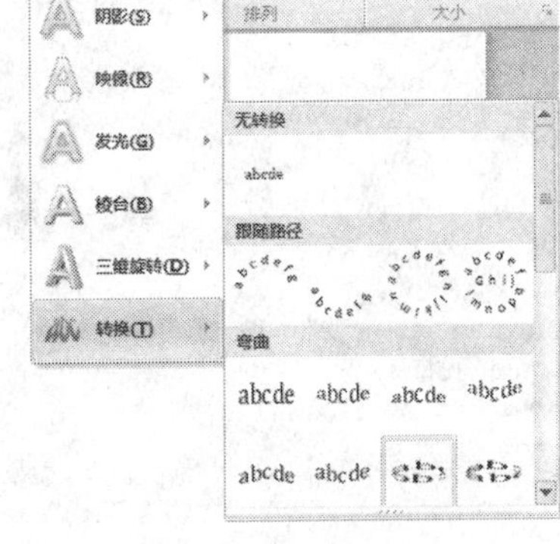

图 5-85

5.6 设置幻灯片播放效果

案例 22 设置对象动画

PowerPoint 2010 提供了幻灯片与用户之间的交互功能，用户可以为幻灯片的各种对象，包括组合图形等设置放映时的动画效果，也可以为每张幻灯片设置放映时的动画效果，还可以规划动画的路径。

1. 对象进入动画效果

PowerPoint 2010 中提供了多种预设的进入动画效果，用户可以在【动画】选项卡的【动画】选项组中选择需要进入的动画效果。设置对象进入动画效果的具体操作步骤如下。

步骤 1：新建演示文稿，插入图片并选中。

步骤 2：单击【动画】选项卡【动画】选项组中的【其他】按钮，在弹出的下拉列表中选择【进入】中的【形状】效果，如图 5-86 所示。

步骤 3：单击【动画】选项组中的【效果选项】下拉按钮，在弹出的下拉列表中选择【缩小】选项，如图 5-87 所示。

步骤 4：设置完对象进入动画效果后，可以单击【动画】选项卡【预览】选项组中的【预览】按钮观看效果。

2. 对象退出动画效果

步骤 1：在幻灯片中选择标题文本，单击【动画】选项卡【动画】选项组中的【其他】按钮，在弹出的下拉列表中选择【更多退出效果】选项。

步骤 2：弹出【更改退出效果】对话框，选择【基本型】列表框中的【劈裂】效果，如图 5-88 所示。单击【确定】按钮，预览设置完成后的效果。

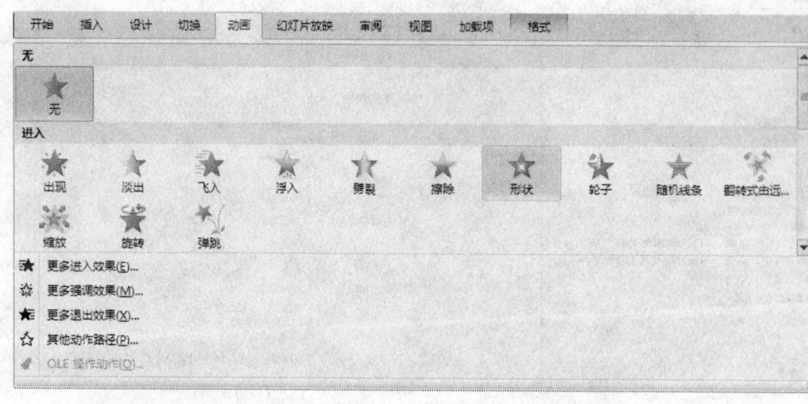

图 5-86

图 5-87

3. 预设路径动画

PowerPoint 2010 中提供了大量的预设路径动画，路径动画可为对象设置一个路径使其沿着该指定路径运动。

步骤 1：选择幻灯片文本，单击【动画】选项卡【动画】选项组中的【其他】按钮，在弹出的下拉列表中选择【其他动作路径】选项。

步骤 2：弹出【更改动作路径】对话框，选择【直线和曲线】选项组中的【向右弯曲】效果，如图 5-89 所示。单击【确定】按钮，预览设置完成后的效果。

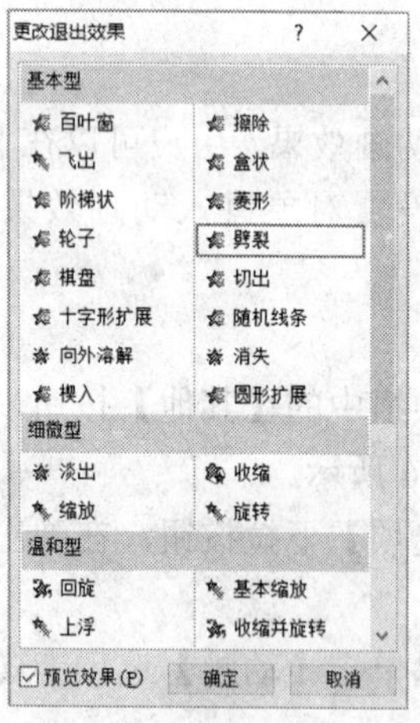

图 5-88

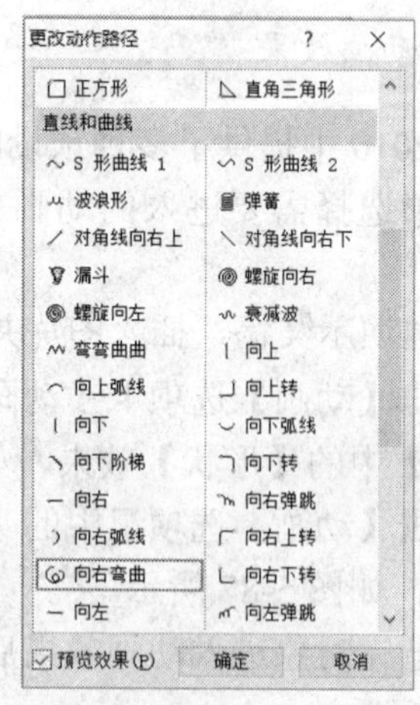

图 5-89

4. 自定义路径动画

如果对预设的动作路径不满意，用户还可以根据需要自定义动画路径。

步骤 1：选择幻灯片中的副标题，单击【动画】选项卡【动画】选项组中的【其他】按钮，在弹出的下拉列表中选择【动作路径】中的【自定义路径】选项，如图 5-90 所示。

步骤 2：在幻灯片中按住鼠标左键，并拖动鼠标进行路径的绘制，绘制完成后双击即可，对象在沿自定义的路径预演一遍后将显示出绘制的路径。

5. 使用动画窗格

当设置多个动画后，可以按照时间的顺序播放动画，也可以调整动画的播放顺序。使用【动画窗格】任务窗格或【动画】选项卡中的【计时】选项组，可以查看和改变动画的播放顺序，也可以调整动画的播放时长。当为幻灯片中的对象设置动画后，在【动画窗格】任务窗格中将出现一个日程表，日程表的主要作用是表示动画效果的持续时间，用户可以通过拖动日程表中的标记来调整持续时间。

步骤 1：单击【动画】选项卡【高级动画】选项组中的【动画窗格】按钮，弹出【动画窗格】任务窗格，窗格中动画效果的右侧有一条淡黄色的时间条，如图 5-91 所示。

步骤 2：单击下方的【秒】下拉按钮，在弹出的下拉列表中可以选择放大或缩小时间条。

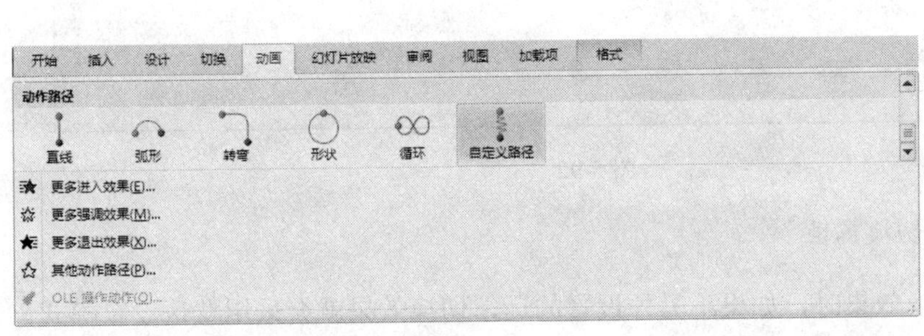

图 5-90

图 5-91

步骤 3：将鼠标指针移至动画效果右侧的时间条上，当鼠标指针变成左右箭头时，按住鼠标左键进行拖动，可以调整该动画的持续时间。

步骤 4：调整完成后，单击任意一个动画效果右侧的下拉按钮，在弹出的下拉列表中选择【隐藏高级日程表】选项即可将时间条隐藏。

6. 复制动画

将某对象设置成与已设置动画效果的某对象相同的动画时，可以使用【动画】选项卡【高级动画】选项组中的【动画刷】按钮来完成。选中某个对象，单击【动画刷】按钮，再单击另一个对象，可以复制该对象的动画；若双击【动画刷】按钮，可以统一将动画复制到多个对象上。

案例 23　设置幻灯片的切换效果

在 PowerPoint 2010 中，幻灯片的切换效果是指在两个幻灯片之间衔接的特殊效果。也就是一张幻灯片在放映完后，下一张幻灯片将以哪种方式出现在屏幕中的动画效果。

1. 设置幻灯片切换样式

打开演示文稿，选择要设置切换效果的一张或多张幻灯片，单击【切换】选项卡【切换到此幻灯片】选项组中的【其他】按钮，显示【细微型】、【华丽型】、【动态内容】切换效果下拉列表，如图 5-92 所示。在切换效果下拉列表中选择一种切换样式，设置的切换效果将应用于所选的幻灯片。此外，单击【计时】选项组中的【全部应用】按钮，可使全部幻灯片均采用该切换效果。

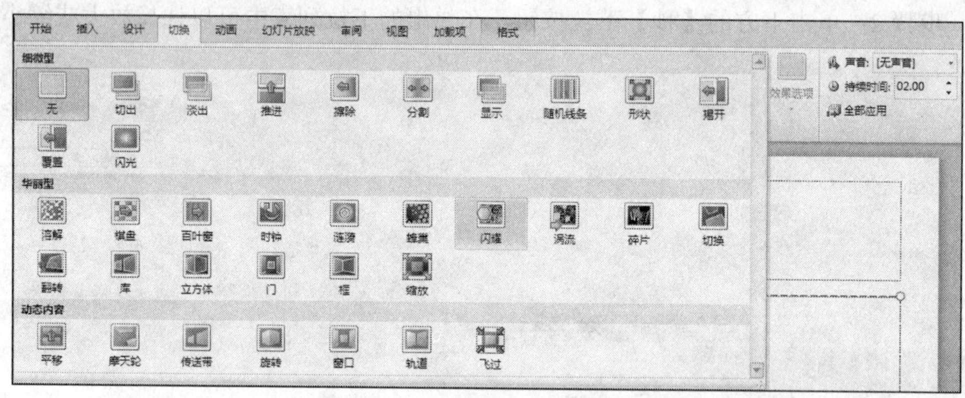

图 5-92

2. 设置幻灯片切换属性

设置幻灯片切换效果时，如果不另外设置的话，切换效果就会采用默认设置模式。效果一般选为【垂直】，换片方式为【单击鼠标时】，持续时间为【1 秒】，声音的效果为【无声音】。如果对默认的属性不满意，用户还可以自行设置。

步骤 1：单击【切换】选项卡【切换到此幻灯片】选项组中的【效果选项】下拉按钮，在弹出的下拉列表中选择一种效果，如图 5-93 所示。

步骤 2：在【计时】选项组中设置切换声音，在【声音】下拉列表中选择一种切换声音，如图 5-94 所示，并在【持续时间】微调框中输入切换时间。

3. 设置幻灯片切换效果

步骤 1：新建演示文稿并插入图片，单击【切换】选项卡【切换到此幻灯片】选项组中的【其他】按钮，在弹出的下拉列表中选择【华丽型】中的【涡流】效果。

步骤 2：当为一张幻灯片添加切换效果后，在左侧的幻灯片导航列表中，该幻灯片就会多出一个播放动画标志按钮，单击该按钮可以预览播放效果。

步骤 3：单击【切换】选项卡【切换到此幻灯片】选项组中的【效果选项】下拉按

钮，在弹出的下拉列表中选择【自底部】效果。

步骤 4：单击【切换】选项卡【计时】选项组中的【声音】下拉按钮，在弹出的下拉列表中选择一种声音。或者选择【其他声音】选项，弹出【添加音频】对话框，查找要添加的声音文件，单击【确定】按钮，即可将音频插入演示文档。

图 5-93

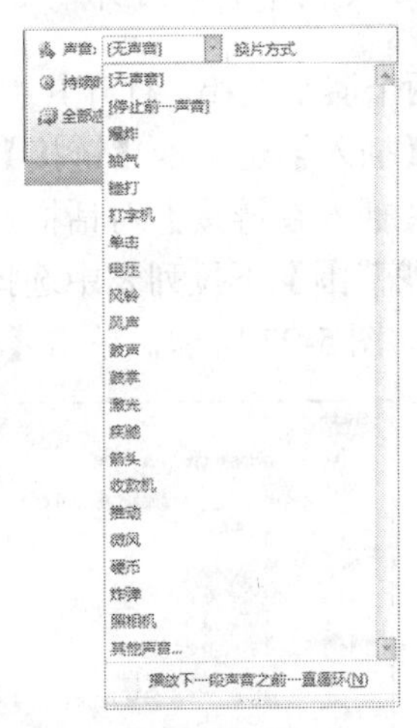

图 5-94

案例 24　设置幻灯片链接

在 PowerPoint 2010 中，超链接可以是从一张幻灯片到同一演示文稿中另一张幻灯片的链接，也可以是从一张幻灯片到不同演示文稿中另一张幻灯片、电子邮件地址、网页或文件的链接。超链接在演示文稿放映过程中起交互和导航的作用。

1. 在同一演示文稿中设置超链接

步骤 1：在幻灯片窗口中选择文本或图片，作为超链接对象。

步骤 2：单击【插入】选项卡【链接】选项组中的【超链接】按钮，如图 5-95 所示。

步骤 3：弹出【插入超链接】对话框，在【链接到】列表框中选择【本文档中的位置】选项，在【请选择文档中的位置】列表框中选择【幻灯片标题】中的【幻灯片 2】选项，如图 5-96 所示，单击【确定】按钮。

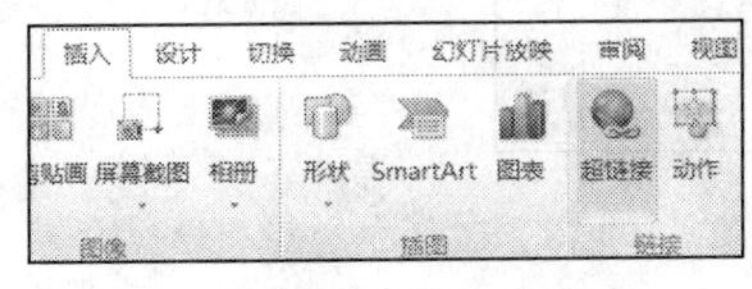

图 5-95

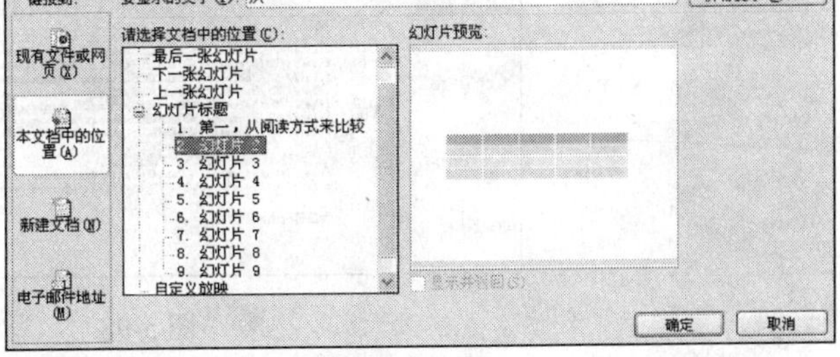

图 5-96

步骤 4：设置完成后，播放幻灯片，此时会发现设置链接的文本下方会出现下划线，说明链接成功。此时将鼠标指针移到文本上，指针变为小手形状，单击就会自动跳转到【幻灯片 2】。

2. 链接不同演示文稿中的幻灯片

步骤 1：创建两个演示文稿，打开其中一个演示文稿，选择文本作为超链接的对象。

步骤 2：单击【插入】选项卡【链接】选项组中的【超链接】按钮。

步骤 3：弹出【插入超链接】对话框，在【链接到】列表框中选择【现有文件或网页】选项，在【查找范围】下拉列表中选择放置另外一个演示文稿的文件夹，选择另一个演示文稿文件，如图 5-97 所示，单击【确定】按钮。

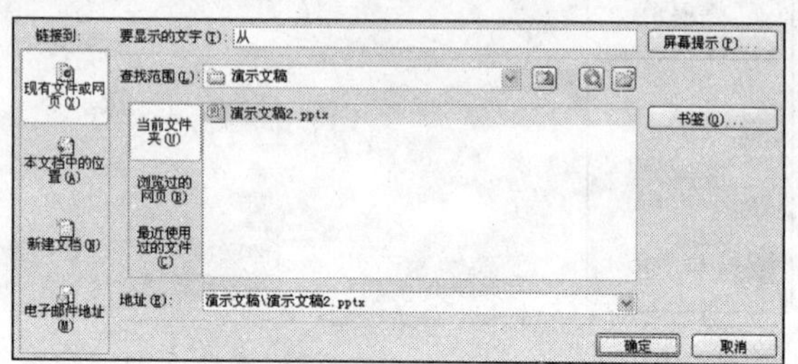

图 5-97

步骤 4：设置完成后，播放幻灯片，此时会发现设置链接的文本下方会出现下划线，说明链接成功。此时将鼠标指针移到文本上，指针变为小手形状，单击就会自动跳转到指定的演示文档。

3. 链接 Web 上的页面

步骤 1：打开演示文稿，选择文本作为超链接的对象。

步骤 2：单击【插入】选项卡【链接】选项组中的【超链接】按钮。

步骤 3：弹出【插入超链接】对话框，在【链接到】列表框中选择【现有文件或网页】选项。在右侧的列表框中选择【浏览过的网页】选项，则列表框中就会显示之前浏览过的网页，如图 5-98 所示，选择某一网页后单击【确定】按钮。

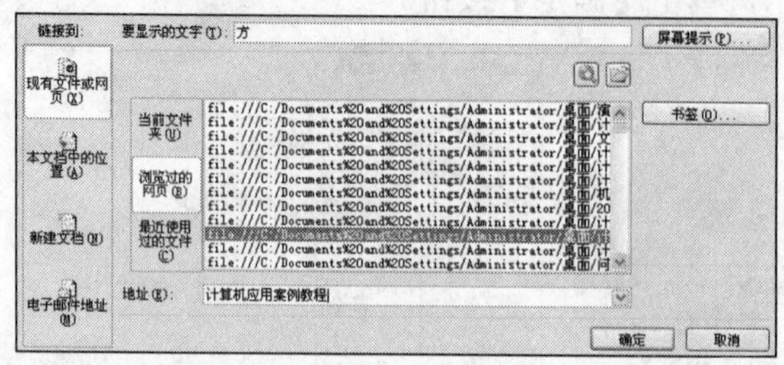

图 5-98

步骤 4：设置完成后，播放幻灯片，此时将鼠标指针移到文本上，指针变为小手形状，并显示出链接的网址，单击就会自动跳转到指定的网页。

4. 从文本对象中删除超链接

选择要删除超链接的文本或对象。单击【插入】选项卡【链接】选项组中的【超链接】按钮，弹出【编辑超链接】对话框，单击【删除链接】按钮，此时文本下方的下划线消失，说明已经成功删除了超链接。

5. 设置动作

步骤 1：选择要建立动作的幻灯片，插入图片，单击【插入】选项卡【链接】选项组中的【动作】按钮，弹出【动作设置】对话框。

步骤 2：选择【单击鼠标】选项卡或【鼠标移过】选项卡，选中【超链接到】单选按钮，在下面的下拉列表中选择所需的选项，如图 5-99 所示，单击【确定】按钮，动作幻灯片即制作完成。

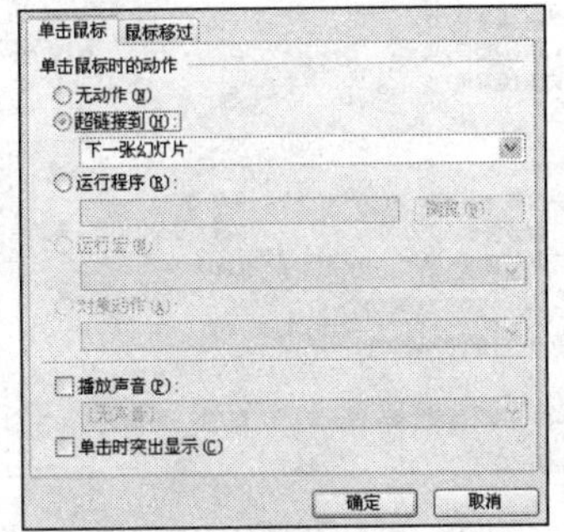

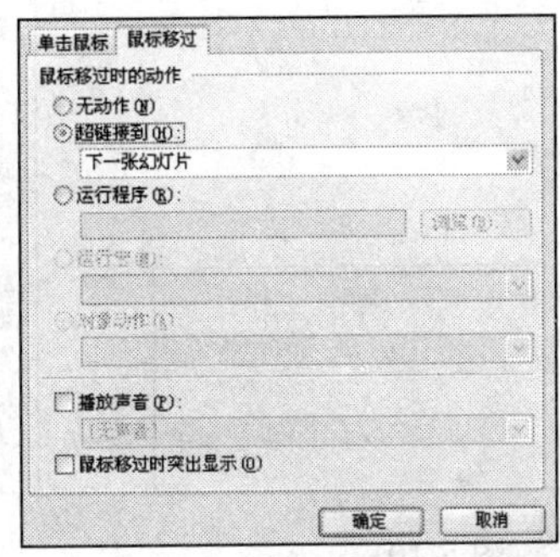

图 5-99

6. 链接新建文档

步骤 1：打开演示文稿，选择链接对象。

步骤 2：单击【插入】选项卡【链接】选项组中的【超链接】按钮，弹出【插入超链接】对话框。

步骤 3：在【链接到】列表框中选择【新建文档】选项，在【新建文档名称】文本框中输入名称，在【何时编辑】选项组中选中【开始编辑新文档】单选按钮，如图 5-100 所示。

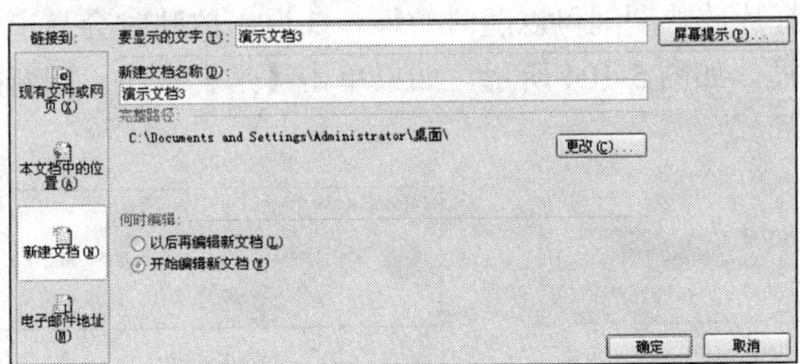

图 5-100

步骤 4：单击【确定】按钮，即可创建一个新的文档，用户可以在新建的文档中进行设置。

5.7 幻灯片的放映与输出

案例 25 设置幻灯片的放映与输出

1. 设置放映方式

打开演示文稿，单击【幻灯片放映】选项卡【设置】选项组中的【设置幻灯片放映】按钮，如图 5-101 所示，弹出【设置放映方式】对话框。在【放映幻灯片】选项组中选择要放映的幻灯片的范围，在【换片方式】选项组中选择放映方式，如图 5-102 所示，然后单击【确定】按钮即可。

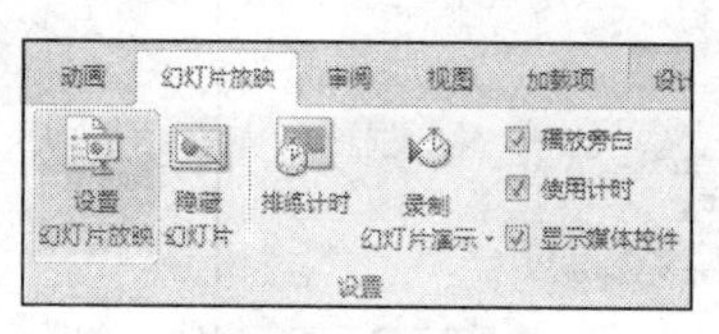

图 5-101

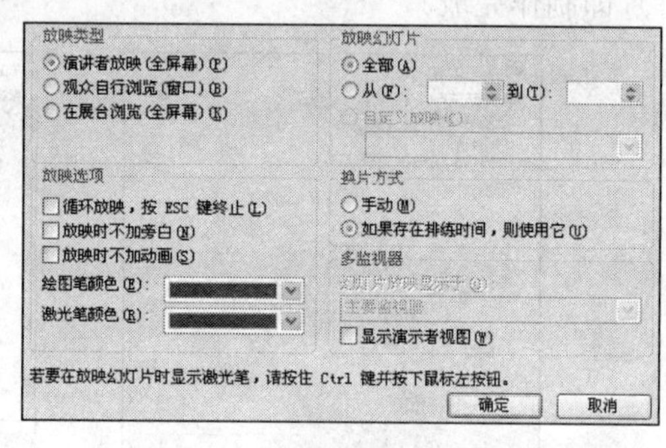

图 5-102

2. 设置输出计时

步骤 1：打开演示文稿，单击【幻灯片放映】选项卡【设置】选项组中的【排练计时】按钮。

步骤 2：此时，演示文稿立刻进入全屏放映模式，屏幕左上角显示【录制】对话框，借助它可以准确地记录演示当前幻灯片所使用的时间（对话框左侧显示的时间），以及从开始放映到结束为止总共使用的时间（对话框右侧显示的时间），如图 5-103 所示。

步骤 3：切换幻灯片，新的幻灯片开始放映时，幻灯片的放映时间会重新开始计时，总的时间累加。幻灯片放映期间可以随时暂停，在退出放映时会弹出是否保留幻灯片播放时间的提示对话框，如图 5-104 所示，如果单击【是】按钮，则新的排练时间将自动变为幻灯片切换时间。

图 5-103

图 5-104

第3部分　综 合 实 训

第 6 章　Windows 综合实训

综合实训 1

一、实训题目

任务栏个性化设置。

二、实训要求

1）改变任务栏的大小和位置，并设置任务栏的属性。

2）将 360 安全浏览器图标添加到任务栏程序按钮区，然后将其从任务栏中删除。

3）将【开始】菜单中的 Microsoft Excel 2010 添加到任务栏程序按钮区。在桌面上创建一个【学生管理.xlsx】空文件，然后将此文件添加到任务栏 Microsoft Excel 2010 按钮中的跳转列表中。

三、实训过程

1）改变任务栏的大小和位置，并设置任务栏的属性。

步骤 1：调整任务栏的锁定。在锁定状态下任务栏的高度和位置是不能改变的。右击任务栏的空白区域，在弹出的快捷菜单中取消【锁定任务栏】选项的选中标记。

步骤 2：调整任务栏的大小。将鼠标指针指向任务栏的边缘，当鼠标指针变成双向箭头时，拖动鼠标即可改变任务栏的大小。

步骤 3：改变任务栏的位置。将鼠标指针指向任务栏的空白区域，按下鼠标左键将任务栏拖至桌面的其他边缘位置即可改变任务栏的位置。

步骤 4：设置任务栏的属性。右击任务栏的空白区域，在弹出的快捷菜单中选择【设置】选项，弹出【设置】对话框，选择【任务栏】选项卡，如图 6-1 所示，在右侧窗口中完成任务栏属性的设置。

步骤 5：自定义通知区域。在【通知区域】选项组中单击【选择哪些图标显示在任务栏上】，打开如图 6-2 所示的窗口，通过设置【开】或【关】，可以选择在任务栏上出现的图标。

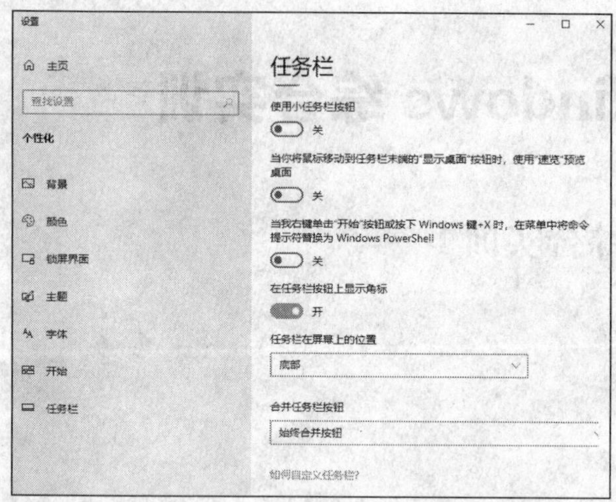

图 6-1

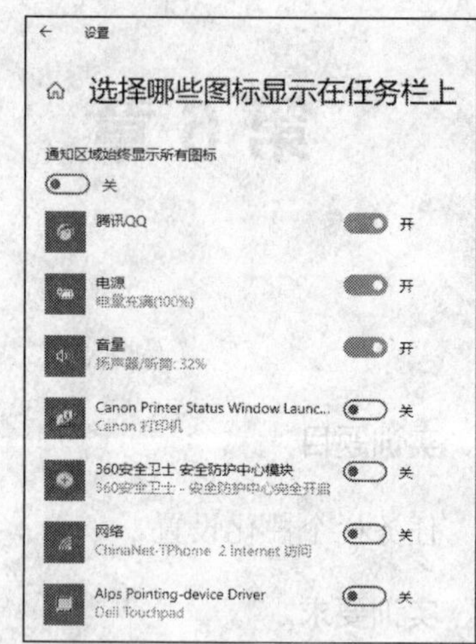

图 6-2

2）将桌面上的 360 安全浏览器图标添加到任务栏程序按钮区，然后将其从任务栏中删除。

步骤 1：单击任务栏最右侧的【显示桌面】按钮，显示出整个桌面，或者右击任务栏空白处，在弹出的快捷菜单中选择【显示桌面】选项。

步骤 2：将鼠标指针移动到【360 安全浏览器】图标上，按住鼠标左键将【360 安全浏览器】图标拖动到任务栏，此时出现【固定到 任务栏】字样，如图 6-3 所示，释放鼠标左键，任务栏中添加【360 安全浏览器】按钮。

步骤 3：将鼠标指针移动到任务栏上添加的【360 安全浏览器】按钮上右击，在弹出的快捷菜单中选择【从任务栏取消固定】选项，即可将添加到任务栏中的图标删除，如图 6-4 所示。

图 6-3

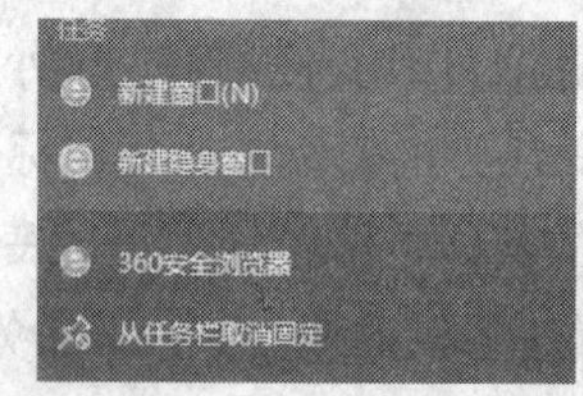

图 6-4

3）将【开始】菜单中的 Microsoft Word 2010 添加到任务栏程序按钮区。在桌面上创建一个【学生管理.xlsx】空文件，然后将此文件添加到任务栏 Microsoft Excel 2010 按钮中的跳转列表中。

步骤 1：单击【开始】菜单按钮，弹出【开始】菜单，然后选择【所有应用】→【Microsoft Office】→【Microsoft Excel 2010】右击，在弹出的快捷菜单中选择【更多】→【固定到任务栏】选项，如图 6-5 所示。此时，任务栏中添加了 Microsoft Excel 2010 程序按钮。

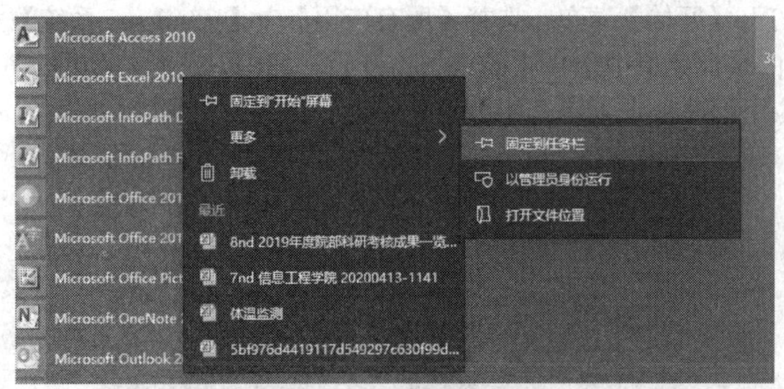

图 6-5

步骤 2：在 Windows 桌面上的空白处右击，在弹出的快捷菜单中选择【新建】→【Microsoft Excel 工作表】选项，新建一个名称为【新建 Microsoft Excel 工作表.xlsx】的文件。

步骤 3：将鼠标指针指向【新建 Microsoft Excel 工作表.xlsx】图标并右击，在弹出的快捷菜单中选择【重命名】选项，将此工作簿命名为【学生管理.xlsx】。

步骤 4：在 Windows 桌面上找到【学生管理.xlsx】图标，按下鼠标左键，将此程序拖动到任务栏中的打开 Microsoft Excel 2010 程序按钮上。当出现【固定到 Microsoft Excel 2010】字样时，释放鼠标左键，【学生管理.xlsx】即可添加到 Microsoft Excel 2010 按钮中的跳转列表中。

步骤 5：在任务栏上右击 Microsoft Excel 2010 按钮，在弹出的快捷菜单中会发现添加的跳转项目【学生管理.xlsx】，选择此项，可以快速打开 Microsoft Excel 2010 并将此文件的内容显示出来。

综合实训 2

一、实训题目

【开始】菜单的个性化设置。

二、实训要求

1）将【控制面板】应用程序锁定到【开始】菜单中，然后将其从【开始】菜单中删除。

2）在【开始】菜单中设置常用显示项目。

三、实训过程

1）将【控制面板】应用程序锁定到【开始】菜单中，然后将其从【开始】菜单中删除。

步骤 1：打开【开始】菜单，选择【所有应用】→【Windows 系统】→【控制面板】右击，在弹出的快捷菜单中选择【固定到“开始”屏幕】选项，如图 6-6 所示，则可将【控制面板】应用程序锁定到【开始】菜单中。

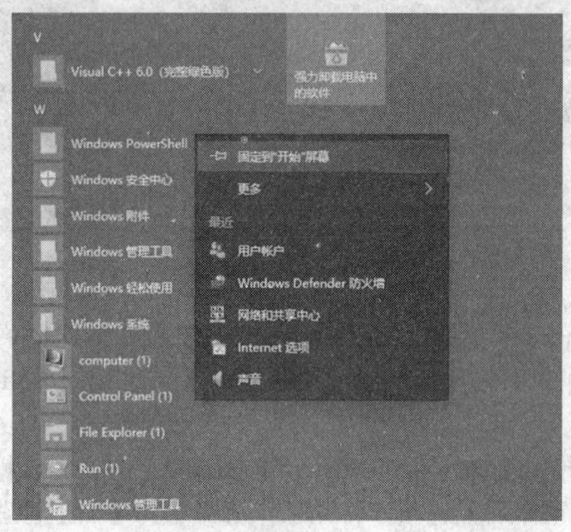

图 6-6

步骤 2：打开【开始】菜单，在【控制面板】选项上右击，在弹出的快捷菜单中选择【从“开始”屏幕取消固定】选项，将【控制面板】从【开始】菜单中删除，如图 6-7 所示。

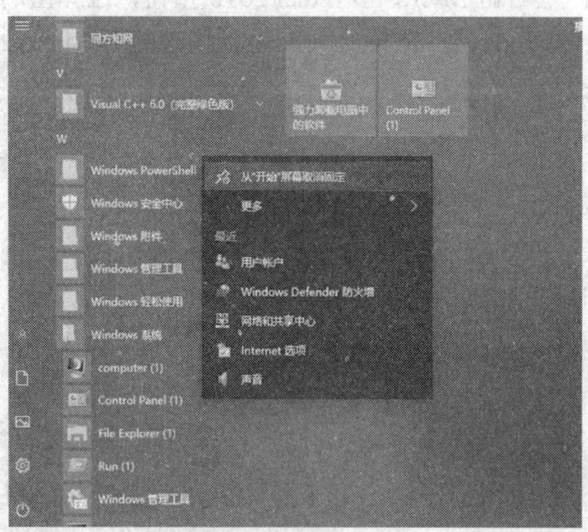

图 6-7

2）在【开始】菜单中设置常用显示项目。

步骤 1：打开【开始】菜单，选择【设置】选项，在打开的【设置】窗口中选择【个性化】选项，如图 6-8 所示，打开【个性化】窗口，窗口中默认选项为【背景】，如图 6-9 所示，在当前窗口中选择【开始】选项，如图 6-10 所示。在窗口右侧将【显示最常用的应用】、【在“开始”菜单或任务栏的跳转列表中以及文件资源管理器的“快速使用”中显示最近打开的项】两项的开关设置为打开形式，即可在【开始】菜单中显示相关的项目。

图 6-8

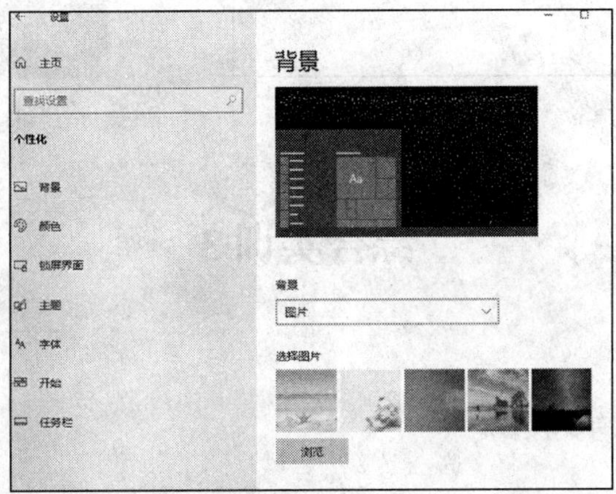

图 6-9

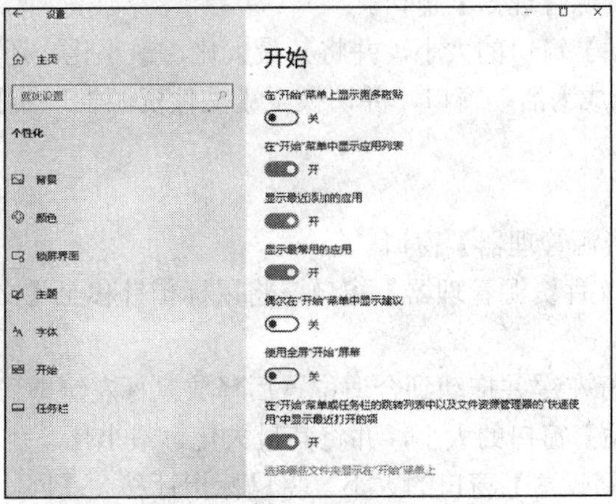

图 6-10

步骤 2：在图 6-10 的窗口中，单击最下面的【选择哪些文件夹显示在“开始”菜单上】，打开【选择哪些文件夹显示在“开始”菜单上】窗口，如图 6-11 所示，将【文件资源管理器】和【设置】的开关设置为【开】，【开始】菜单的设置结果如图 6-12 所示。

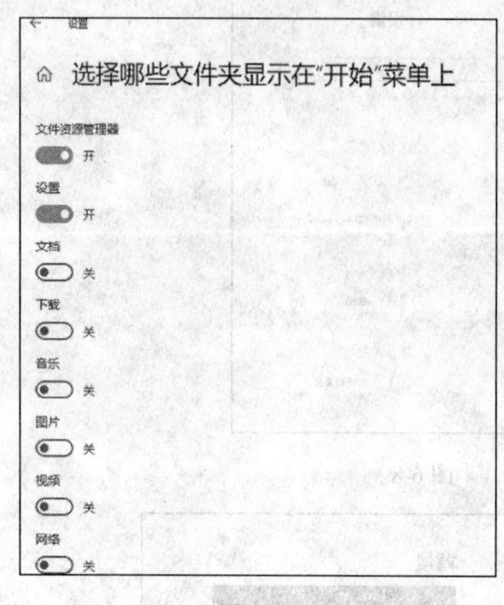

图 6-11

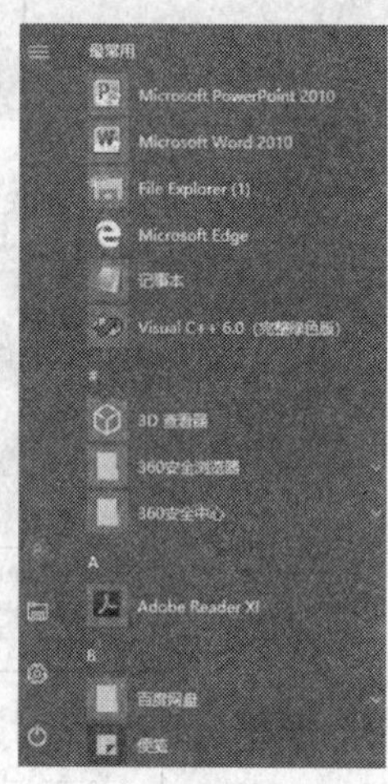

图 6-12

综合实训 3

一、实训题目

Windows 窗口的有关操作。

二、实训要求

1）移动【文件资源管理器】窗口。

2）调整【回收站】窗口的大小，并将其最大化、最小化、还原。

3）使 Word 窗口成为活动窗口，并切换至【文件资源管理器】窗口。

三、实训过程

1）移动【文件资源管理器】窗口。

步骤 1：打开【文件资源管理器】窗口，将鼠标指针移至【文件资源管理器】窗口标题栏的空白处。

步骤 2：按下鼠标左键并拖动到合适位置后释放鼠标左键即可。

2）调整【回收站】窗口的大小，并将其最大化、最小化、还原。

步骤 1：调整【回收站】窗口的大小。将鼠标指针移至【回收站】窗口的 4 个边或 4 个角处，当鼠标指针变成双向箭头时，按下鼠标左键并拖动即可改变窗口的大小。

步骤 2：窗口最大化。单击【回收站】窗口右上角的【最大化】按钮，或将窗口的标题栏拖动到屏幕的顶部后释放鼠标，都可实现窗口的最大化。

步骤 3：窗口的最小化。单击【回收站】窗口右上角的【最小化】按钮。

步骤 4：还原窗口。当窗口处于最小化状态时，单击任务栏上【回收站】窗口对应图标即可还原窗口。另外，双击窗口标题栏的空白处，可使窗口在【最大化】和【还原】之间快速切换。

3）使 Word 窗口成为活动窗口，并切换至【文件资源管理器】窗口。

步骤 1：单击任务栏上 Word 窗口对应的按钮，使其成为活动窗口。

步骤 2：单击【文件资源管理器】窗口的显露部位，使其成为活动窗口。

综合实训 4

一、实训题目

文件及文件夹的管理操作。

二、实训要求

1）隐藏【C:\Windows】文件夹中已知文件类型的扩展名。

2）新建文件夹和文件，将文件设置为隐藏属性后隐藏。

三、实训过程

1）隐藏【C:\Windows】文件夹中已知文件类型的扩展名。

步骤 1：打开【文件资源管理器】，打开 C 盘下的【Windows】文件夹窗口。

步骤 2：选择【文件】菜单中的【更改文件夹和搜索选项】选项，如图 6-13 所示。

步骤 3：弹出【文件夹选项】对话框，选择【查看】选项卡，在【高级设置】列表框中选中【隐藏已知文件类型的扩展名】复选框，如图 6-14 所示。

步骤 4：单击【确定】按钮，则已知文件类型的扩展名会被隐藏。

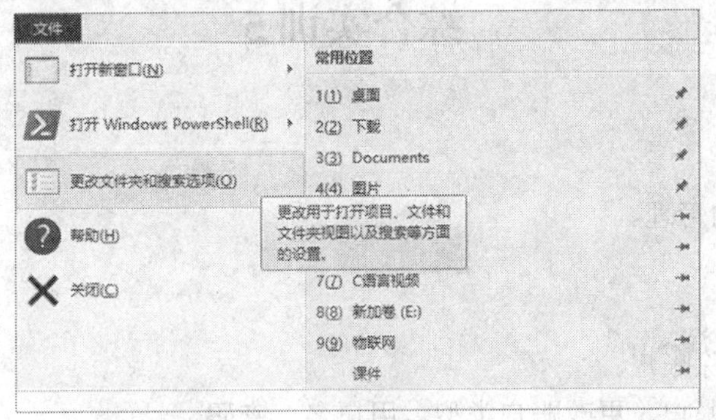

图 6-13

2）新建文件夹和文件，将文件设置为隐藏属性后隐藏。

步骤 1：在 Windows 桌面上右击，在弹出的快捷菜单中选择【新建】→【文件夹】选项，并将文件夹命名为【我的文件】。

步骤 2：双击打开【我的文件】文件夹并右击，在弹出的快捷菜单中选择【新建】→【BMP 图像】选项，即可创建一个名称为【新建位图图像.bmp】的图形文件。

步骤 3：右击 bmp 图像文件，选择【重命名】选项，将【新建位图图像.bmp】文件名称更改为【我的图像.bmp】。

步骤 4：右击【我的图像.bmp】，在弹出的快捷菜单中选择【属性】选项，弹出如图 6-15 所示的对话框，在【属性】选项组中选中【隐藏】复选框。

步骤 5：单击【确定】按钮。

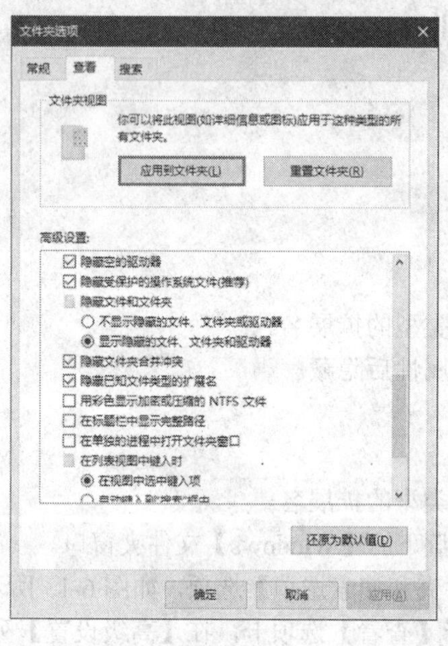

图 6-14

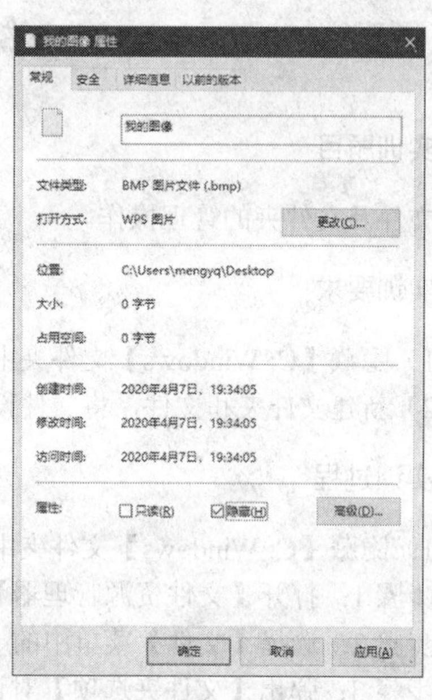

图 6-15

综合实训 5

一、实训题目

对用户账户的管理。

二、实训要求

1）创建和删除账户。

2）修改用户账户、更改账户类型、用户名、密码。

三、实训过程

步骤 1：按【Windows+R】组合键，在弹出的【运行】对话框的【打开】文本框中输入【control userpasswords2】，如图 6-16 所示。单击【确定】按钮，弹出【用户账户】对话框，如图 6-17 所示，单击【添加】按钮，增加新用户。

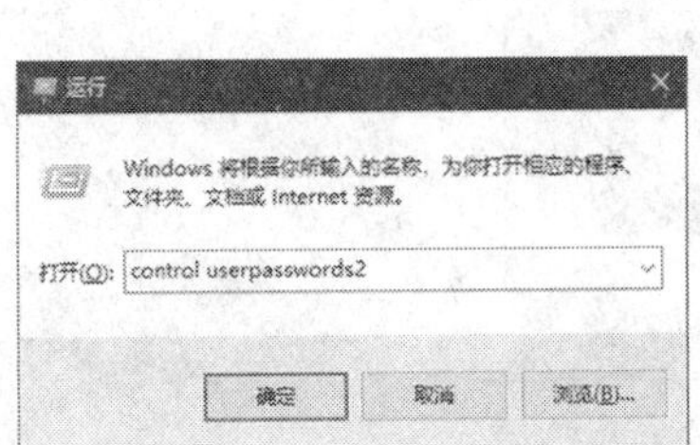

图 6-16

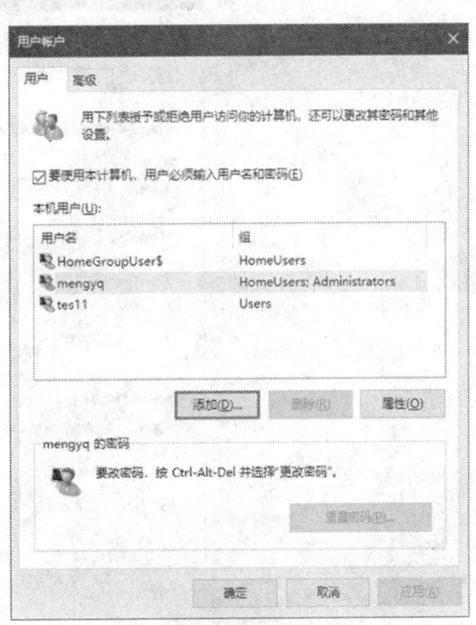

图 6-17

步骤 2：打开【此用户如何登录】界面，如图 6-18 所示，选择下方的【不使用 Microsoft 账户登录】选项，单击【下一步】按钮。

步骤 3：打开【添加用户】界面，如图 6-19 所示，单击【本地账户】按钮，输入新用户名称（如 test2）和密码，完成新用户的创建。

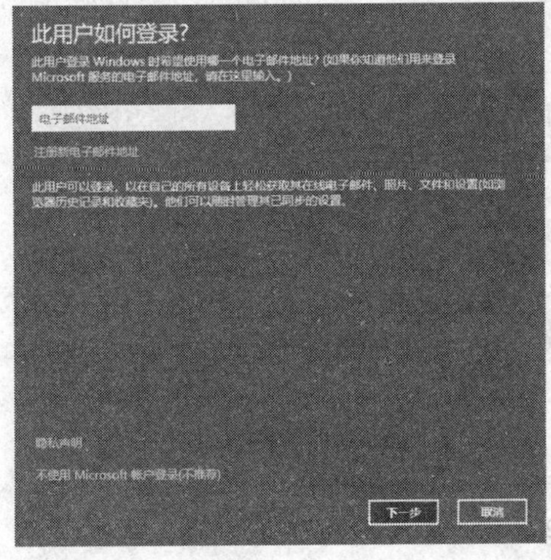

图 6-18

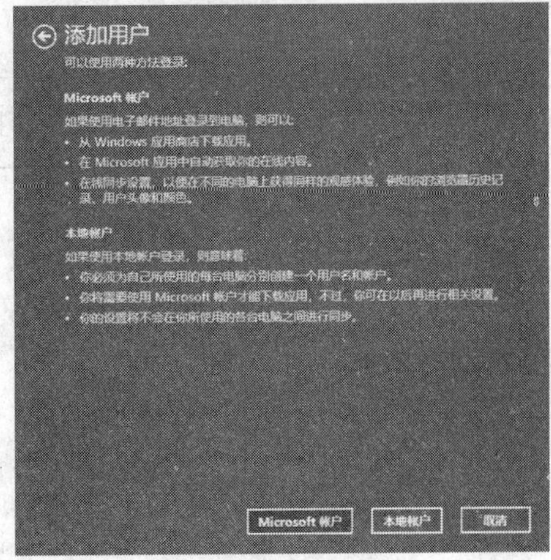

图 6-19

步骤 4：按照创建新用户的过程打开【用户账户】对话框，选择要删除的用户，如图 6-20 所示，单击【删除】按钮；或打开【控制面板】，如图 6-21 所示，选择【用户账户】选项，打开【更改账户信息】界面，选择【管理其他账户】选项，打开【选择要更改的用户】界面，如图 6-22 所示。

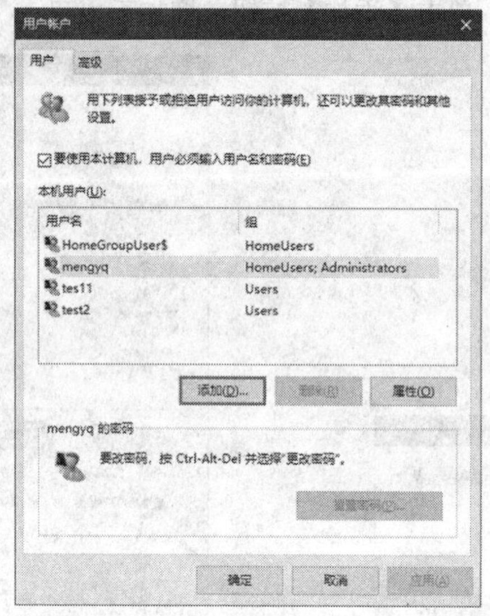

图 6-20

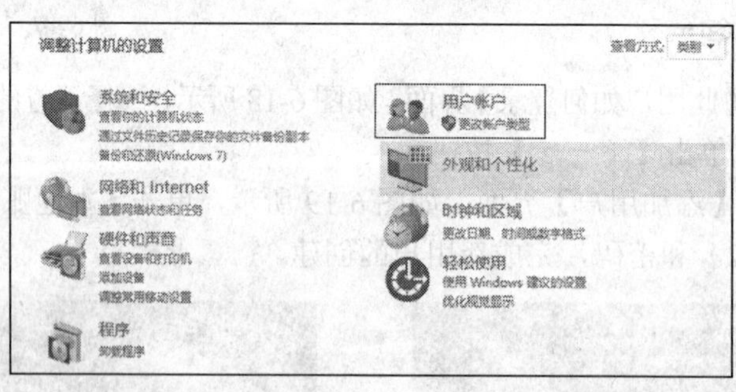

图 6-21

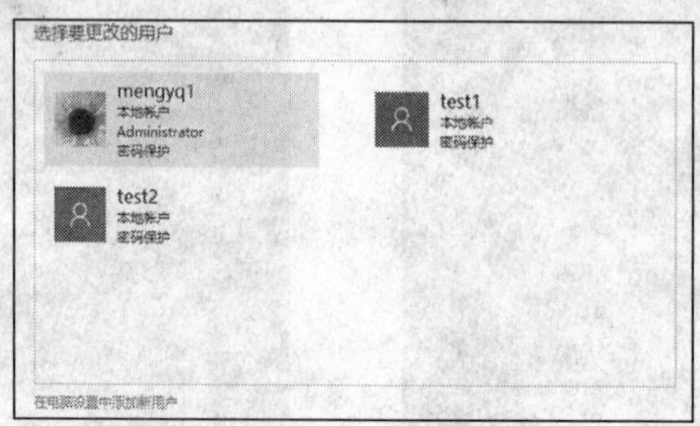

图 6-22

步骤 5：在图 6-22 中选择要更改的用户账户，如选择【test2】账户，打开如图 6-23

所示的界面，选择【删除账户】选项。

图 6-23

步骤 6：在弹出的信息提示框中单击【删除文件】按钮，如图 6-24 所示，然后单击【删除账户】按钮，则该账户及对应的系统文件全部删除。

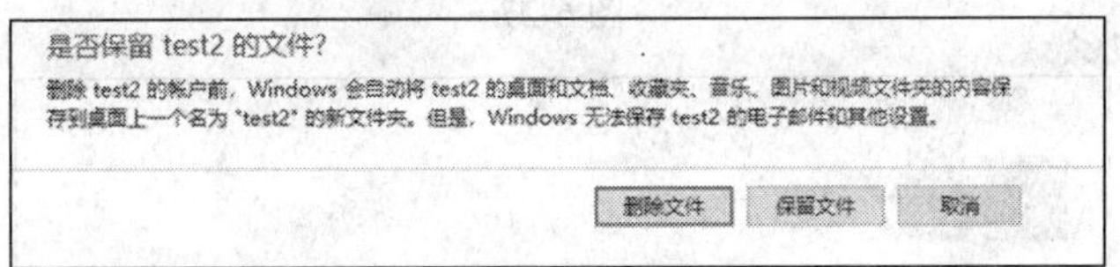

图 6-24

步骤 7：在如图 6-22 所示的界面中选择要更改的账户，如选择【test1】，在打开的如图 6-25 所示的界面中选择【更改账户名称】选项。

图 6-25

步骤 8：在打开的界面中输入新的账户名称，然后单击【更改名称】按钮完成操作，如图 6-26 所示。

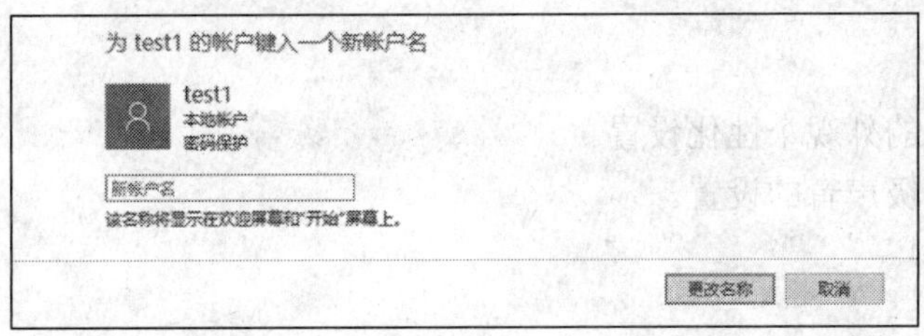

图 6-26

步骤 9：在图 6-25 中选择【更改密码】选项，在打开的界面中输入新的账户密码并进行密码确认，输入密码提示，如图 6-27 所示，单击【更改密码】按钮完成操作。

步骤 10：在图 6-25 中选择【更改账户类型】选项，在打开的界面中选择【标准】

或【管理员】单选按钮，如图 6-28 所示，单击【更改账户类型】按钮完成操作。

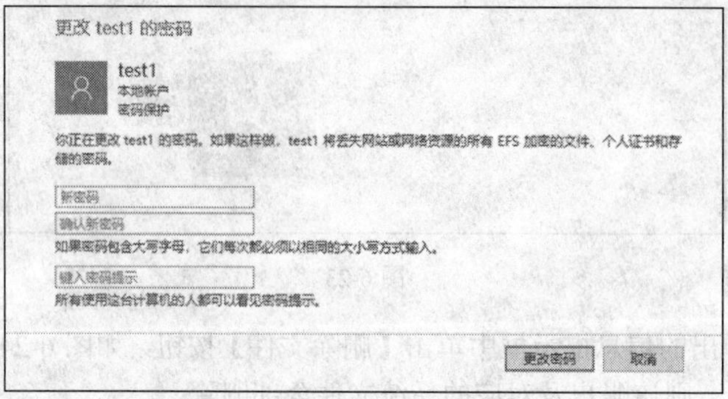

图 6-27

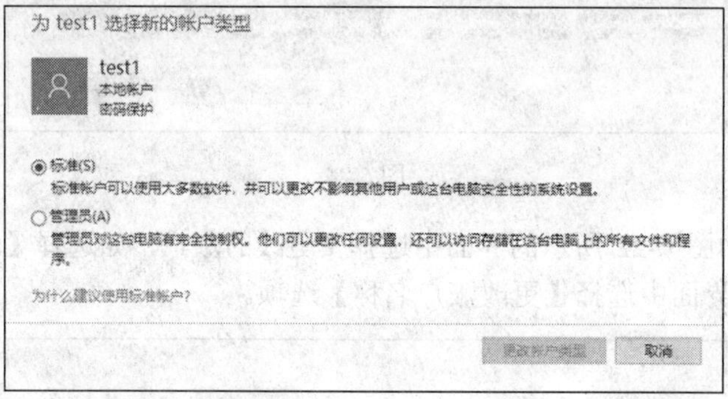

图 6-28

综合实训 6

一、实训题目

个性化显示设置。

二、实训要求

1）显示屏幕的外观个性化设置。
2）主题、高级声音的设置。

三、实训过程

1）显示屏幕的外观个性化设置。

步骤 1：在 Windows 窗口中，右击桌面，在弹出的快捷菜单中选择【个性化】选项，打开【个性化】界面，选择【背景】选项，如图 6-29 所示。在窗口右侧【背景】下拉列表中可以选择【图片】、【纯色】、【幻灯片】、【放映】等选项。

步骤 2：选择【图片】选项后，单击下方的【浏览】按钮，选择要作为桌面背景的图片。

步骤 3：在【选择契合度】的下拉列表中选择契合状态，完成个性化的设置。

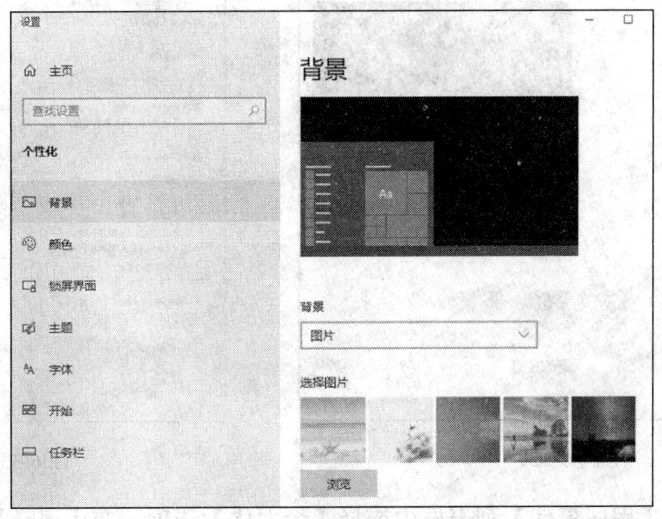

图 6-29

步骤 4：在图 6-29 中，选择【颜色】选项对默认模式、透明度、主题颜色进行设置，如图 6-30 所示。选中【在以下区域显示主题色】选项组中的【“开始”菜单、任务栏和操作中心】、【标题栏和窗口边框】复选框，如图 6-31 所示，所设置的颜色将显示。

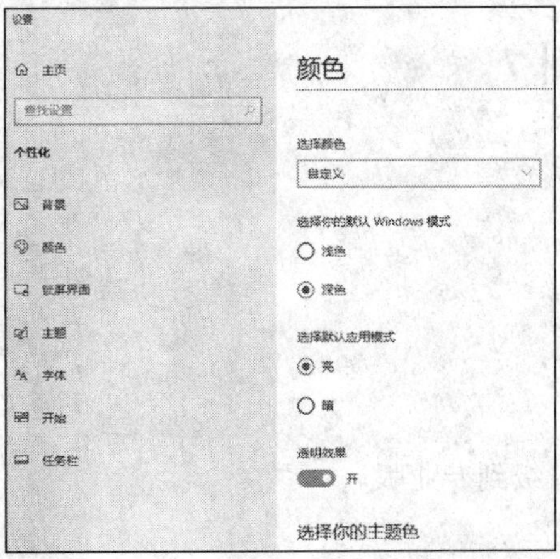

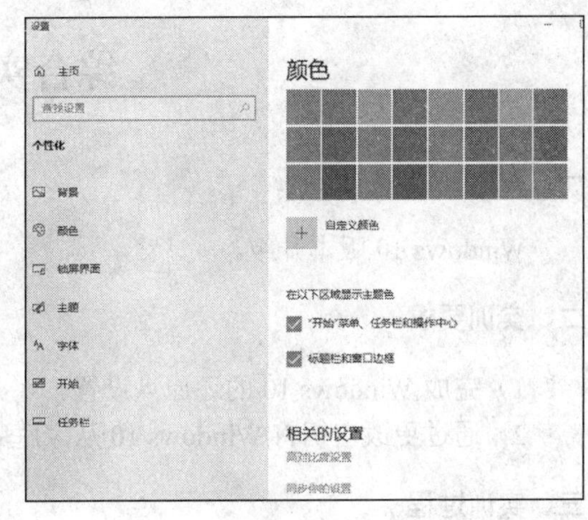

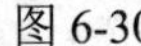

图 6-30

图 6-31

2）主题、高级声音的设置。

步骤 1：在【个性化】窗口中选择【主题】选项，在右侧窗口中可以对桌面背景、声音、颜色和鼠标光标统一完成设置，如图 6-32 所示。

步骤 2：在【个性化】窗口中，选择【主题】选项，选择右侧的【声音】选项，弹出【声音】对话框，如图 6-33 所示。

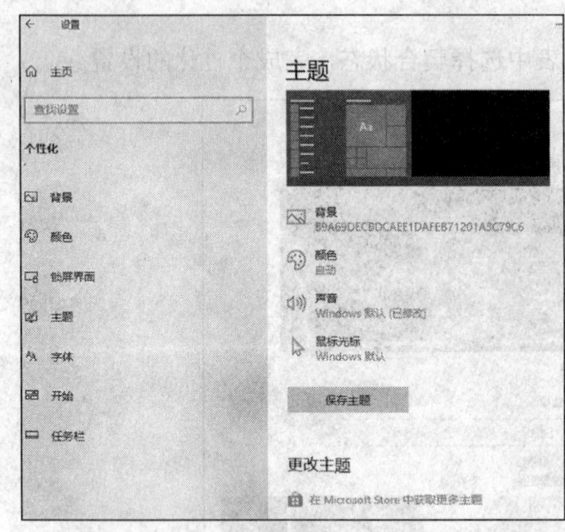

图 6-32

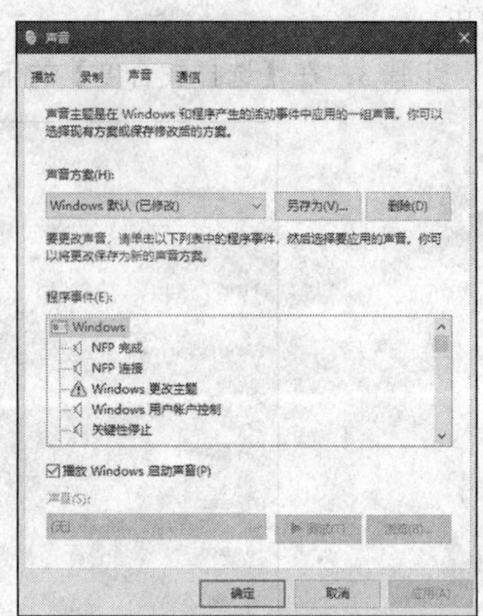

图 6-33

步骤 3：在【程序事件】列表框中选择【最大化】选项，在【声音】下方会显示最大化操作时显示的声音。

步骤 4：在【声音】下拉列表中选择不同的文件或单击【浏览】按钮，在弹出的对话框中选择不同的声音文件，单击【测试】按钮，播放所选声音的效果。

步骤 5：单击【确定】按钮，完成高级声音的设置。

综合实训 7

一、实训题目

Windows 10 版本升级。

二、实训要求

1）完成 Windows 10 的还原点设置。

2）通过更改密钥将 Windows 10 从家庭版升级到专业版。

三、实训过程

1）完成 Windows 10 的还原点设置。

步骤 1：在【开始】菜单的搜索框中输入【我的电脑】或【此电脑】，按【Enter】键，或在桌面上右击【此电脑】图标，在弹出的快捷菜单中选择【属性】选项，打开【系统】窗口，如图 6-34 所示。

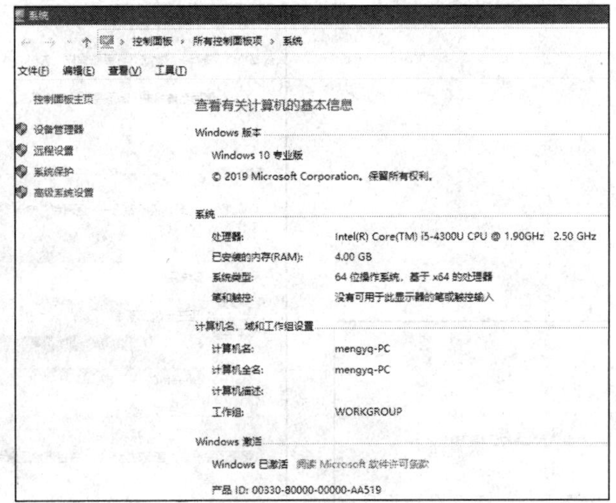

图 6-34

步骤 2：选择【系统保护】选项，在弹出的【系统属性】对话框中选择保护设置对应的可用驱动器，如图 6-35 所示，查看保护状态为【启用】或【关闭】。如果为关闭状态，则单击【配置】按钮，在弹出的相应对话框中进行还原设置和磁盘空间使用量的设置，如图 6-36 所示。

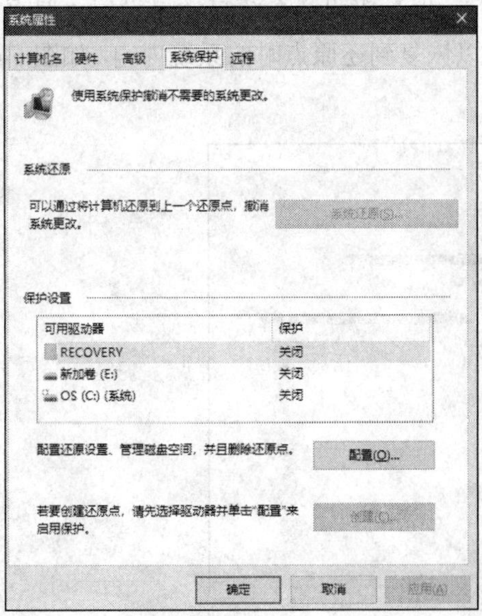

图 6-35

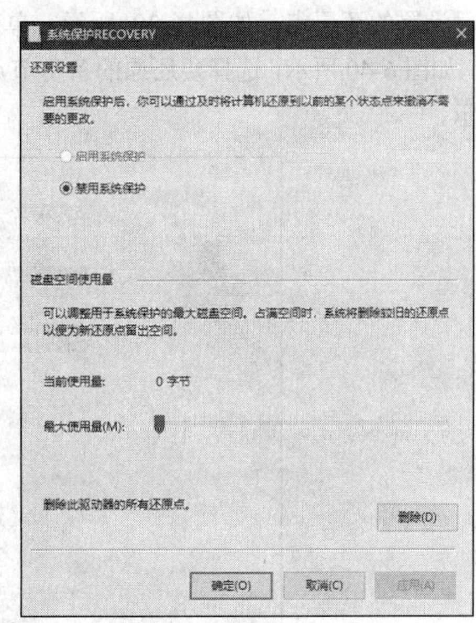

图 6-36

步骤 3：在图 6-35 中，单击【创建】按钮，在弹出的【系统保护】对话框中输入指定还原点的名称，如【升级前的备份】，如图 6-37 所示，单击【创建】按钮，系统创建指定驱动器当前的还原点，如图 6-38 所示。

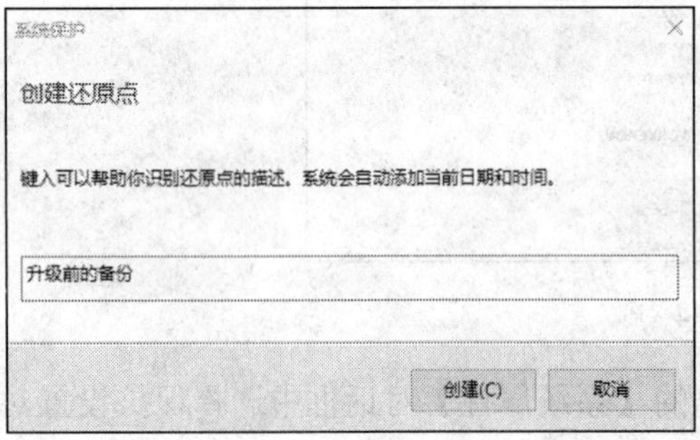

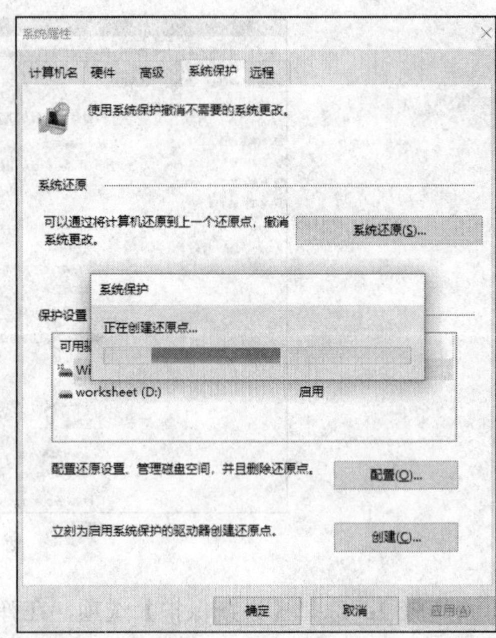

图 6-37

图 6-38

步骤 4：在图 6-35 中，单击【系统还原】按钮，在弹出的【系统还原】对话框中查看已设置的还原点，如图 6-39 所示。单击【下一步】按钮，系统显示已设置还原点列表，如图 6-40 所示，选择要还原的备份节点，可以恢复到还原点时的系统内容，如图 6-41 所示。

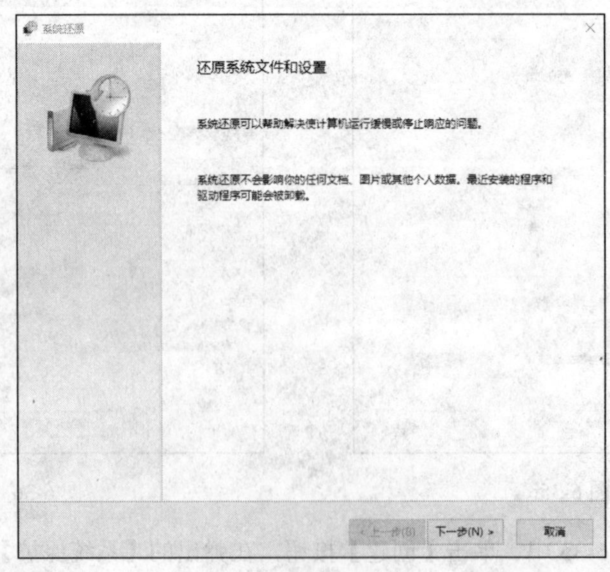

图 6-39

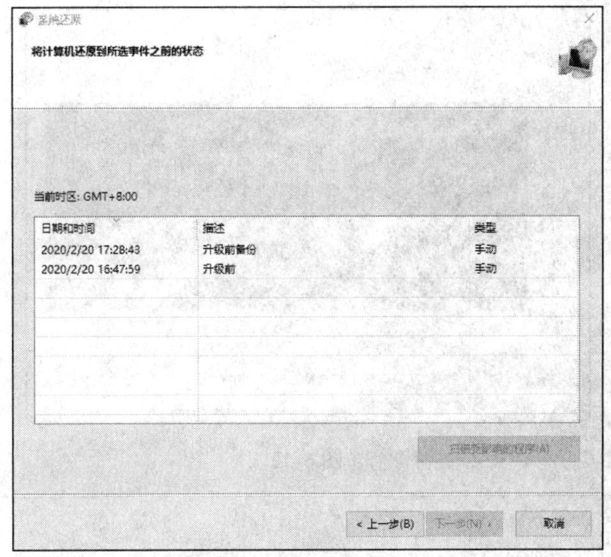

图 6-40

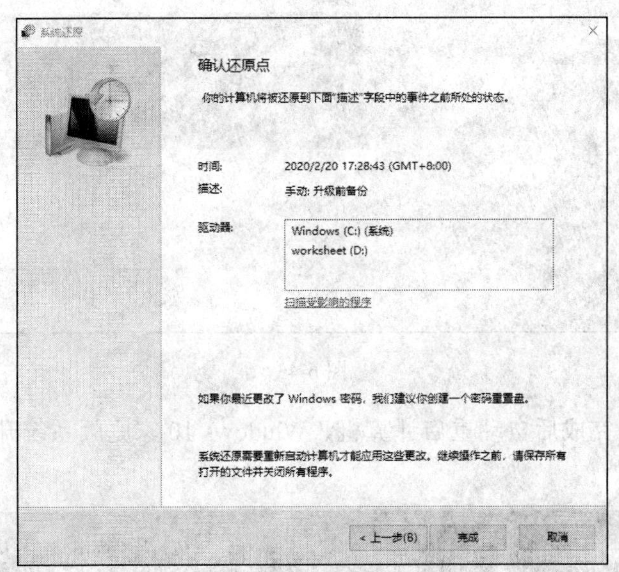

图 6-41

2）通过更改密钥将 Windows 10 从家庭版升级到专业版。

步骤 1：在【开始】菜单的搜索框中输入【我的电脑】或【此电脑】，按【Enter】键，或在桌面上右击【此电脑】图标，在弹出的快捷菜单中选择【属性】选项，打开【系统】窗口，如图 6-34 所示，单击右下角的【更改产品密钥】链接。

步骤 2：系统进入密钥激活状态，在弹出的【输入产品密钥】对话框中输入产品密钥，如图 6-42 所示，单击【下一步】按钮，然后在弹出的对话框中单击【开始】按钮开始激活，系统准备升级，如图 6-43 所示。

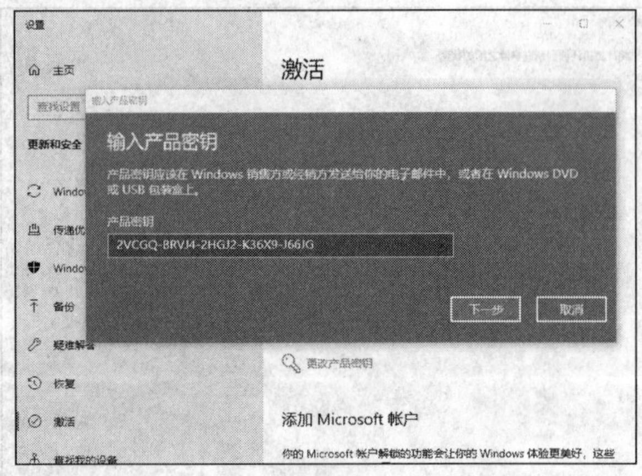

图 6-42

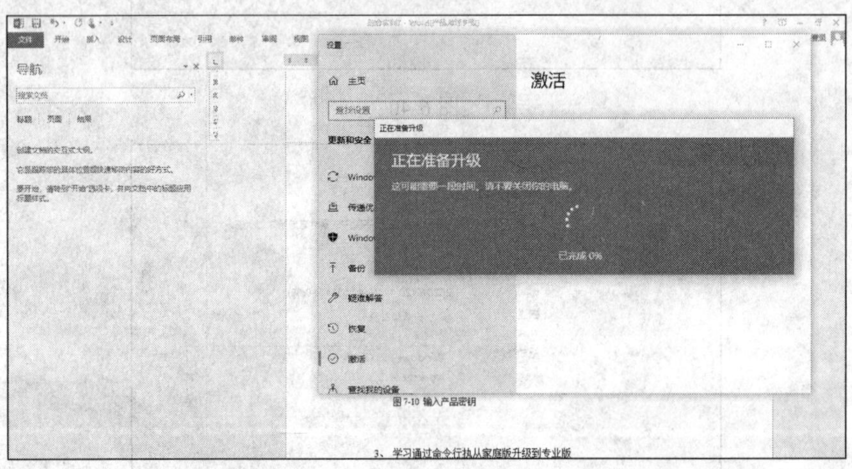

图 6-43

步骤 3：升级完成后自动重启计算机，Windows 10 家庭版系统升级成专业版，如图 6-44 所示。

图 6-44

综合实训 8

一、实训题目

Windows 10 实现网络连接。

二、实训要求

1）创建无线、宽带、拨号、临时或 VPN 等不同类型的网络。

2）查看当前的网络配置，对无线网络进行管理。

3）设置防火墙状态，保护计算机安全。

三、实训过程

1）创建无线、宽带、拨号、临时或 VPN 等不同类型的网络。

步骤 1：打开【控制面板】，如图 6-45 所示，选择【网络和 Internet】选项，显示网络和 Internet 主页，如图 6-46 所示。

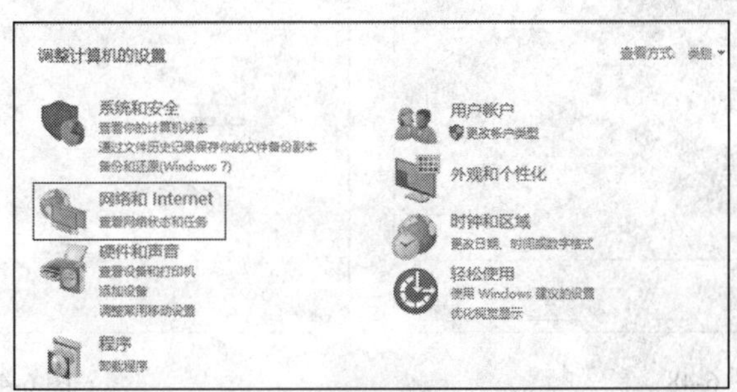

图 6-45

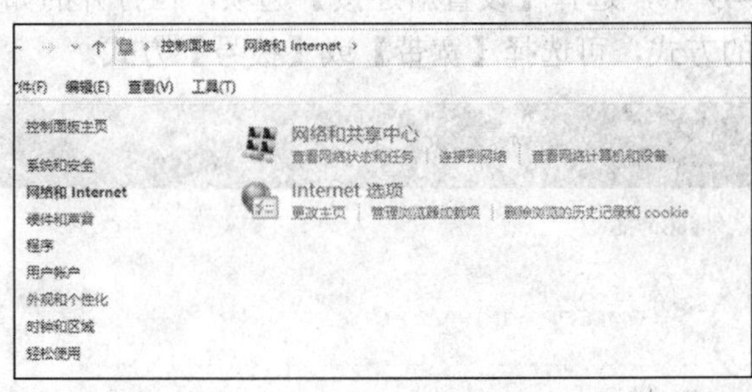

图 6-46

步骤 2：选择【网络和 Internet】选项卡中的【网络和共享中心】选项，打开【网络和共享中心】窗口，如图 6-47 所示，选择【设置新的连接和网络】选项，打开如图 6-48 所示的窗口。

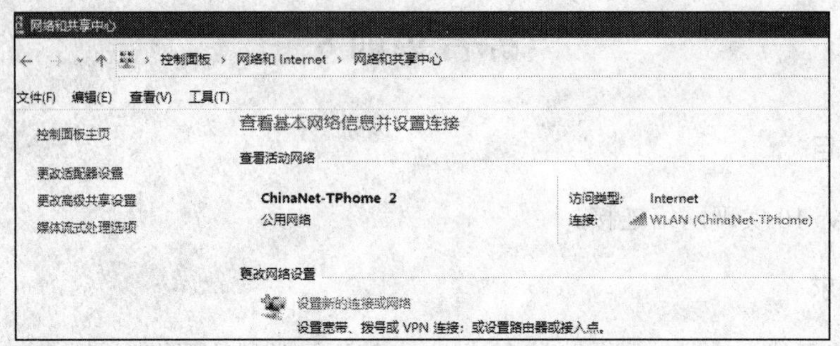

图 6-47

步骤 3：在图 6-48 中，选择【连接到 Internet】选项，单击【下一步】按钮，在打开的如图 6-49 所示的窗口中进行宽带或拨号网络连接设置。

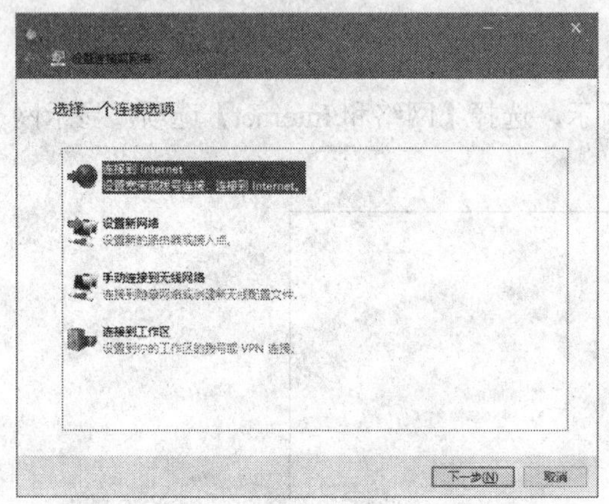

图 6-48

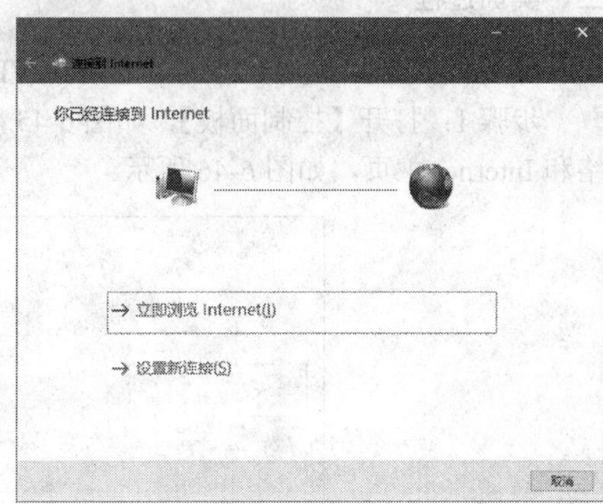

图 6-49

步骤 4：在图 6-49 中，选择【设置新连接】选项，在打开的如图 6-50 所示的窗口中选择连接 Internet 的方式，可选择【宽带】或【拨号】方式。

图 6-50

步骤 5：选择【宽带】连接，在打开的窗口中输入服务提供商分配的用户名、密码和连接名称，如图 6-51 所示，单击【连接】按钮，通过网线连接的路由器或光调制解调器连接到 Internet。选择【拨号】连接，系统会检查调制解调器是否正确连接，可输入服务提供商分配的电话号码、用户名、密码和连接名称，如图 6-52 所示，单击【创建】按钮，通过电话线连接的调制解调器连接到 Internet。

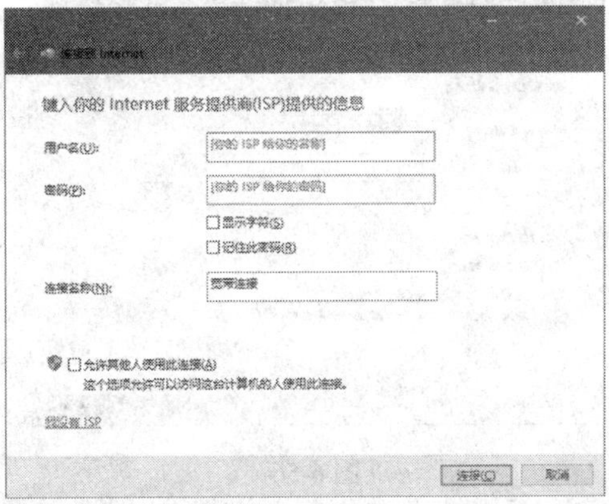

图 6-51 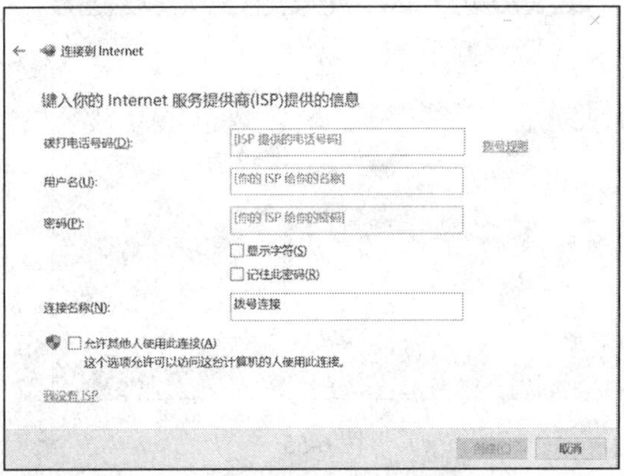　　　　图 6-52

步骤 6：在步骤 3 的图 6-48 中选择【设置新网络】选项，在打开的窗口中选择要配置的网络路由器或 AP（access point，接入点），如图 6-53 所示，输入管理员的用户名和密码，按照设备的操作手册完成设置。

步骤 7：在步骤 3 的图 6-48 中选择【手动连接到无线网络】选项，在打开的窗口中输入网络名称，选择安全类型和加密类型，输入安全密钥，如图 6-54 所示，单击【下一步】按钮完成连接。

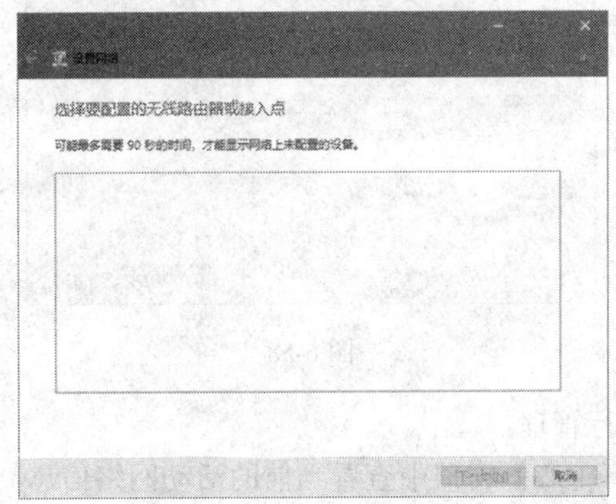

图 6-53

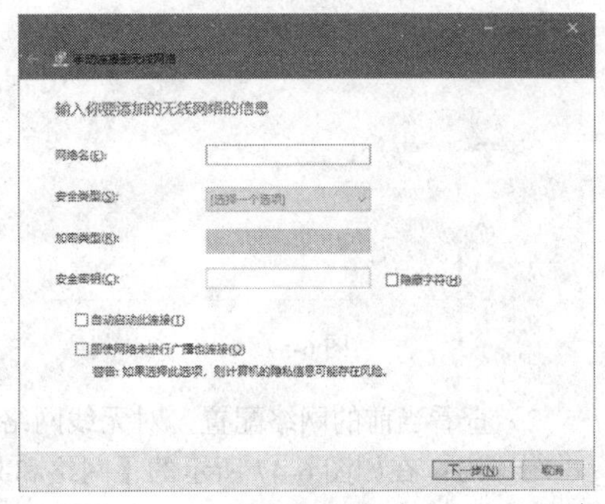

图 6-54

步骤 8：在步骤 3 的图 6-48 中选择【连接到工作区】选项，在打开的窗口中选择【使用我的 Internet 连接（VPN）】或【直接拨号】选项，如图 6-55 所示，安全连接远程的工作区。

步骤 9：选择【使用我的 Internet 连接（VPN）】选项，在打开的如图 6-56 所示的窗口中输入网络管理员提供的 Internet 地址和 VPN 连接名称，单击【创建】按钮完成设置。

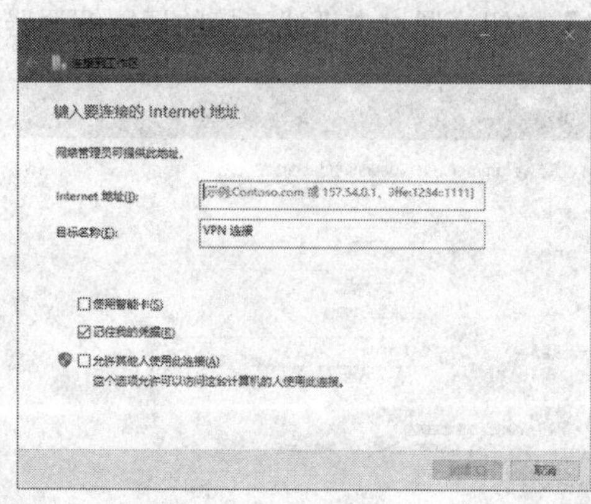

图 6-55　　图 6-56

步骤 10：在图 6-55 中，选择【直接拨号】选项，在打开的如图 6-57 所示窗口的【电话号码】和【目标名称】文本框中输入相应的信息，单击【下一步】按钮，在打开的如图 6-58 所示的窗口中输入【用户名】、【密码】和工作区所在的【域】，单击【创建】按钮完成操作。

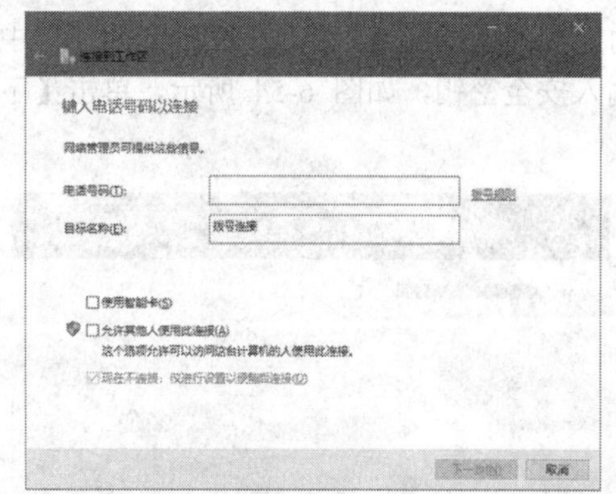

图 6-57　　图 6-58

2）查看当前的网络配置，对无线网络进行管理。

步骤 1：在如图 6-47 所示的【网络和共享中心】窗口中查看当前的活动网络信息，选择【更改适配器设置】选项，在打开的如图 6-59 所示的窗口中可查看当前的网络适配器状态，包括无线网卡、蓝牙设备和主板集成的网卡。

图 6-59

步骤 2：打开【设置】窗口，显示网络和 Internet 信息，选择【WLAN】选项，如图 6-60 所示，选择【管理已知网络】选项，在打开的如图 6-61 所示的窗口中设置配置的无线网络属性。

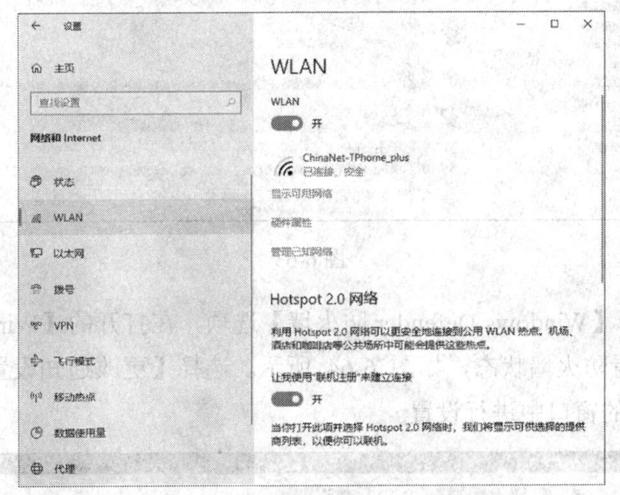

图 6-60

步骤 3：图 6-61 所示的界面中显示已配置的所有无线网络，选择其中的一个网络，单击【属性】按钮，在打开的如图 6-62 所示的窗口中设置网络的连接参数和 IP 地址分配策略。若单击图 6-61 中的【忘记】按钮，则从列表中删除该网络。

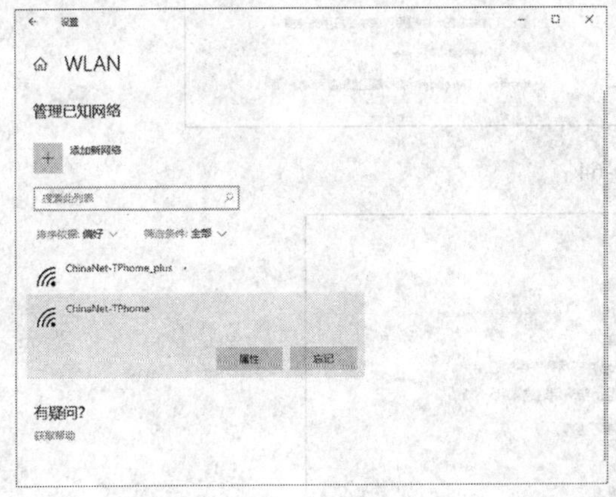

图 6-61

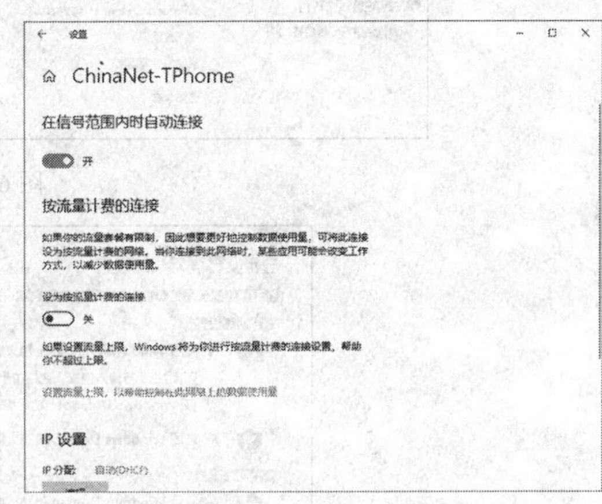

图 6-62

3）设置防火墙状态，保护计算机安全。

步骤 1：打开【控制面板】，选择【系统和安全】选项，在打开的【系统和安全】窗口中显示系统和安全主页，如图 6-63 所示。

图 6-63

步骤 2：选择【Windows Defender 防火墙】选项，在打开的【Windows Defender 防火墙】窗口中查看防火墙状态，如图 6-64 所示。选择【更改通知设置】选项，在打开的如图 6-65 所示的窗口中进行设置。

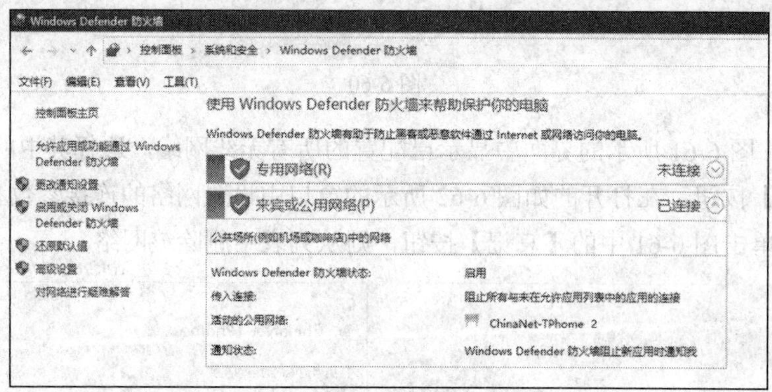

图 6-64

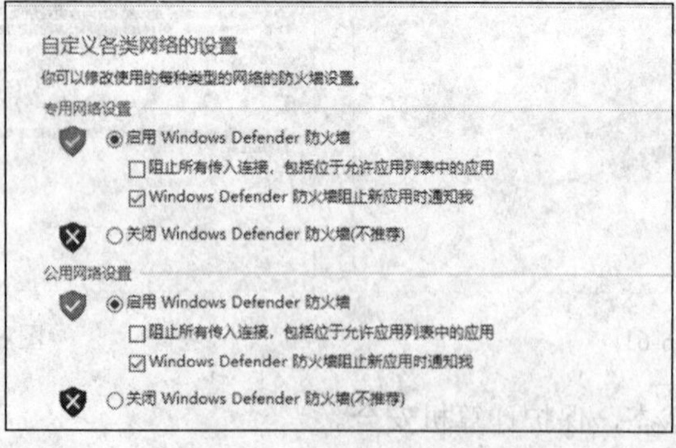

图 6-65

步骤 3：在图 6-65 中，选中【启用 Windows Defender 防火墙】或【关闭 Windows Defender 防火墙】单选按钮，选择启用或关闭防火墙，单击【确定】按钮。

步骤 4：打开【允许应用通过 Windows Defender 防火墙进行通信】窗口，如图 6-66 所示，在【允许的应用和功能】列表框中选择更改防火墙屏蔽的应用。

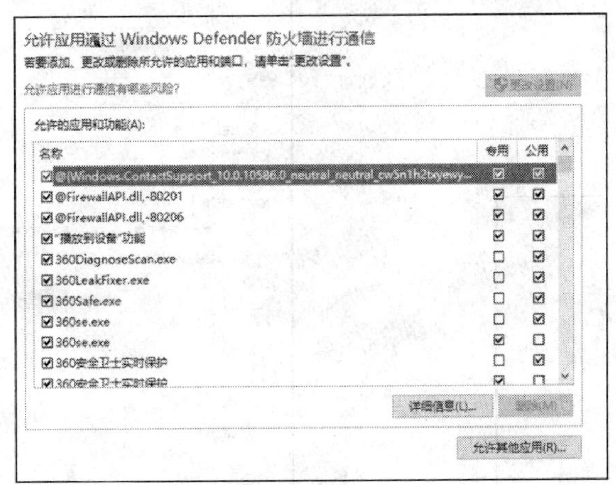

图 6-66

综合实训 9

一、实训题目

Windows 10 IE 浏览器的设置。

二、实训要求

1）完成 IE 浏览器的基本常规设置和代理网络配置。

2）完成 IE 浏览器的安全设置，防止恶意代码嵌入。

3）学习管理 IE 浏览器的加载项。

4）了解 IE 浏览器面向开发者的开放功能。

三、实训过程

1）完成 IE 浏览器的基本常规设置和代理网络配置。

步骤 1：打开 IE 浏览器，单击右上角的【工具】按钮（或按【Alt+X】组合键），在弹出的下拉列表中选择【Internet 选项】选项，如图 6-67 所示，弹出【Internet 选项】对话框，在其中进行常规、安全等属性的设置，如图 6-68 所示。

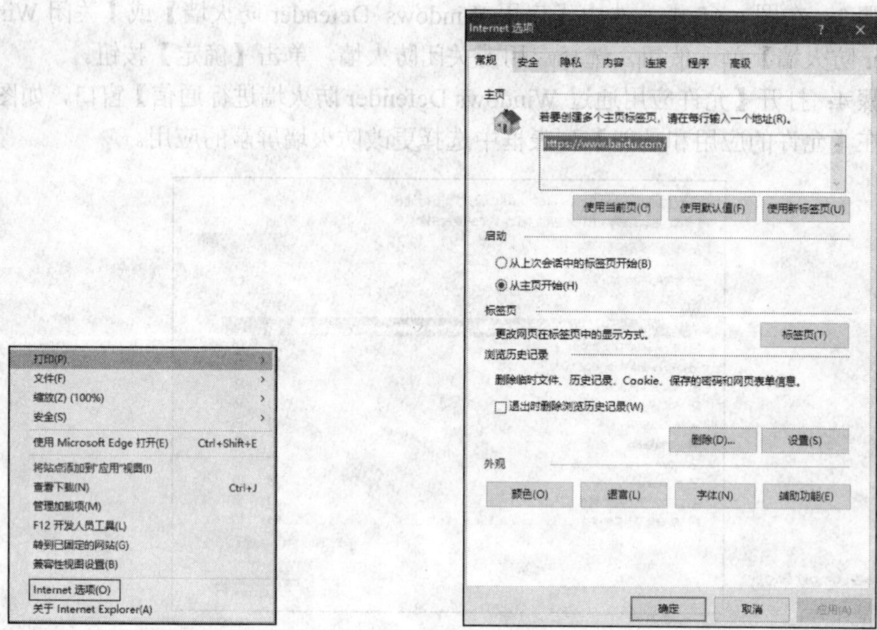

图 6-67　　　　图 6-68

步骤 2：在【主页】列表框中可输入主页的地址，如 https://www.baidu.com/，也可以单击【使用当前页】、【使用默认值】或【使用新标签页】按钮，然后单击右下角的【应用】或【确定】按钮完成设置。

步骤 3：在图 6-68 中，单击【标签页】按钮，在弹出的【标签页浏览设置】对话框中设置网页浏览时内容显示的策略，如图 6-69 所示，单击【确定】按钮完成设置。

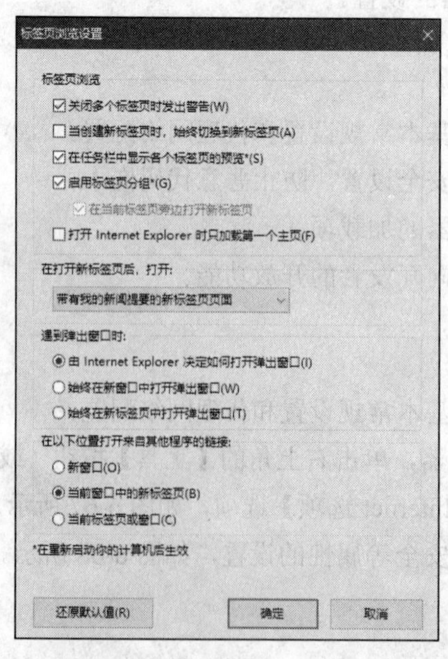

图 6-69

步骤 4：在图 6-68 中的【浏览历史记录】选项组中完成历史记录的清理及保存。单击【删除】按钮，在弹出的【删除浏览历史记录】对话框中可清除临时文件、表单等历史记录，如图 6-70 所示。单击【设置】按钮，在弹出的【网站数据设置】对话框中完成历史记录保存策略的设置，包括临时文件、历史记录、缓存和数据库，如图 6-71～图 6-73 所示。

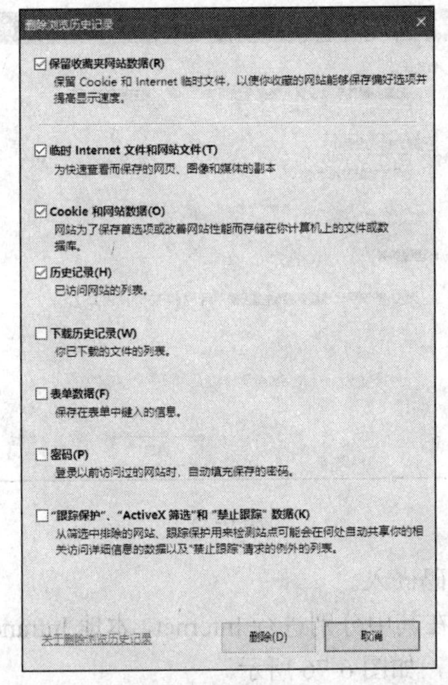

图 6-70

图 6-71

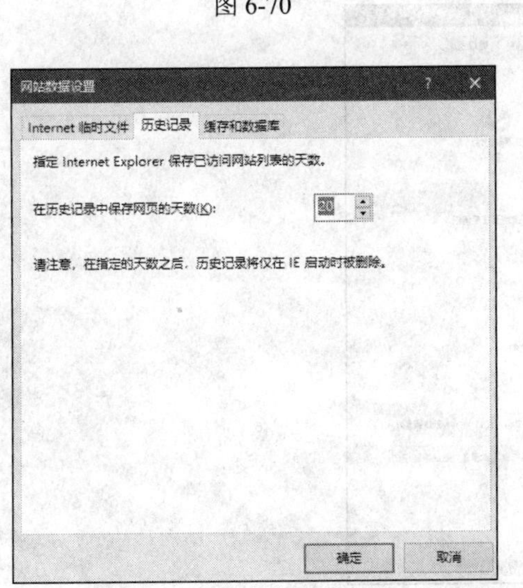

图 6-72

网站数据设置

Internet 临时文件　历史记录　缓存和数据库

允许使用网站缓存和数据库

网站	文件存储	数据存储
116.63.0.222	0 MB	1 MB
12306.cn	0 MB	1 MB
jd.com	0 MB	1 MB
msn.cn	1 MB	0 MB
orchidscape.net	0 MB	1 MB
sipo.gov.cn	0 MB	1 MB
sogou.com	0 MB	1 MB

删除(D)

确定　取消

图 6-73

步骤 5：在图 6-68 中，选择【连接】选项卡，在其中可添加可用的网络配置，如图 6-74 所示。单击【局域网设置】按钮，在弹出的【局域网（LAN）设置】对话框中配置上网代理服务器，输入代理服务器的地址和端口，如图 6-75 所示。

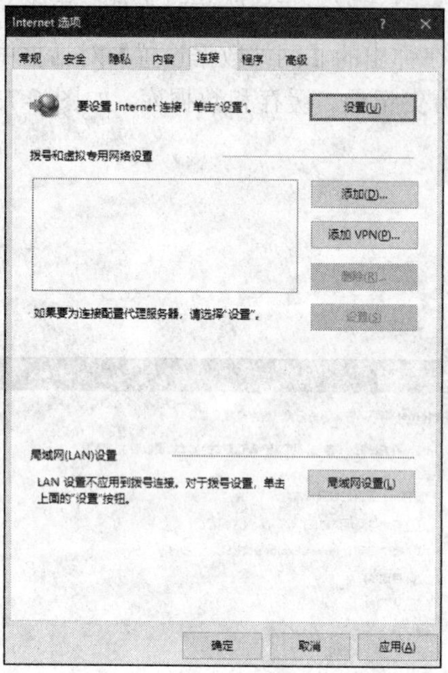

图 6-74

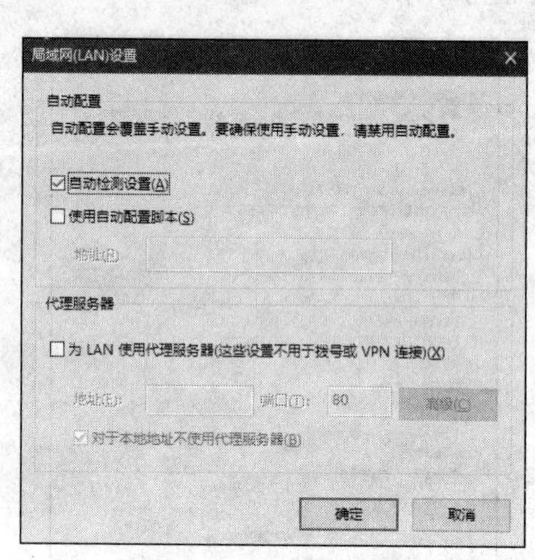

图 6-75

2）完成 IE 浏览器的安全设置，防止恶意代码嵌入。

步骤 1：在图 6-68 中，选择【安全】选项卡，在其中分别进行 Internet、本地 Intranet、受信任的站点、受限制的站点的安全级别的设置，如图 6-76 所示。

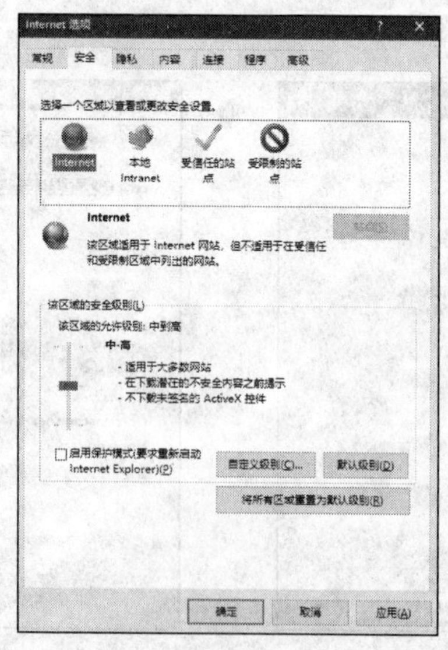

图 6-76

步骤 2：可拖动滑动按钮设置安全级别，也可以选择自定义级别，单击【自定义级别】按钮，在弹出的【安全设置-Internet 区域】对话框中设置未经授权的 ActiveX 等控件、插件和脚本在网页展现、应用、下载时的安全策略，如禁用、启示、提示等，如图 6-77 所示。

步骤 3：在图 6-68 中，选择【高级】选项卡，在其中进行网页展现、地址暴露、传输加密等高级别安全属性的设置，如图 6-78 所示。

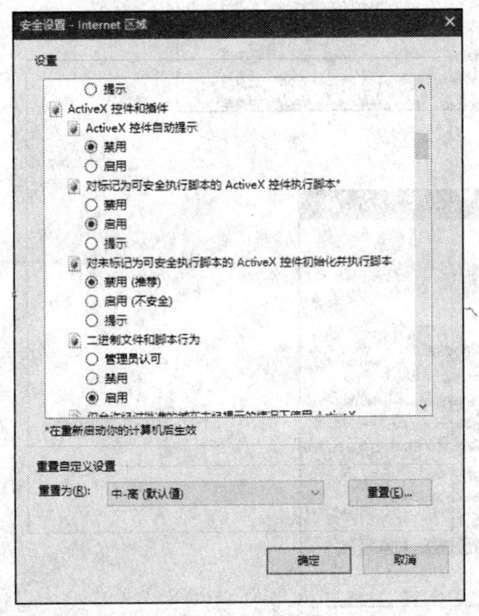

图 6-77

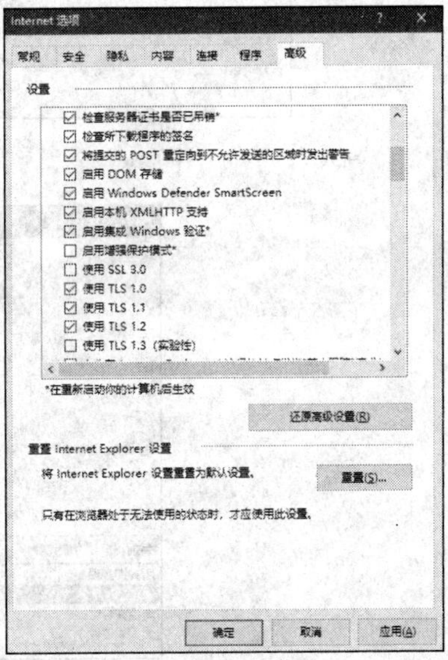

图 6-78

3）学习管理 IE 浏览器的加载项。

步骤 1：打开 IE 浏览器，单击右上角的【工具】按钮，在弹出的下拉列表中选择【管理加载项】选项，如图 6-79 所示。

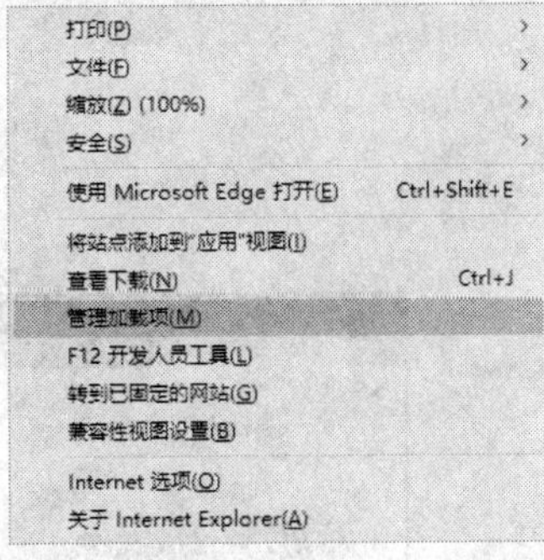

图 6-79

步骤 2：在弹出的【管理加载项】对话框中，分别选择工具栏和扩展、搜索提供程序、加速器、跟踪保护等不同类型的加载，如图 6-80 所示。可选择并设置其中任意加载项的可用状态，单击右下角的【启用】或【禁用】按钮，根据系统提示选择启用或禁用操作；也可以单击【显示】下拉按钮，在弹出的下拉列表中选择【当前已加载的加载项】、【未经许可运行】、【已下载控件】等选项，分别设置可用状态，如图 6-81 所示。

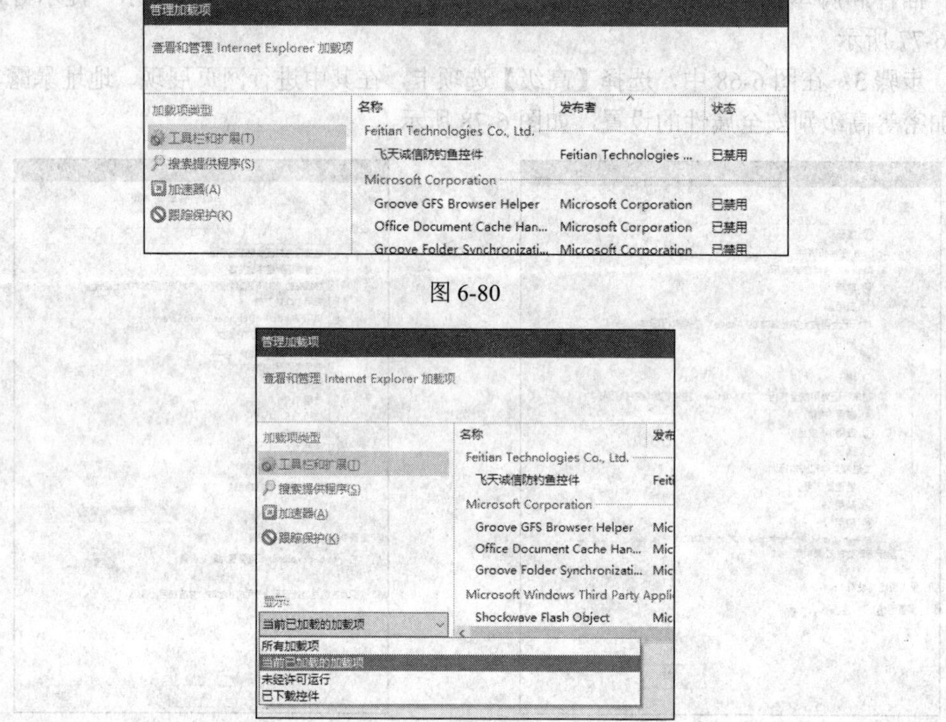

图 6-80

图 6-81

4）了解 IE 浏览器面向开发者的开放功能。

步骤 1：打开 IE 浏览器，单击右上角的【工具】按钮，在弹出的下拉列表中选择【F12 开发人员工具】选项，如图 6-82 所示，或直接按【F12】键，打开开发者页面展现模式，如图 6-83 所示。

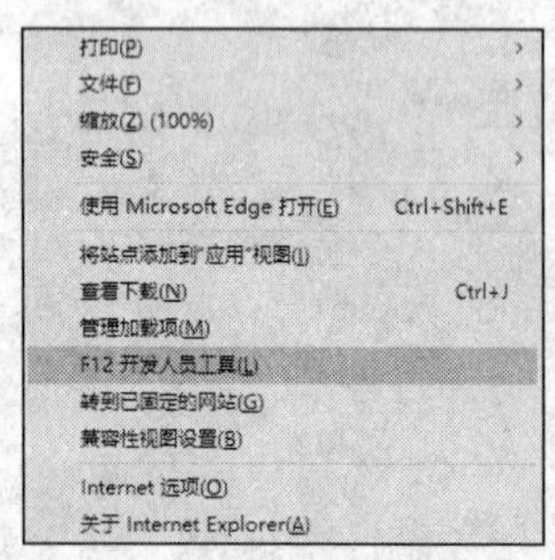

图 6-82

图 6-83

步骤 2：可在【DOM 资源管理器】选项卡中查看源代码，并分别选择右侧的【样式】、【已计算】、【布局】等选项卡，查看页面设计单元，如图 6-84～图 6-86 所示。

样式　已计算　布局　事件　更改

a:

◢内联样式 {

}

◢body {　common_ee8a01e.css (1)

☑font: ▷12px/1.5 arial, "Microsoft YaHei", "宋体", sans-serif, tahoma;

☑color: ■#333;

}

◢body, h1, h2, h3, h4, h5, h6, hr, p, blockquote, dl, dt, dd, ul, ol, li, pre, form, fieldset, legend, button, input, textarea, th, td {　common_ee8a01e.css (1)

☑margin: ▷0;

☑padding: ▷0;

}

◢body {　common_s...f5f9.css (7)

☑background: ▷□#FFF;

}

◢body {　common_s...f5f9.css (7)

☑word-break: break-all;

}

◢body, button, select, textarea {　common_s...f5f9.css (7)

☑~~font: ▷12px/1.5 arial, "宋体", sans-serif;~~

}

◢body, h1, h2, h3, h4, h5, h6, hr, p, blockquote, dl, dt, dd, ul, ol, li, pre, form, fieldset, legend, button, textarea, th, td {　common_s...f5f9.css (7)

☑~~margin: ▷0;~~

☑~~padding: ▷0;~~

}

图 6-84

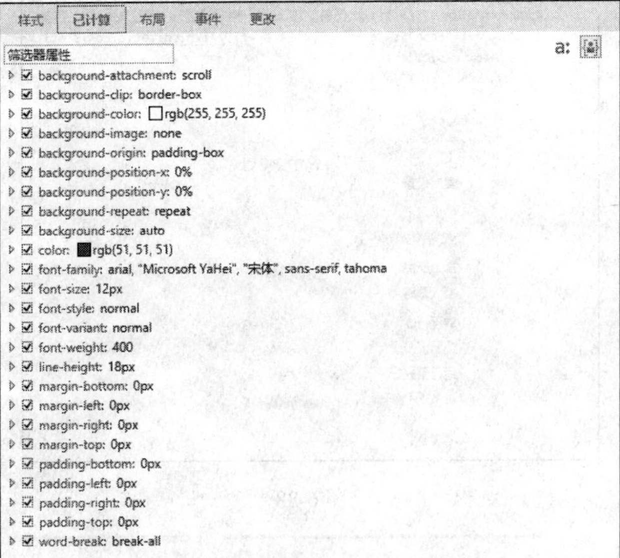

图 6-85

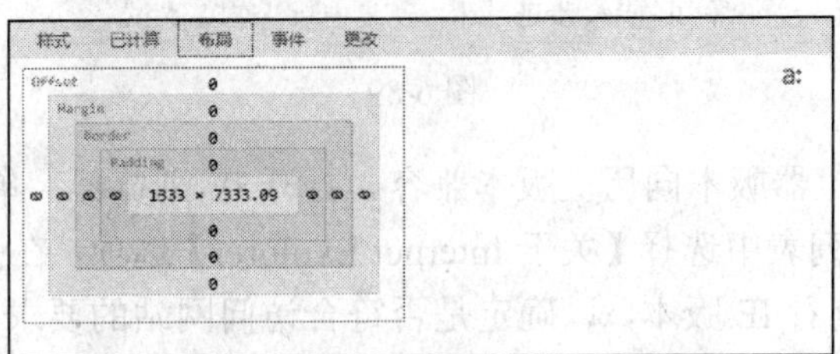

图 6-86

步骤 3：可在【控制台】选项卡中查看当前页面中的警告、错误、消息及页面输出，以判断页面出错来源，如图 6-87 所示。

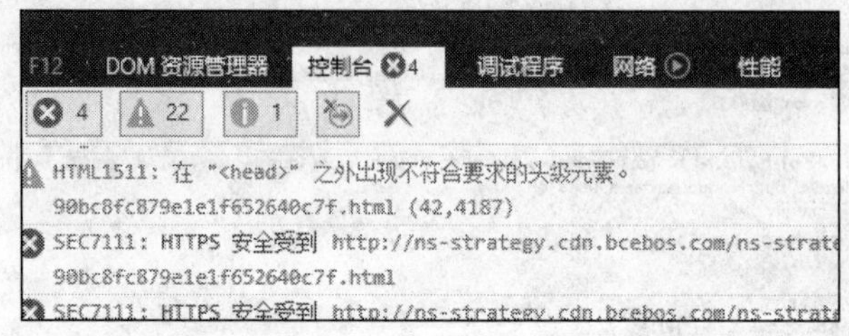

图 6-87

步骤 4：可在【调试程序】选项卡中设置断点、运行到光标等操作，如图 6-88 所示，并可单击上方的快捷操作按钮，进行单步调试，如图 6-89 所示，并可在右侧的【监视】页面中显示监视的变化和堆栈内的变量取值变化。

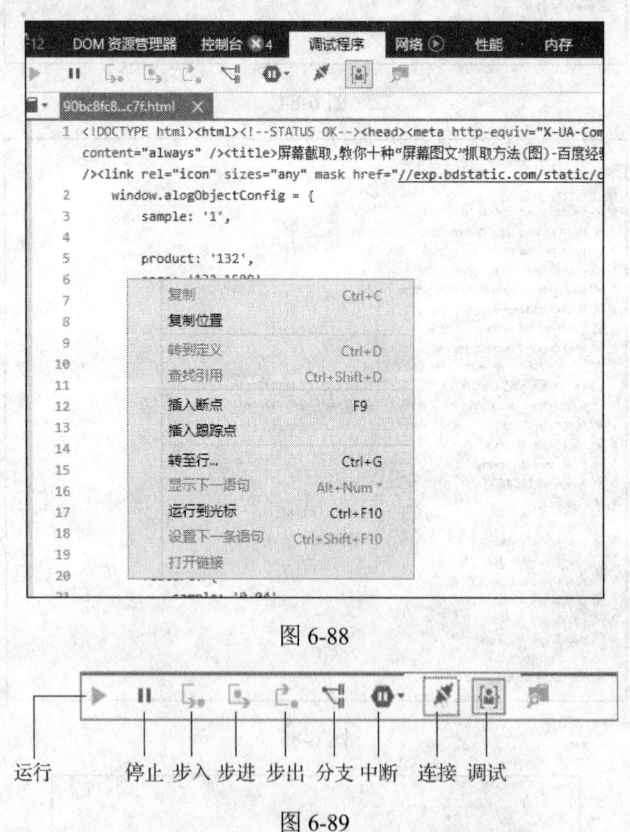

图 6-88

运行 停止 步入 步进 步出 分支 中断 连接 调试

图 6-89

步骤 5：设置浏览器版本向历史版本兼容。打开 IE 浏览器，单击右上角的【工具】按钮，在弹出的下拉列表中选择【关于 Internet Explorer】选项，在弹出的【关于 Internet Explorer】对话框中查看 IE 版本，以确定是否符合访问网站的要求，如图 6-90 所示。确认后，单击【关闭】按钮，并在【工具】下拉列表中选择【兼容性视图设置】选项，如

图 6-91 所示。

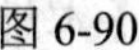

图 6-90

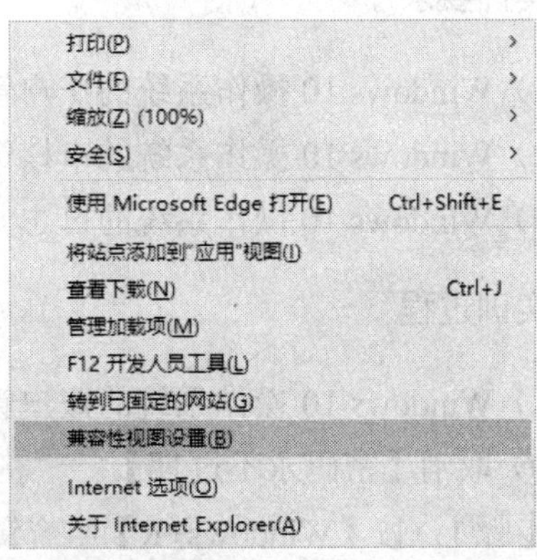

图 6-91

步骤 6：弹出【兼容性视图设置】对话框，单击【添加】按钮将因为版本不兼容的网站添加到兼容性视图列表框中，如图 6-92 所示，设置完成后单击【关闭】按钮即可。

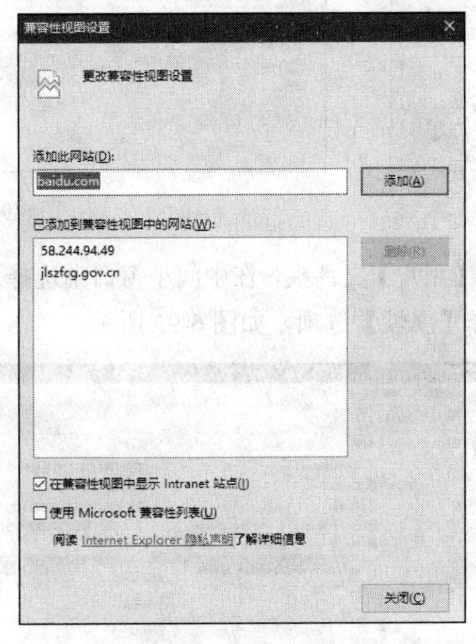

图 6-92

综合实训 10

一、实训题目

Windows 10 操作系统的基本安全设置。

二、实训要求

1）Windows 10 操作系统的账户管理要求。

2）Windows 10 操作系统的审核策略配置。

3）Windows 10 操作系统的日志文件设置。

三、实训过程

1）Windows 10 操作系统的账户管理要求。

① 取消【密码永不过期】。

步骤 1：按【Windows+R】组合键，弹出【运行】对话框，如图 6-93 所示。在【打开】文本框中输入【lusrmgr.msc】，单击【确定】按钮，打开【本地用户和组】窗口，如图 6-94 所示。

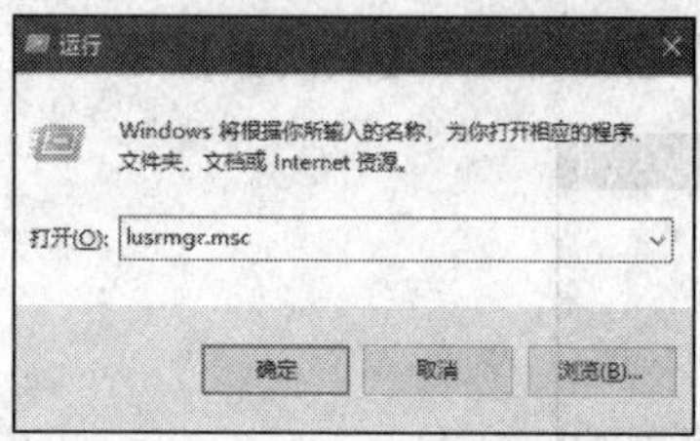

图 6-93

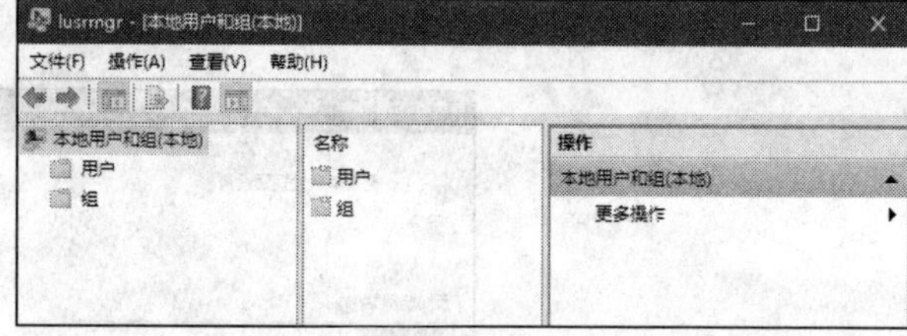

图 6-94

步骤 2：选择左侧的【用户】文件夹，在中间小窗口中选择个人用户账户名称右击，在弹出的快捷菜单中选择【属性】选项，如图 6-95 所示。

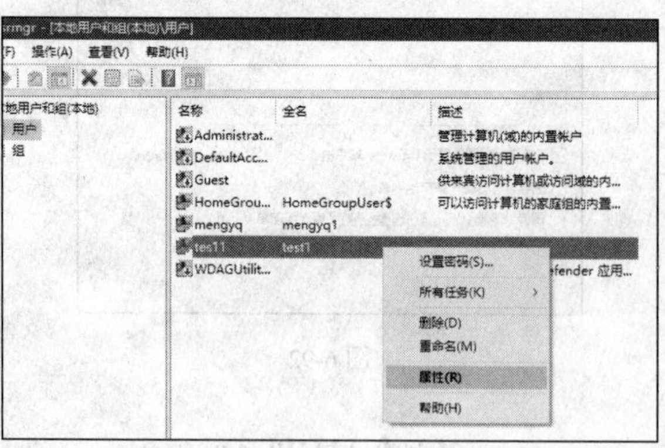

图 6-95

步骤 3：在弹出的属性对话框中，选择【常规】选项卡，【密码永不过期】复选框默认为选中状态，如图 6-96 所示，取消其选中状态，单击【确定】按钮即可。

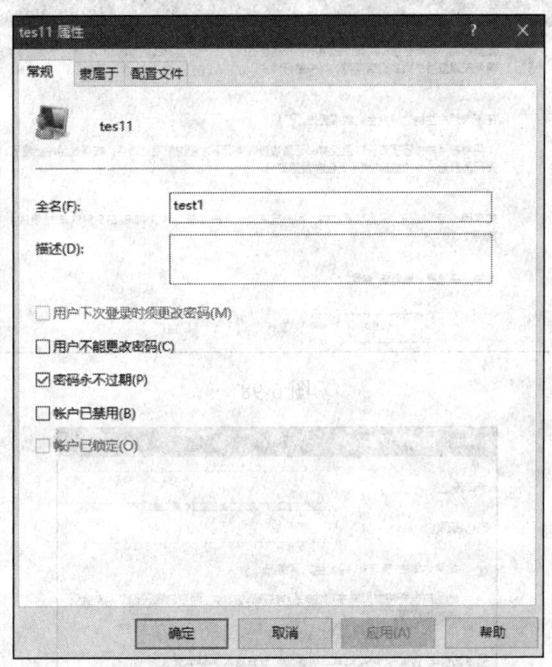

图 6-96

② Administrator 用户重命名和重置密码。

步骤 1：系统中会一直保留 Administrator 用户账户，为防止暴力破解，需要修改名称和密码。在图 6-95 中右击【Administrator】用户，在弹出的快捷菜单中选择【重命名】选项，如图 6-97 所示，将账户名称修改为不易被破解的名称。

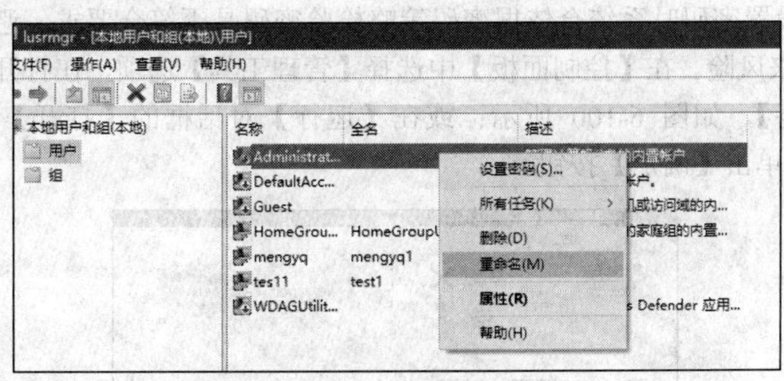

图 6-97

步骤 2：在图 6-97 所示的快捷菜单中选择【设置密码】选项，弹出如图 6-98 所示的对话框，单击【继续】按钮，在弹出的如图 6-99 所示的对话框中重新设置密码，然后单击【确定】按钮即可。

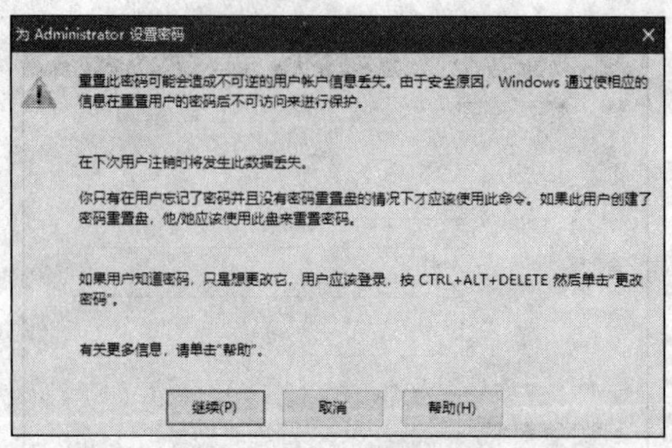

图 6-98

为 Administrator 设置密码

新密码(N):

确认密码(C):

如果你单击"确定"，将发生如下情况:

此用户帐户将立即失去对他的所有加密的文件，保存的密码和个人安全证书的访问权。

如果你单击"取消"，密码将不会被更改，并且将不会丢失数据。

确定　取消

图 6-99

2）Windows 10 操作系统的审核策略配置。

① 开启强密码策略。

步骤 1：设置密码时系统会依据密码策略检验密码是否符合要求，避免设置非强密码为计算机带来风险。在【控制面板】中选择【管理工具】选项，在打开的窗口中双击【本地安全策略】，如图 6-100 所示；或在【运行】对话框的【打开】文本框中输入【secpol.msc】，单击【确定】按钮。

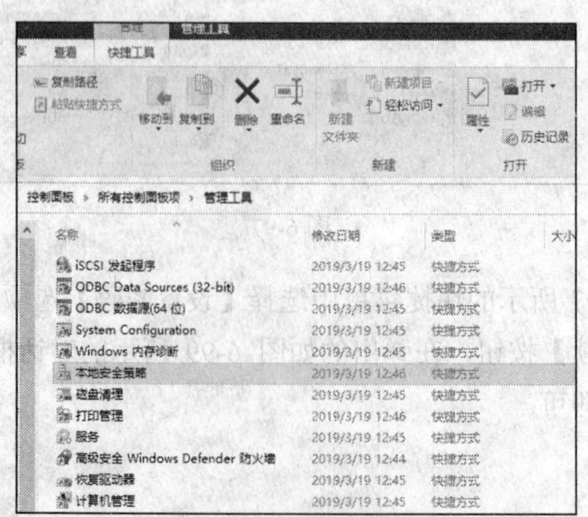

图 6-100

步骤 2：打开【本地安全策略】窗口，在窗口右侧双击【账户策略】，如图 6-101 所示，打开如图 6-102 所示的界面。

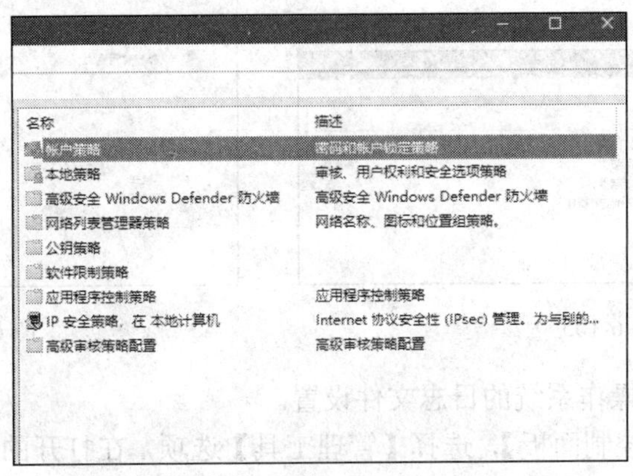

图 6-101

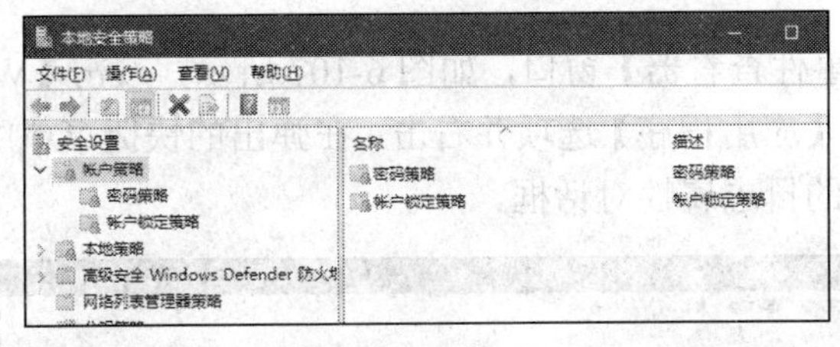

图 6-102

步骤 3：双击右侧的【密码策略】，打开如图 6-103 所示的界面，右侧显示具体的策略项目，双击【密码最长使用期限】，弹出【密码最长使用期限 属性】对话框，在【密码过期时间】微调框中输入时间，如图 6-104 所示，单击【确定】按钮完成修改。

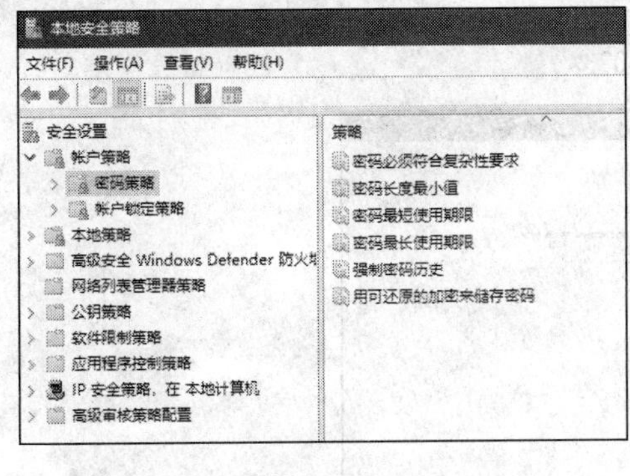

图 6-103

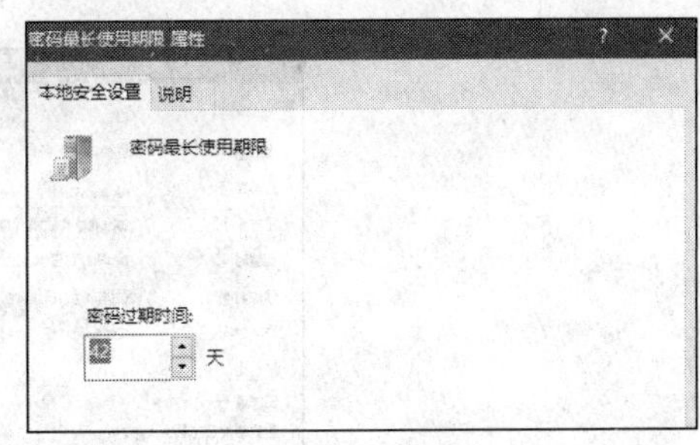

图 6-104

② 开启账户锁定策略。

步骤 1：在图 6-102 中，双击右侧的【账户锁定策略】，打开如图 6-105 所示的界面，双击【账户锁定阈值】。

步骤 2：弹出【账户锁定阈值 属性】对话框，如图 6-106 所示，修改登录几次账户不成功时即锁住，然后单击【确定】按钮。

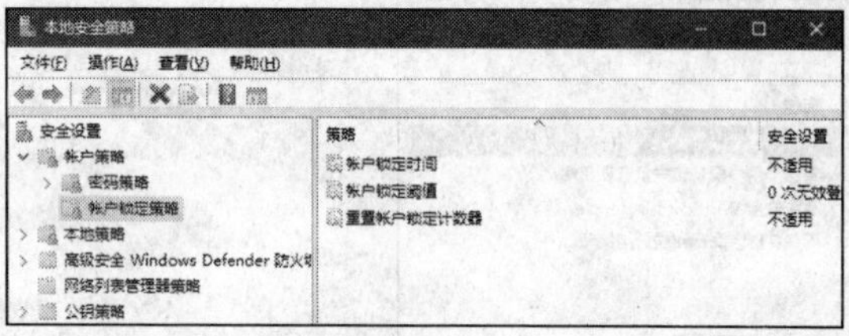

图 6-105

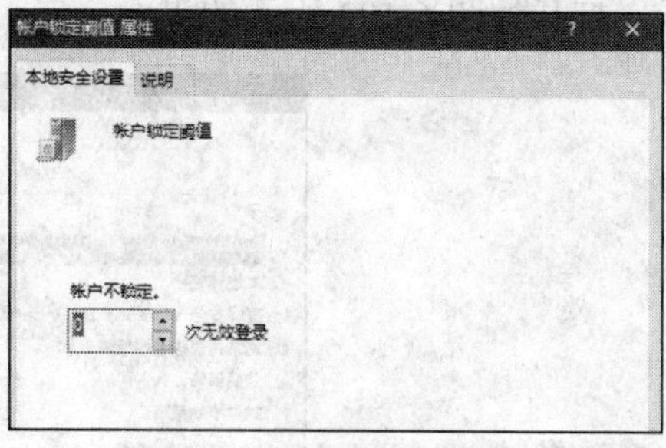

图 6-106

3）Windows 10 操作系统的日志文件设置。

步骤 1：打开【控制面板】，选择【管理工具】选项，在打开的窗口中双击【事件查看器】，或在【运行】对话框的【打开】文本框中输入【eventvwr.msc】，单击【确定】按钮。

步骤 2：打开【事件查看器】窗口，如图 6-107 所示，双击【Windows 日志】，在弹出的下拉列表中选择【应用程序】选项并右击，在弹出的快捷菜单中选择【属性】选项，弹出如图 6-108 所示的日志属性对话框。

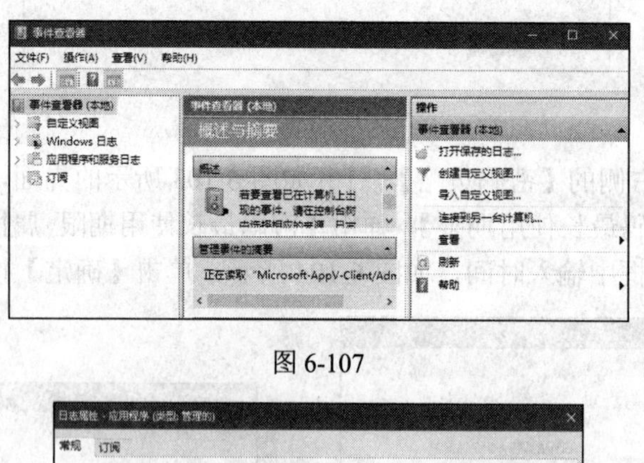

图 6-107

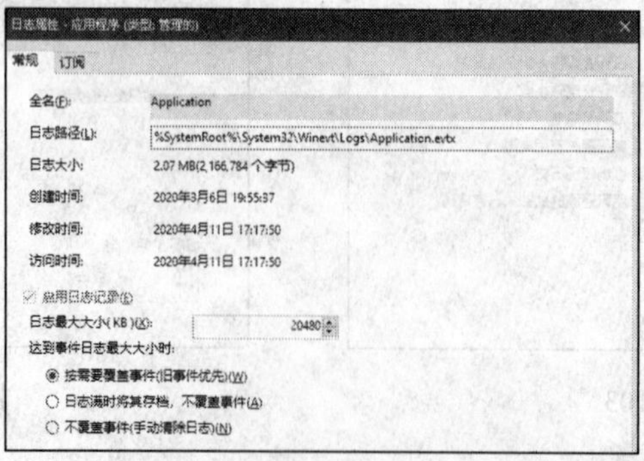

图 6-108

步骤 3：在图 6-108 中修改【日志路径】，设置【日志最大大小】，选择【达到事件日志最大大小时】的操作方式，然后单击【确定】按钮即可。

第 7 章　Word 2010 综合实训

综合实训 1

一、实训题目

通知练习。

二、实训要求

1）熟练掌握知识点：文档的输入、保存、编辑。

2）认识 Word 2010，熟悉其工作界面和各个组成部分。

3）建立与保存文档。

① 启动 Word 2010，利用中文输入法输入以下文本内容（段首暂不要空格）。

> 由中央组织部和中央广播电视总台联合录制的《榜样 4》专题节目是深入学习贯彻习近平新时代中国特色社会主义思想、开展“不忘初心、牢记使命”主题教育的重要内容。按照上级党委要求，现组织大家今天 13：00 在会议室学习收看。
> 2019 年 10 月 26 日

② 以实训 1.docx 为文件名（扩展名可不输入，默认为 docx）保存在【D:\计算机基础作业】文件夹中，然后关闭该文档。

4）打开文档设置字符格式，如下。

① 第一行的标题设为黑体、二号字、居中对齐。

② 第二段的通知正文设为隶书、小三号字、首行起始空两个汉字的位置，【今天 13：00 在会议室】加双波浪下划线强调。

③ 最后一行的日期设为宋体、小四号、斜体、加粗、靠右对齐。

将文档保存，操作后的文档效果如图 7-1 所示。

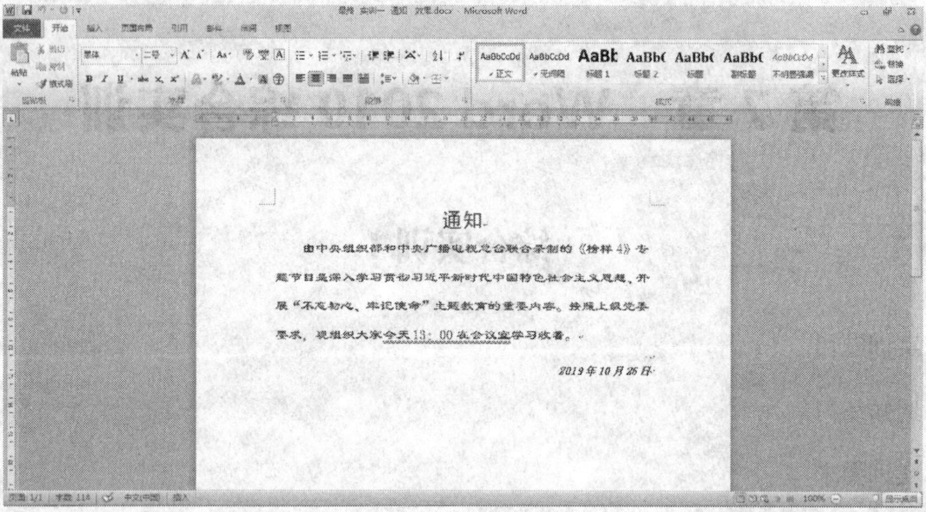

图 7-1

三、实训过程

步骤 1：启动 Word 2010，认识 Word 2010 工作界面，熟悉各组成部分。观察浏览标题栏、各选项卡、工具按钮、视图方式、状态栏及任务窗格等。

步骤 2：建立与保存文档。

1）启动 Word 2010，利用中文输入法输入下面的文字内容（段首暂不要空格）。

由中央组织部和中央广播电视总台联合录制的《榜样 4》专题节目是深入学习贯彻习近平新时代中国特色社会主义思想、开展“不忘初心、牢记使命”主题教育的重要内容。按照上级党委要求，现组织大家今天 13：00 在会议室学习收看。 2019 年 10 月 26 日

2）输入完毕，选择【文件】→【保存】选项，在弹出的【另存为】对话框中，以实训 1 为文件名（扩展名可不输）保存在 D 盘中的【计算机基础作业】文件夹中，如图 7-2 所示，单击【保存】按钮，然后关闭该文档。

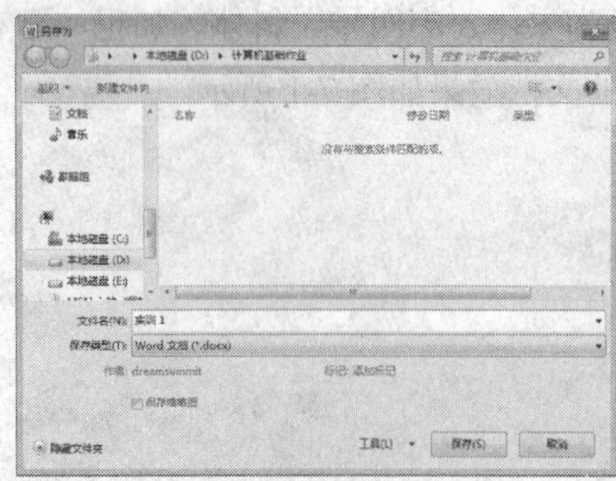

图 7-2

注意：实验室的计算机的C盘通常会带有硬盘保护，第一次保存时不要使用默认保存位置。

步骤3：打开文档进行编辑，并保存。

1）打开建立的实训1文档，将光标定位到最前面，按【Enter】键插入新空行，然后输入要插入的【通知】文字，如图7-3所示。

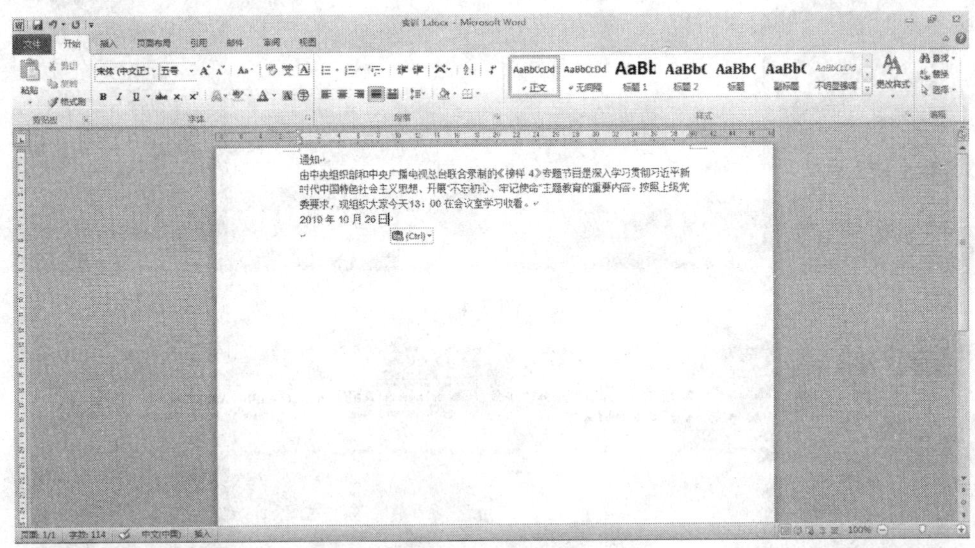

图7-3

注意：若在输入文本中有遗漏，可以将光标移动到要插入文本的位置，然后输入文本即可（Word中，默认输入模式为【插入】模式）；若要改写光标处的文本，只需按下【Insert】键，将输入模式转换到【改写】模式（【Insert】键是一个反复开关键，每按一次，会在两种状态之间进行切换），然后输入文本即可。

2）设置字体格式。

① 设置第一行标题为黑体、二号字、居中对齐。将鼠标指针移到第一行最左侧，当其变成空心向右指向箭头时，单击，选定第一行，在【开始】选项卡【字体】选项组中设置字体为黑体、字号为二号；在【开始】选项卡【段落】选项组中设置对齐方式为居中，如图7-4所示。

② 选定第二段通知正文，将其设为隶书、小三号字、首行起始空两个汉字的位置。首先将鼠标指针移到第二段文本最左侧，当鼠标指针变成空心向右指向箭头时，双击即可选定整段。在【开始】选项卡【字体】选项组中设置字体为隶书、小三号字；将光标移到段首位置，按【Space】键，空出两个汉字的位置，如图7-5所示。

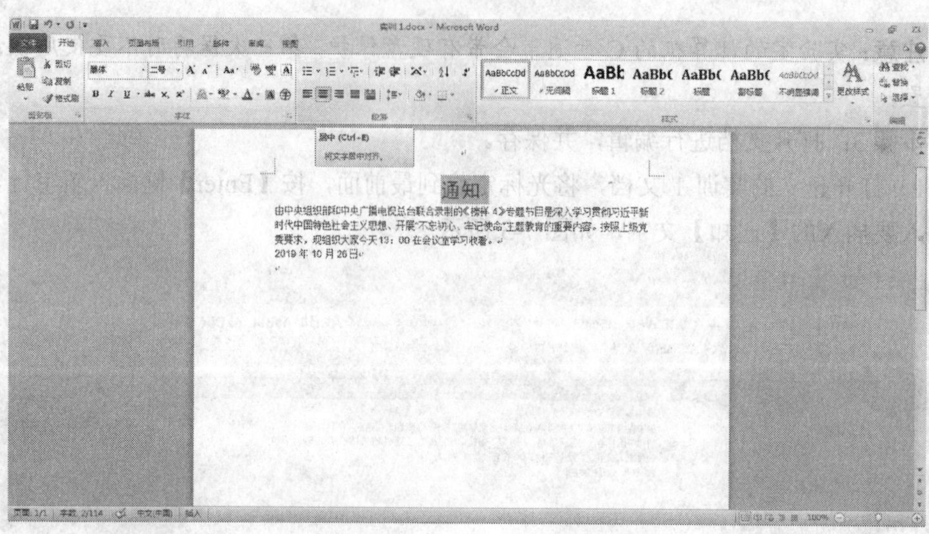

图 7-4

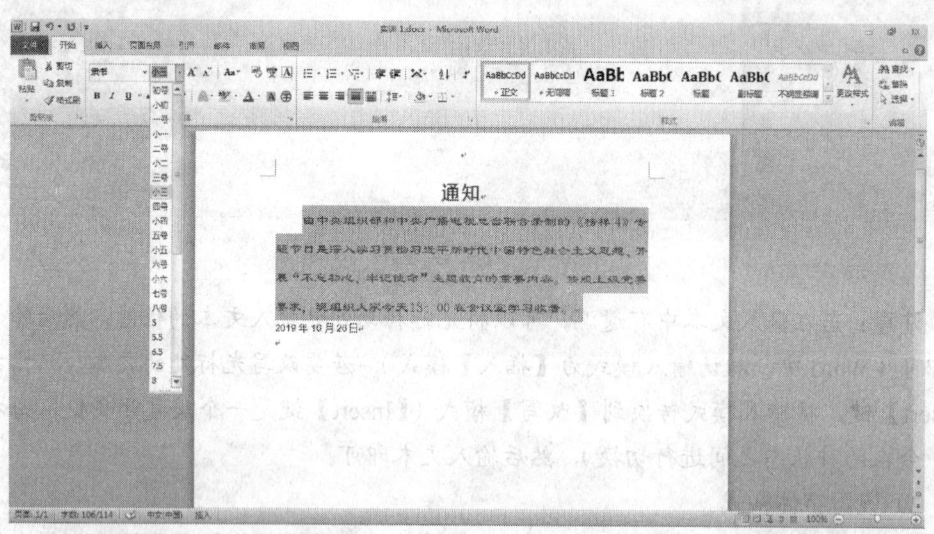

图 7-5

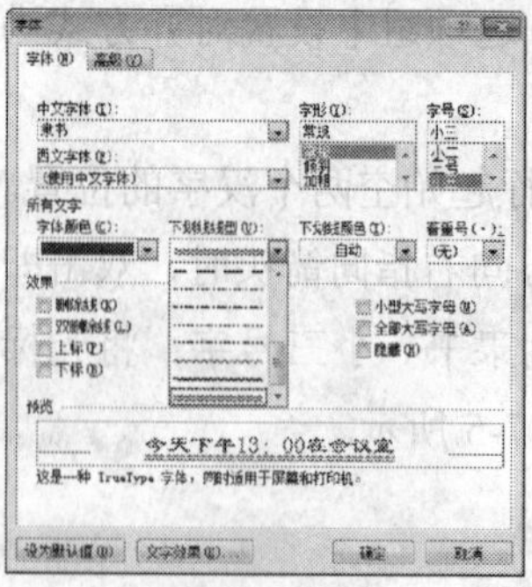

将【今天 13：00 在会议室】加双波浪下划线强调。鼠标拖动选中正文最后一行【今天 13：00 在会议室】文字，单击【开始】选项卡【字体】选项组右下角的对话框启动器，弹出【字体】对话框。

在【字体】对话框中的【下划线线型】下拉列表中选择双波浪线，如图 7-6 所示，然后单击【确定】按钮。

图 7-6

③ 将最后一行日期设为宋体、小四号、斜体、加粗、靠右对齐。鼠标拖动选中最后一行的日期，在【开始】选项卡【字体】选项组中设置字体为宋体、字号为小四号，单击【倾斜】按钮和【加粗】按钮，结果如图 7-7 所示。

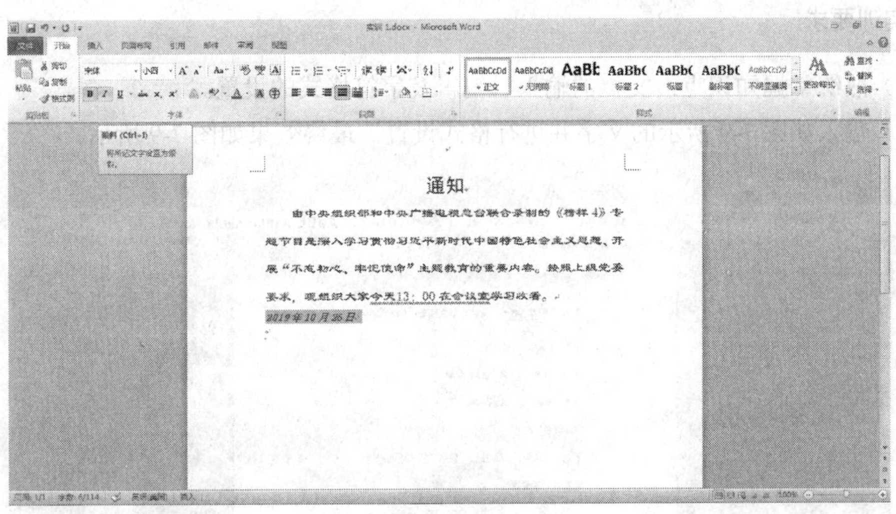

图 7-7

在【开始】选项卡【段落】选项组中单击【文本右对齐】按钮，如图 7-8 所示，设置对齐方式为靠右对齐。

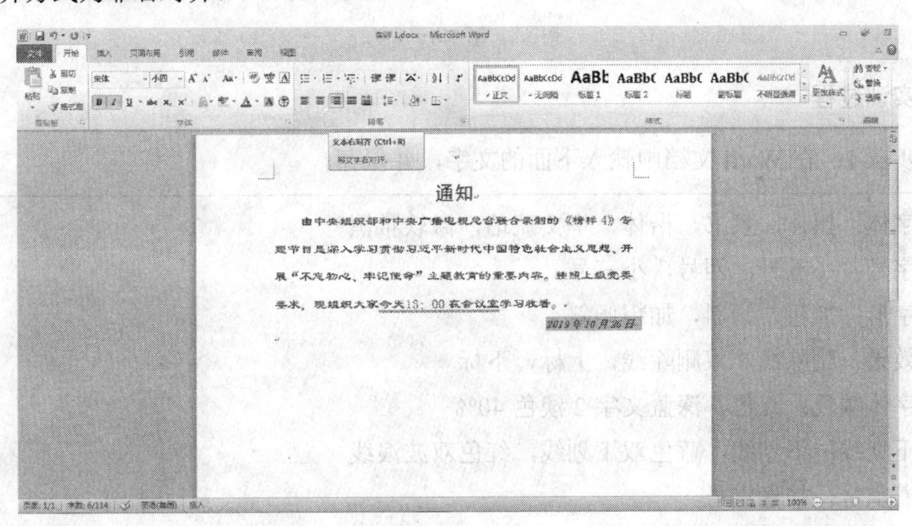

图 7-8

3）保存文档。单击窗口左上角的【保存】按钮保存文档，然后单击窗口右上角的【关闭】按钮即可。

综合实训 2

一、实训题目

设置字符格式。

二、实训要求

1）熟练掌握知识点：文档的输入、编辑及字符格式的设置。

2）输入如图 7-9 所示的文字并进行格式设置，最终效果如图 7-9 所示。

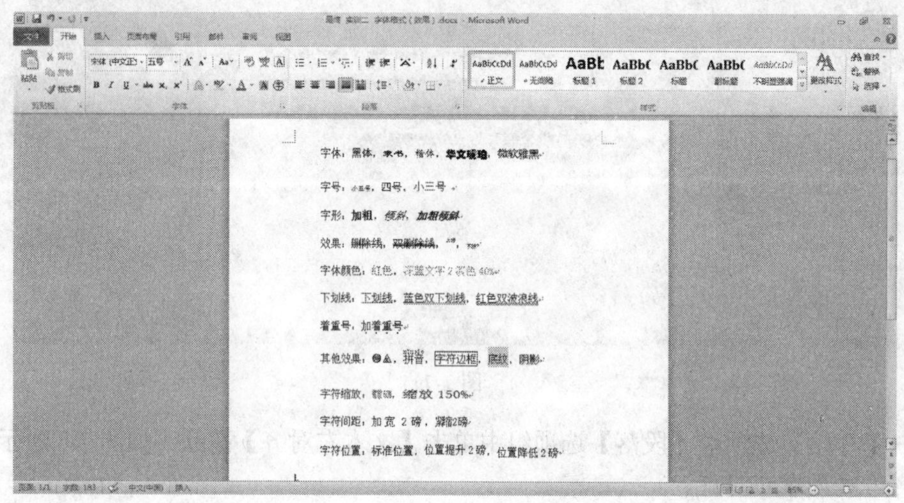

图 7-9

三、实训过程

步骤 1：在 Word 文档中输入下面的文字，并保存。

字体：黑体，隶书，楷体，华文琥珀，微软雅黑 字号：小五号，四号，小三号 字形：加粗，倾斜，加粗倾斜 效果：删除线，双删除线，上标，下标 字体颜色：红色，深蓝文字 2 淡色 40% 下划线：下划线，蓝色双下划线，红色双波浪线 着重号：加着重号 其他效果：带圈，拼音，字符边框，底纹，阴影 字符缩放：缩放 60%，缩放 150% 字符间距：加宽 2 磅，紧缩 2 磅 字符位置：标准位置，位置提升 2 磅，位置降低 2 磅

设置文本为宋体、四号、2 倍行距。选中文本，在【开始】选项卡【字体】选项组中设置字体为宋体、字号为四号，在【开始】选项卡【段落】选项组中单击【行和段落间距】下拉按钮，在弹出的下拉列表中选择 2.0 倍行距，如图 7-10 所示。

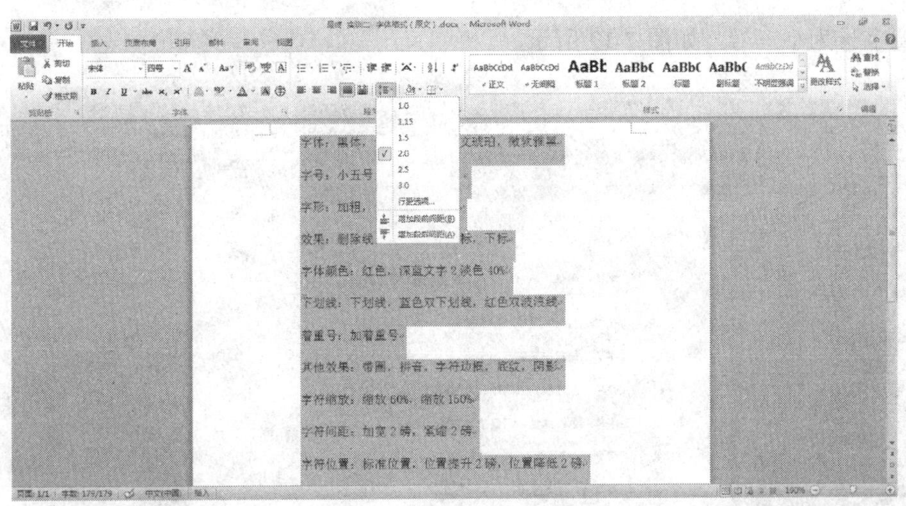

图 7-10

步骤 2：利用【开始】选项卡【字体】选项组或【字体】对话框对文字进行相应的格式设置。选中第一行的【黑体】两个字，在【开始】选项卡【字体】选项组中设置字体为黑体；选中第一行的【隶书】两个字，在【开始】选项卡【字体】选项组中设置字体为隶书；选中第一行的【楷体】两个字，在【开始】选项卡【字体】选项组中设置字体为楷体；选中第一行的【华文琥珀】4 个字，在【开始】选项卡【字体】选项组中设置字体为华文琥珀；选中第一行的【微软雅黑】4 个字，在【开始】选项卡【字体】选项组中设置字体为微软雅黑，如图 7-11 所示。

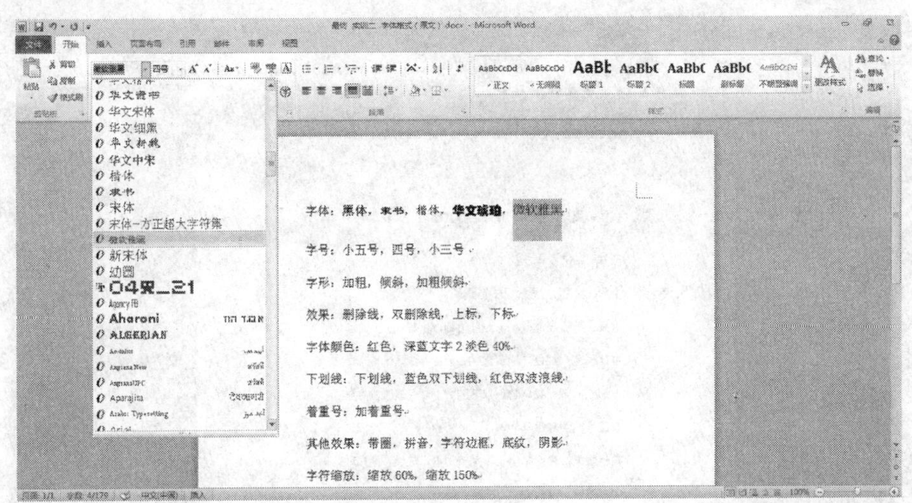

图 7-11

步骤 3：选中第二行的【小五号】3 个字，在【开始】选项卡【字体】选项组中设置字号为小五号；选中第二行的【四号】两个字，在【开始】选项卡【字体】选项组中设置字号为四号；选中第二行的【小三号】3 个字，在【开始】选项卡【字体】选项组中设置字号为小三号，如图 7-12 所示。

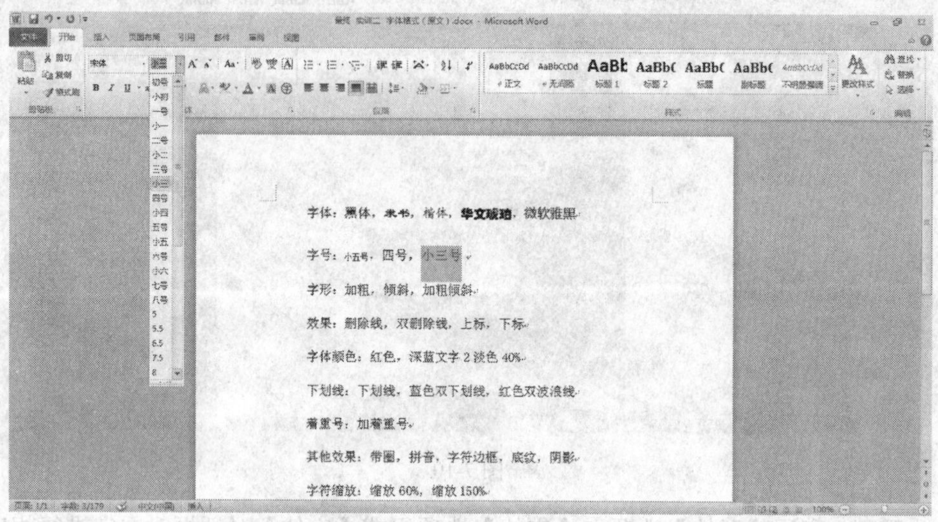

图 7-12

步骤 4：选中第三行的【加粗】两个字，在【开始】选项卡【字体】选项组中单击【加粗】按钮，将其设置成加粗格式；选中第三行的【倾斜】两个字，在【开始】选项卡【字体】选项组中单击【倾斜】按钮，将其设置成倾斜格式；选中第三行的【加粗倾斜】4 个字，在【开始】选项卡【字体】选项组中单击【倾斜】按钮和【加粗】按钮，将其设置成加粗和倾斜格式，如图 7-13 所示。

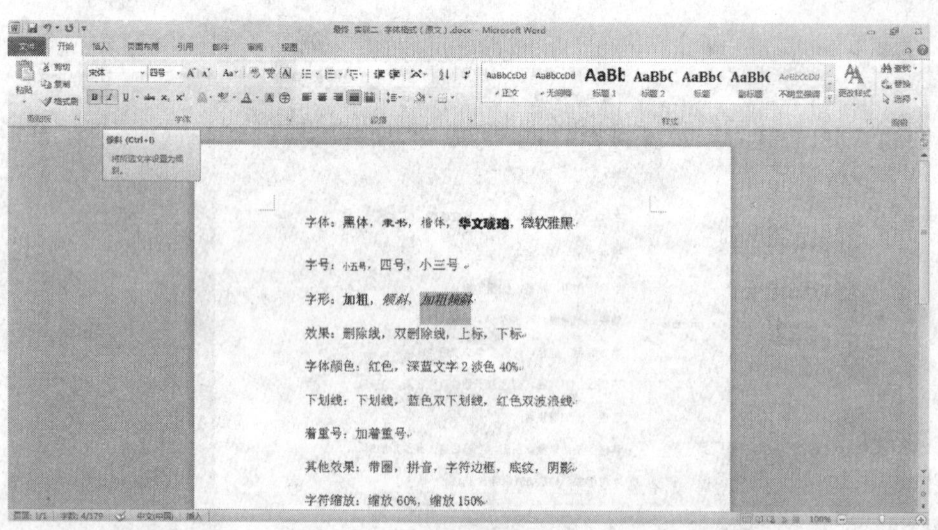

图 7-13

步骤 5：选中第四行的【删除线】3 个字，在【开始】选项卡【字体】选项组中单击【删除线】按钮，将其设置成文字带删除线的格式，如图 7-14 所示。

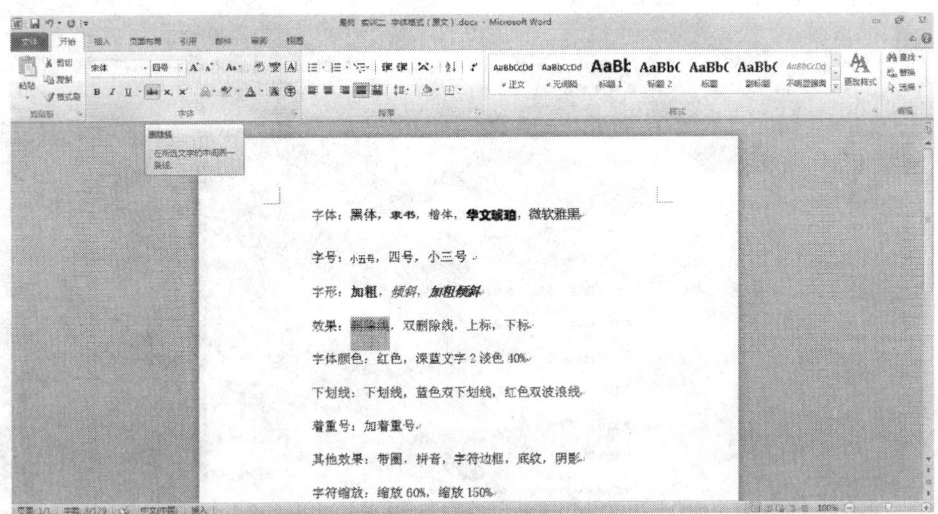

图 7-14

选中第四行的【双删除线】4 个字，单击【开始】选项卡【字体】选项组右下角的对话框启动器，在弹出的【字体】对话框的【字体】选项卡的【效果】选项组中选中【双删除线】复选框，如图 7-15 所示，然后单击【确定】按钮。

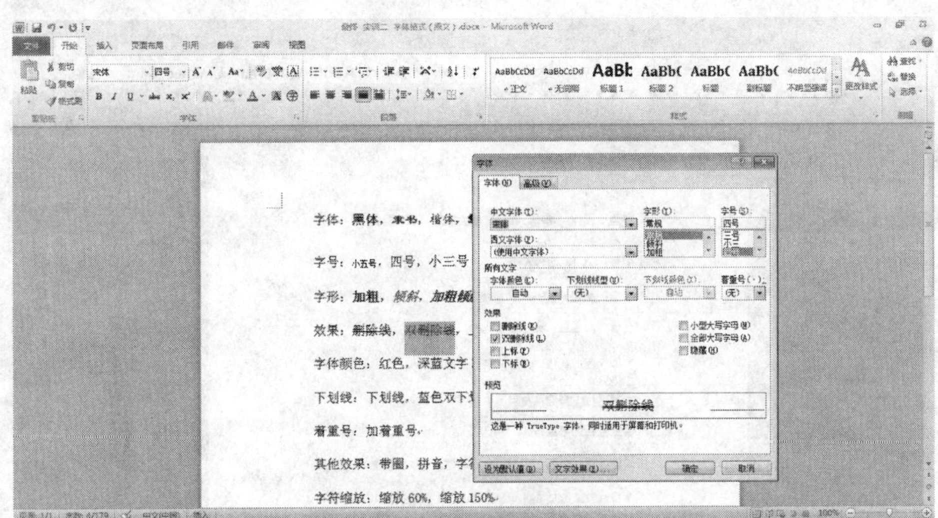

图 7-15

选中第四行的【上标】两个字，在【开始】选项卡【字体】选项组中单击【上标】按钮，将其设置成上标效果，如图 7-16 所示，也可以在【字体】对话框的【效果】选项组中进行设置。

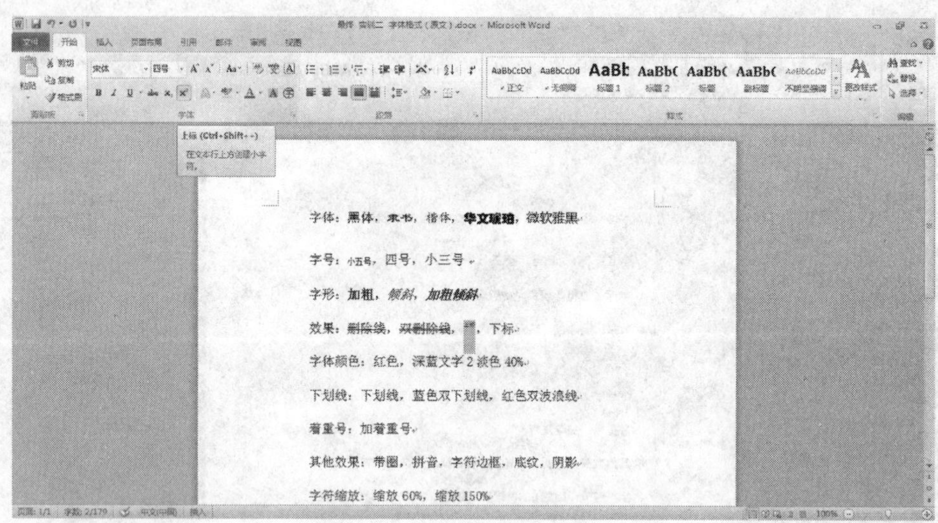

图 7-16

选中第四行的【下标】两个字，在【开始】选项卡【字体】选项组中单击【下标】按钮，将其设置成下标效果，如图 7-17 所示，也可以在【字体】对话框的【效果】选项组中进行设置。

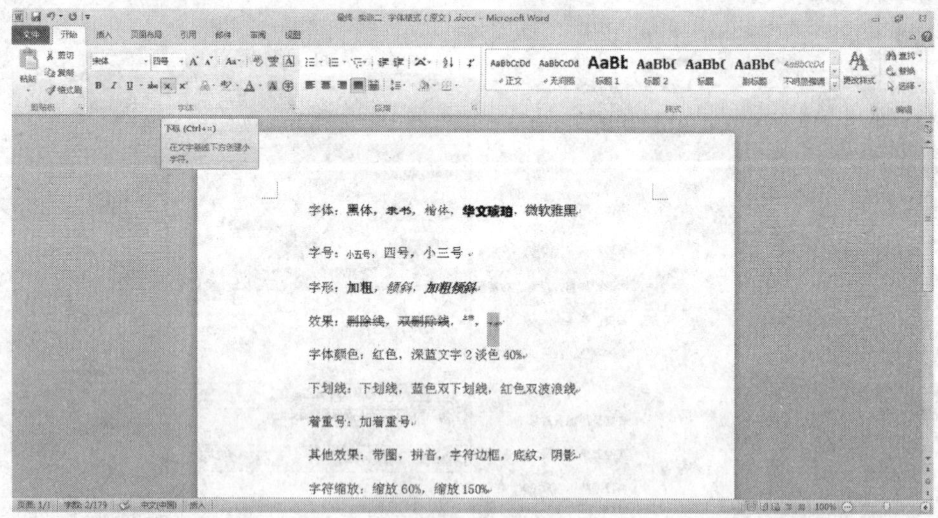

图 7-17

步骤 6：选中第五行的【红色】两个字，在【开始】选项卡【字体】选项组中单击【字体颜色】下拉按钮，在弹出的下拉列表中选择【红色】选项，如图 7-18 所示。

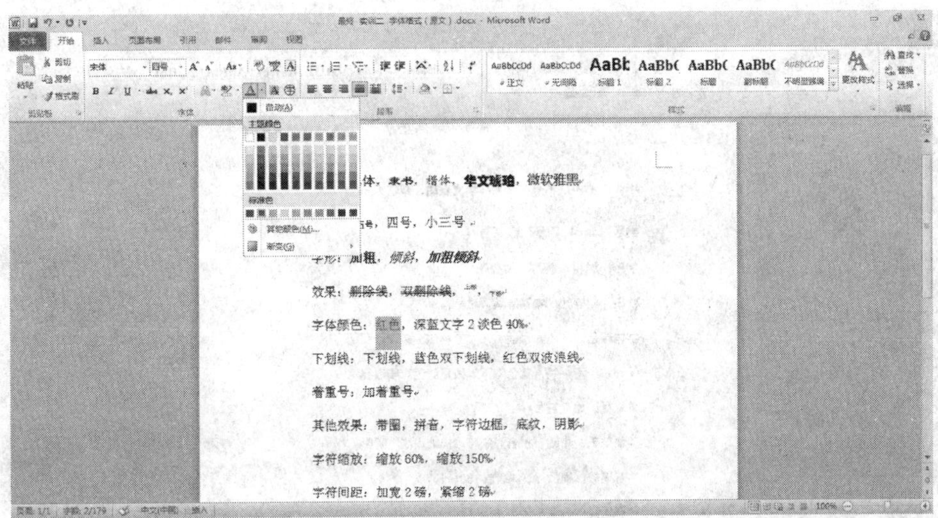

图 7-18

选中第五行的【深蓝文字 2 淡色 40%】文字，在【开始】选项卡【字体】选项组中单击【字体颜色】下拉按钮，在弹出的下拉列表中选择【深蓝，文字 2，淡色 40%】选项，如图 7-19 所示。

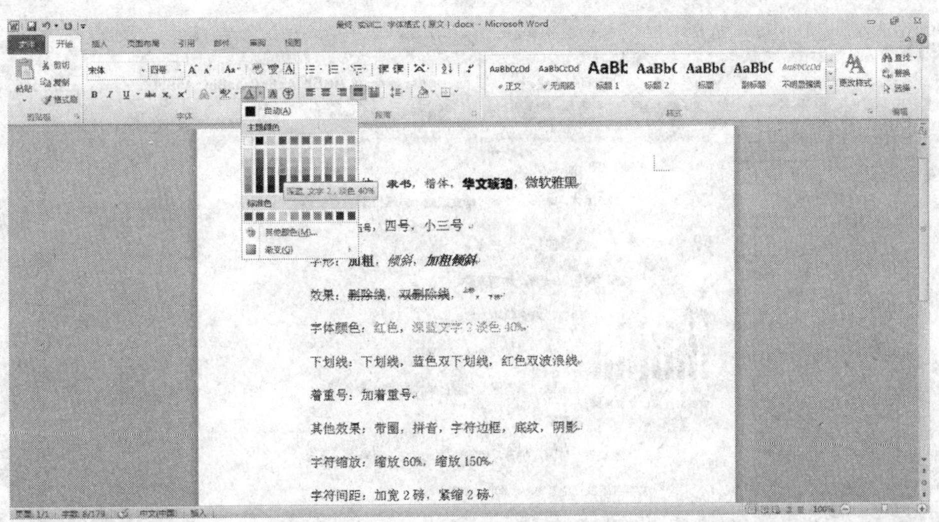

图 7-19

步骤 7：选中第六行的【下划线】3 个字，在【开始】选项卡【字体】选项组中单击【下划线】按钮，将其设置成带下划线格式，如图 7-20 所示。

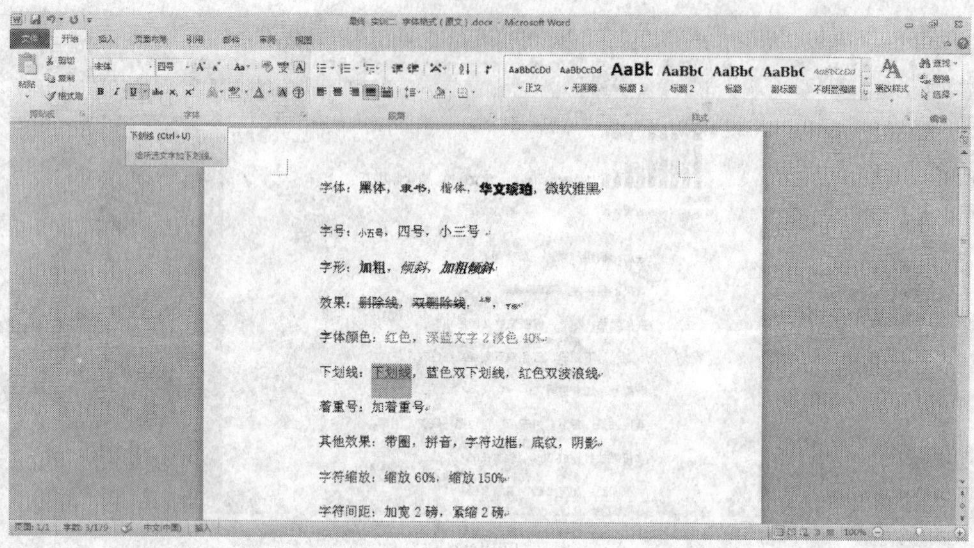

图 7-20

选中第六行的【蓝色双下划线】文字，在【开始】选项卡【字体】选项组中单击【下划线】下拉按钮，在弹出的下拉列表中选择双下划线格式，下划线颜色选择蓝色，如图 7-21 所示。

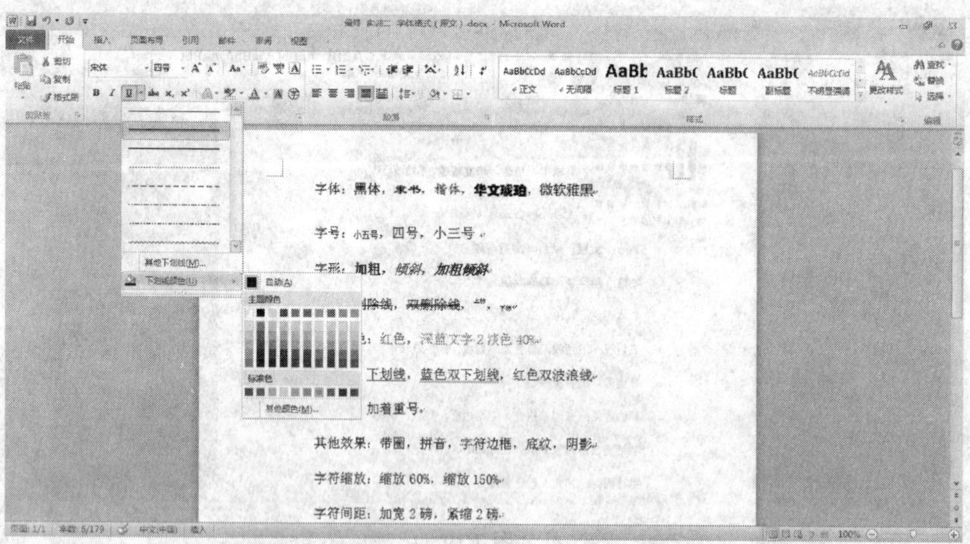

图 7-21

选中第六行的【红色双波浪线】文字，在【开始】选项卡【字体】选项组中单击【下划线】下拉按钮，在弹出的下拉列表中选择【其他下划线】选项，在弹出的【字体】对话框中设置【下划线线型】为双波浪线，设置下划线颜色为红色，如图 7-22 所示，然后单击【确定】按钮。

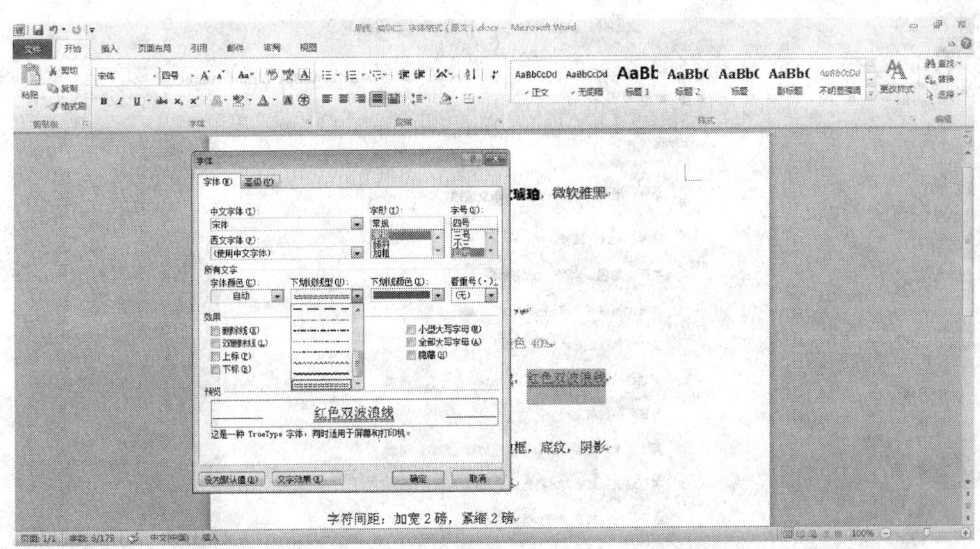

图 7-22

步骤 8：选中第七行的【加着重号】4 个字，单击【开始】选项卡【字体】选项组右下角的对话框启动器，弹出【字体】对话框。在【着重号】下拉列表中选择【·】，如图 7-23 所示，然后单击【确定】按钮。

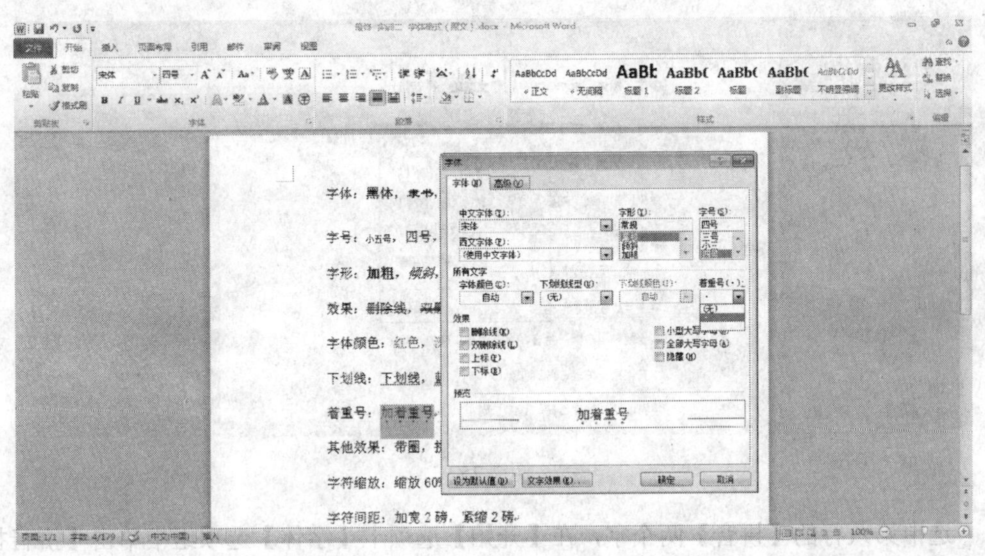

图 7-23

步骤 9：选中第八行的【带】字，在【开始】选项卡【字体】选项组中单击【带圈字符】按钮，将其设置成带圈格式，如图 7-24 所示。选中【圈】字，单击【带圈字符】按钮，在弹出的【带圈字符】对话框中设置【圈号】为【△】，如图 7-25 所示，然后单击【确定】按钮。

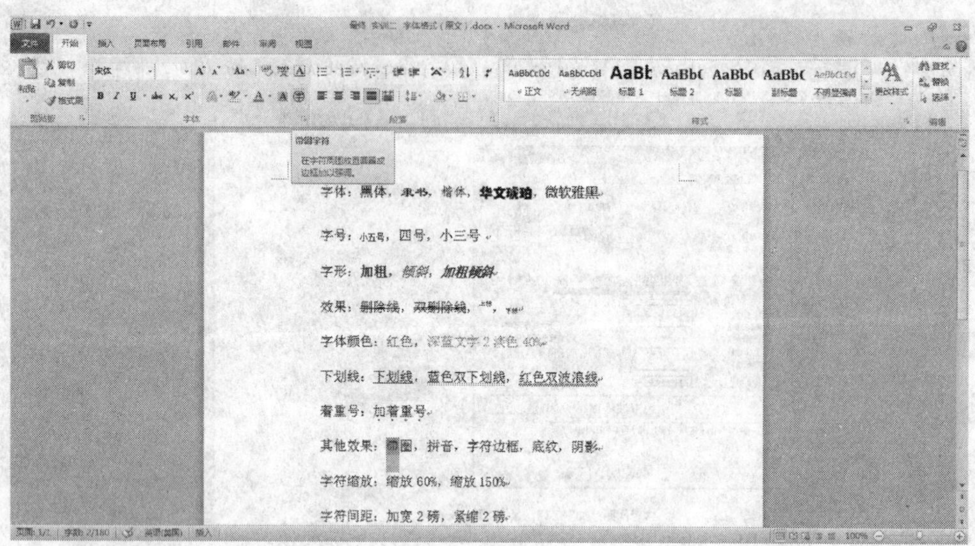

图 7-24

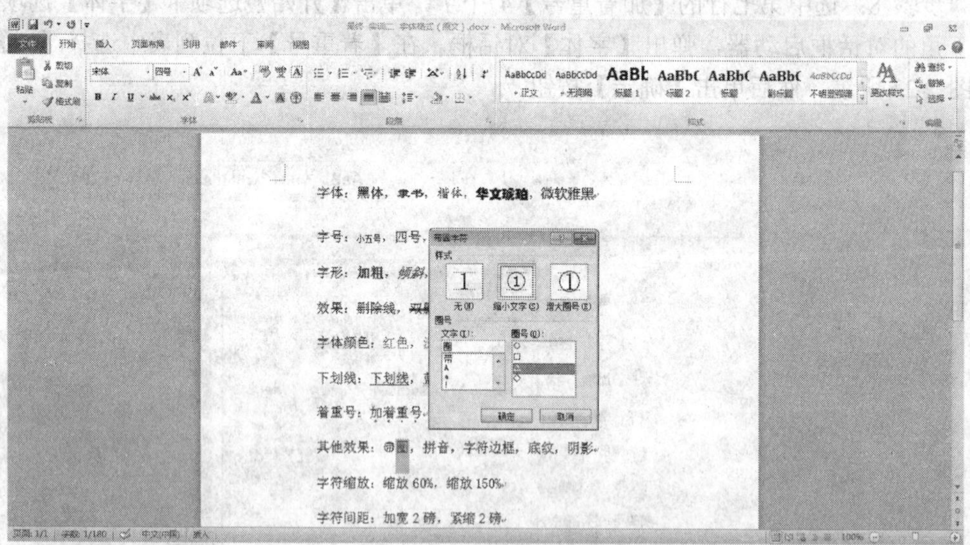

图 7-25

选中第八行的【拼音】两个字，在【开始】选项卡【字体】选项组中单击【拼音指南】按钮，在弹出的【拼音指南】对话框中，设置字号为 9 磅，如图 7-26 所示，然后单击【确定】按钮。

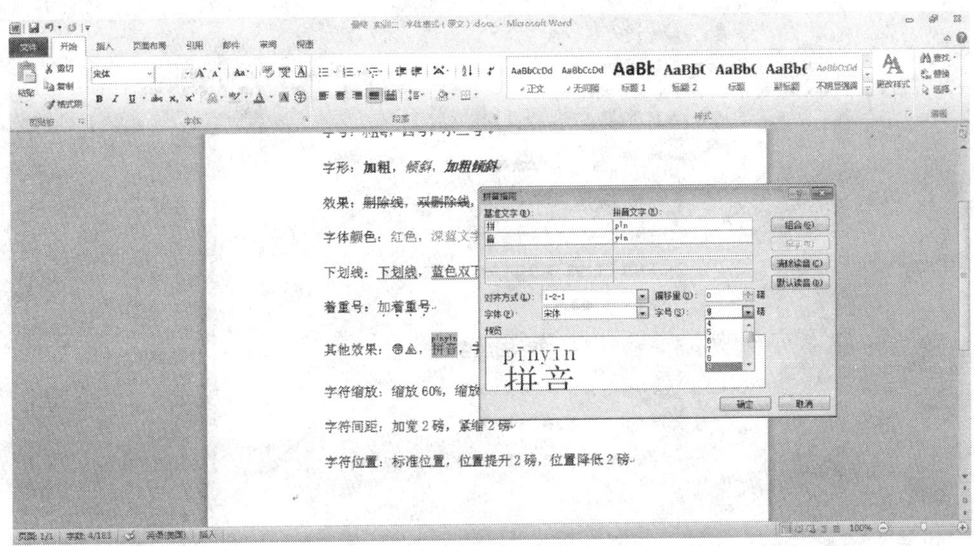

图 7-26

选中第八行的【字符边框】4 个字，在【开始】选项卡【字体】选项组中单击【字符边框】按钮，将其设置成字符边框格式，如图 7-27 所示。

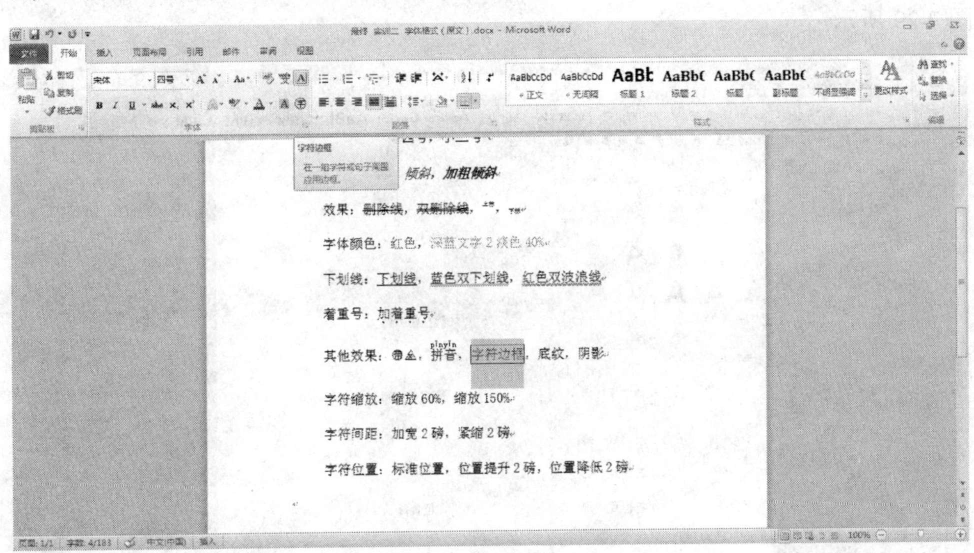

图 7-27

选中第八行的【底纹】两个字，在【开始】选项卡【字体】选项组中单击【字符底纹】按钮，将其设置成带底纹格式，如图 7-28 所示。

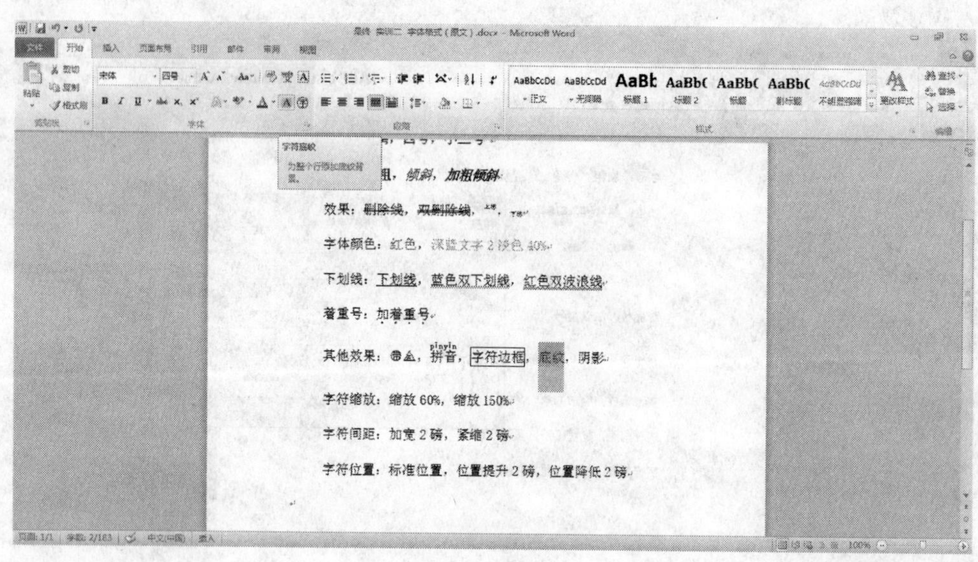

图 7-28

选中第八行的【阴影】两个字，在【开始】选项卡【字体】选项组中单击【文本效果】下拉按钮，在弹出的下拉列表中选择【阴影】→【外部】→【右下斜偏移】选项，如图 7-29 所示。

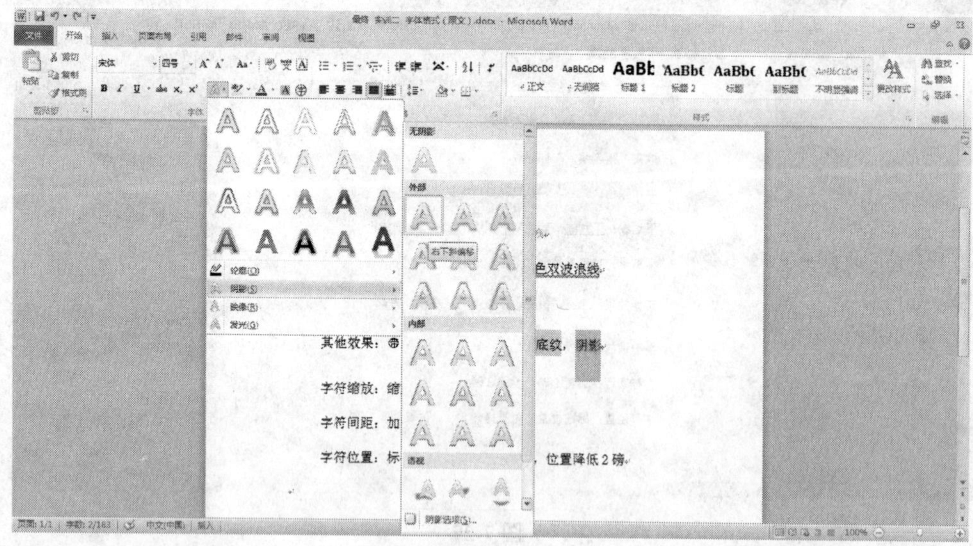

图 7-29

步骤 10：选中第九行的【缩放 60%】文字，在【开始】选项卡【段落】选项组中单击【中文版式】下拉按钮，在弹出的下拉列表中选择【字符缩放】→【其他】选项，在弹出的【字体】对话框【高级】选项卡【字符间距】选项组中的【缩放】文本框中输入 60%，如图 7-30 所示，然后单击【确定】按钮。

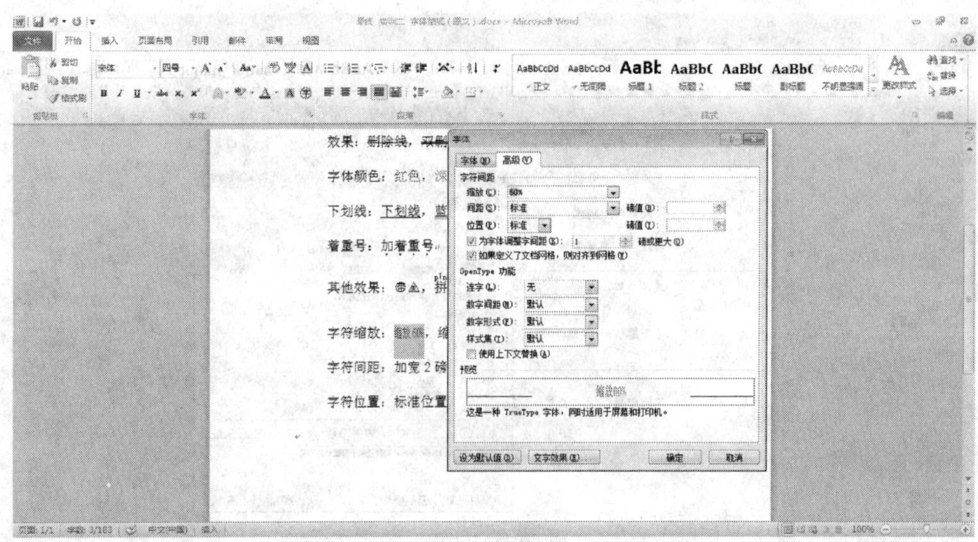

图 7-30

选中第九行的【缩放 150%】文字，在【开始】选项卡【段落】选项组中单击【中文版式】下拉按钮，在弹出的下拉列表中选择【字符缩放】→【150%】选项，如图 7-31 所示。

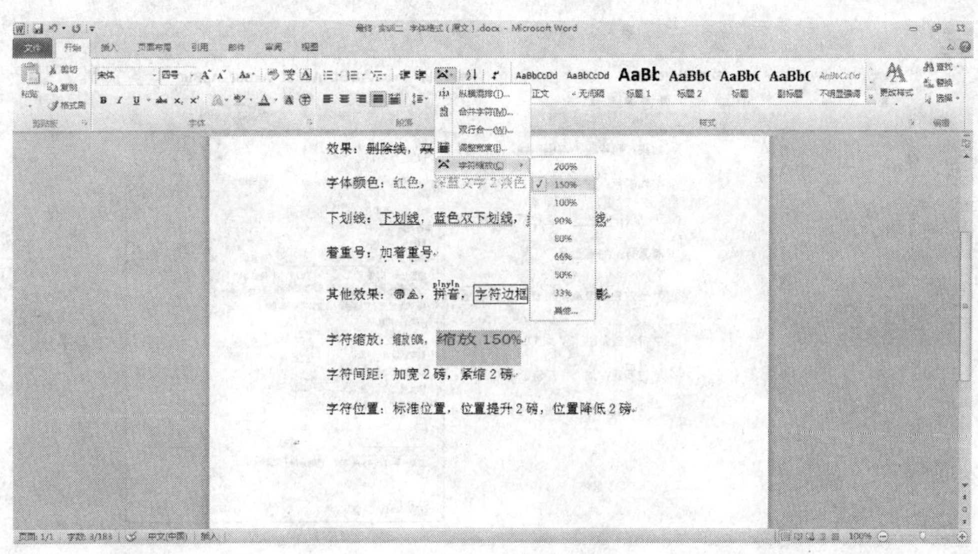

图 7-31

步骤 11：选中第十行的【加宽 2 磅】4 个字，单击【开始】选项卡【字体】选项组右下角的对话框启动器，弹出【字体】对话框。在【高级】选项卡中的【字符间距】选项组中设置【间距】为加宽、【磅值】为 2 磅，如图 7-32 所示，然后单击【确定】按钮。

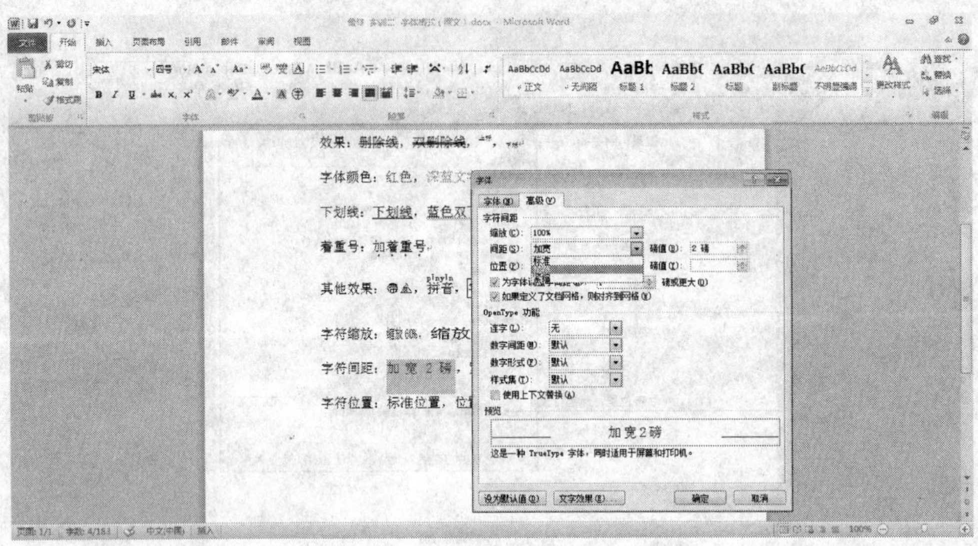

图 7-32

选中第十行的【紧缩 2 磅】4 个字，单击【开始】选项卡【字体】选项组右下角的对话框启动器，弹出【字体】对话框。在【高级】选项卡中的【字符间距】选项组中设置【间距】为紧缩、【磅值】为 2 磅，如图 7-33 所示，然后单击【确定】按钮。

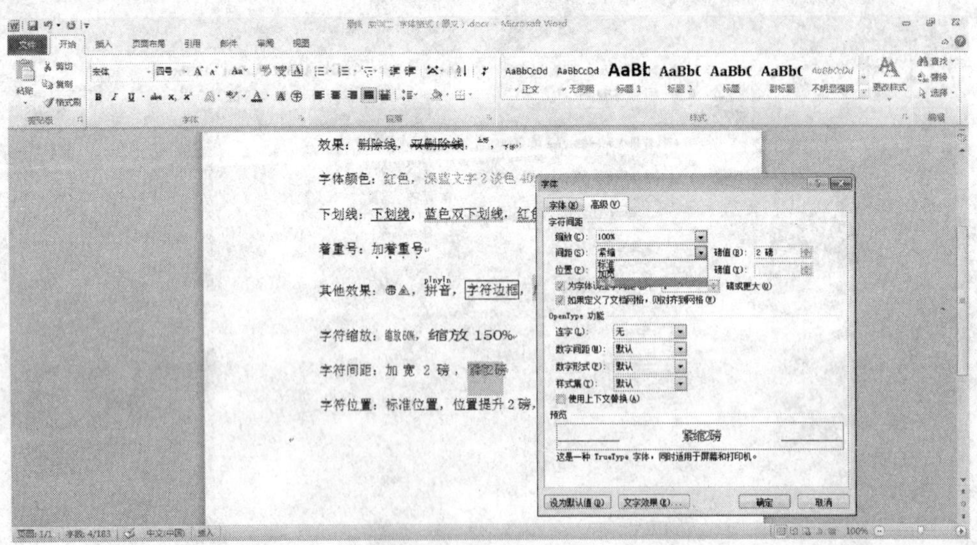

图 7-33

步骤 12：选中第十一行的【标准位置】4 个字，单击【开始】选项卡【字体】选项组右下角的对话框启动器，弹出【字体】对话框。在【高级】选项卡中的【字符间距】选项组中设置【位置】为标准，如图 7-34 所示，然后单击【确定】按钮。本步也可以省略，默认为标准位置。

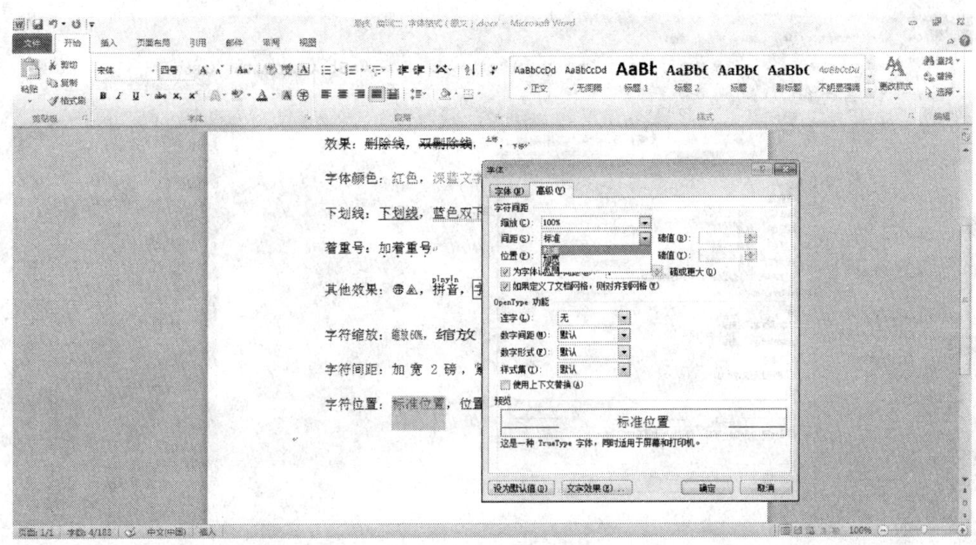

图 7-34

选中第十一行的【位置提升 2 磅】6 个字，单击【开始】选项卡【字体】选项组右下角的对话框启动器，弹出【字体】对话框。在【高级】选项卡中的【字符间距】选项组中设置【位置】为提升、【磅值】为 2 磅，如图 7-35 所示，然后单击【确定】按钮。

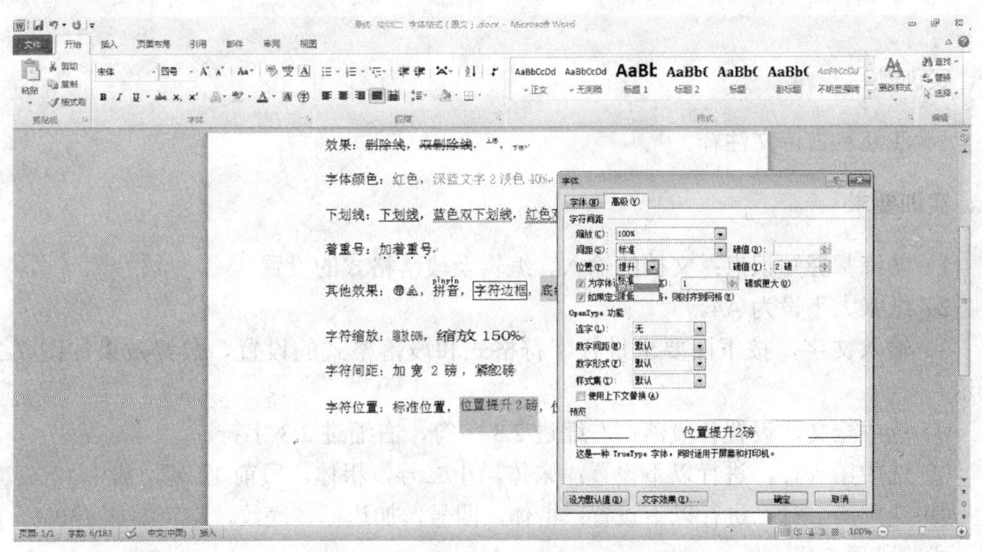

图 7-35

选中第十一行的【位置降低 2 磅】6 个字，单击【开始】选项卡【字体】选项组右下角的对话框启动器，弹出【字体】对话框。在【高级】选项卡中的【字符间距】选项组中设置【位置】为降低、【磅值】为 2 磅，如图 7-36 所示，然后单击【确定】按钮。

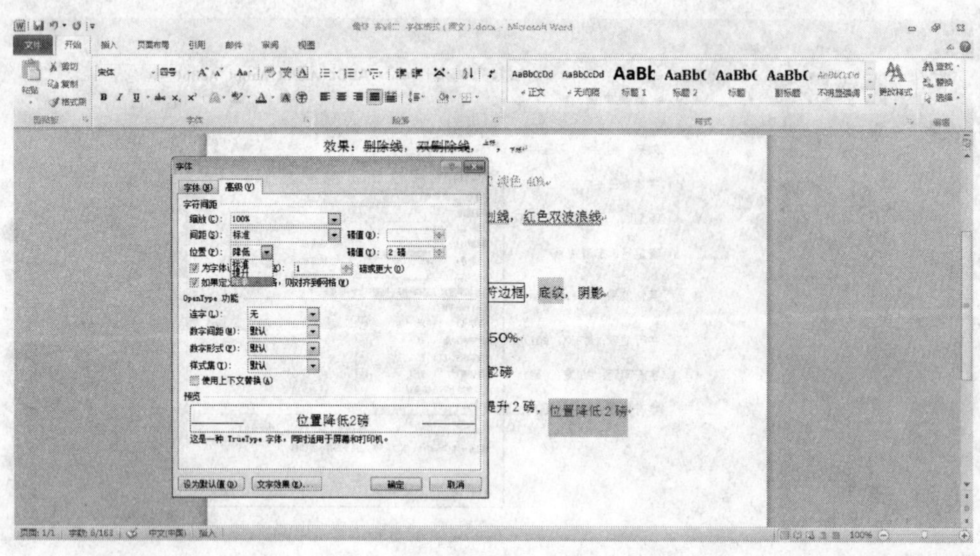

图 7-36

至此，全部效果设置完成，最终的文档效果如图 7-9 所示。

综合实训 3

一、实训题目

《满江红》古诗文注释。

二、实训要求

1）熟练掌握知识点：文档的输入、编辑及段落格式的设置。

2）纸张大小设为 A4。

3）输入文字，按下面要求进行字符格式和段落格式的设置，最终效果如图 7-37 所示。

① 选中全文，设置各段落：左缩进 2.3 字符，右缩进 2.3 字符。

② 选中第一行，进行以下设置：宋体，小二号，粗体，段前 12 磅，居中。

③ 选中第二行，进行以下设置：楷体，四号，加边框、底纹，字符缩放 150%，居中，段前段后 5 磅。

④ 选中正文内容，进行以下设置：隶书，三号，首行缩进两个字。

⑤ 选中【词句注释】4 个字，将其设为微软雅黑，字号 12，段前 12 磅。

⑥ 选中 10 条注释，进行以下设置：宋体，五号，前面加编号，选定编号利用快捷菜单调整列表缩进为文本缩进 1 厘米。

⑦ 标题及正文第一段注释序号设置为上标。

⑧ 给第二条注释【发】字后面加注音（fà）。

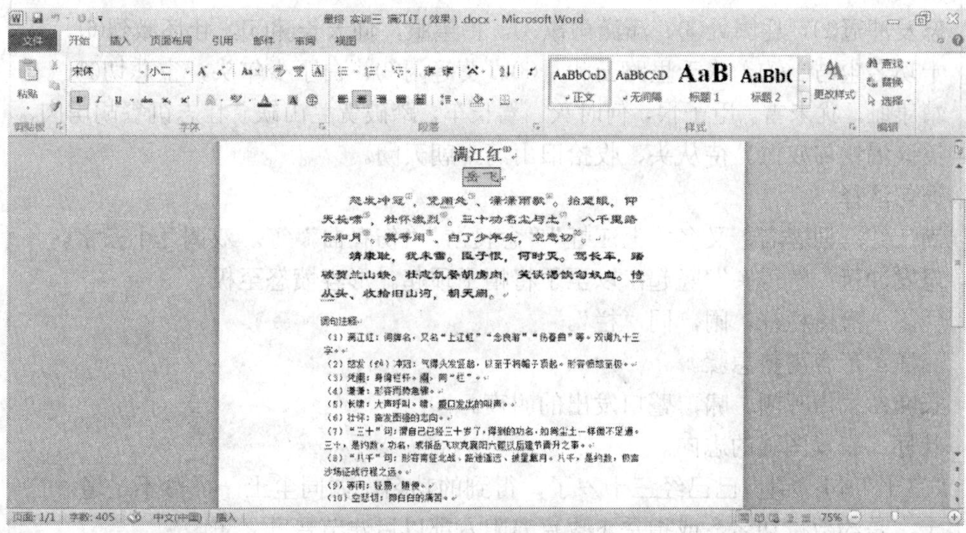

图 7-37

三、实训过程

步骤 1：新建一个 Word 文档。

选择【页面布局】选项卡【页面设置】选项组【纸张大小】下拉列表中的【A4】选项，如图 7-38 所示，将纸张大小设为 A4。

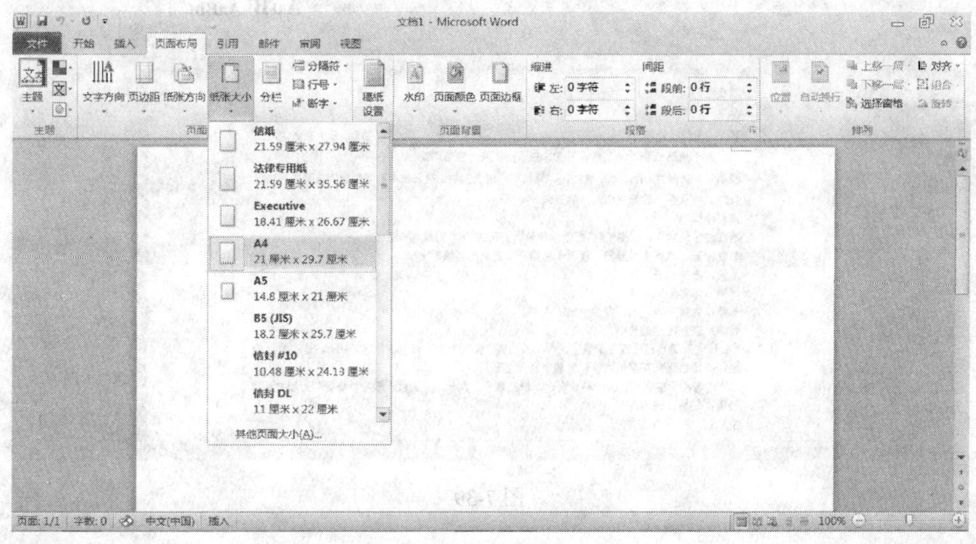

图 7-38

步骤 2：输入如下文字，效果如图 7-39 所示。

满江红(1)
岳飞
怒发冲冠(2)，凭阑处(3)、潇潇雨歇(4)。抬望眼，仰天长啸(5)，壮怀激烈(6)。三十功名尘与土(7)，八千里路云和月(8)。莫等闲(9)、白了少年头，空悲切(10)。
靖康耻，犹未雪。臣子恨，何时灭。驾长车，踏破贺兰山缺。壮志饥餐胡虏肉，笑谈渴饮匈奴血。待从头、收拾旧山河，朝天阙。
词句注释
满江红：词牌名，又名“上江虹”“念良游”“伤春曲”等。双调九十三字。
怒发冲冠：气得头发竖起，以至于将帽子顶起。形容愤怒至极。
凭阑：身倚栏杆。阑，同“栏”。
潇潇：形容雨势急骤。
长啸：大声呼叫。啸，蹙口发出的叫声。
壮怀：奋发图强的志向。
“三十”句：谓自己已经三十岁了，得到的功名，如同尘土一样微不足道。三十，是约数。功名，或指岳飞攻克襄阳六郡以后建节晋升之事。
“八千”句：形容南征北战、路途遥远、披星戴月。八千，是约数，极言沙场征战行程之远。
等闲：轻易，随便。
空悲切：即白白的痛苦。

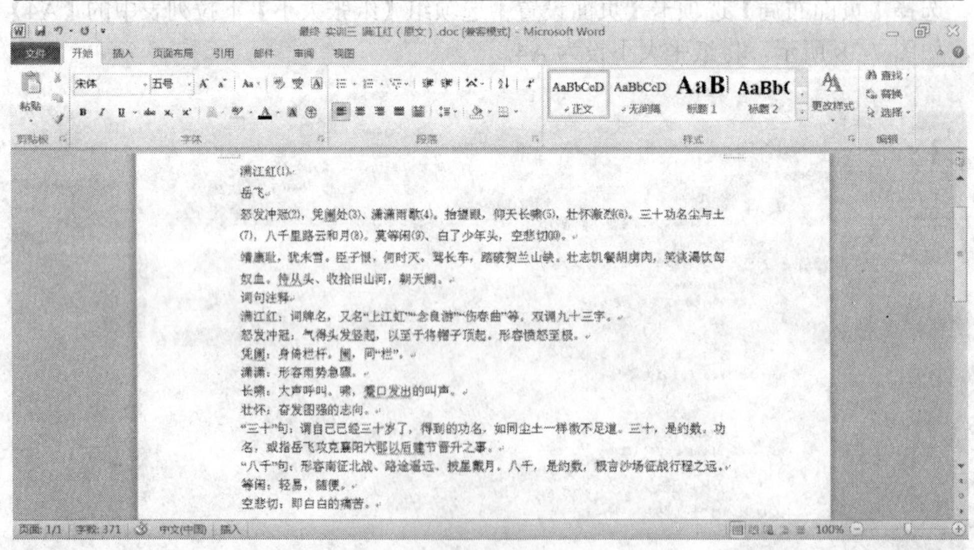

图 7-39

步骤 3：进行字符格式及段落格式的设置。

将鼠标指针移到第二段文本最左侧，当鼠标指针变成空心向右指向箭头时，快速单击 3 次选定全文。然后单击【开始】选项卡【段落】选项组右下角的对话框启动器，弹出【段落】对话框。在【缩进和间距】选项卡中设置缩进：左侧 2.3 字符，右侧 2.3 字符；并取消选中【如果定义了文档网格，则自动调整右缩进】和【如果定义了文档网格，则对齐到网格】复选框，如图 7-40 所示，然后单击【确定】按钮。

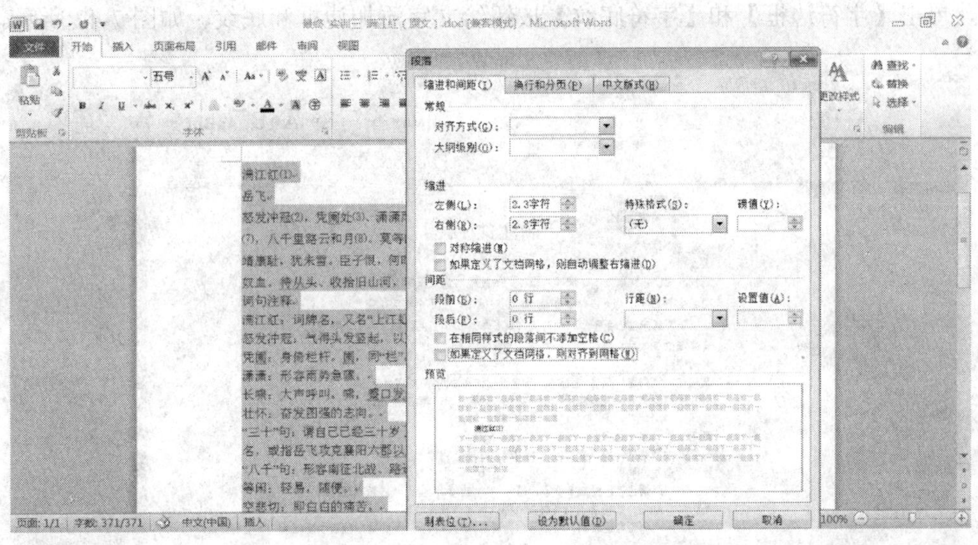

图 7-40

步骤 4：选中第一行，进行以下设置：宋体，小二号，粗体，段前 12 磅，居中。

拖动鼠标选中第一行，在【开始】选项卡【字体】选项组中设置字体为宋体、小二号字，单击【加粗】按钮。然后单击【开始】选项卡【段落】选项组右下角的对话框启动器，弹出【段落】对话框。在【缩进和间距】选项卡中的【常规】选项组中设置【对齐方式】为居中，在【间距】选项组中将【段前】设为 12 磅，如图 7-41 所示，然后单击【确定】按钮。

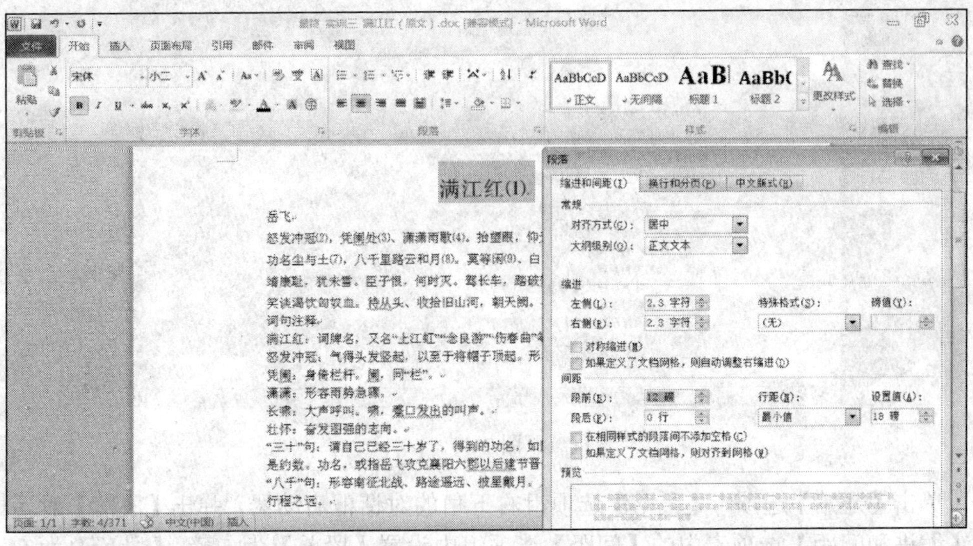

图 7-41

步骤 5：选中第二行，进行以下设置：楷体，四号，加边框、底纹，字符缩放 150%，居中，段前段后 5 磅。

拖动鼠标选中第二行，在【开始】选项卡【字体】选项组中设置字体为楷体、四号字，单击【字符边框】和【字符底纹】按钮给文字添加边框和底纹，如图 7-42 所示。

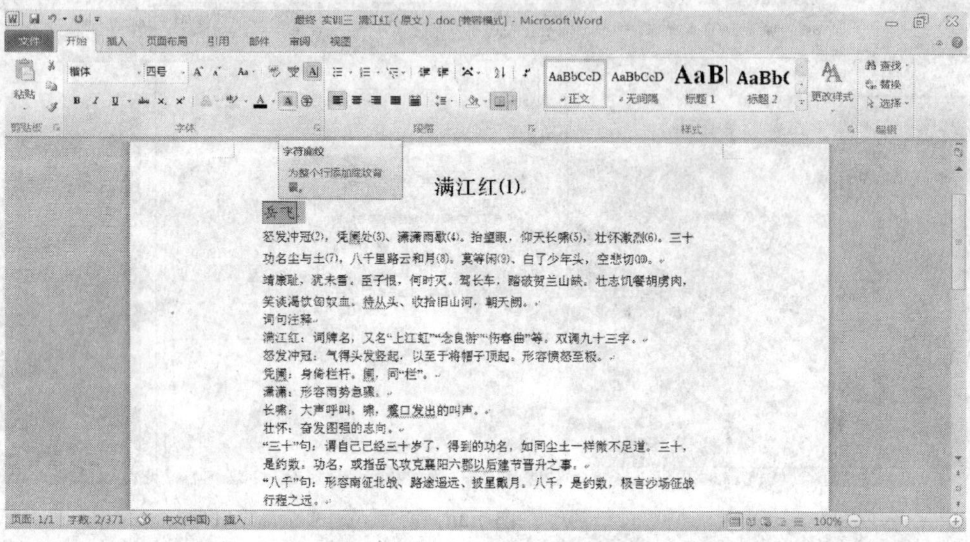

图 7-42

在【开始】选项卡【段落】选项组中单击【中文版式】下拉按钮，在弹出的下拉列表中选择【字符缩放】→【150%】选项，如图 7-43 所示，再单击【居中】按钮。

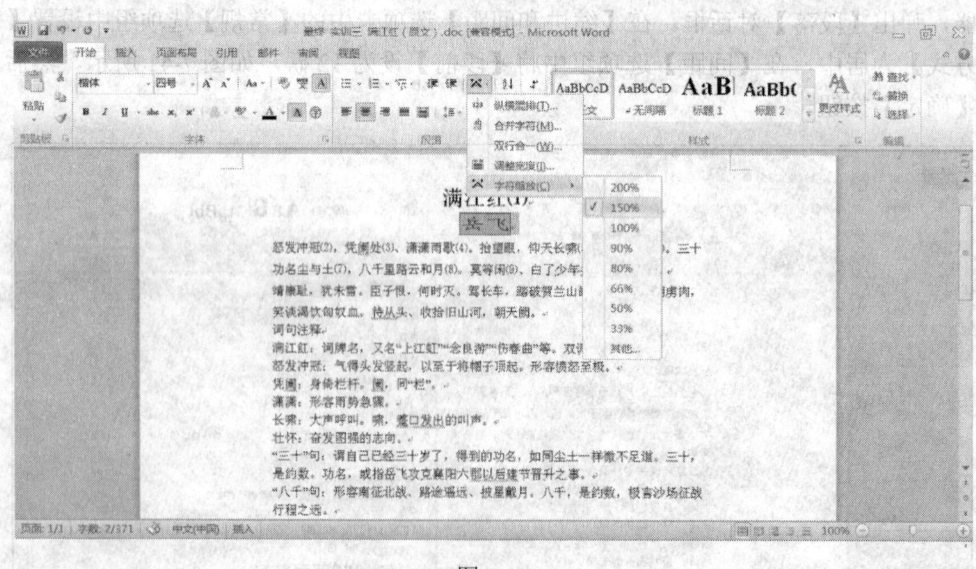

图 7-43

单击【开始】选项卡【段落】选项组右下角的对话框启动器，弹出【段落】对话框。在【缩进和间距】选项卡中的【间距】选项组中设置【段前】为 5 磅、【段后】为 5 磅，如图 7-44 所示，然后单击【确定】按钮。

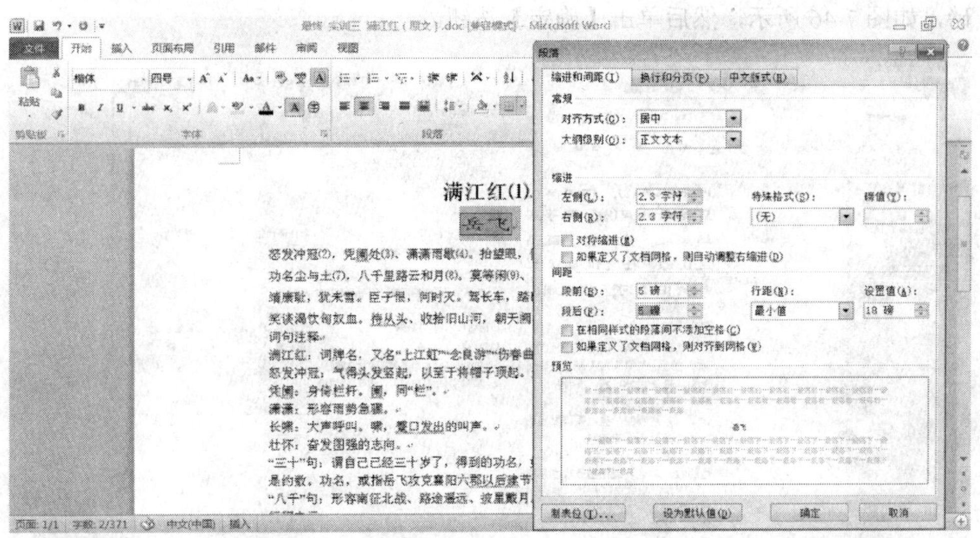

图 7-44

步骤 6：选中正文内容，进行以下设置：隶书，三号，首行缩进两个字。

将鼠标指针移到第三行正文最左侧，当鼠标指针变成空心向右指向箭头时，拖动选中两段正文。在【开始】选项卡【字体】选项组中设置字体为隶书、三号字，将光标移到段首位置，敲入空格空出两个汉字的位置，如图 7-45 所示。

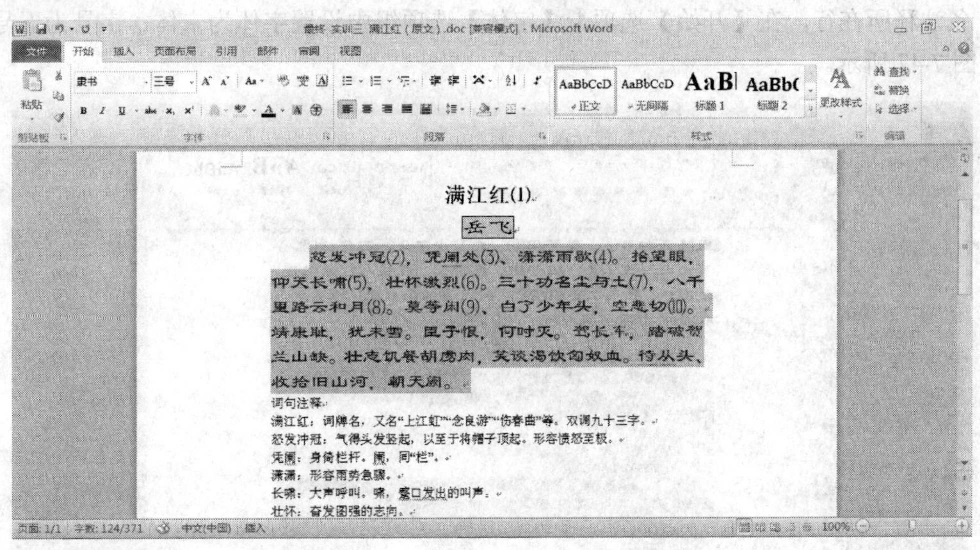

图 7-45

步骤 7：选中【词句注释】4 个字，将其设为微软雅黑，字号 12，段前 12 磅。

拖动鼠标选中【词句注释】4 个字，在【开始】选项卡【字体】选项组中设置字体为微软雅黑、字号为 12；单击【开始】选项卡【段落】选项组右下角的对话框启动器，弹出【段落】对话框。在【缩进和间距】选项卡中的【间距】选项组中将【段前】设为12磅，如图7-46所示，然后单击【确定】按钮。

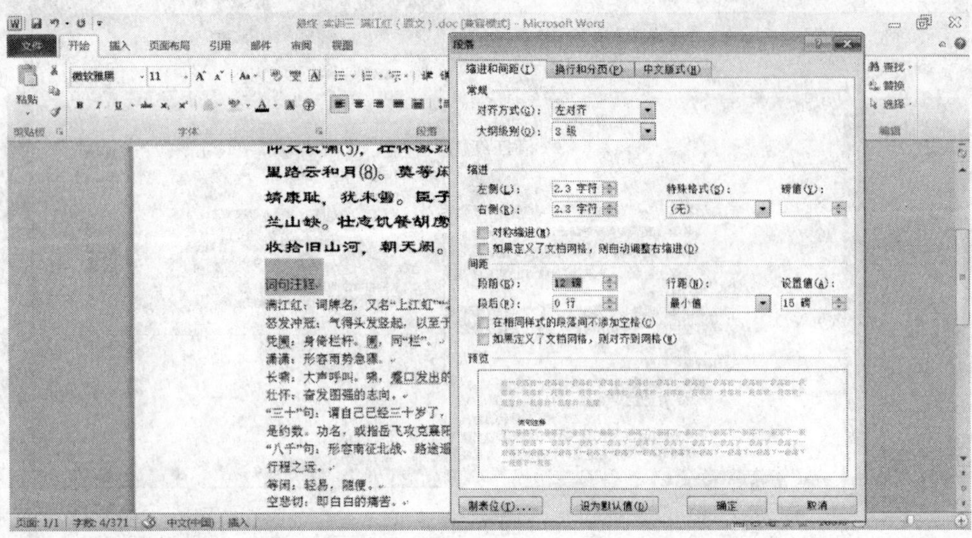

图7-46

步骤8：选中10条注释，进行以下设置：宋体，五号，前面加编号，选定编号利用快捷菜单调整列表缩进为文本缩进1厘米。

将鼠标指针移到最左侧，当鼠标指针变成空心向右指向的箭头时，拖动鼠标选中10条注释所在行，在【开始】选项卡【字体】选项组中设置字体为宋体、字号为五号，如图7-47所示。

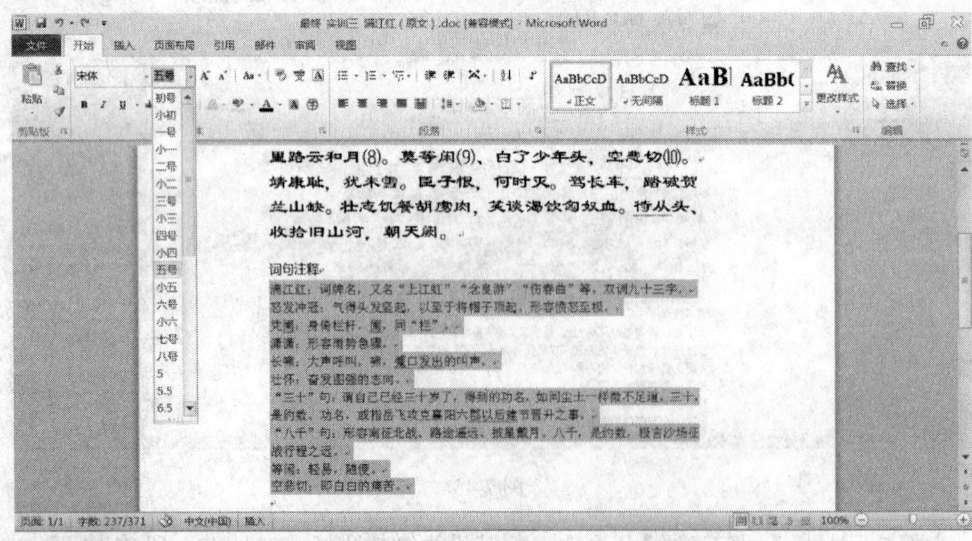

图7-47

仍然选中 10 条注释，单击【开始】选项卡【段落】选项组中的【编号】下拉按钮，在弹出的下拉列表中选择带括号的阿拉伯数字，如图 7-48 所示，即为注释加上了对应的编号。

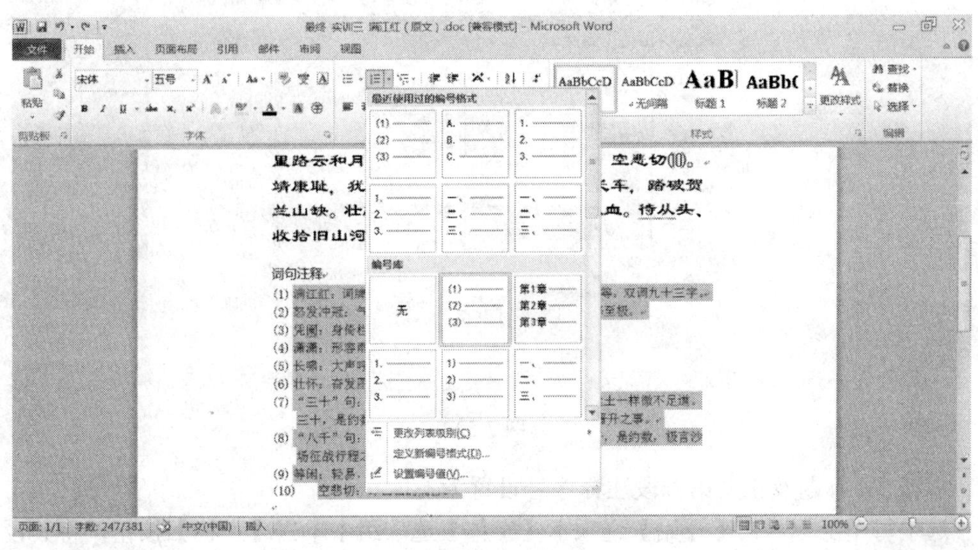

图 7-48

选中编号右击，在弹出的快捷菜单中选择【调整列表缩进】选项，如图 7-49 所示。在弹出的【调整列表缩进量】对话框中设置【编号位置】为 1 厘米、【文本缩进】为 1 厘米、【编号之后】为不特别标注，如图 7-50 所示，然后单击【确定】按钮。

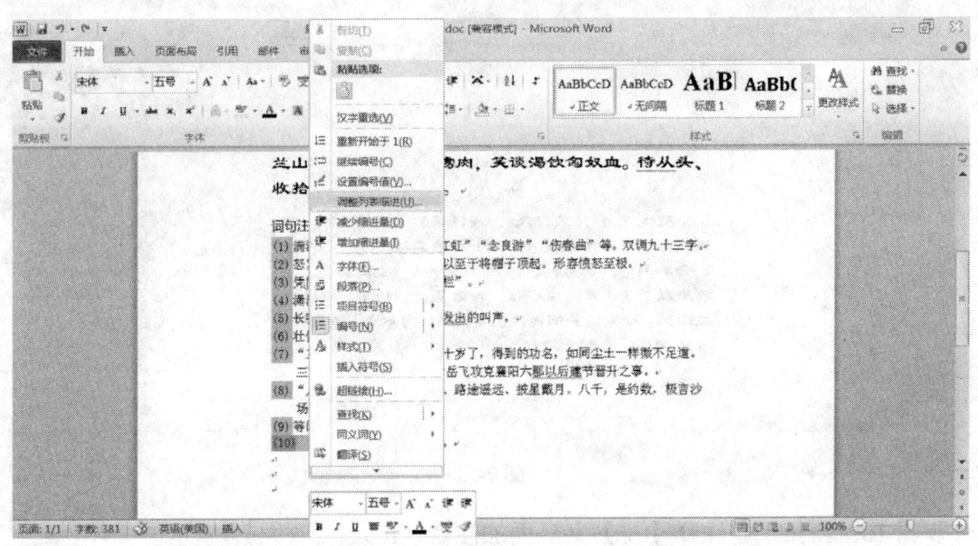

图 7-49

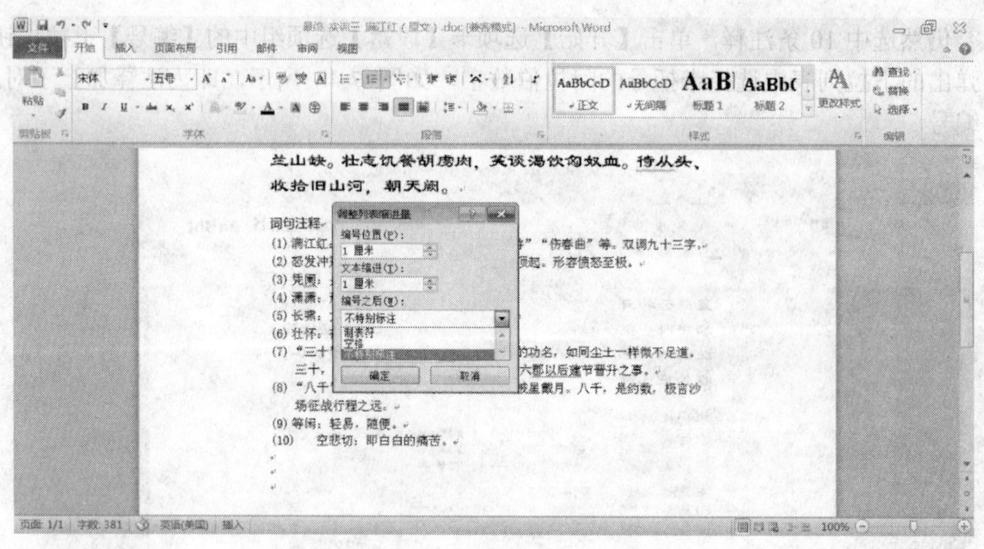

图 7-50

步骤 9：标题及正文第一段注释序号设置为上标。

选中每个上标，在【开始】选项卡【字体】选项组中单击【上标】按钮，将其设置成上标效果，如图 7-51 所示，也可以在【字体】对话框中的【效果】选项组中将其设置为上标。

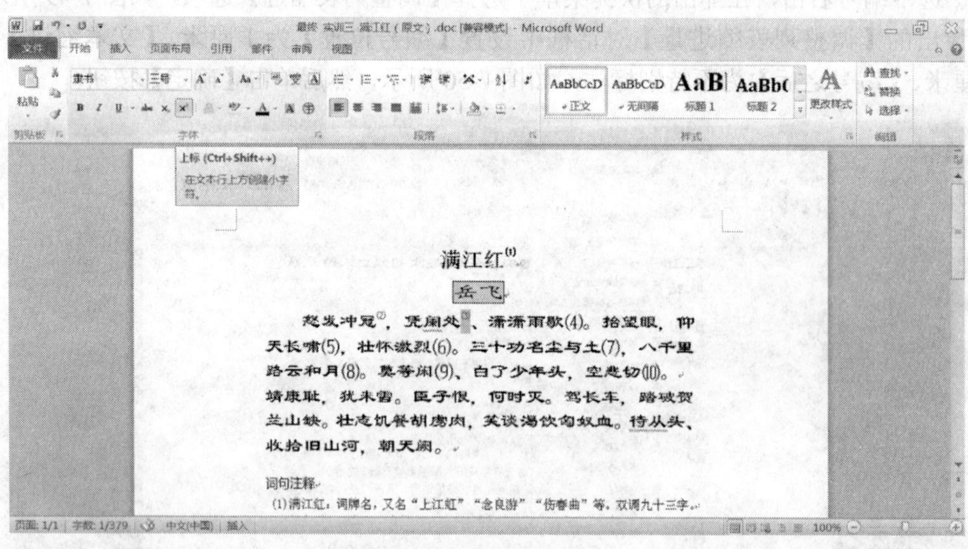

图 7-51

步骤 10：给第二条注释【发】字后面加注音（fà）。

其他字符正常输入，（à）需要单独输入。单击【插入】选项卡【符号】选项组中的【符号】下拉按钮，在弹出的下拉列表中选择【其他符号】选项，弹出【符号】对话框。选择【字体】下拉列表中的【宋体】选项，然后在列表框中选择【à】选项，如图 7-52 所示，然后单击【插入】按钮即可。

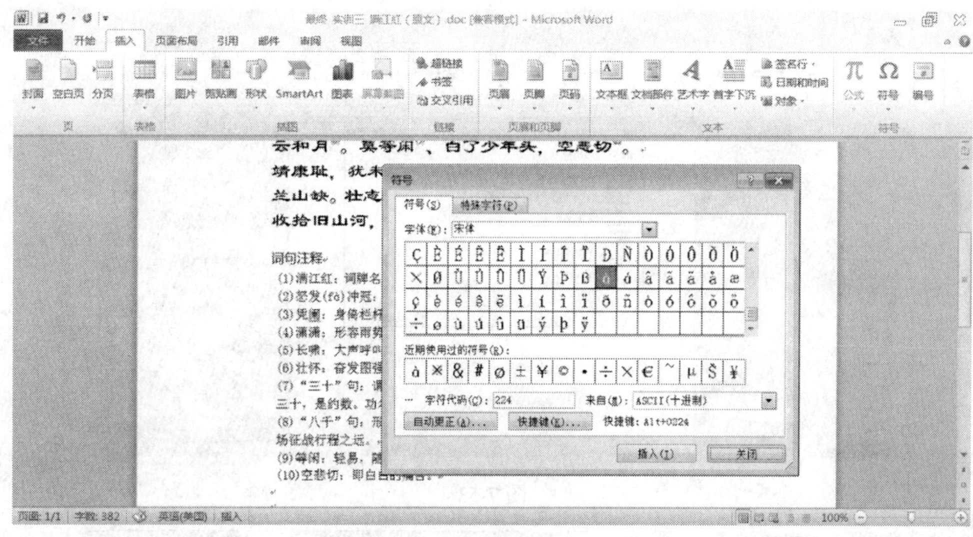

图 7-52

至此，全部效果设置完成，最终的文档效果如图 7-37 所示。

综合实训 4

一、实训题目

公式的编辑。

二、实训要求

1）熟练掌握知识点：公式编辑器的使用。

2）利用公式编辑器，编辑如下公式：$S(t)=\sum_{i=0}^{\infty}X_i^2(t)$、$a=\sqrt{a_t^2+a_n^2}$、$N=\lim_{\Delta t\to 0}F\cos\theta\frac{\Delta s}{\Delta t}$。

三、实训过程

步骤 1：将光标移到要插入数学公式的位置，单击【插入】选项卡【文本】选项组中的【对象】下拉按钮，在弹出的下拉列表中选择【对象】选项，弹出【对象】对话框。选择【新建】选项卡，拖动【对象类型】列表框右侧的垂直滚动条，在【对象类型】列表框中选择【Microsoft 公式 3.0】选项，如图 7-53 所示，单击【确定】按钮，打开公式编辑器。

步骤 2：打开公式编辑器之后，在弹出的公式输入框中编写公式，普通符号【$S(t)=$】直接通过键盘输入，如图 7-54 所示。

步骤 3：键盘无法直接输入的特殊符号和结构，利用公式编辑器的工具栏中提供的工具、符号和模板来添加，如图 7-55 所示。

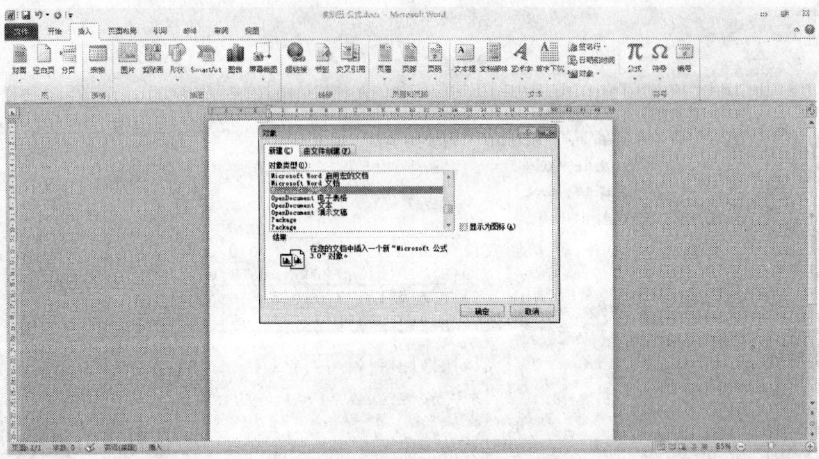

图 7-53

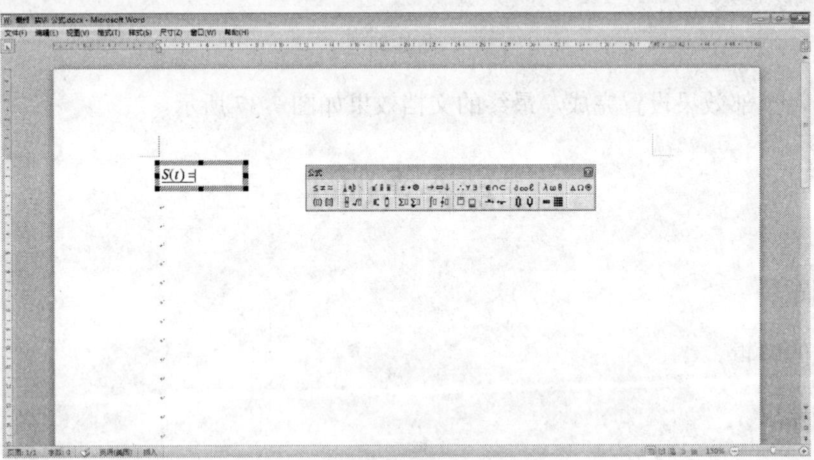

图 7-54

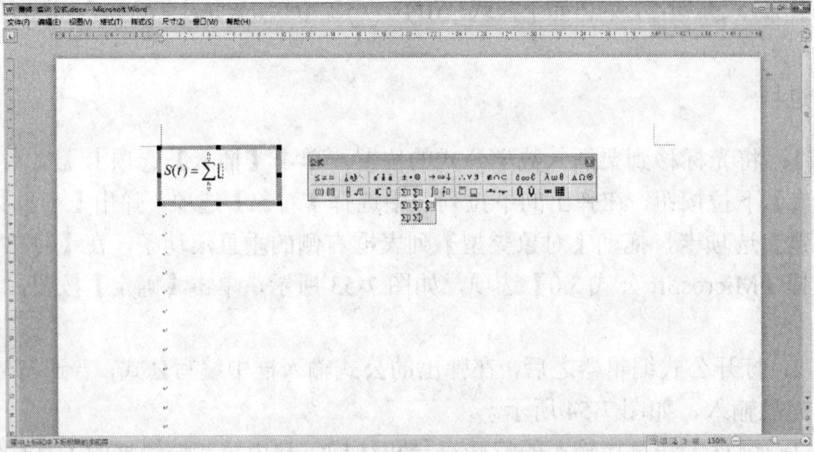

图 7-55

模板中某个小模块内容的输入，可以利用鼠标或键盘上的↑、↓、←、→键来控制光标移动到对应的模块，然后使用键盘输入普通字符或使用公式编辑器工具栏中的符号工具输入特殊字符，如图 7-56 所示。

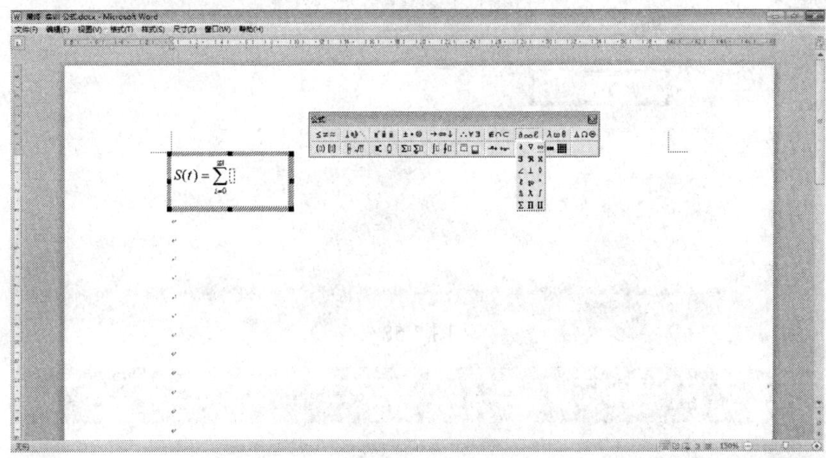

图 7-56

注意：带有上下标的结构也是有模板的，模板中可以套另外一个模板来使用，如图 7-57 所示。

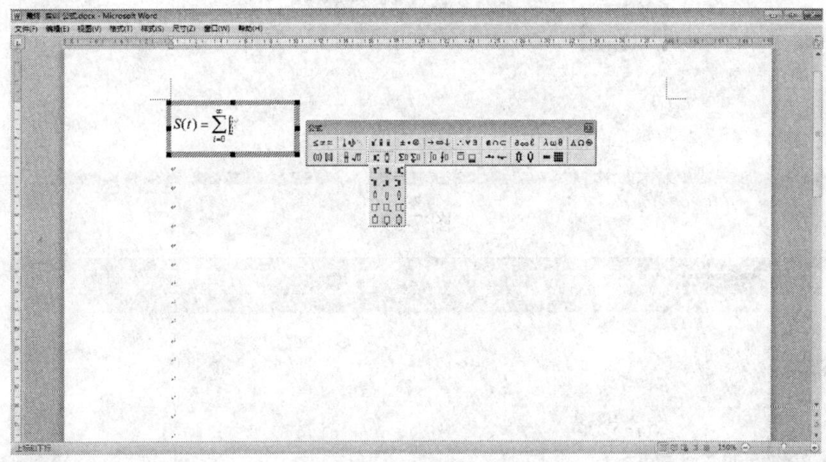

图 7-57

在各模块之间的跳转都是通过鼠标或键盘上的↑、↓、←、→键来控制光标移动的。如需插入另一个公式，重复前面的步骤即可，结果如图 7-58 所示。

键盘无法输入的特殊符号，可以利用公式编辑器中工具栏中的第一行的符号工具输入，如图 7-59～图 7-62 所示。

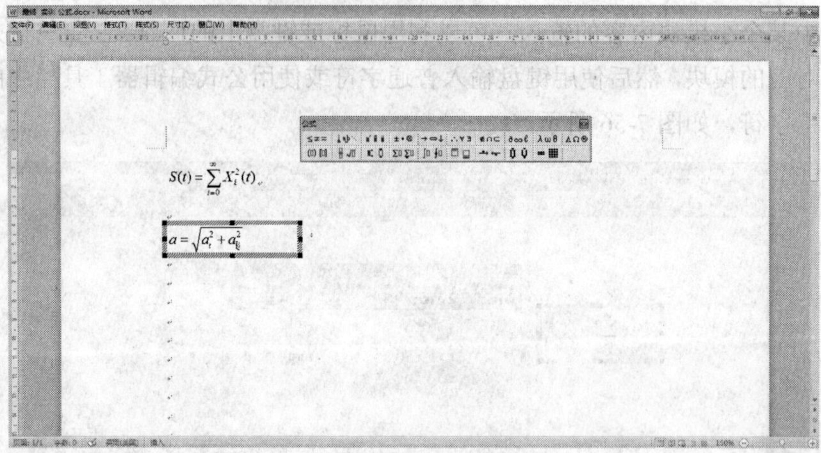

图 7-58

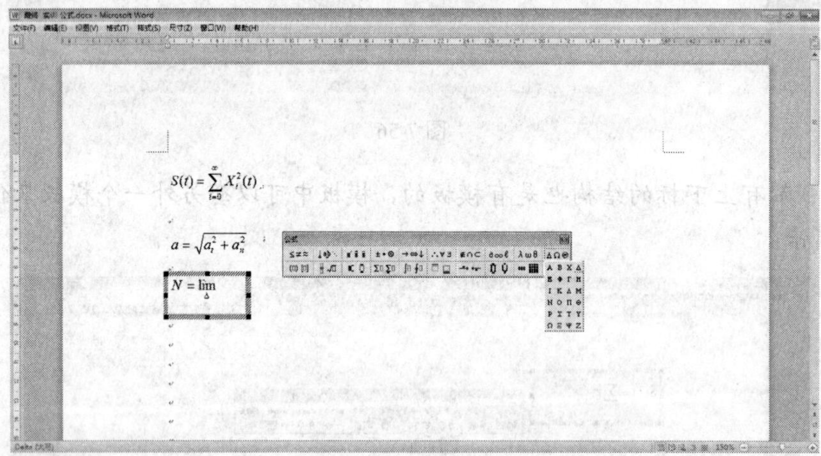

图 7-59

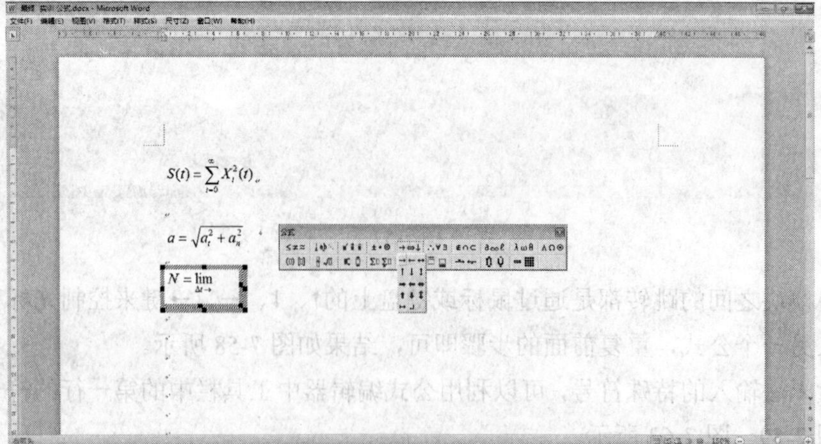

图 7-60

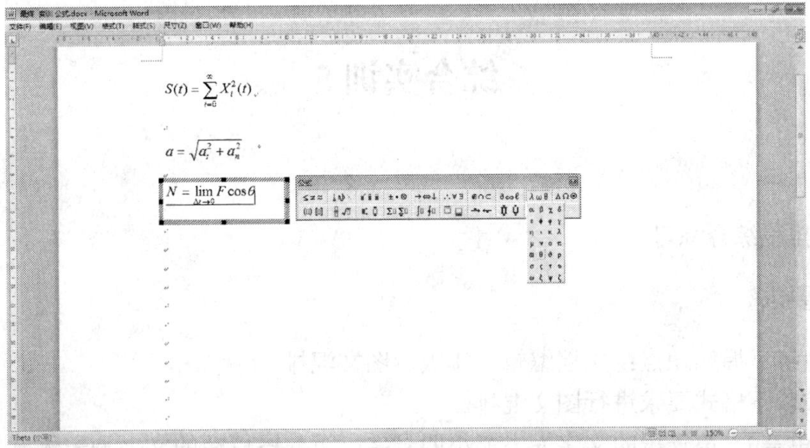

图 7-61

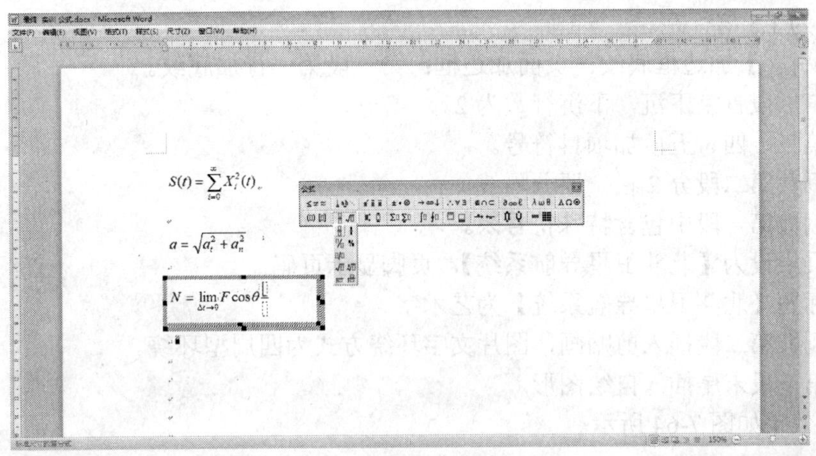

图 7-62

输入完 3 个公式后的效果如图 7-63 所示。

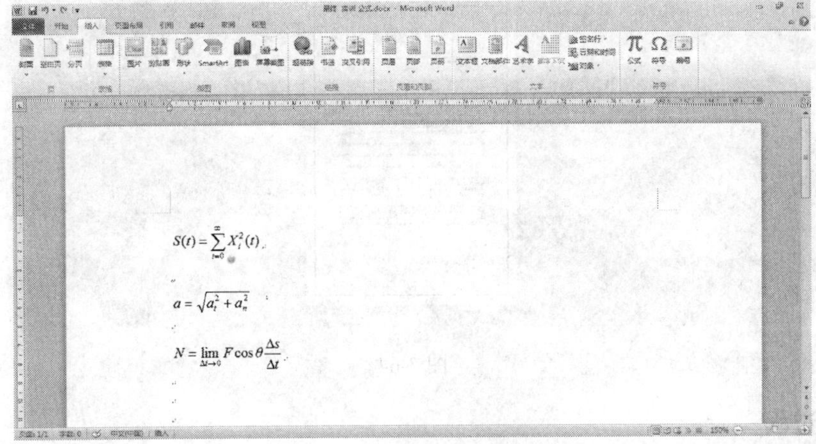

图 7-63

综合实训 5

一、实训题目

图文排版综合练习。

二、实训要求

1）熟练掌握知识点：文档编辑、排版、图文混排。

2）按以下格式要求进行图文混排。

①【引言】、第一段的文字为隶书小四号字；第二段以后的文字为宋体五号字。

② 倒数第一段、倒数第二段的首行缩进 2 字符；第一段段间距、行间距为段后 0.5 行，行距为 1.5 倍行距。

③【引言】加边框底纹；页面加边框；第一段第一行加底纹。

④ 第二段首字下沉，下沉行数为 2。

⑤ 第三、四、五段加项目符号。

⑥ 倒数第二段分 2 栏，要分隔线。

⑦ 倒数第一段中包含特殊符号※。

⑧ 页眉设为【北斗卫星导航系统】，页脚显示页码。

⑨ 标题【北斗卫星导航系统】为艺术字。

⑩ 倒数第二段插入剪贴画，图片文字环绕方式为四周型环绕。

⑪ 第一段末尾插入自绘图形。

最终效果如图 7-64 所示。

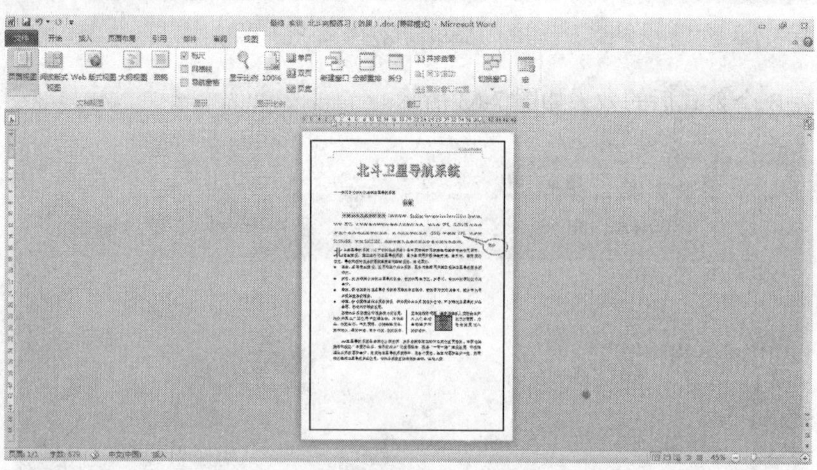

图 7-64

三、实训过程

步骤 1：启动 Word 应用程序，输入文字，如图 7-65 所示。

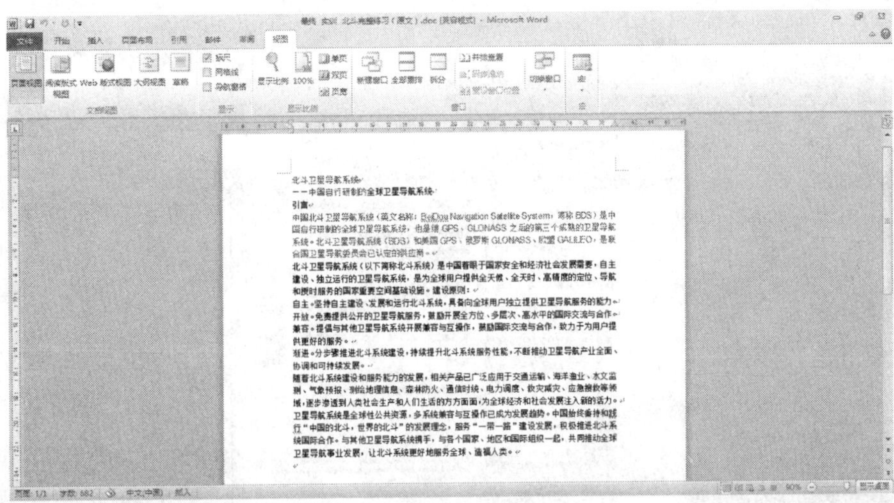

图 7-65

步骤 2：字体格式的设置。拖动鼠标选中【引言】，在【开始】选项卡【字体】选项组中设置字体为隶书、小四号字，如图 7-66 所示；拖动鼠标选中第一段文字，在【开始】选项卡【字体】选项组中设置字体为隶书、小四号字；拖动鼠标选中第二段文字，在【开始】选项卡【字体】选项组中设置字体为宋体、五号字。

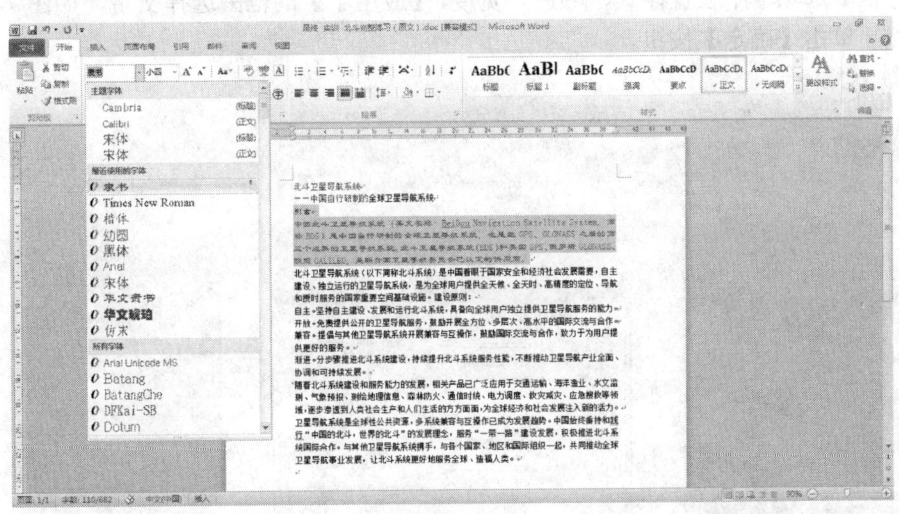

图 7-66

步骤 3：段落格式的设置。将光标移到第一段、倒数第一段、倒数第二段段首位置，分别输入空格，空出两个汉字的位置。

将光标放在第一段，单击【开始】选项卡【段落】选项组右下角的对话框启动器，弹出【段落】对话框。在【缩进和间距】选项卡中的【间距】选项组中设置【段后】为 0.5 行、【行距】为 1.5 倍行距，并取消选中【如果定义了文档网格，则自动调整右缩进】和【如果定义了文档网格，则对齐到网格】复选框，如图 7-67 所示，然后单击【确定】

按钮。

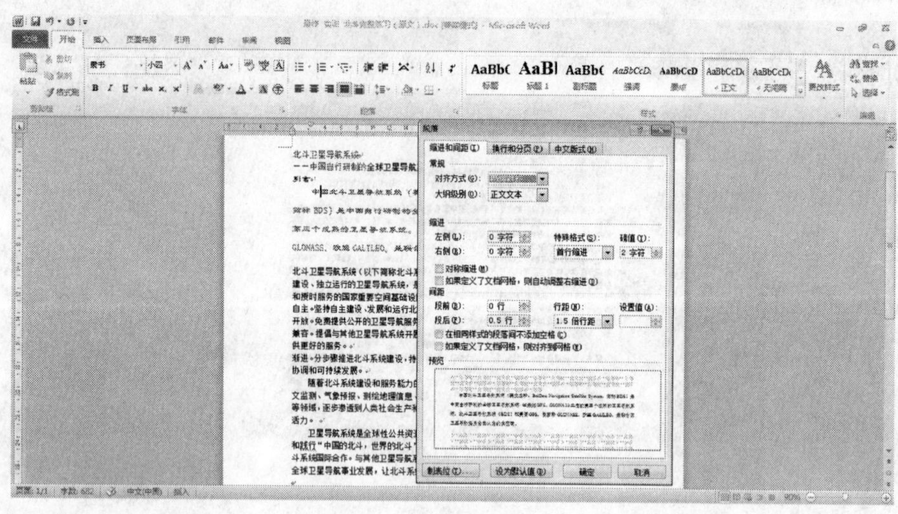

图 7-67

步骤 4：给【引言】加边框底纹。选中【引言】，将其居中对齐。然后单击【页面布局】选项卡【页面背景】选项组中的【页面边框】按钮，弹出【边框和底纹】对话框。在【边框】选项卡中设置样式、颜色、宽度，【应用于】的范围选择文字，如图 7-68 所示，然后单击【确定】按钮。

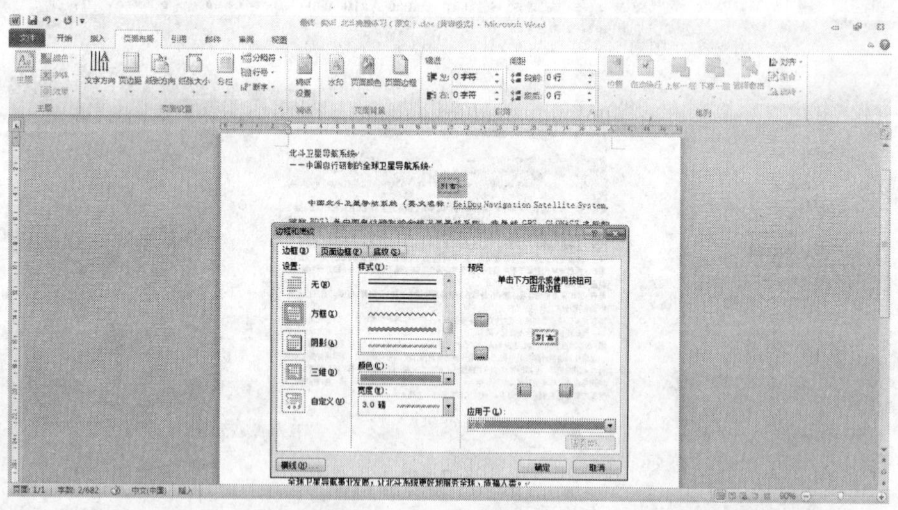

图 7-68

单击【页面布局】选项卡【页面背景】选项组中的【页面边框】按钮，弹出【边框和底纹】对话框。在【底纹】选项卡中设置填充色、图案样式和颜色，【应用于】的范围选择文字，如图 7-69 所示，然后单击【确定】按钮。

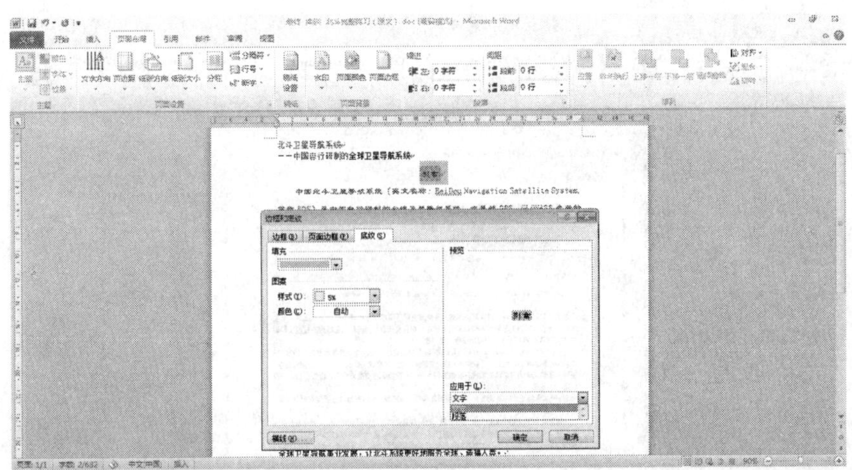

图 7-69

给页面添加边框。单击【页面布局】选项卡【页面背景】选项组中的【页面边框】按钮，弹出【边框和底纹】对话框。在【页面边框】选项卡中设置样式、颜色、宽度，还可以选择艺术型，【应用于】的范围选择整篇文档，如图 7-70 所示。

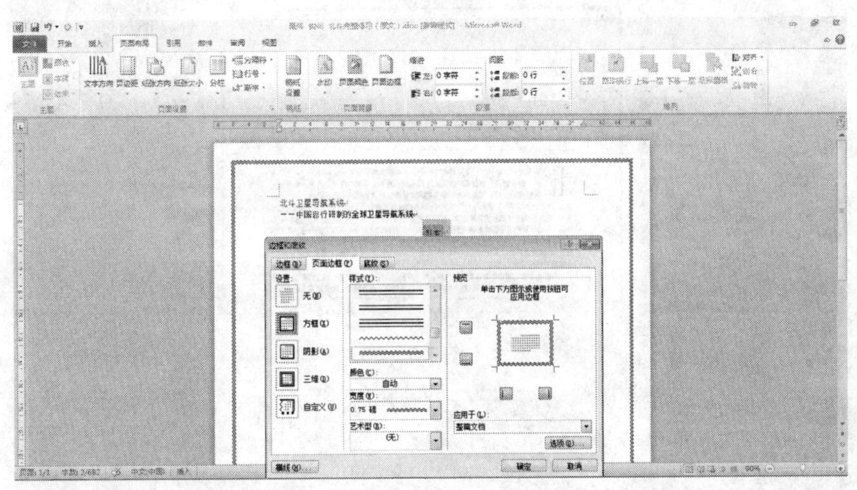

图 7-70

给第一段第一行添加底纹。选中【中国北斗卫星导航系统】文字，单击【开始】选项卡【字体】选项组中的【字符底纹】按钮，将其添加上灰色底纹，如图 7-71 所示。

步骤 5：设置首字下沉。将光标放在第二段，单击【插入】选项卡【文本】选项组中的【首字下沉】下拉按钮，在弹出的下拉列表中选择【下沉】选项，默认是下沉 3 行，如图 7-72 所示。

如果要设置下沉行数为 2 行，在图 7-72 中选择【首字下沉选项】选项，弹出【首字下沉】对话框，设置【下沉行数】为 2，如图 7-73 所示，然后单击【确定】按钮。

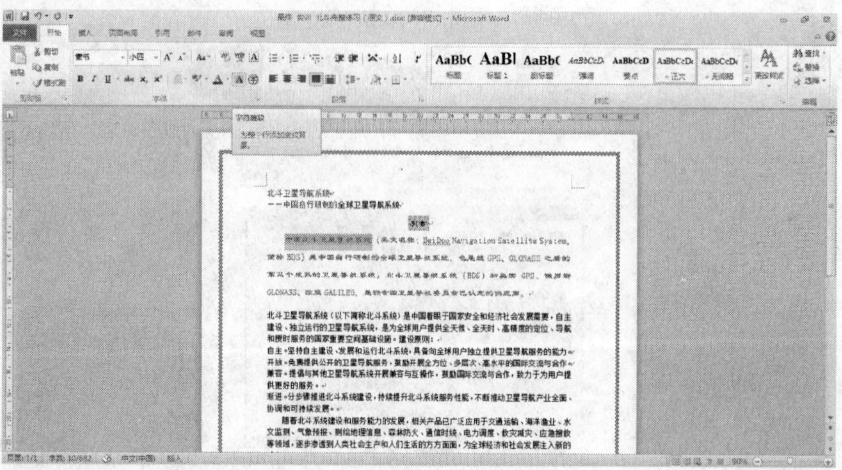

图 7-71

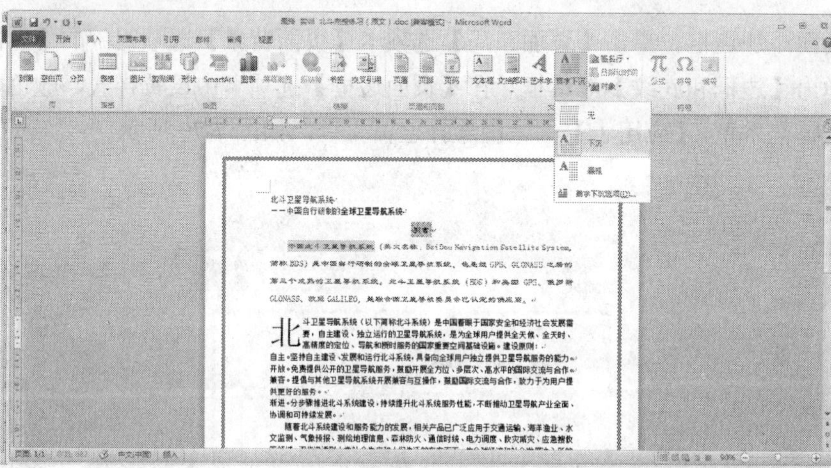

图 7-72

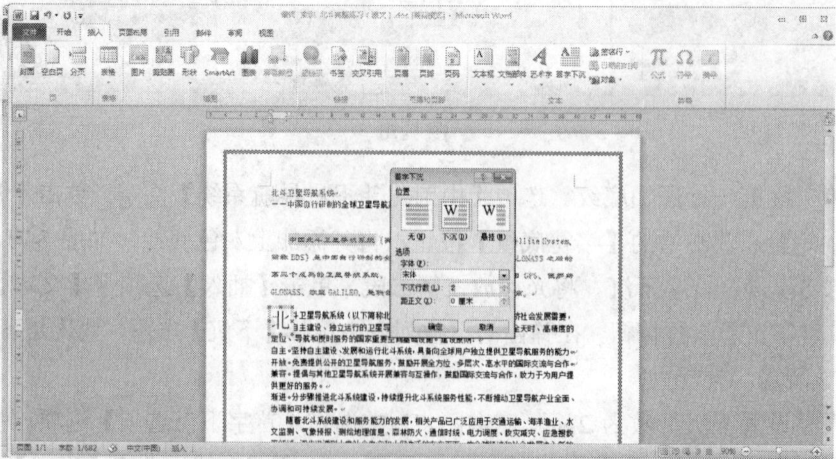

图 7-73

步骤 6：自动添加项目符号。选中第三、四、五、六段，在【开始】选项卡【段落】选项组中单击【项目符号】下拉按钮，在弹出的下拉列表中选择一种项目符号，对应的符号就会自动加到每段起始位置，如图 7-74 所示。

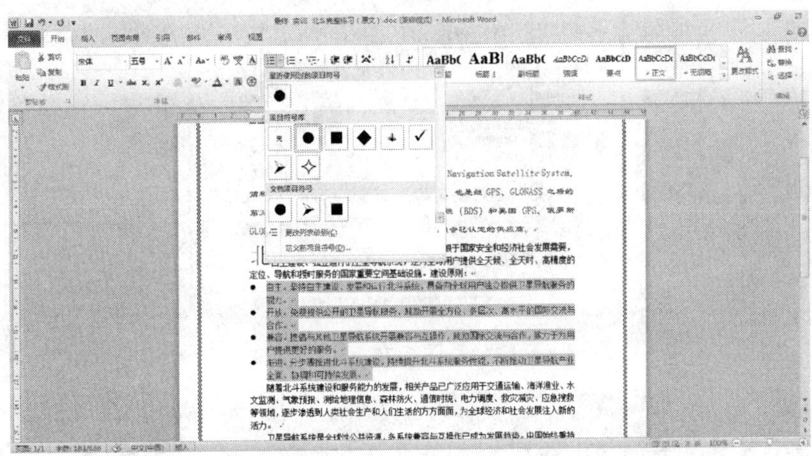

图 7-74

步骤 7：设置分栏。首先选中需要分栏的内容，选中倒数第二段，单击【页面布局】选项卡【页面设置】选项组中的【分栏】下拉按钮，在弹出的下拉列表中选择【两栏】选项，如图 7-75 所示。默认两栏没有分隔线，如果需要分隔线，则选择【更多分栏】选项，弹出【分栏】对话框。在【预设】选项组中选择两栏，并选中【分隔线】复选框，如图 7-76 所示，然后单击【确定】按钮。

步骤 8：添加特殊符号※。单击倒数第一段第一个字符前的位置，把光标放在准备插入特殊符号的位置，单击【插入】选项卡【符号】选项组中的【符号】下拉按钮，如果弹出的下拉列表中没有要添加的符号，选择【其他符号】选项，如图 7-77 所示。

在弹出的【符号】对话框中选择【符号】选项卡，找到要添加的特殊符号单击，如图 7-78 所示，然后单击【插入】按钮。

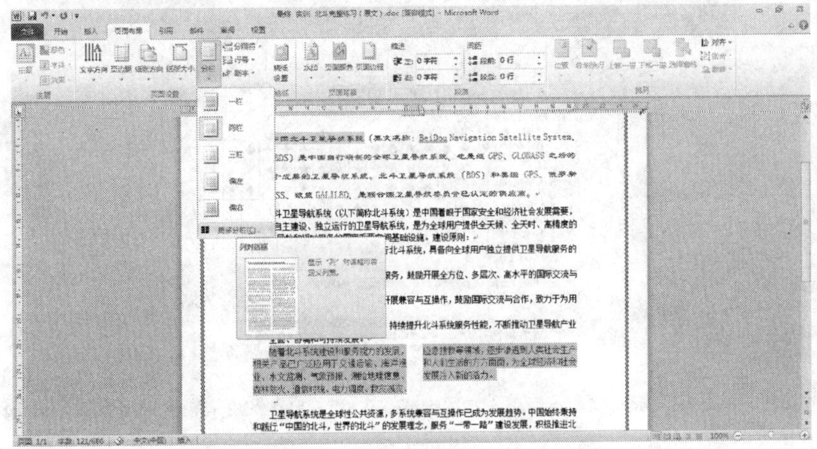

图 7-75

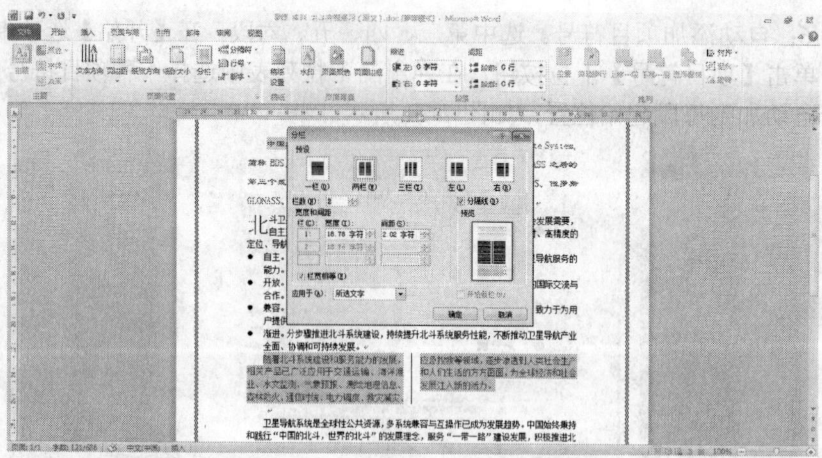

图 7-76

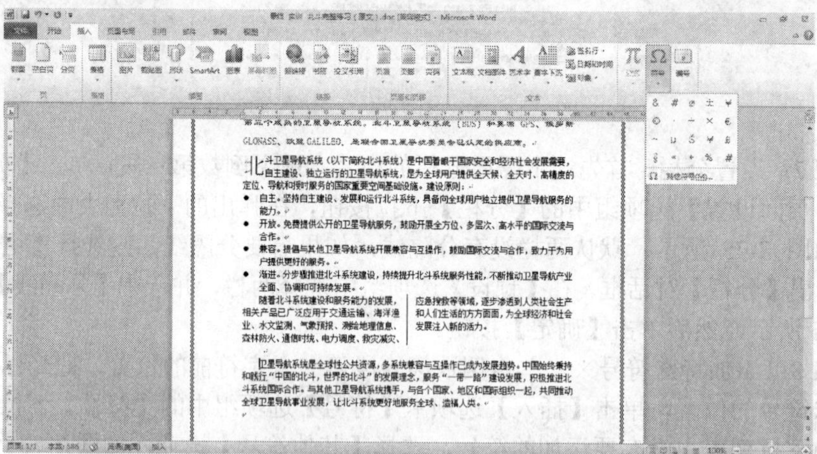

图 7-77

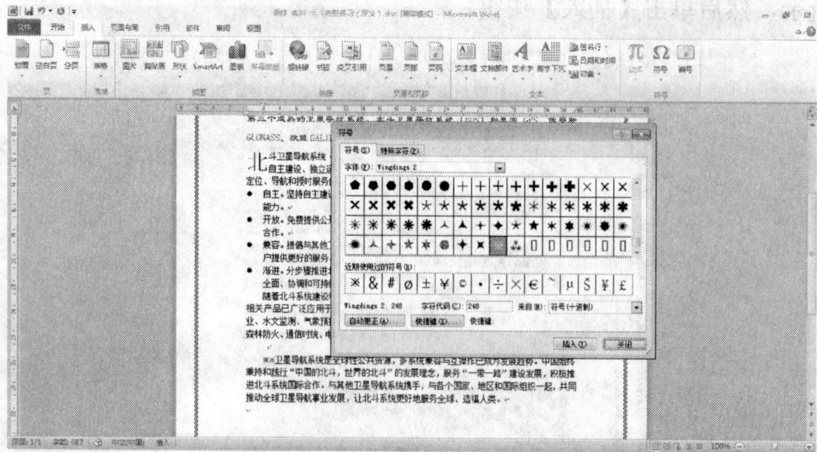

图 7-78

步骤 9：设置页眉页脚。单击【插入】选项卡【页眉和页脚】选项组中的【页眉】下拉按钮，在弹出的下拉列表中选择空白模板，如图 7-79 所示。然后在页眉的位置输入【北斗卫星导航系统】，单击【开始】选项卡【段落】选项组中的【右对齐】按钮。

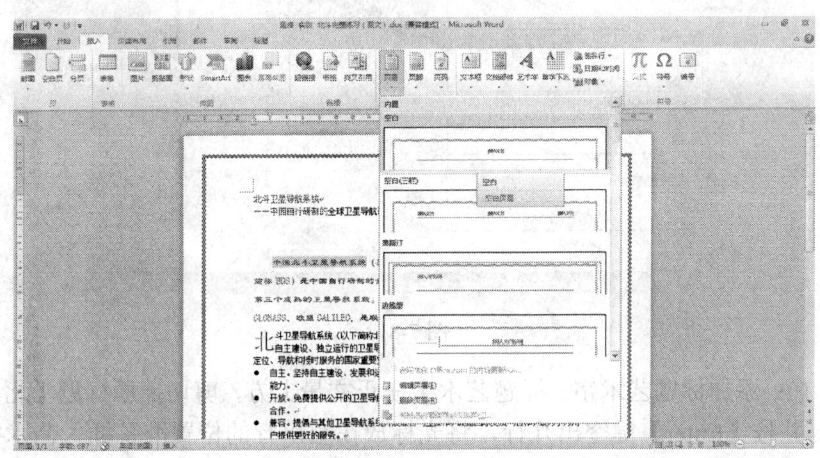

图 7-79

在【页眉和页脚工具-设计】选项卡【导航】选项组中单击【转至页脚】按钮，即可编辑页脚，如图 7-80 所示。如果页脚是页码，可以单击【页眉和页脚工具-设计】选项卡【页眉和页脚】选项组中的【页码】下拉按钮，在弹出的下拉列表中选择页码格式即可。

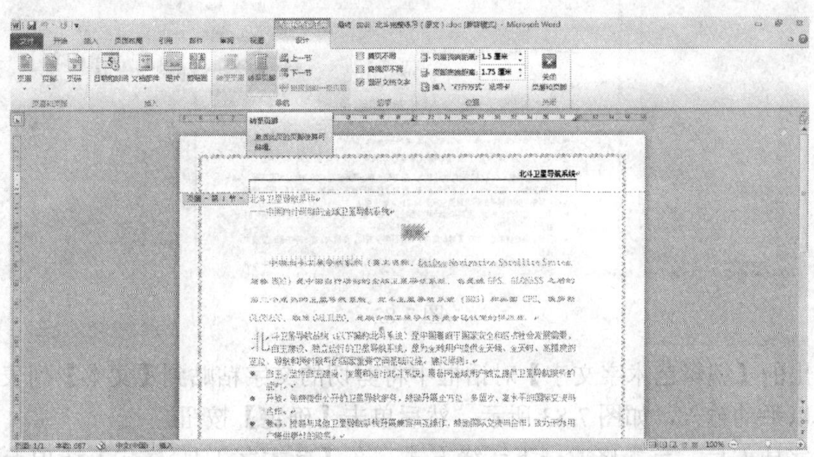

图 7-80

选择【页面底端】→【普通数字 2】居中的格式，页码就出现在页面正下方的页脚当中，如图 7-81 所示。

设置完毕，双击正文的某一处，回到正文编辑状态。

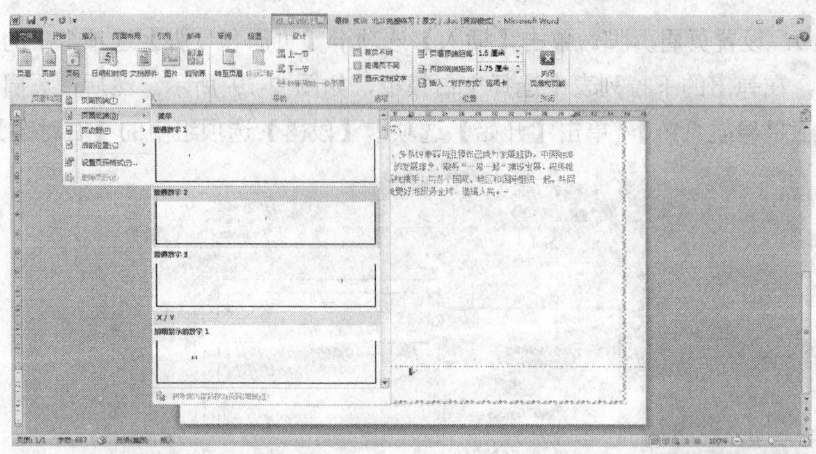

图 7-81

步骤 10：添加标题艺术字。标题艺术字在正文最上方，剪切掉原标题【北斗卫星导航系统】，并按【Enter】键空出几行，将光标放在空出行的位置准备插入艺术字。单击【插入】选项卡【文本】选项组中的【艺术字】下拉按钮，在弹出的下拉列表中选择一种样式，如图 7-82 所示。

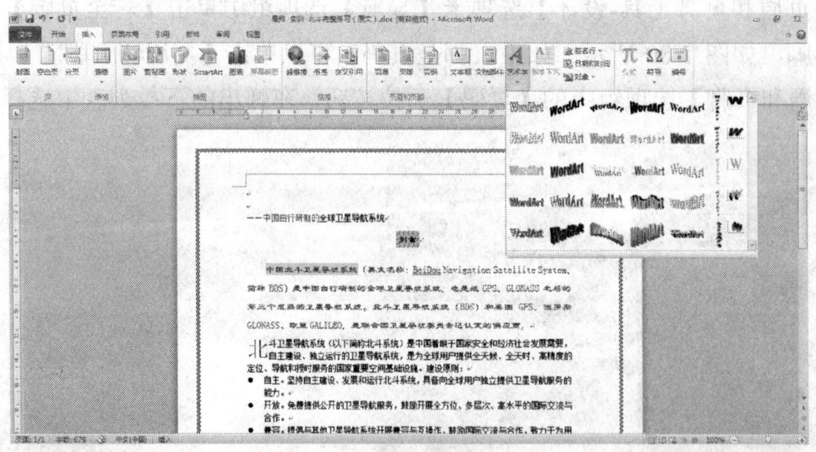

图 7-82

在弹出的【编辑艺术字文字】对话框中将剪切的文字粘贴到【文本】列表框中，这一步也可以手动输入，如图 7-83 所示，然后单击【确定】按钮。

艺术字插入后，首先修改一下环绕方式，在【艺术字工具-格式】选项卡【排列】选项组中单击【自动换行】下拉按钮，在弹出的下拉列表中选择【上下型环绕】选项，如图 7-84 所示，这样就可以拖动艺术字到合适位置。

步骤 11：添加图片剪贴画。将光标移到需要插入图片的倒数第二段，单击【插入】选项卡中【插图】选项组中的【剪贴画】按钮，在右侧出现【剪贴画】任务窗格，如图 7-85 所示。

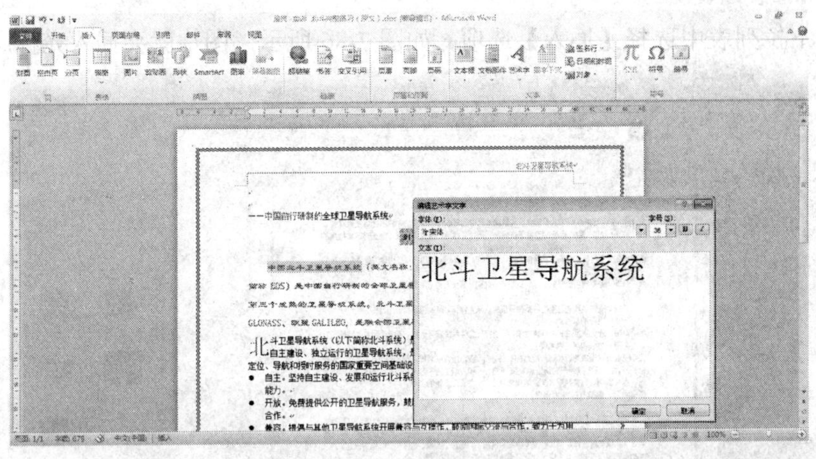

图 7-83

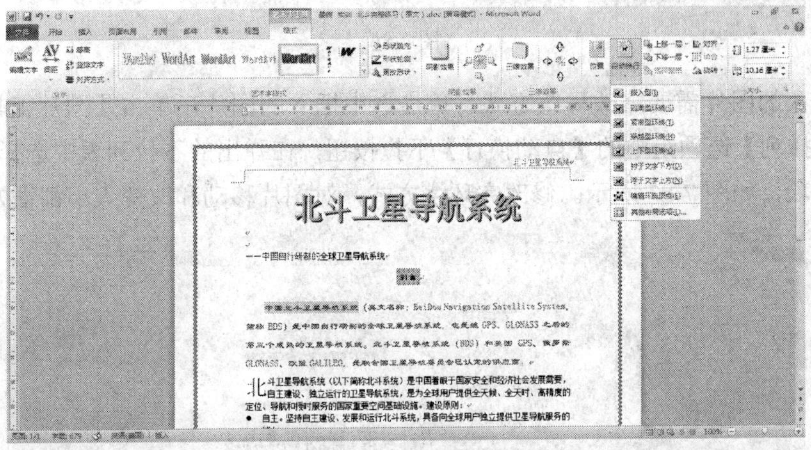

图 7-84

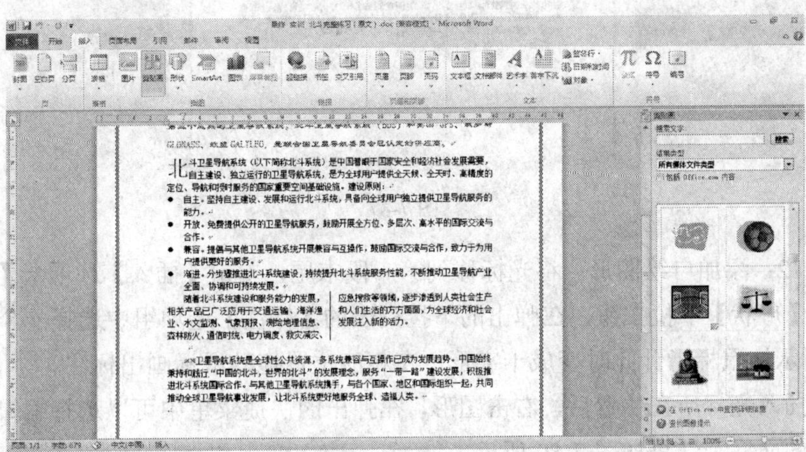

图 7-85

如果图片没有出现则可以单击【搜索】按钮，在选中的图片上单击右侧下拉按钮，在弹出的下拉列表中选择【插入】选项，如图 7-86 所示，图片就会插入光标所在位置。

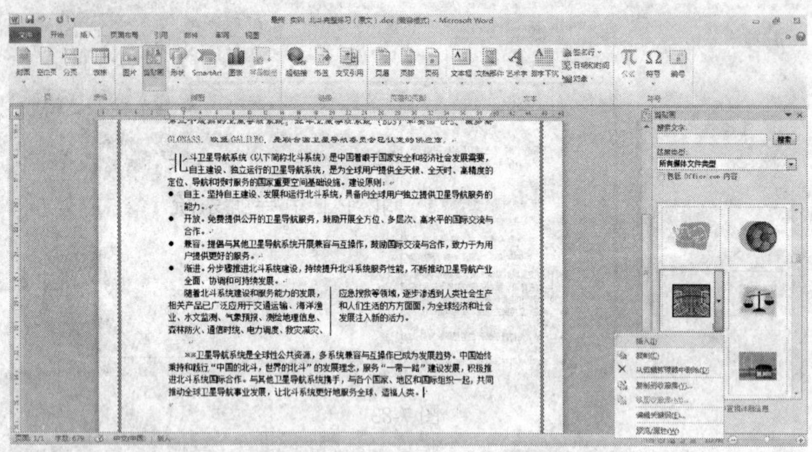

图 7-86

刚插入的图片需要修改环绕方式。单击选中插入的图片，单击【图片工具-格式】选项卡【排列】选项组中的【自动换行】下拉按钮，在弹出的下拉列表中选择【四周型环绕】选项，如图 7-87 所示。修改完环绕方式，对图片移动和改变大小都很方便。

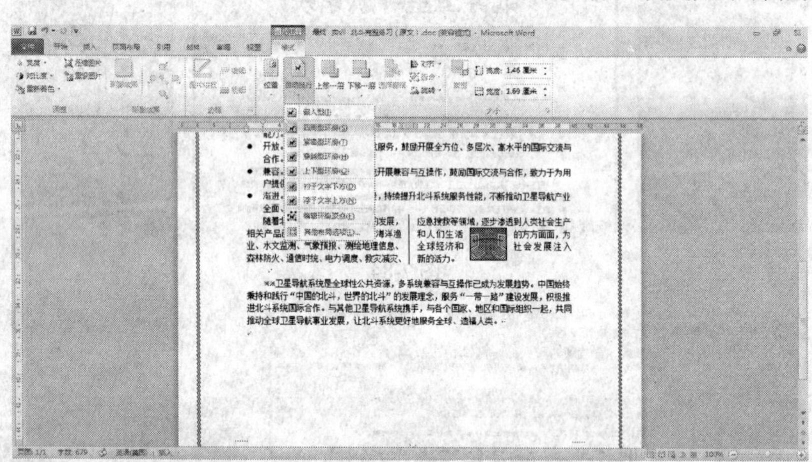

图 7-87

步骤 12：添加自绘图形。将光标移到第一段末尾，单击【插入】选项卡【插图】选项组中的【形状】下拉按钮，在弹出的下拉列表的【标注】选项组中选择一个形状，如图 7-88 所示，鼠标指针此时变成十字形，在相应位置拖动鼠标画出标注。

图形插入光标所在位置后，右击图形，在弹出的快捷菜单中可以选择编辑文字，输入想标注的文字，结果如图 7-89 所示。

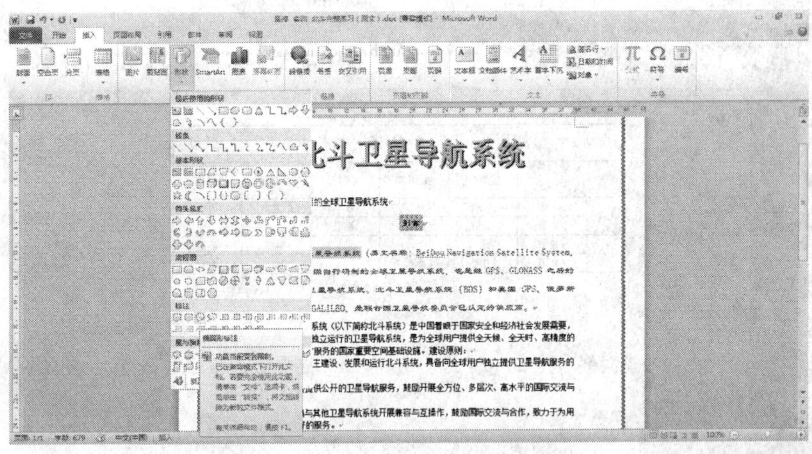

图 7-88

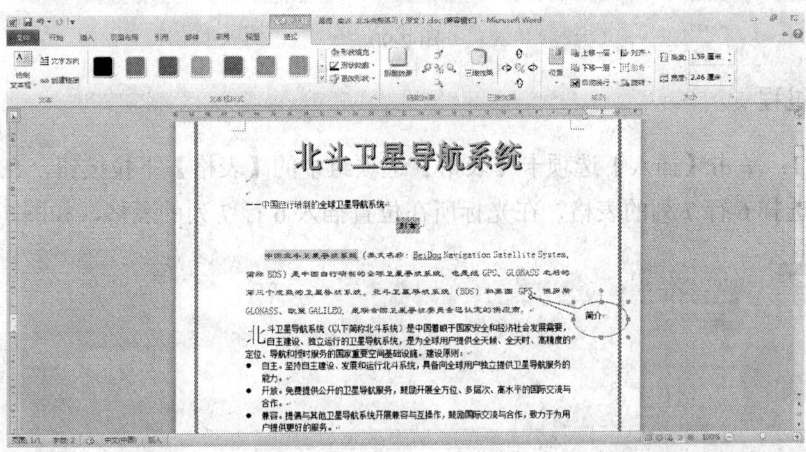

图 7-89

至此，全部效果设置完成，最终的文档效果如图 7-64 所示。

综合实训 6

一、实训题目

自制课表。

二、实训要求

1）熟练掌握知识点：文档的编辑、表格的制作。

2）自制一张本学期的【课程表】（样表参考结构如图 7-90 所示）。

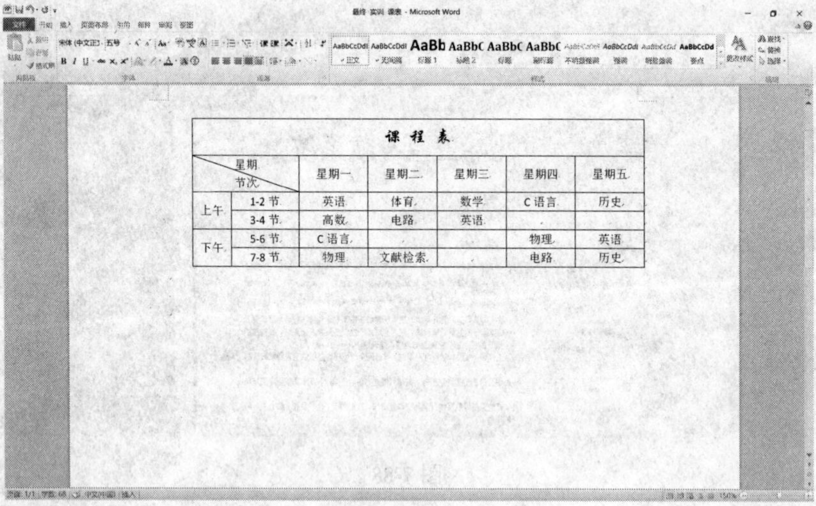

课程表						
星期/节次		星期一	星期二	星期三	星期四	星期五
上午	1-2 节	英语	体育	数学	C 语言	历史
	3-4 节	高数	电路	英语		
下午	5-6 节	C 语言			物理	英语
	7-8 节	物理	文献检索		电路	历史

图 7-90

三、实训过程

步骤 1：单击【插入】选项卡【表格】选项组中的【表格】下拉按钮，在弹出的下拉列表中选择 6 行 7 列的表格，在光标所在位置插入 6 行 7 列的表格，如图 7-91 所示。

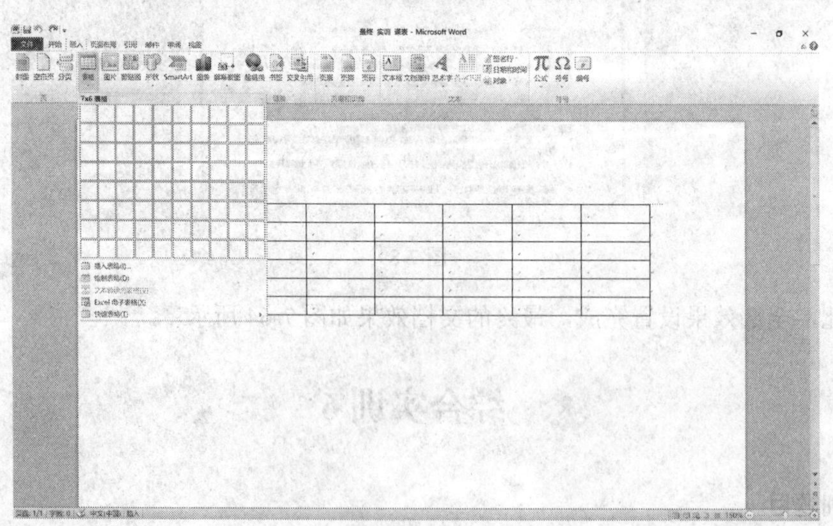

图 7-91

步骤 2：将第一行合并，输入标题。鼠标拖动选中第一行的所有单元格，单击【表格工具-布局】选项卡【合并】选项组中的【合并单元格】按钮，合并单元格，如图 7-92 所示。

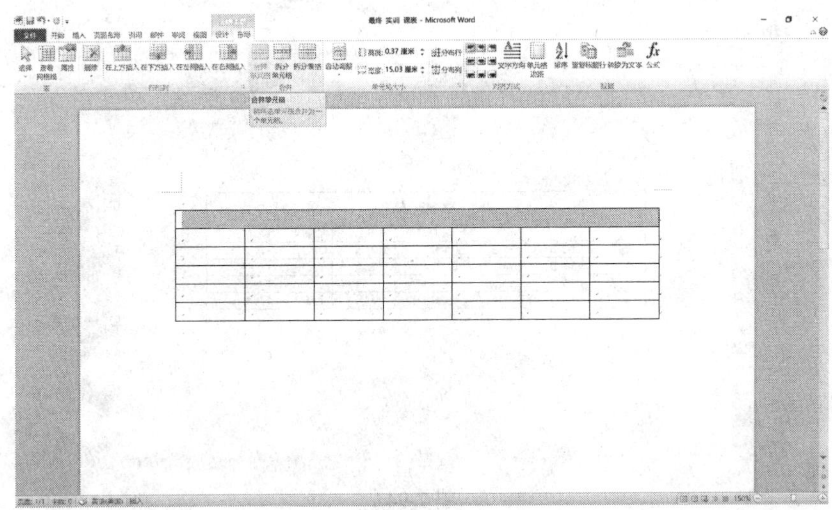

图 7-92

在第一行输入【课程表】3 个字，并选中文字，在【开始】选项卡【字体】选项组中设置字体为华文行楷，字号为小三。在【开始】选项卡【段落】选项组中设置对齐方式为居中对齐，如图 7-93 所示。

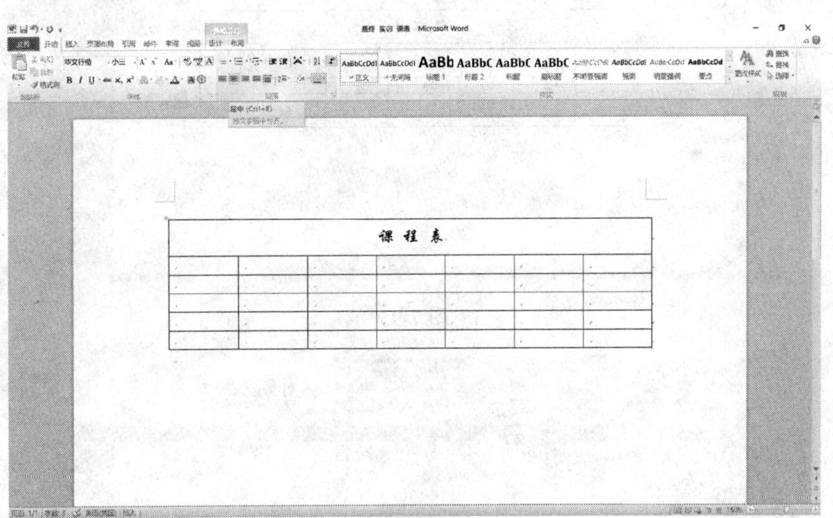

图 7-93

步骤 3：利用鼠标或键盘上的方向键移动光标，将第 2～7 列的文本内容输入，如图 7-94 所示。

步骤 4：将第一列的 3、4 行选中，单击【表格工具-布局】选项卡【合并】选项组中的【合并单元格】按钮，合并单元格，合并后输入【上午】两个字，如图 7-95 所示。

将第一列的 5、6 行选中，单击【表格工具-布局】选项卡【合并】选项组中的【合并单元格】按钮，合并单元格，合并后输入【下午】两个字，如图 7-96 所示。

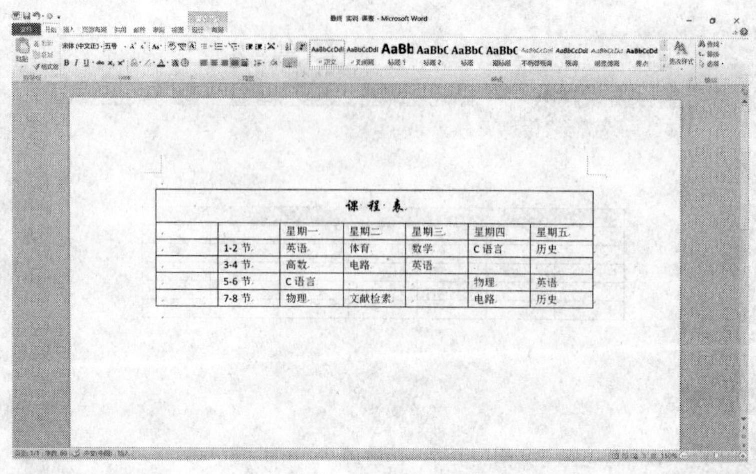

图 7-94

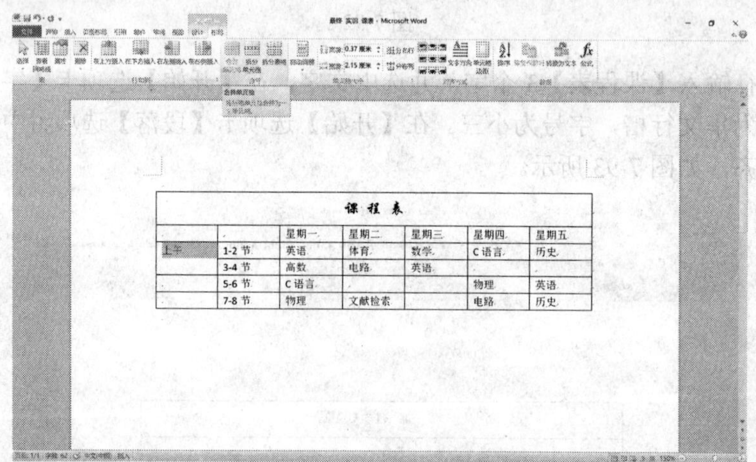

图 7-95

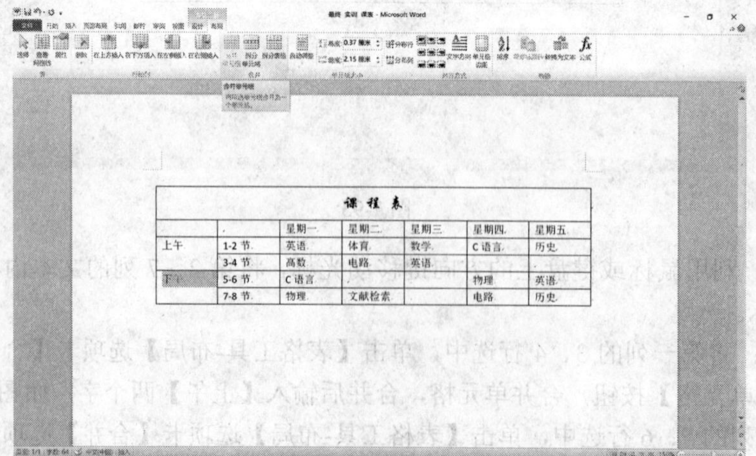

图 7-96

将第二行的第 1、2 列单元格合并，并拖动表格左边线调整第一列的宽度，如图 7-97 所示。

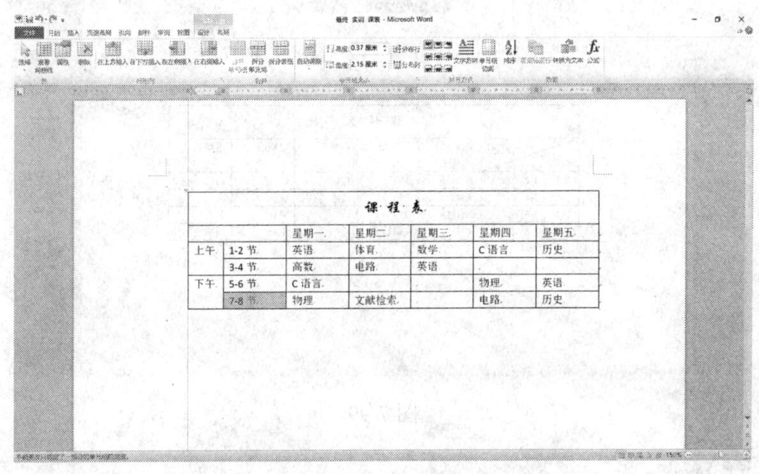

图 7-97

步骤 5：选中第二行的第一个单元格，添加斜线表头。单击【开始】选项卡【段落】选项组中的【边框】下拉按钮，在弹出的下拉列表中选择【斜下框线】选项，如图 7-98 所示。

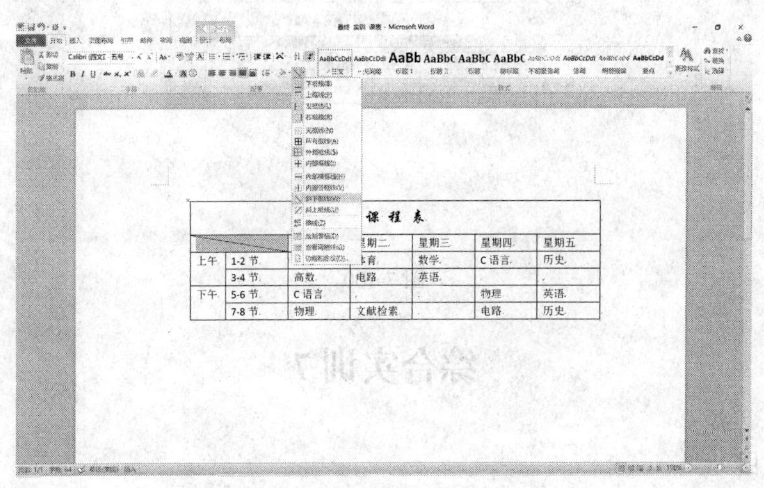

图 7-98

在斜线表头中输入【星期】，按【Enter】键，再输入【节次】。【星期】设为右对齐方式，如图 7-99 所示。

最后选中整个表格，单击【表格工具-布局】选项卡【对齐方式】选项组中的【水平居中】按钮，将表格中的文字居中对齐，如图 7-100 所示。

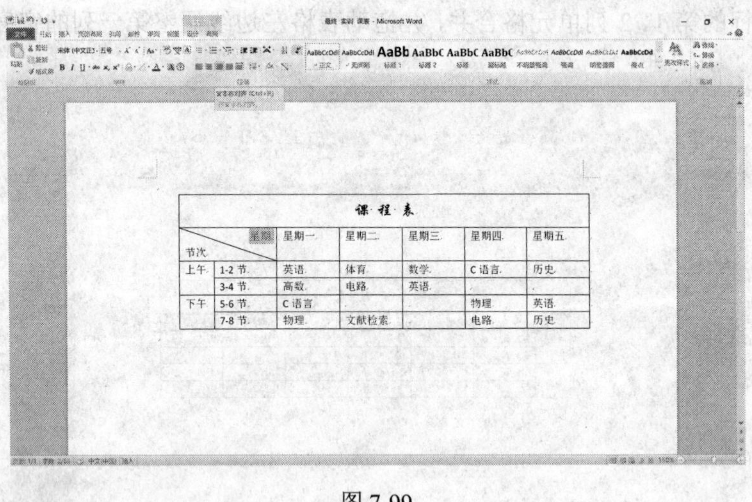

图 7-99

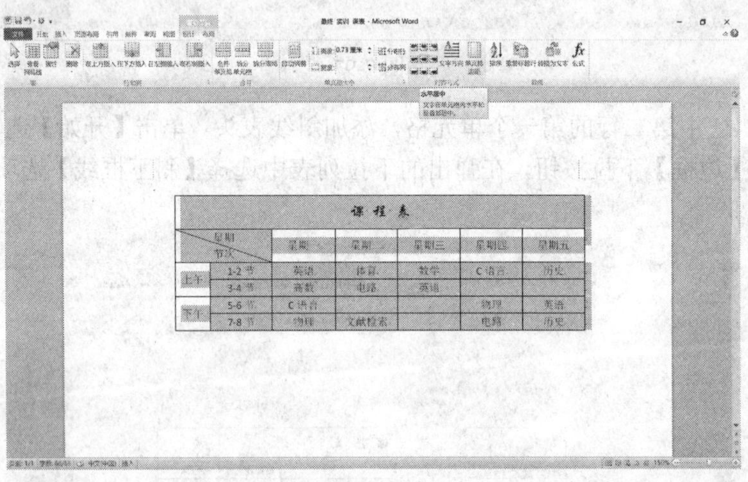

图 7-100

综合实训 7

一、实训题目

年历的制作。

二、实训要求

1）熟练掌握知识点：文档的编辑，图文的排版，艺术字、文本框、图片、表格的插入。

2）制作完成如图 7-101 所示效果的年历。

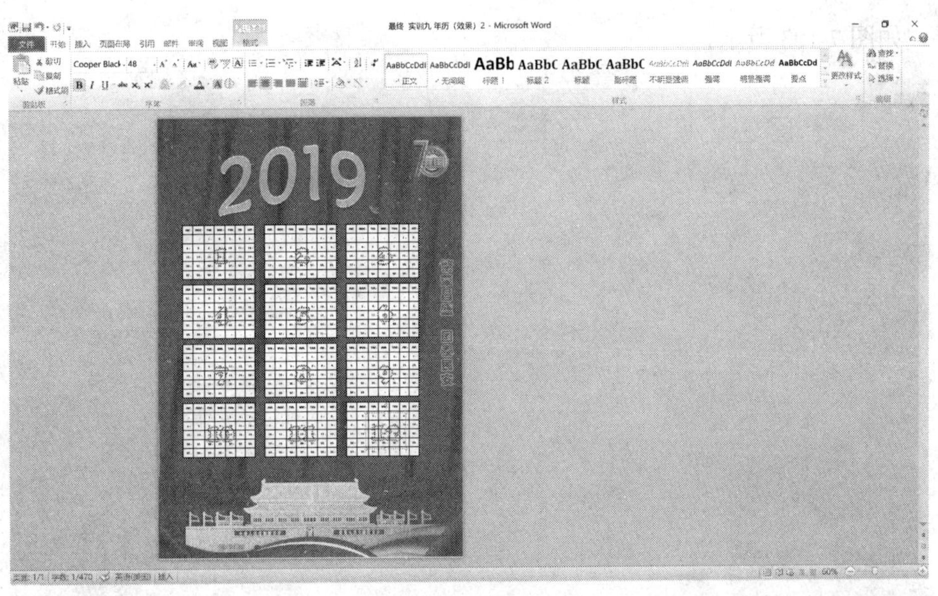

图 7-101

三、实训过程

步骤 1：制作艺术字【2019】。单击【插入】选项卡【文本】选项组中的【艺术字】下拉按钮，在弹出的下拉列表中选择【填充-橙色，强调文字颜色 6，暖色粗糙棱台】选项，如图 7-102 所示。

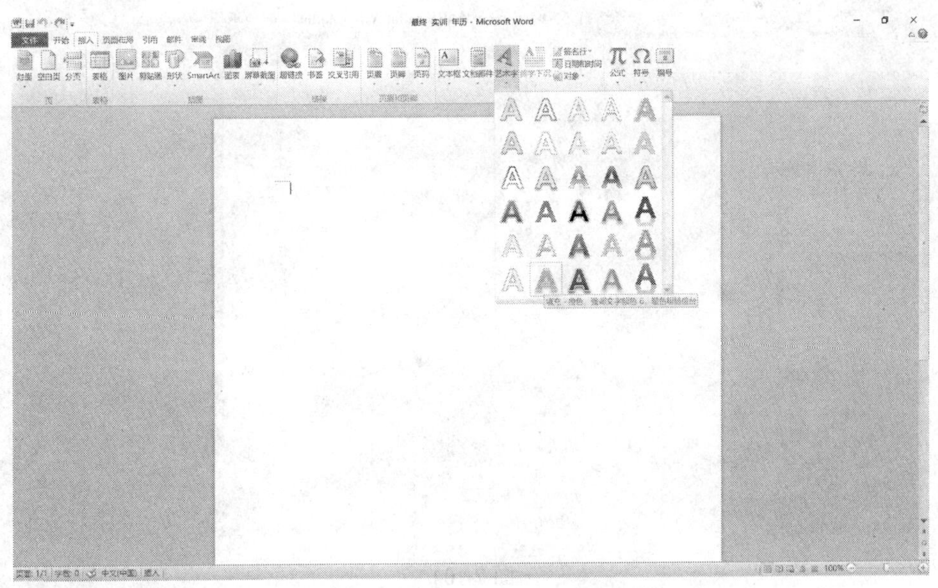

图 7-102

在弹出的文本框中输入【2019】，然后单击【绘图工具-格式】选项卡【艺术字样式】选项组中的【文本效果】下拉按钮，在弹出的下拉列表中选择【转换】中的【倒 V 形】

效果，如图 7-103 所示。

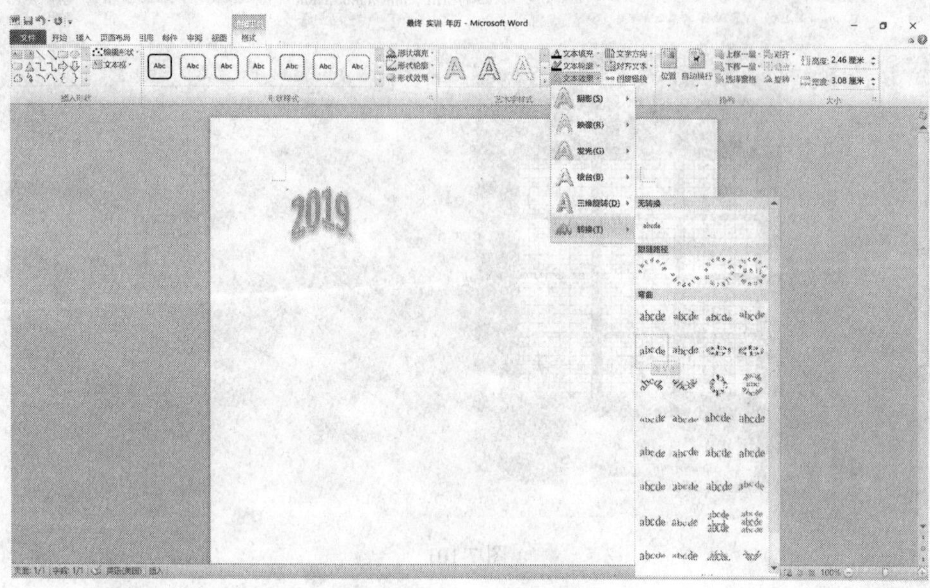

图 7-103

在【开始】选项卡【字体】选项组中设置字体为华文新魏、字号为小初，拖动艺术字边框的右下角将艺术字适当放大，如图 7-104 所示。

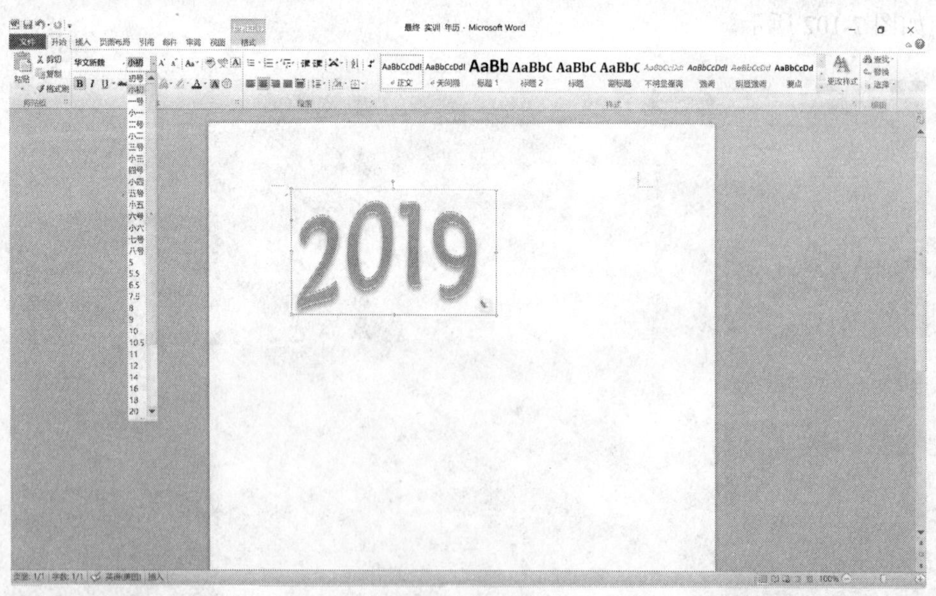

图 7-104

步骤 2：插入右上角的图片。单击【插入】选项卡【插图】选项组中的【图片】按钮，在弹出的【插入图片】对话框中选择图片存放位置，然后单击【插入】按钮，将图片插入文档，如图 7-105 所示。

图 7-105

刚插入进来的图片需要修改一下图片的环绕方式：单击【图片工具-格式】选项卡【排列】选项组中的【自动换行】下拉按钮，在弹出的下拉列表中选择【紧密型环绕】选项，如图 7-106 所示，修改完环绕方式，图片移动就会很灵活。

图 7-106

拖动图片的 8 个边界点之一，就可以改变图片的大小；鼠标指针指向图片变成十字形指针，拖动即可移动图片，把图片调整到文档右上角的合适位置，如图 7-107 所示。

图 7-107

步骤 3：制作日历表格。单击【插入】选项卡【表格】选项组中的【表格】下拉按钮，在弹出的下拉列表中拖动鼠标指针至 7×6 表格位置单击，即可插入一个 6 行 7 列的表格，如图 7-108 所示。

图 7-108

拖动表格右下角，缩小表格到适当大小，如图 7-109 所示。

图 7-109

按日期输入 1 月份日历的内容，并在【开始】选项卡【字体】选项组中设置字体为华文琥珀、字号为七号，如图 7-110 所示，字体字号也可以按自己的想法来设置。

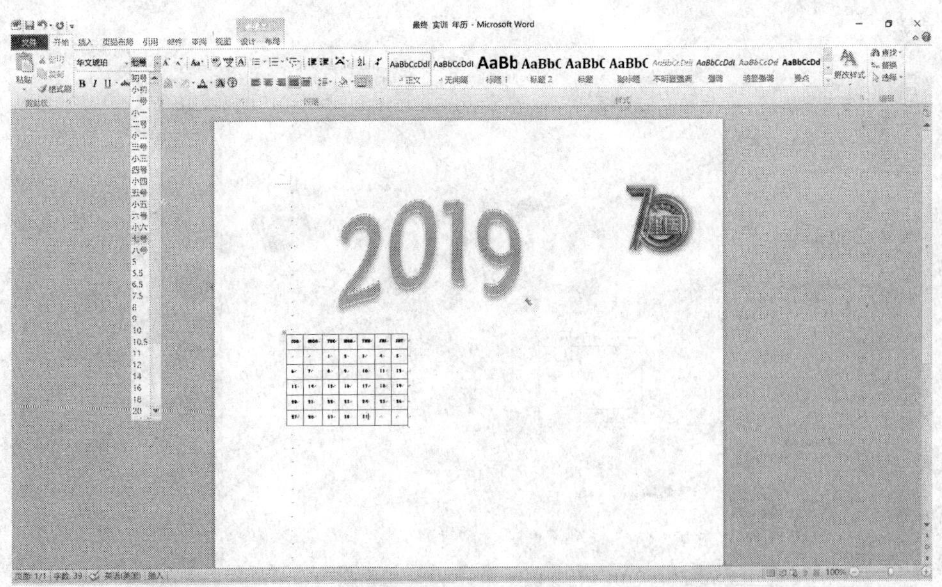

图 7-110

单击【插入】选项卡【文本】选项组中的【文本框】下拉按钮，在弹出的下拉列表中选择【简单文本框】选项，然后拖动文本框边界移到日历中央插入文本框，并在文本框中输入 1，如图 7-111 所示。

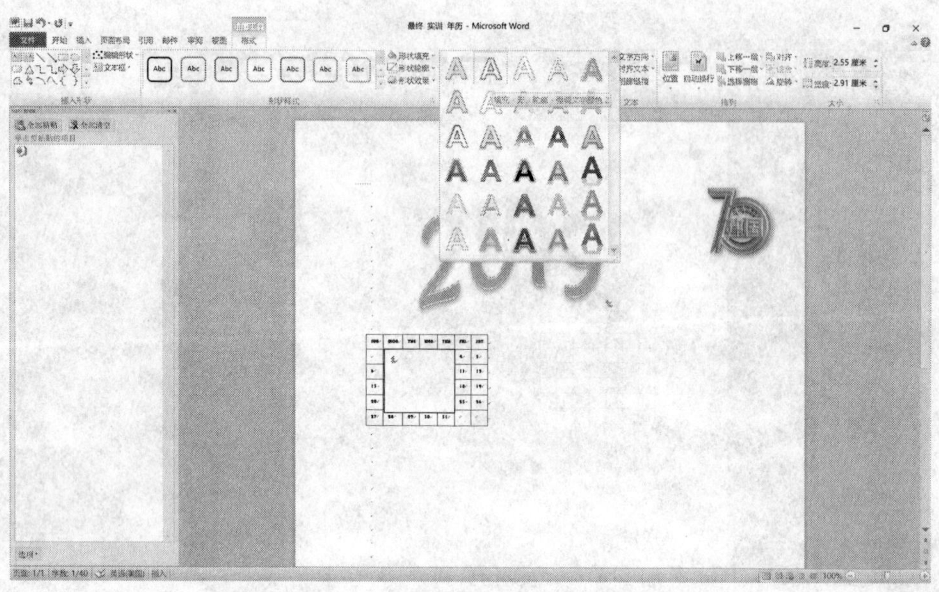

图 7-111

在【开始】选项卡【字体】选项组中设置字体为 Cooper Black、字号为 48，如图 7-112 所示，字体字号也可以按自己的想法来设置。

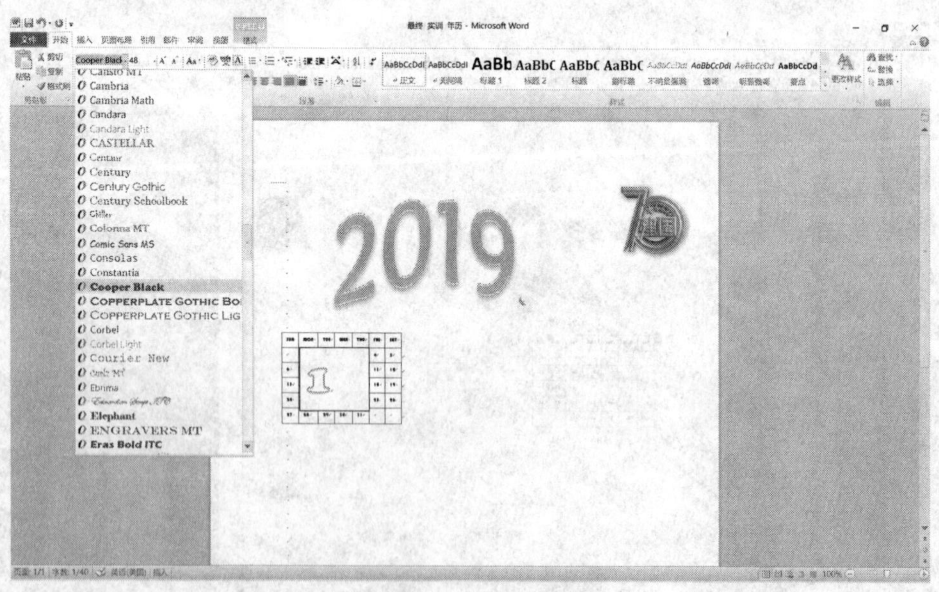

图 7-112

单击文本框边界点，拖动文本框将其调整到合适位置，并在【绘图工具-格式】选项卡【形状样式】选项组中的【形状填充】下拉列表中选择无填充，在【形状轮廓】下拉列表中选择无轮廓，如图 7-113 所示。

图 7-113

按照相同的步骤和实际日期完成其他月份的处理，结果如图 7-114 所示。

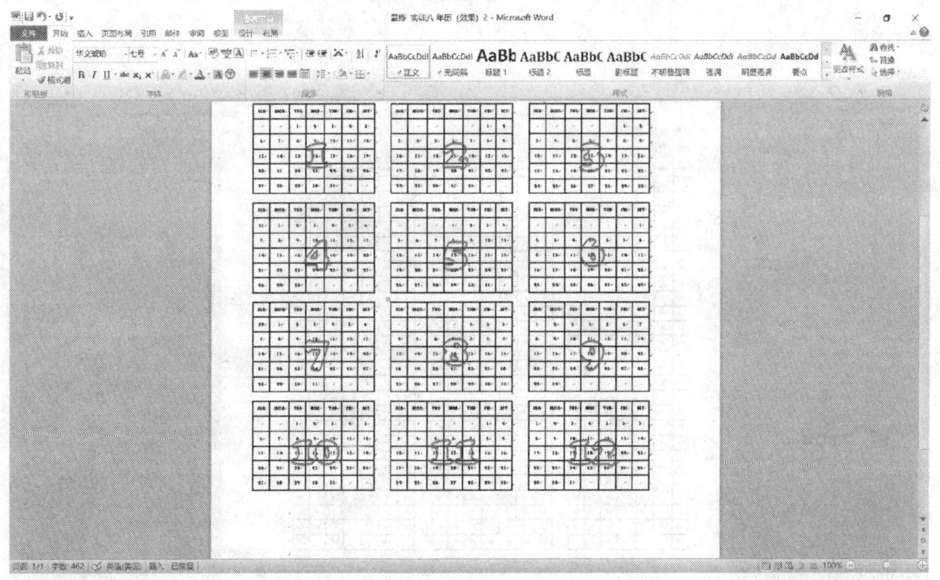

图 7-114

步骤 4：用文本框添加右侧竖排文字。单击【绘图工具-格式】选项卡【插入形状】选项组中的【文本框】下拉按钮，在弹出的下拉列表中选择【绘制竖排文本框】选项，在文本框中输入文字【繁荣昌盛 国泰民安】，如图 7-115 所示。

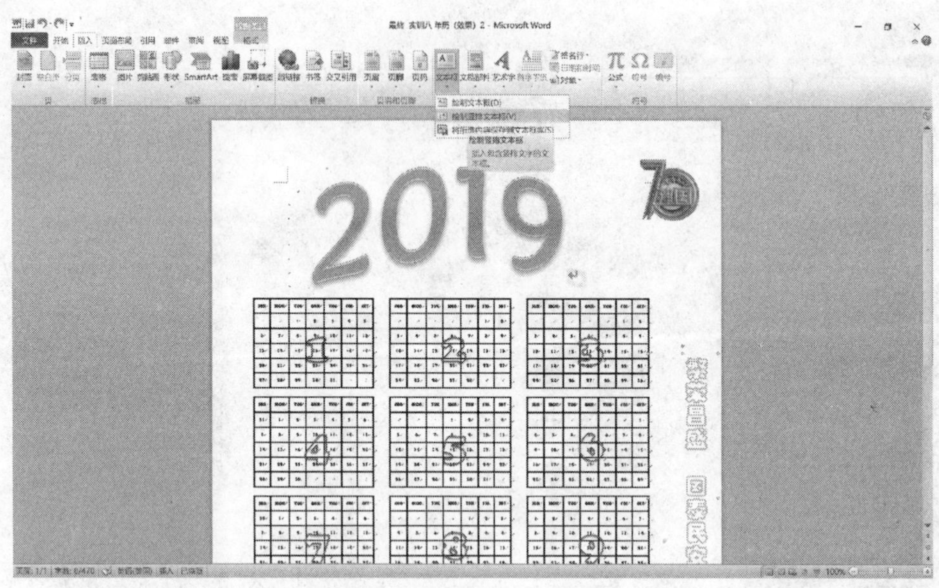

图 7-115

选中整个文本框，在【开始】选项卡【字体】选项组中设置字体为华文彩云、字号为一号，如图 7-116 所示，字体字号也可以按自己的想法来设置。字体颜色配合主题选取一种。

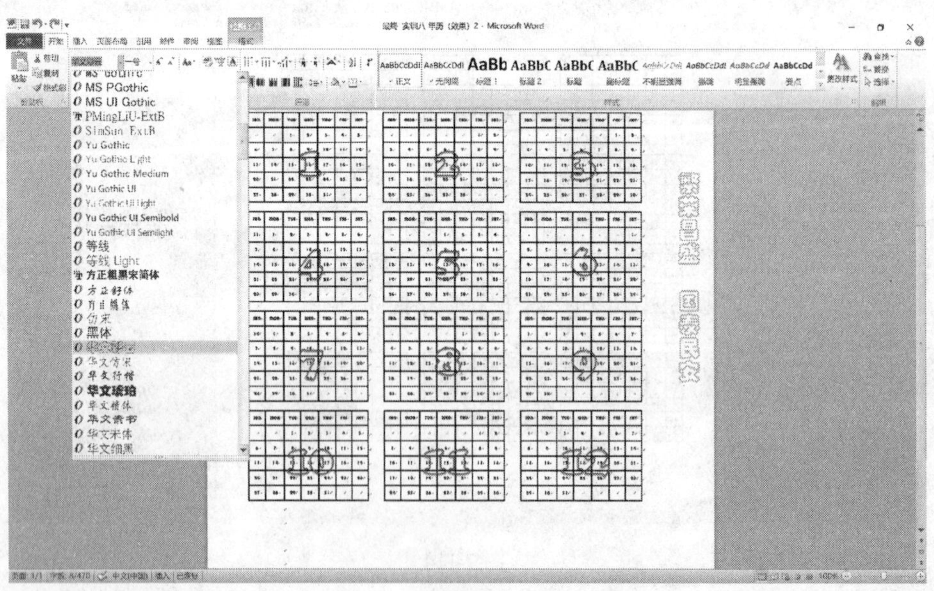

图 7-116

步骤 5：添加背景图片。单击【插入】选项卡【插图】选项组中的【图片】按钮，在弹出的【插入图片】对话框中选择图片保存的位置，如图 7-117 所示，然后单击【插入】按钮，即可将图片插入进来。

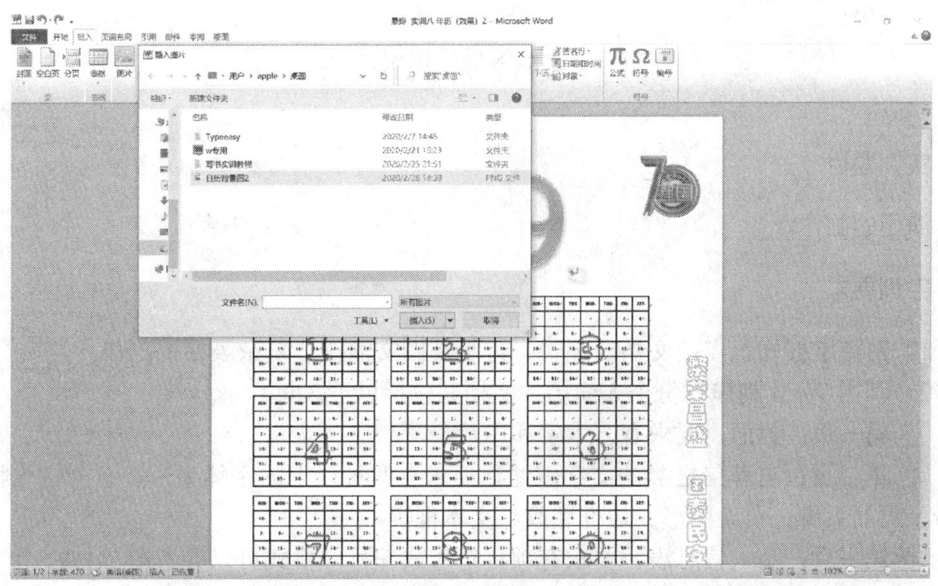

图 7-117

插入图片之后，在【图片工具-格式】选项卡【排列】选项组中的【自动换行】下拉列表中选择【衬于文字下方】选项，如图 7-118 所示，并拖动图片边界点调整图片大小。

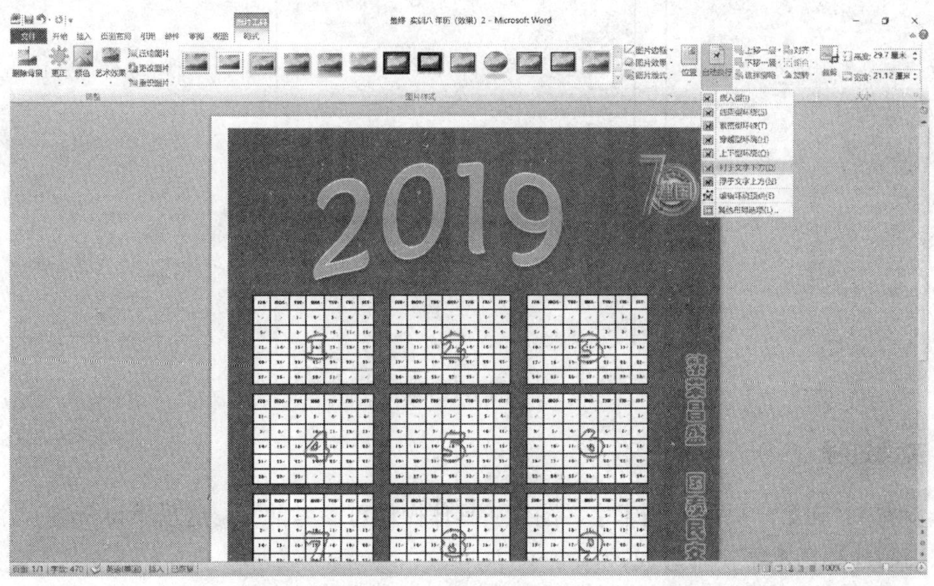

图 7-118

调整好之后年历的最终效果如图 7-101 所示。

综合实训 8

一、实训题目

简历的制作。

二、实训要求

1）熟练掌握知识点：文档的编辑、排版及图文混排、复杂表格的制作。

2）利用 Word 制作一份个人简历，文档共包括以下 3 页。

① 第一页：封面，要求有艺术字和图片。

② 第二页：自荐信之类的文字叙述，要求有两种以上的字体字号、有分栏、特殊符号、页眉页脚、自绘图形、边框底纹、文本框等。

③ 第三页：个人信息表，要求有项目符号或编号，格式可以参考图 7-119。

个人信息表

姓名		性别		出生年月		照片
籍贯		身高		体重		
学历		毕业院校				
专业		政治面貌		求职意向		
电话			特长			
工作经历或社会实践	1. **** 2. **** 3. **** 4. **** 5. ****					
获奖情况	◆ **** ◆ **** ◆ **** ◆ **** ◆ ****					

图 7-119

三、实训过程

步骤 1：在第一页插入艺术字、图片（具体操作可参考前文，这里不再赘述），添加喜欢的图片和艺术字作为封面。

步骤 2：封面制作完毕，进入第二页。输入自荐信文字部分，添加需要的对象，用前面练习过的方法进行合理的排版设计，注意内容合理、设计美观。

步骤 3：第二页制作完成，进入第三页个人信息表的制作。首先输入表格标题【个人信息表】，按【Enter】键，然后创建表格。

【个人信息表】属于不规则的表格结构，可以先使用【插入】选项卡【表格】选项组中的【表格】下拉按钮，按样表行列绘制出规则的行、列数，如图 7-120 所示。然后调整行高与列宽，结果如图 7-121 所示。

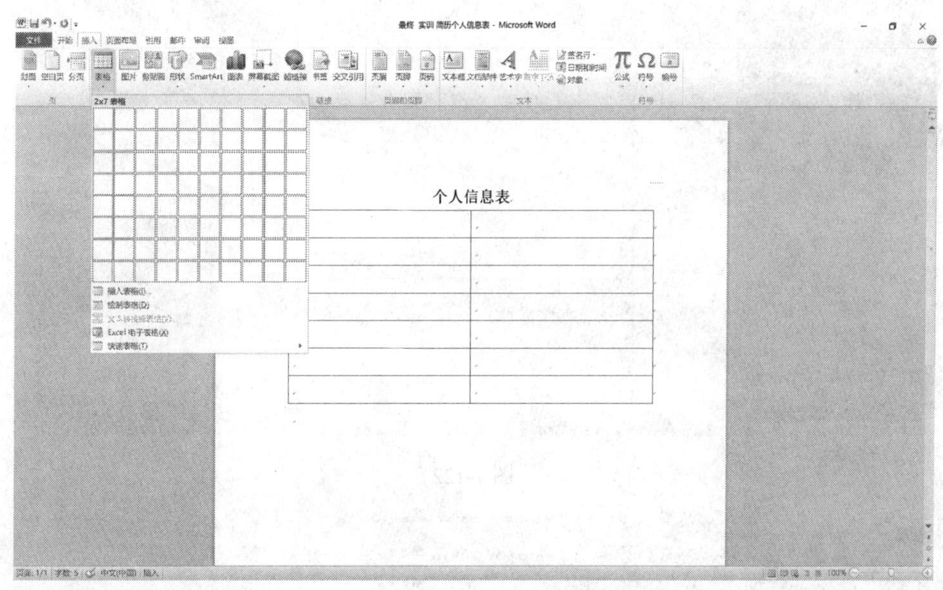

图 7-120

图 7-121

利用【表格工具-设计】选项卡【绘图边框】选项组中的【绘制表格】按钮，以及【表格工具-布局】选项卡【合并】选项组中的【合并单元格】按钮将表格修改成样表结构，如图 7-122 和图 7-123 所示。

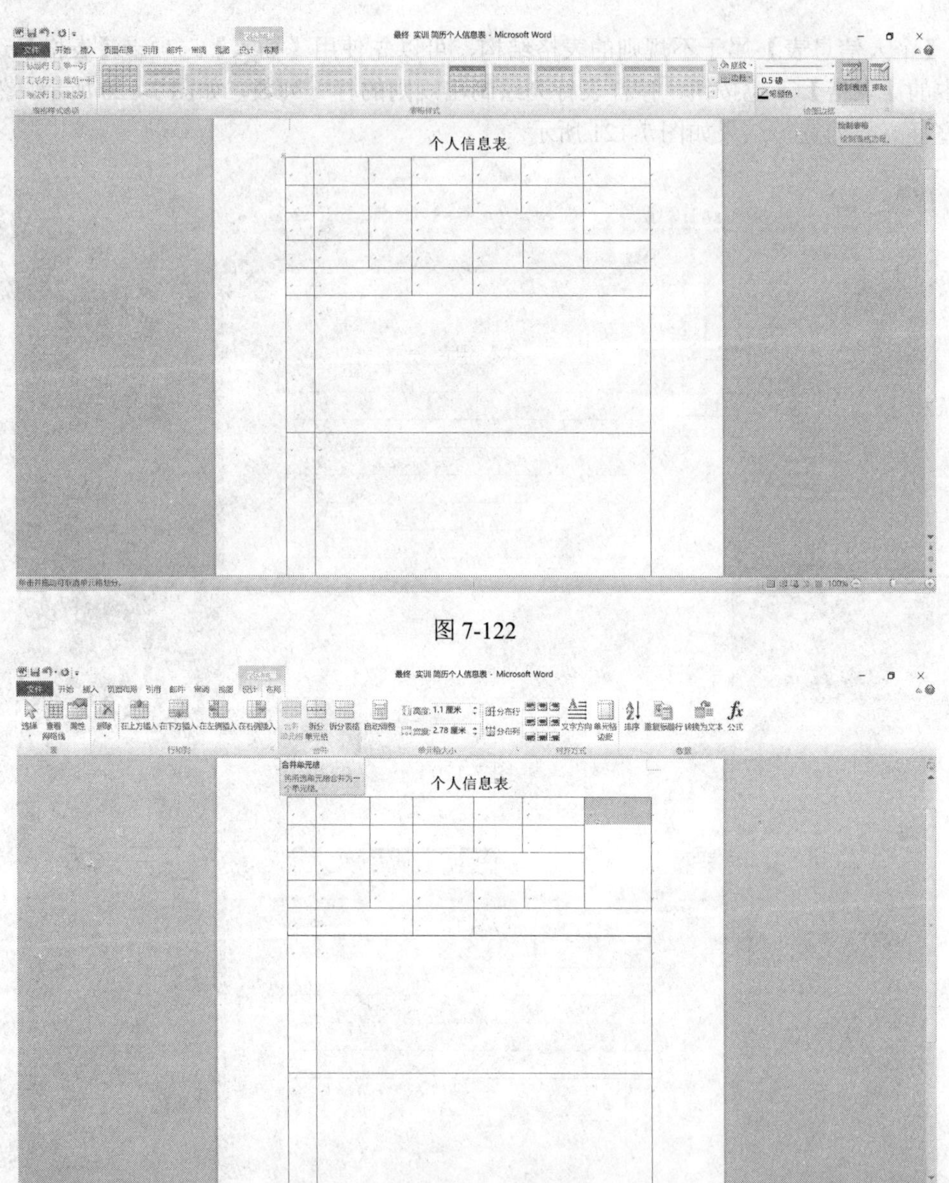

图 7-122

图 7-123

步骤 4：结合实际填写【个人信息表】的内容，并对表格进行修饰。

表内文字的格式化：选定欲格式化的单元格文本，利用【开始】选项卡【字体】选项组、【段落】选项组，可以对各单元格的字体、字号、填充色、文字修饰和对齐方式等进行设置。

表格结构的格式化：选定表格，在【表格工具-设计】选项卡【绘图边框】选项组中设置表格的线型、线的粗细、颜色和底纹、框线位置等，实现表格结构的格式化。

设置后的结果如图 7-124 所示。

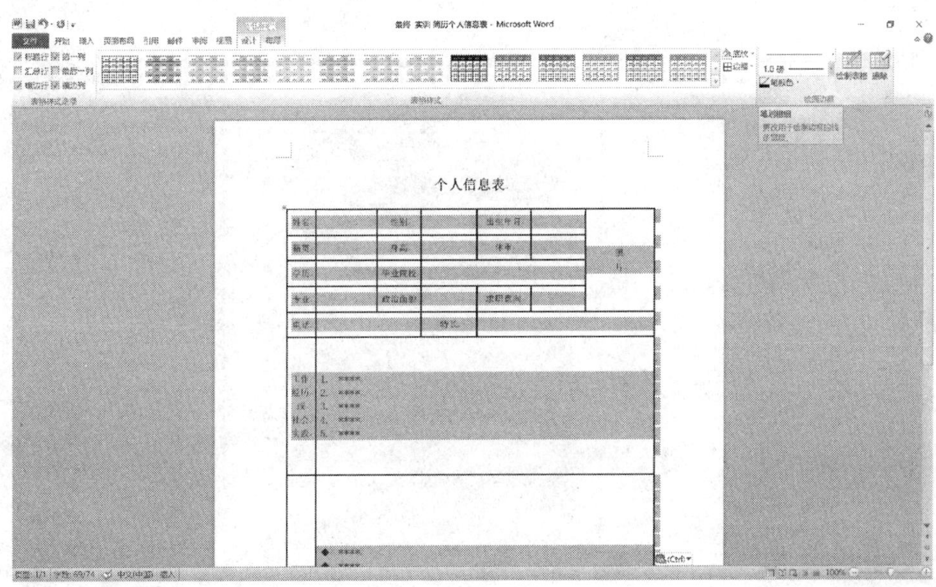

图 7-124

综合实训 9

一、实训题目

毕业论文高级排版。

二、实训要求

1）熟练掌握知识点：文档的编辑、排版及目录的自动生成、页眉页脚的插入。

2）目录要求自动生成。

3）要求奇偶页页眉不同，每章页眉不同。

三、实训过程

步骤 1：自动生成目录之前需要先将论文中各级章节标题设置成对应的标题样式。

修改样式库中各级标题格式：在【开始】选项卡【样式】选项组中右击【标题 1】，在弹出的快捷菜单中选择【修改】选项，弹出【修改样式】对话框，如图 7-125 所示。将【修改样式】对话框【格式】选项组中的对齐、字体、字号、字形、间距等按照毕业论文格式要求中一级标题的格式进行修改。

标题 2、标题 3 均按同样的方法进行修改。

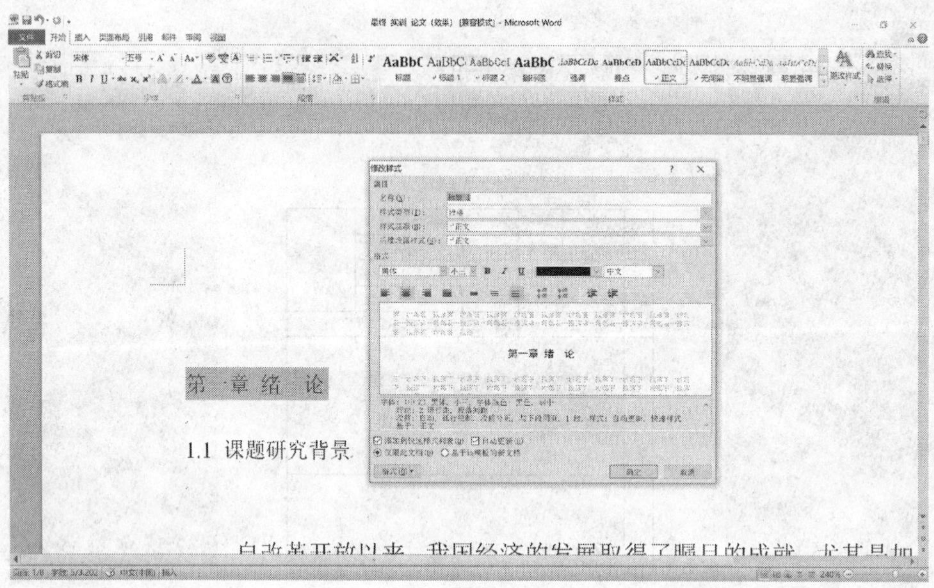

图 7-125

修改完毕，选中标题文字，在【开始】选项卡【样式】选项组中选择需要的样式，即可应用某一样式。将论文中各级标题设置成对应的标题样式，选中章标题【第一章绪论】，单击【开始】选项卡【样式】选项组中的【标题 1】样式；选中节标题【1.1 课题研究背景】，单击【开始】选项卡【样式】选项组中的【标题 2】样式，结果如图 7-126 所示。使用同样的方法将所有标题设置完毕。

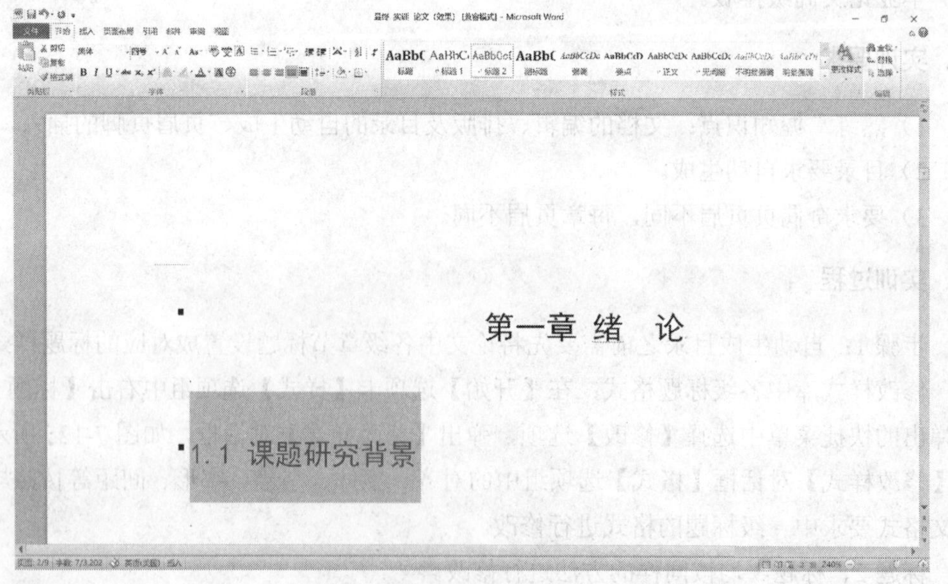

图 7-126

步骤 2：自动生成目录。将光标定位到要放置目录的位置，然后单击【引用】选项卡【目录】选项组中的【目录】下拉按钮，在弹出的下拉列表中选择【自动目录 1】选项，即可在插入点位置生成目录，如图 7-127 所示。

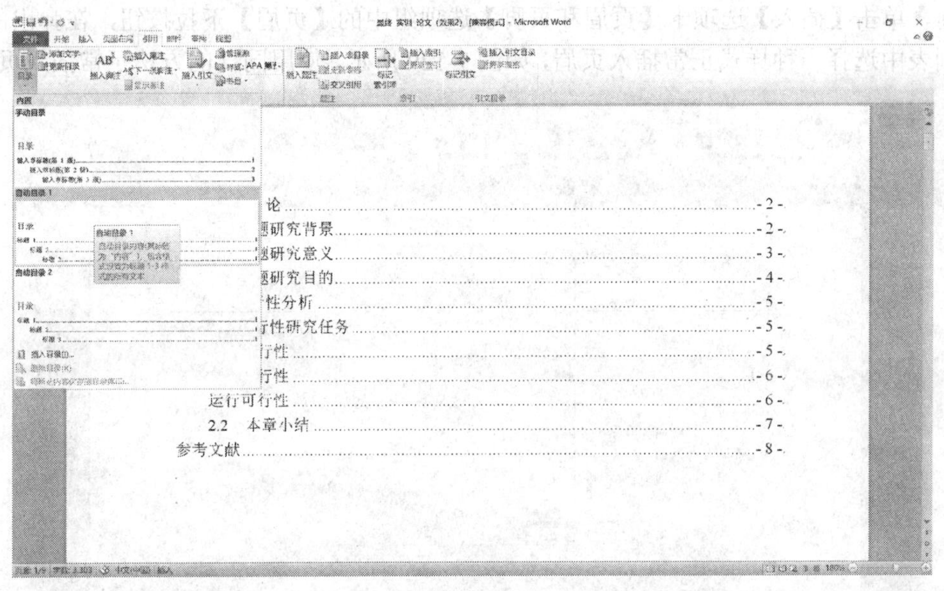

图 7-127

步骤 3：设置每章的页眉内容不同需要先在章节分界处插入分节符。将光标定位在章节的末尾处，选择【页面布局】选项卡【页面设置】选项组【分隔符】下拉列表中的【分节符】中的【连续】选项可以插入分节符，如图 7-128 所示，将每章内容分隔开来。

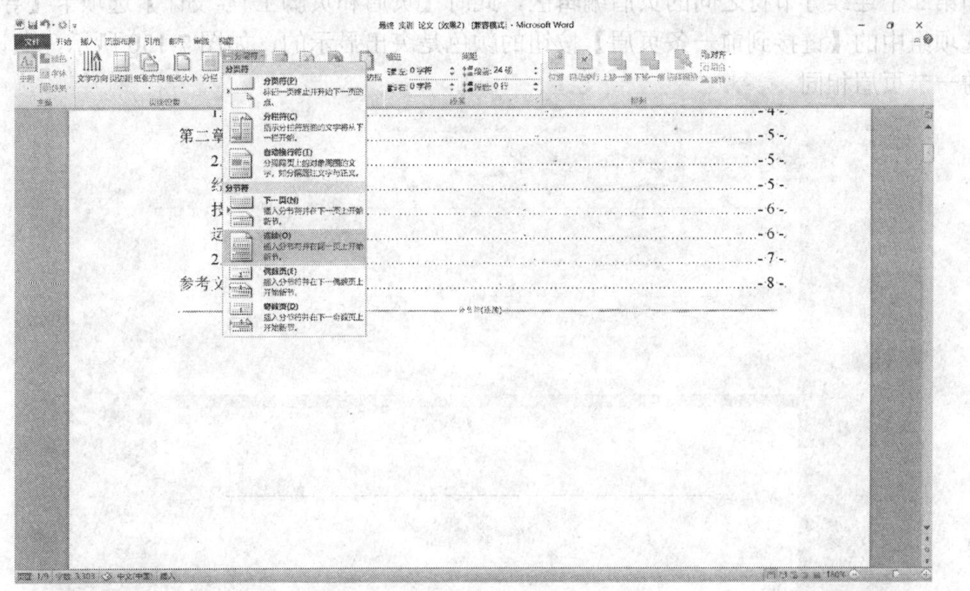

图 7-128

在每章末尾都插入连续分节符，将所有部分分成连续的【节】。下面要对每一节分别设置页眉和页脚。

步骤 4：先插入第一节页眉页脚。将光标定位在第一部分也就是第一个连续分节符之前，单击【插入】选项卡【页眉和页脚】选项组中的【页眉】下拉按钮，在弹出的下拉列表中选择一种样式正常插入页眉，如图 7-129 所示，使用同样的方法正常插入页脚。

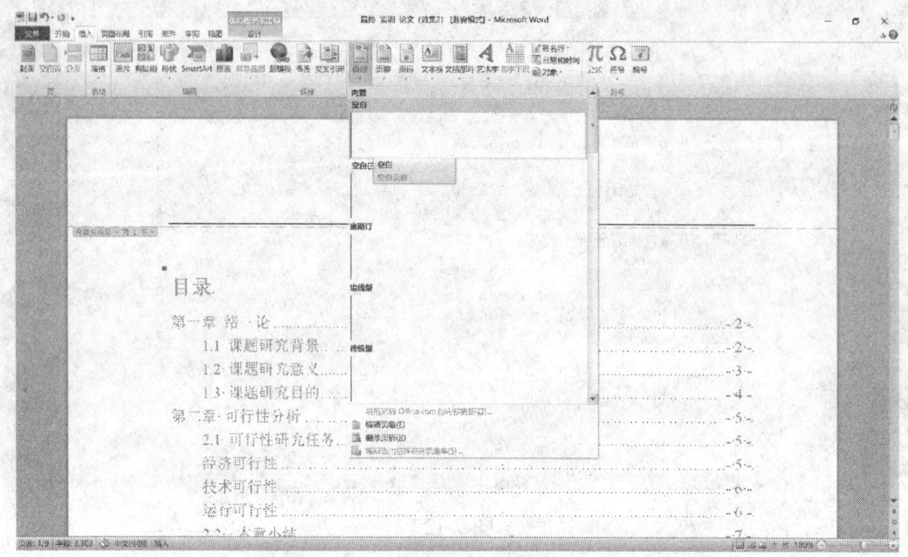

图 7-129

设置第二节页眉页脚，首先将光标定位在第二节页眉处，也就是第一个连续分节符和第二个连续分节符之间的页眉编辑区，此时【页眉和页脚工具-设计】选项卡【导航】选项组中的【链接到前一条页眉】按钮的颜色是突出显示的，如图 7-130 所示，默认与前一节页眉相同。

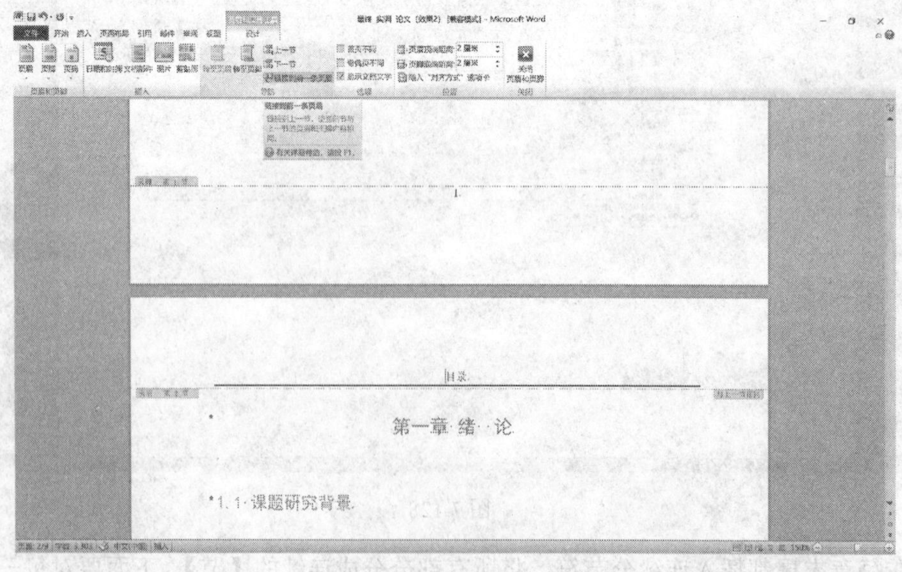

图 7-130

单击【链接到前一条页眉】按钮取消该项选择，然后输入页眉内容，如图 7-131 所示。页脚内容如果与前一节不同或不连续，使用同样的方法输入页脚。后面各节页眉和页脚的设置方法与此相同，这里不再赘述。

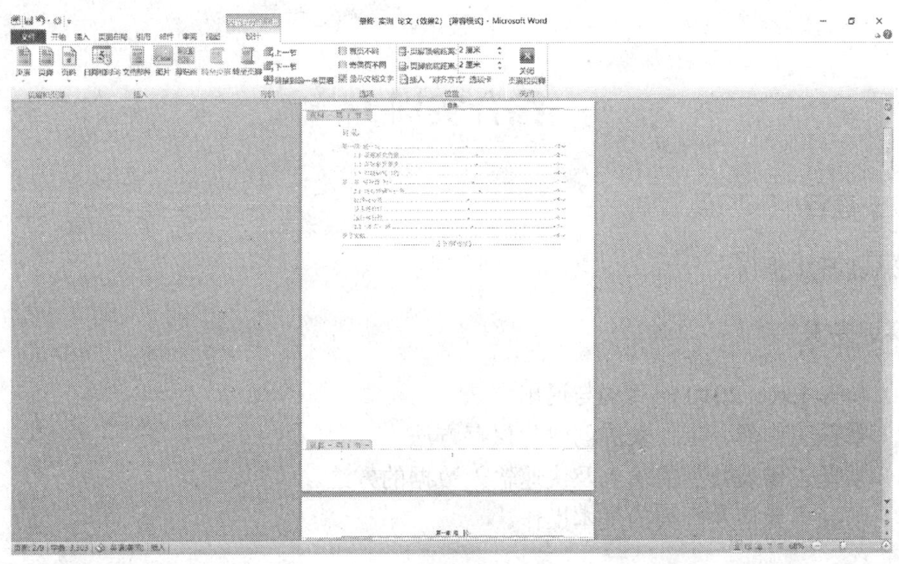

图 7-131

步骤 5：设置页眉的奇偶页不相同。在【页眉和页脚工具-设计】选项卡【选项】选项组中选中【奇偶页不同】复选框，如图 7-132 所示，然后在页眉编辑区分别输入奇数页和偶数页的页眉内容即可。

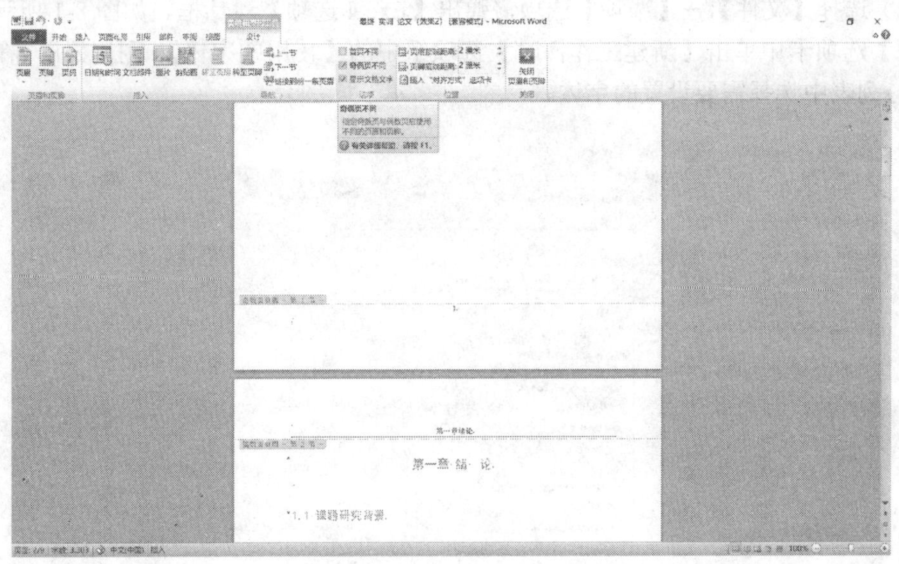

图 7-132

第 8 章　Excel 2010 综合实训

综合实训 1

一、实训题目

Excel 基本操作。

二、实训要求

1）掌握 Excel 2010 的启动与退出方法。

2）掌握工作簿、工作表的创建与保存方法。

3）掌握工作表数据的输入及快速输入数据的方法。

4）掌握单元格及行列的基本操作。

三、实训过程

步骤 1：启动 Excel 2010 并更改默认格式。

1）选择【开始】→【所有程序】→【Microsoft Office】→【Microsoft Excel 2010】选项，启动 Excel 2010。

2）选择【文件】→【选项】选项，弹出【Excel 选项】对话框，如图 8-1 所示。在【常规】选项卡中单击【新建工作簿时】选项组中的【使用的字体】下拉按钮，在弹出的下拉列表中选择需要设置的字体。

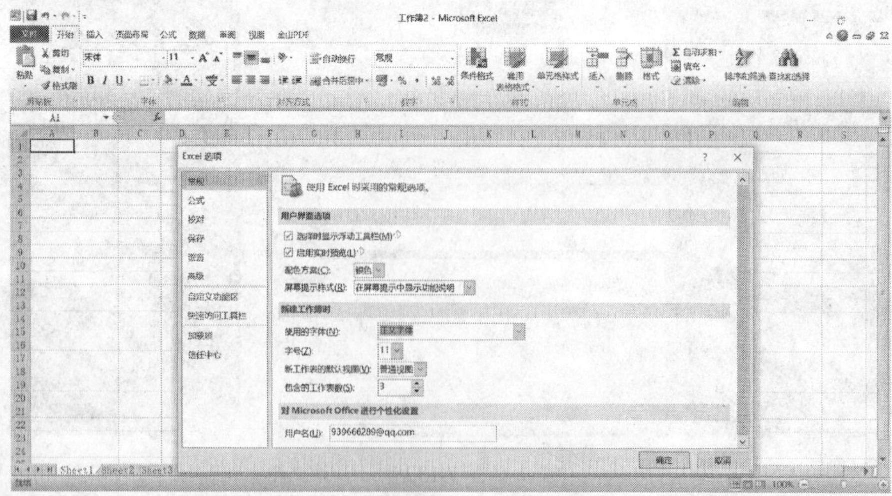

图 8-1

3）设置了新建工作簿的默认格式后，弹出【Microsoft Excel】提示框，单击【确定】按钮。

将当前打开的所有 Excel 2010 窗口关闭，然后重新启动 Excel 2010，新建一个 Excel 表格，并在单元格中输入文字，即可看到更改默认格式的效果。

步骤 2：新建空白工作簿并输入文字。在打开的 Excel 2010 工作簿中选择【文件】→【新建】选项。在右侧的【可用模板】选项组中，单击【空白工作簿】图标，再单击【创建】按钮，如图 8-2 所示，系统会自动创建新的空白工作簿。

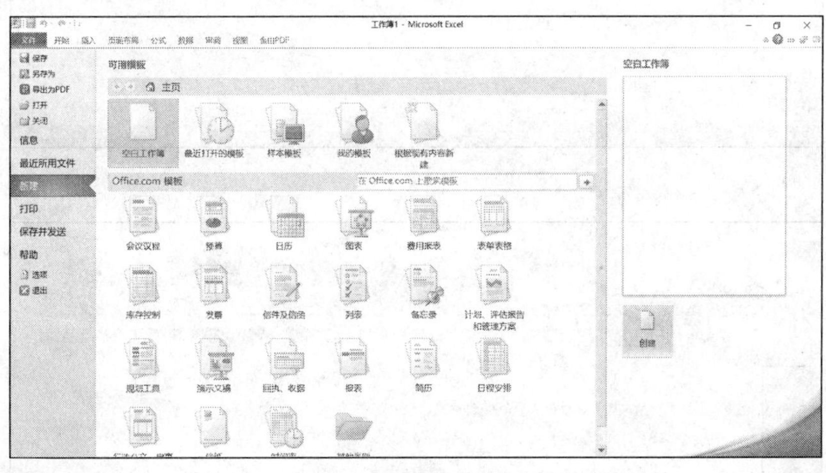

图 8-2

在默认状态下，Excel 自动打开一个新工作簿文档，标题栏显示【工作簿 1-Microsoft Excel】，当前工作表是 Sheet1，工作簿 1 中默认包含 3 个工作表，即 Sheet1、Sheet2、Sheet3。

步骤 3：输入数据。

1）在工作表中输入数据：选中要输入数据的单元格，输入相应的数据。在工作表中选中 A1 单元格，输入【女排世界杯】。

选中 A1:H1 单元格，然后单击【开始】选项卡【对齐方式】选项组中的【合并后居中】按钮，将表头文字居中对齐，结果如图 8-3 所示。

2）快速输入相同的数据。选中 A2 单元格，输入【比赛类别】，按【Enter】键；在 A3 单元格中输入【排球】，将光标定位在 A3 单元格的右下角，当光标变为【+】时，向下拖到鼠标至 A15 单元格，则在 A3:A15 单元格中出现了相同的内容，如图 8-4 所示。

3）快速输入序列方式的数据。选中 B2 单元格，输入【届】，按【Enter】键；在 B3 单元格中输入【1】，将光标定位在 B3 单元格的右下角，当光标变为【+】时，向下拖到鼠标至 B15 单元格。然后单击 B15 单元格右下角的【自动填充选项】下拉按钮，在弹出的下拉列表中选中【填充序列】单选按钮，则在 B3:B15 单元格中出现了一个递增的序列，如图 8-5 所示。

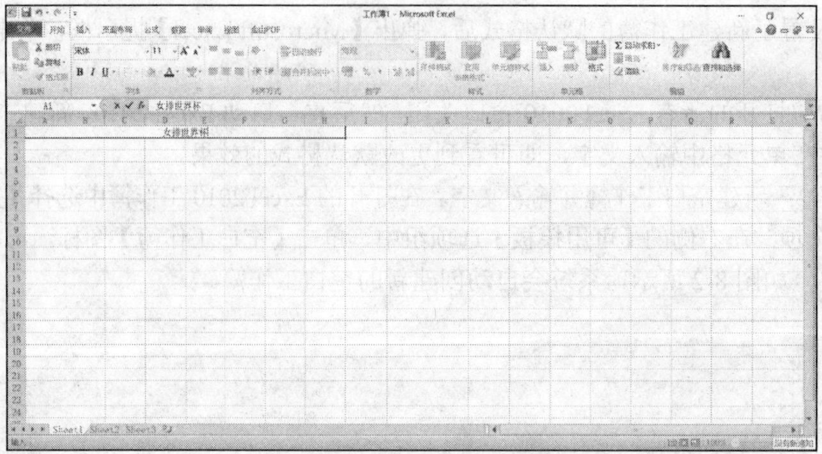

图 8-3

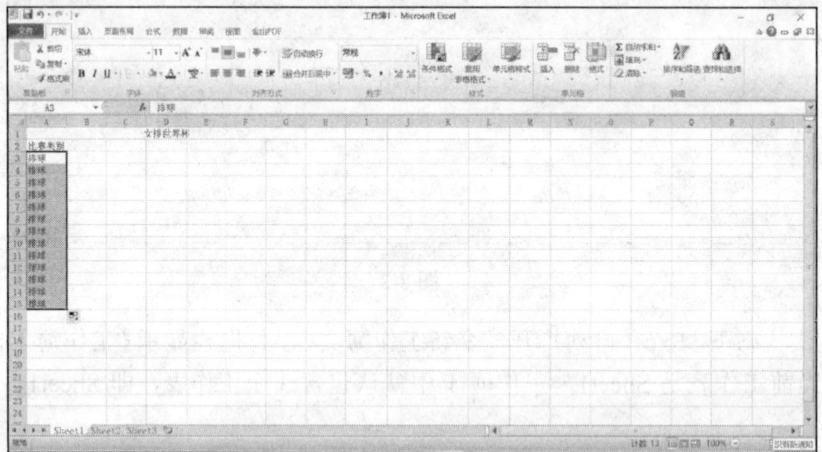

图 8-4

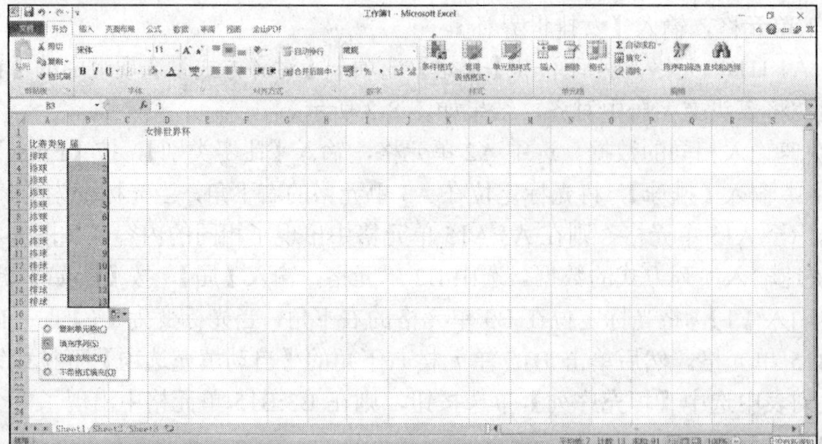

图 8-5

在C2单元格中输入【年份】,在C3单元格中输入【1973】,在C4单元格中输入【1997】,选中 C3:C4 单元格，将光标定位在 C4 单元格的右下角，当光标变为【+】时，向下拖到鼠标指针至 C15 单元格，即完成年份的数据填充。

4）输入其他内容。以最适合的方式快速输入相应的内容，完成工作表的输入，结果如图 8-6 所示。

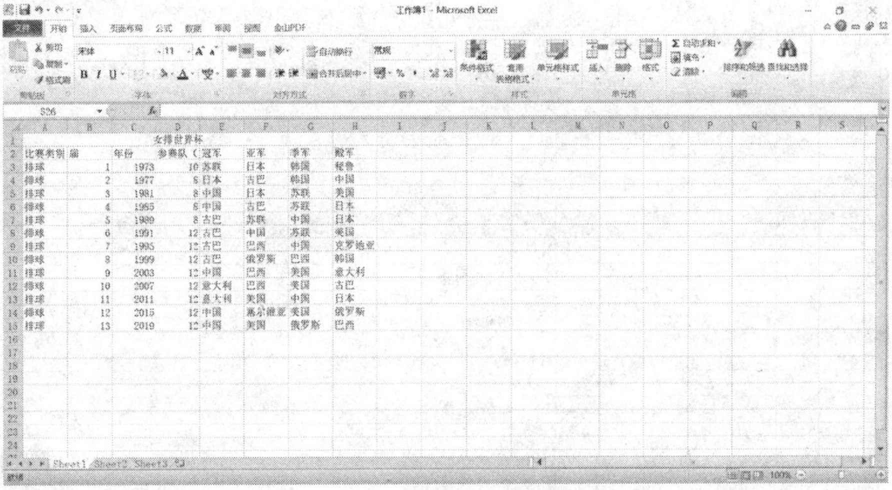

图 8-6

步骤 4：保存文件。

方法 1：选择【文件】→【保存】选项。

方法 2：单击快速访问工具栏中的【保存】按钮。

方法 3：按【Crtl+S】组合键。

将其保存至【实训 1 Excel 基本操作】文件夹下，输入文件名，完成制作。

步骤 5：右击 Sheet1，在弹出的快捷菜单中选择【重命名】选项，输入【女排世界杯获奖表】。右击 Sheet2，在弹出的快捷菜单中选择【重命名】选项，输入【中国女排世界杯冠军表】。

步骤 6：在【女排世界杯获奖表】中筛选出中国女排获得冠军的信息，复制到【中国女排世界杯冠军表】中。

在【女排世界杯获奖表】中选中 A2:H5 单元格区域，单击【数据】选项卡【排序和筛选】选项组中的【筛选】按钮。然后在【冠军】项的下拉列表中选中【中国】复选框，如图 8-7 所示，单击【确定】按钮。

选中全部单元格，右击，在弹出的快捷菜单中选择【复制】选项；选择【中国女排世界杯冠军】工作表标签，将光标移至 A1 单元格中，右击，在弹出的快捷菜单中选择【粘贴】选项，结果如图 8-8 所示。

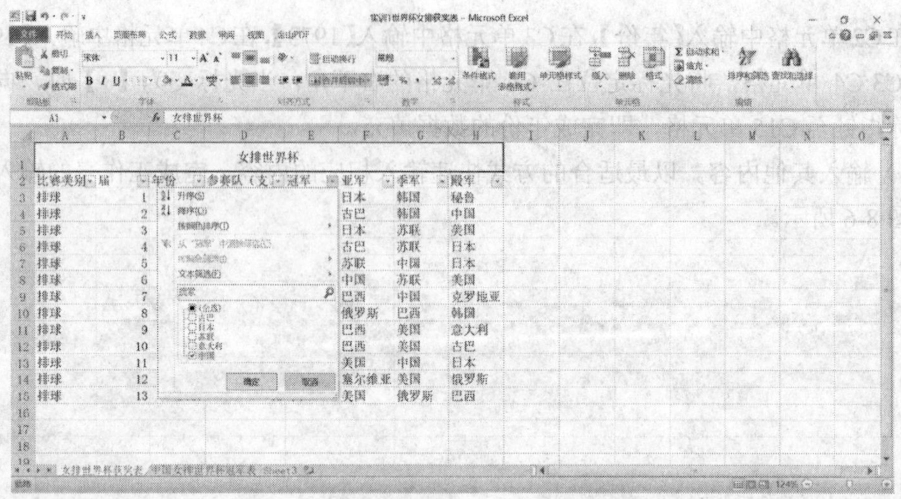

图 8-7

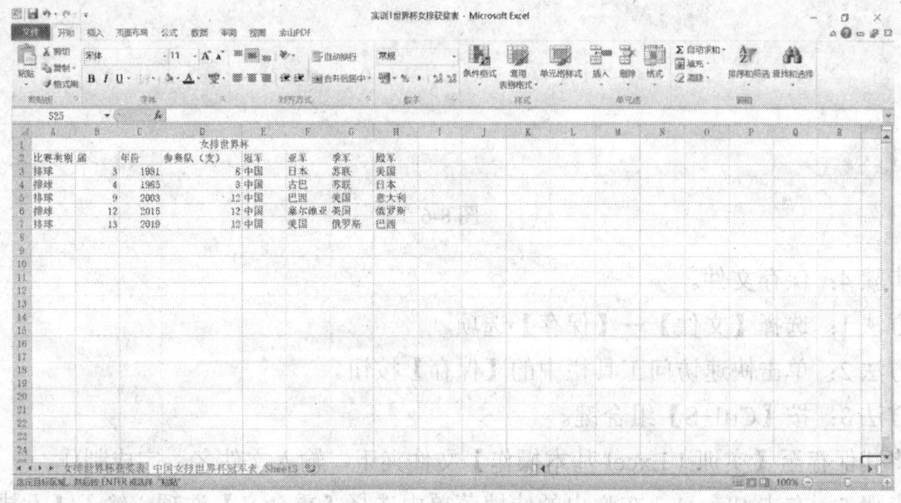

图 8-8

步骤 7：关闭文件。

方法 1：选择【文件】→【关闭】选项。

方法 2：单击文档右上角的【关闭】按钮。

方法 3：按【Alt+F4】组合键。

综合实训 2

一、实训题目

工作表的编辑及管理。

二、实训要求

1）掌握工作表的命名、保存等基本操作方法。

2）掌握单元格格式的设置，单元格内容的复制及粘贴方法。

3）掌握行列的插入及相关操作方法。

三、实训过程

在整个制作过程中包括了工作簿及工作表的创建及保存，工作表中文本、日期等相关数据的输入，单元格合并，行列的插入及行高、列宽的调整，单元格格式的设置，以及批注的插入与编辑等内容。

步骤 1：编辑工作表。

1）启动 Excel 2010，新建工作簿。

2）重命名工作表 1。选中工作表 Sheet1 右击，在弹出的快捷菜单中选择【重命名】选项，如图 8-9 所示；或者选中工作表 Sheet1，双击工作表 Sheet1，输入【近代中国十大科学家】，然后单击任意单元格即可。

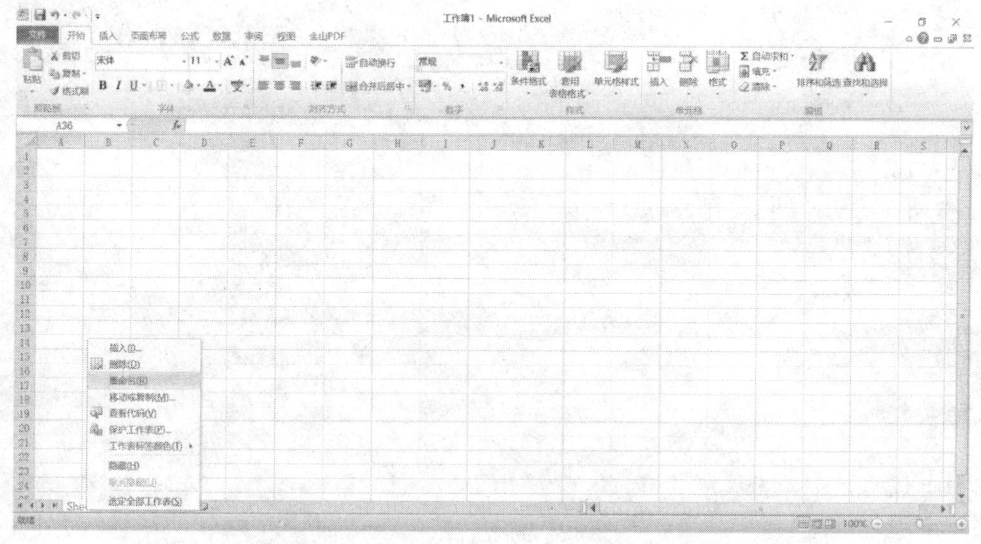

图 8-9

3）保存工作簿名为【近代中国十大科学家成员基本信息表】文档至【实训 2 工作表的编辑及管理】文件夹下。

4）在工作表中，输入如图 8-10 所示的信息。

5）在输入序号和日期列数据时，如果第一位为 0，Excel 2010 将按照常规方式将其第一位数字 0 忽略掉，为了避免这种问题，可以选中【序号】这列的单元格右击，在弹出的快捷菜单中选择【设置单元格格式】选项，弹出如图 8-11 所示的【设置单元格格式】对话框。选择【数字】选项卡，如果输入的数字为【01】，可以选择【文本】类型，然后单击【确定】按钮。

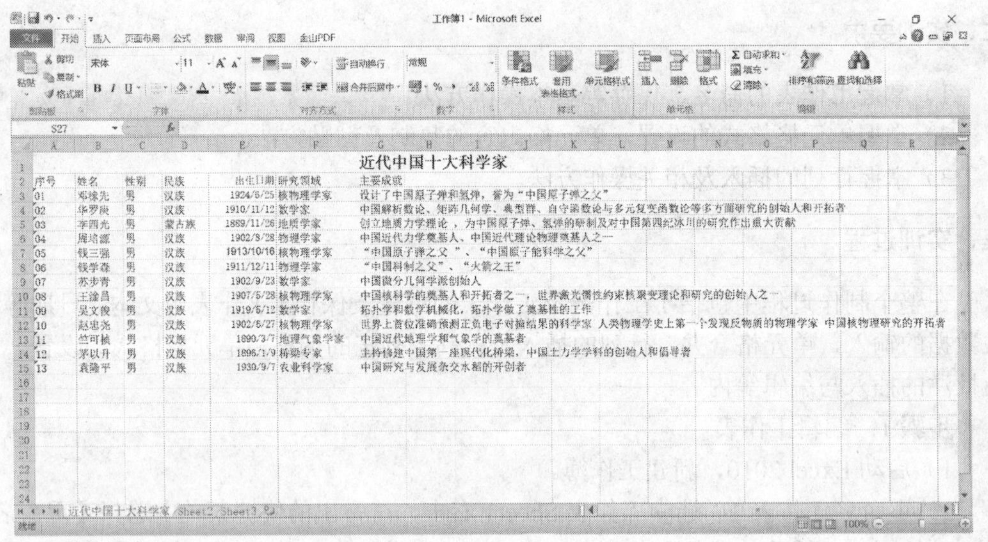

图 8-10

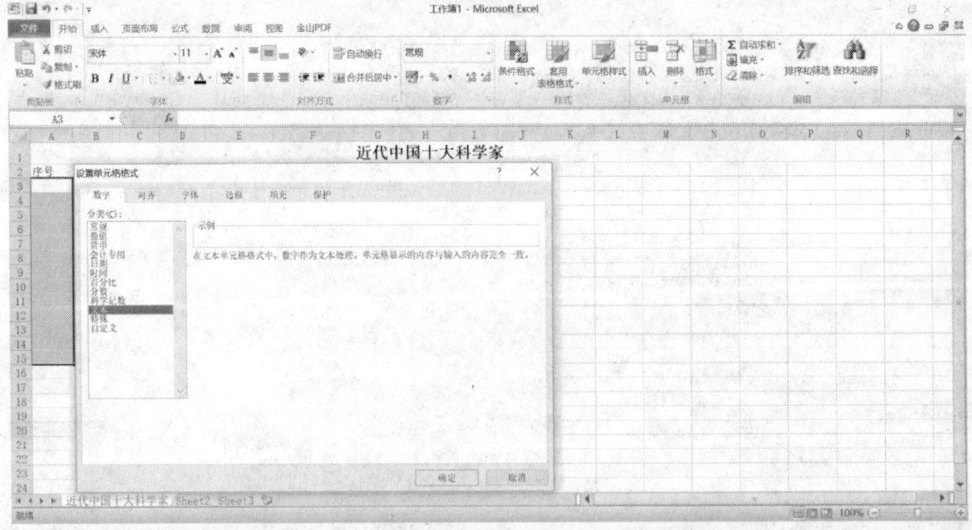

图 8-11

6）设置日期格式。输入出生日期时，可以选中【出生日期】列的单元格右击，在弹出的快捷菜单中选择【设置单元格格式】选项，弹出如图 8-12 所示的【设置单元格格式】对话框。选择【数字】选项卡，设置输入日期数据的显示形式，然后单击【确定】按钮。

7）选中【出生日期】列，单击【开始】选项卡【单元格】选项组中的【插入】下拉按钮，在弹出的下拉列表中选择【插入工作表列】选项，或者右击，在弹出的快捷菜单中选择【插入】选项，在当前列前插入【籍贯】列，如图 8-13 所示。

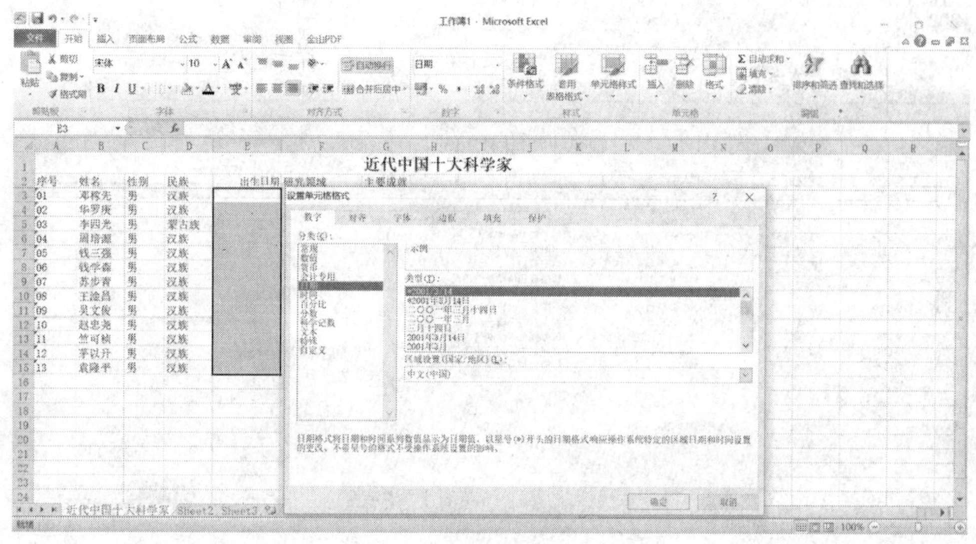

图 8-12

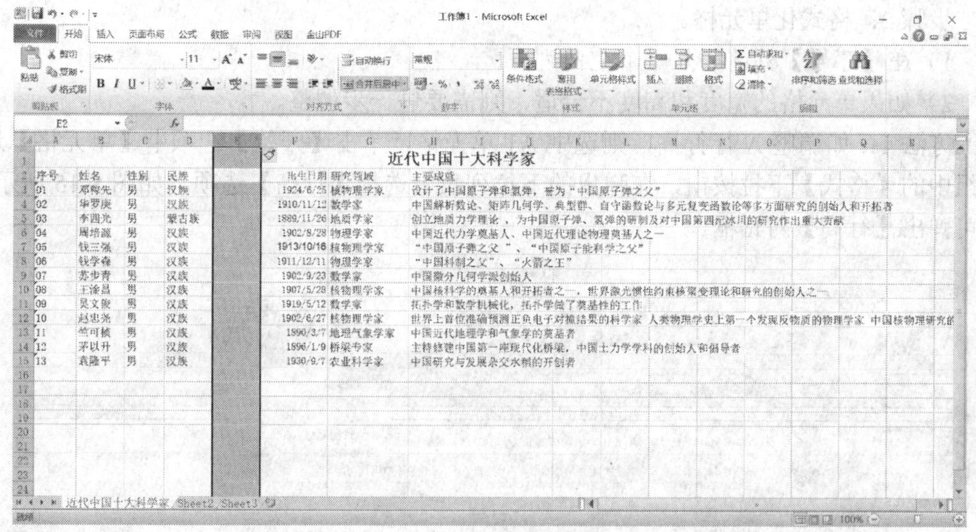

图 8-13

8）选中华罗庚所在的行，单击【开始】选项卡【单元格】选项组中的【插入】下拉按钮，在弹出的下拉列表中选择【插入工作表行】选项，或者右击，在弹出的快捷菜单中选择【插入】选项，在当前行前插入一行，如图 8-14 所示。

9）选中第四行，将空白行删除。

10）选中【籍贯】列，将空白列删除。

图 8-14

步骤 2：格式化单元格。

1）在【序号】列前插入一个空白列。

2）如果单元格的宽度和高度不合适，则需要进一步调整。

方法 1：如调整 A 行行高，则选中 A1 单元格，单击【开始】选项卡【单元格】选项组中的【格式】下拉按钮，在弹出的下拉列表中选择【行高】选项，如图 8-15 所示，即可弹出【行高】对话框。

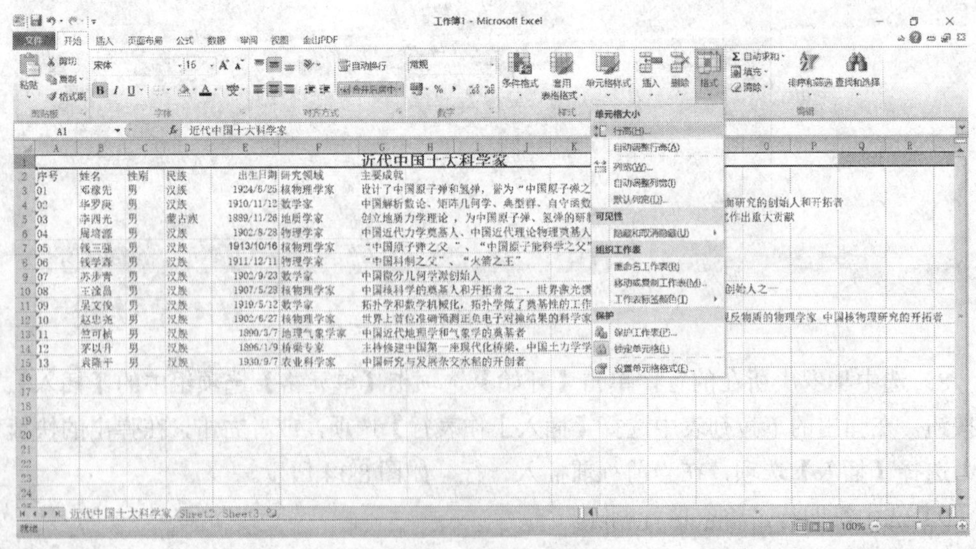

图 8-15

在【行高】文本框中输入行高值 25，如图 8-16 所示，然后单击【确定】按钮即可。

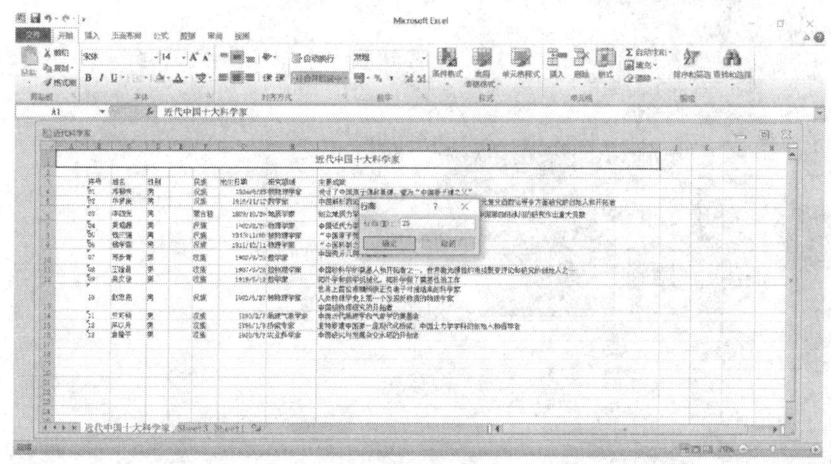

图 8-16

方法 2：可以把鼠标指针放在该单元格所在行号或列号的边框上，当鼠标指针变成十字形上下双向箭头✛时，即可按住鼠标左键对单元格高度或宽度进行调整，在鼠标指针旁边会显示当前调整到的高度或宽度值。

试做：将表中第二行的高度调整到【18】，将第三行的高度调整到【16】。以同样的方法将 A 列的宽度调整到【8】，将 B 列的宽度调整到【6】，将 C 列的宽度调整到【9】，将 E 列的宽度调整到【6.64】，将 F 列的宽度调整到【12.36】，将 G 列的宽度调整为【自动调整宽度】。

3）设置文字的对齐方式。选中 B2:E15 单元格，然后单击【开始】选项卡【对齐方式】选项组中的【居中】按钮，即可使所选区域中的文字居中，如图 8-17 所示。对于 F、G 列，选中 F2:G15 单元格右击，在弹出的快捷菜单中选择【设置单元格格式】选项，在弹出的【设置单元格格式】对话框中选择【对齐】选项卡，如图 8-18 所示，设置所选中单元格数据的对齐方式。

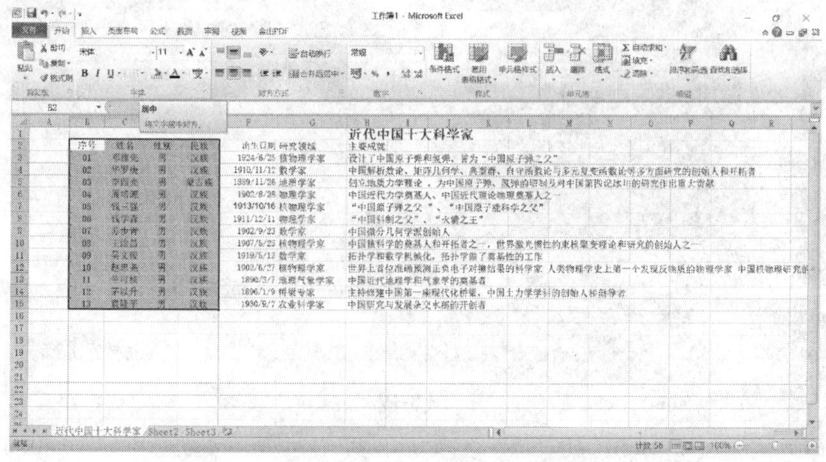

图 8-17

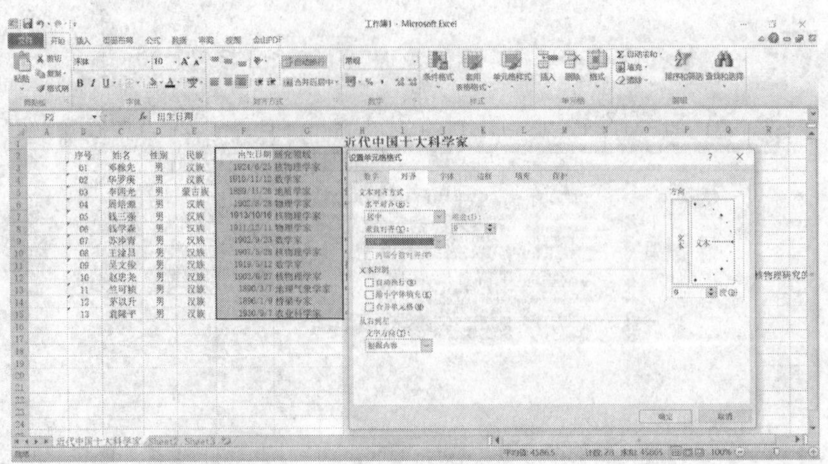

图 8-18

4）设置字体。选中 A1:H1 单元格区域，在【开始】选项卡【字体】选项组中的【字体】和【字号】下拉列表中分别选择【宋体】和【14】选项，再单击【加粗】按钮，即可完成对该单元格的字体设置。

选中 B2:H2 单元格区域，然后单击【开始】选项卡【字体】选项组中的【字体颜色】下拉按钮，在弹出的下拉列表中选择【红色】选项，将字体颜色设置为红色，单击【加粗】按钮，完成后如图 8-19 所示。

5）设置单元格边框。选中 B2:H15 单元格区域右击，在弹出的快捷菜单中选择【设置单元格格式】选项，弹出【设置单元格格式】对话框。选择【边框】选项卡，如图 8-19 所示，设置蓝色边框，然后单击【确定】按钮，设置效果如图 8-20 所示。

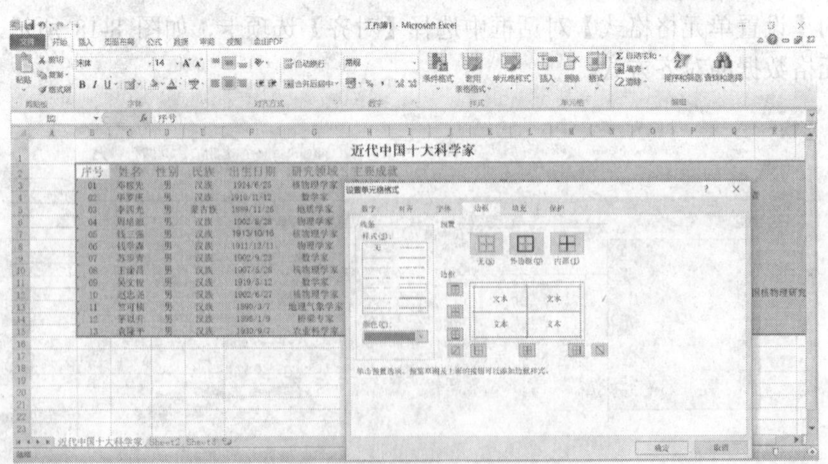

图 8-19

图 8-20

6）设置单元格背景颜色。选中 B2:H2 单元格区域右击，在弹出的快捷菜单中选择【设置单元格格式】选项，弹出【设置单元格格式】对话框。选择【填充】选项卡，选择【黄色】作为该区域的底色，然后单击【确定】按钮，设置完成后如图 8-21 所示。

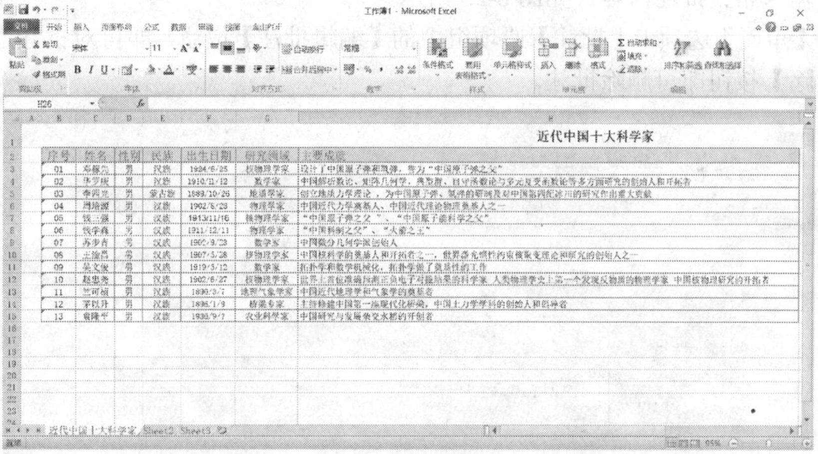

图 8-21

步骤 3：套用表格样式。选中【近代中国十大科学家】工作表，将其复制在【Sheet2】工作表中。在【近代中国十大科学家】工作表的数据区域中，单击任意单元格，在【开始】选项卡【样式】选项组中，单击【套用表格格式】下拉按钮；在弹出的下拉列表中选择【表样式中等深浅 12】选项，弹出【套用表格式】对话框。用虚框线提示扩展的数据区域，自动选中整个数据区域，在此对话框中可以重新选择要设置的数据区域，然后单击【确定】按钮即可。设置完成后的效果如图 8-22 所示。

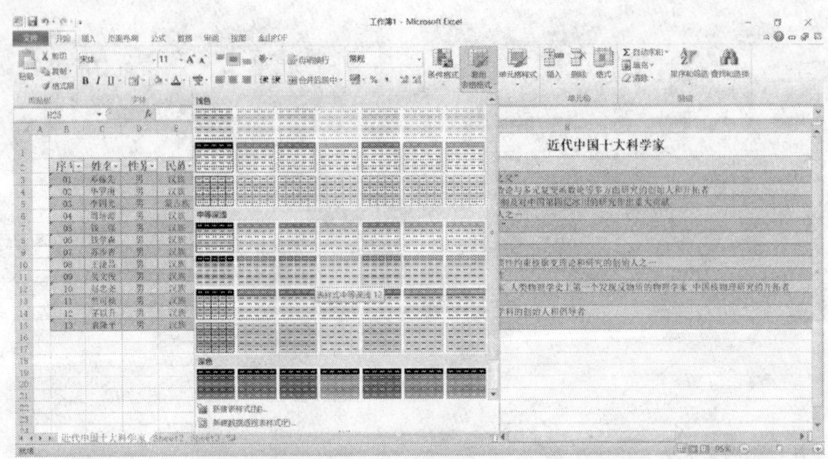

图 8-22

步骤 4：插入批注。在工作表中的某些项目中插入批注，可以很方便地解决需要备注而又不影响整体效果的问题。插入批注的具体操作步骤如下：选中需要插入批注的单元格，然后单击【审阅】选项卡【批注】选项组中的【新建批注】按钮，在弹出的批注框中直接输入相关批注内容，如图 8-23 所示。

单击【审阅】选项卡【批注】选项组中的【编辑批注】按钮，即可对批注进行编辑；单击【删除】按钮即可删除批注。

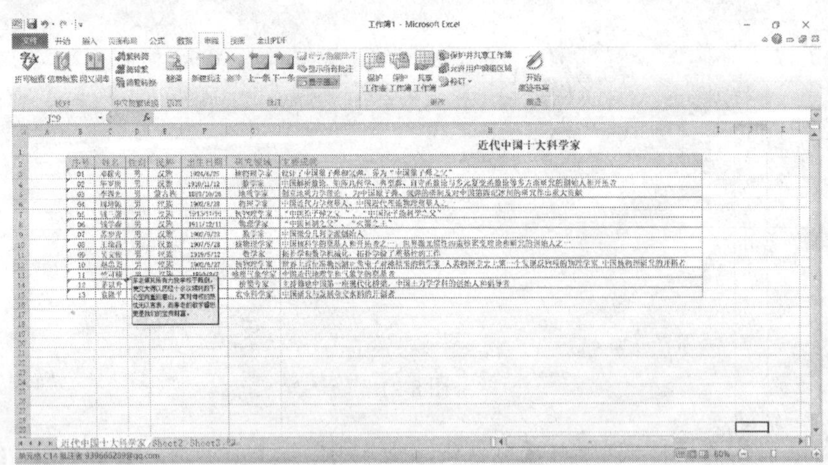

图 8-23

综合实训 3

一、实训题目

公式及函数的应用。

二、实训要求

1）掌握工作表中常用公式及函数的使用方法及应用，会对有关数据进行求和、求平均数、求最大最小值等。

2）掌握工作表中条件函数的使用方法及应用。

3）掌握常用的数据管理方法。

4）掌握表格样式的设置方法。

三、实训过程

步骤 1：创建新文档并输入内容。启动 Excel 2010，新建一个文档，单击【保存】按钮，将该文档保存为【2008 年北京奥运会奖牌榜】。在【2008 年北京奥运会奖牌榜】工作表中，输入相应的内容，完成后的效果如图 8-24 所示。

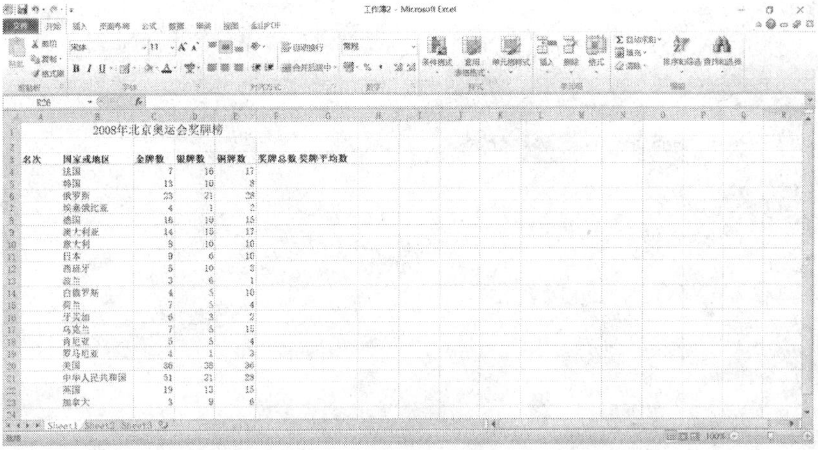

2008年北京奥运会奖牌榜

名次	国家或地区	金牌数	银牌数	铜牌数	奖牌总数	奖牌平均数
	法国	7	16	17		
	韩国	13	10	8		
	俄罗斯	23	21	28		
	埃塞俄比亚	4	1	2		
	德国	16	10	15		
	澳大利亚	14	15	17		
	意大利	8	10	10		
	日本	9	6	10		
	西班牙	5	10	3		
	波兰	3	6	1		
	白俄罗斯	4	5	10		
	荷兰	7	5	4		
	牙买加	6	3	2		
	乌克兰	7	5	15		
	肯尼亚	5	5	4		
	罗马尼亚	4	1	3		
	美国	36	38	36		
	中华人民共和国	51	21	28		
	英国	19	13	15		
	加拿大	3	9	6		

图 8-24

步骤 2：利用公式及函数计算总奖牌数和平均奖牌数。

1）求每个国家的奖牌总数。

方法 1：选中 F4 单元格，单击【开始】选项卡【编辑】选项组中的【自动求和】下拉按钮，在弹出的下拉列表中选择【求和】选项，如图 8-25 所示，确定求和范围为 C4:E4，然后按【Enter】键。

方法 2：选中 F4 单元格，在单元格中直接输入【=C4+D4+E4】，如图 8-26 所示，然后按【Enter】键。

方法 3：选中 F4 单元格，单击【公式】选项卡【函数库】选项组中的【插入函数】按钮，弹出【插入函数】对话框，如图 8-27 所示。选择【SUM】函数，单击【确定】按钮，弹出【函数参数】对话框。在文本框中输入或选择参数，需要求和的单元格区域为 C4:E4，如图 8-28 所示，然后单击【确定】按钮即可。

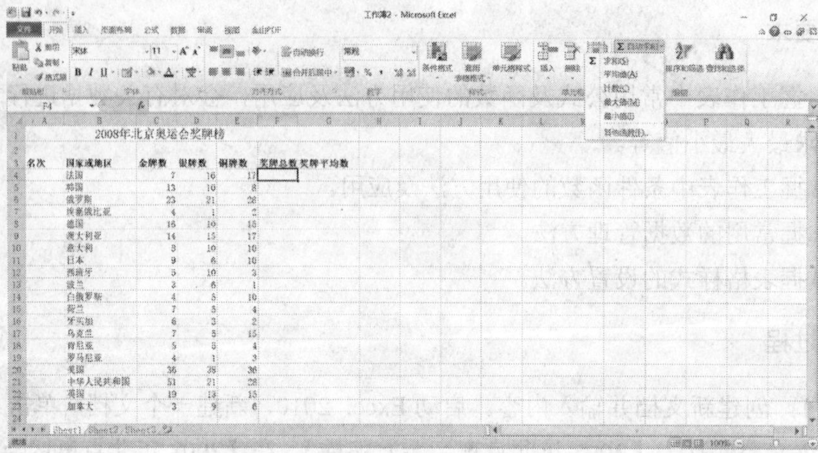

图 8-25

图 8-26

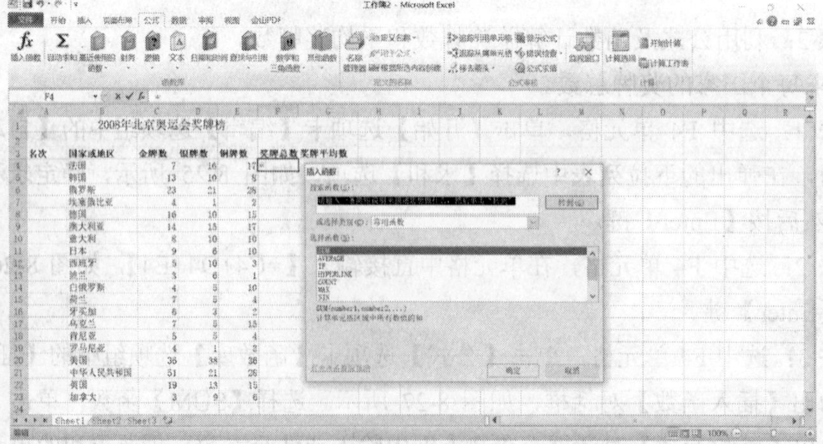

图 8-27

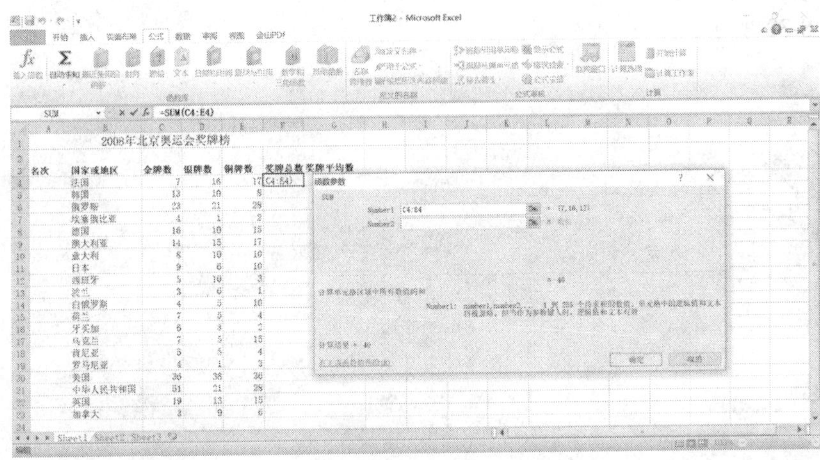

图 8-28

以上 3 种方法均可求出 F4 单元格的奖牌总数。利用填充柄拖动鼠标至 F23 单元格，则每个国家的奖牌总数计算完成，如图 8-29 所示。

图 8-29

2）参照求和的方法，求奖牌平均数。例如，利用插入函数的方法求平均值，则单击【公式】选项卡【函数库】选项组中的【插入函数】按钮，在弹出的【插入函数】对话框中选择【AVERAGE】函数，单击【确定】按钮，在弹出的如图 8-30 所示的【函数参数】对话框中设置参数，求值单元格区域为 C4:E4，单击【确定】按钮，然后按【Enter】键，即可求出第一个平均值。此时，需要设置单元格格式的数字类型，在打开的【设置单元格格式】对话框中选择【数字】选项卡，选择【数值】类型，选择小数位数为 2，单击【确定】按钮即可显示出所求的第一个平均值，然后利用填充柄拖动鼠标至 F23 即可完成平均成绩的计算，如图 8-31 所示。

步骤 3：使用 IF 函数。在【奖牌平均数】列后新增一列【成绩等级】，然后在 H4 单元格中输入【=IF(F4>50,"优秀",IF(F4>30,"良好",IF(F4>10,"中等","一般")))】，然后按【Enter】键。选中 H4 单元格，利用填充柄拖动鼠标至 H23 单元格，完成等级的显示，结果如图 8-32 所示。

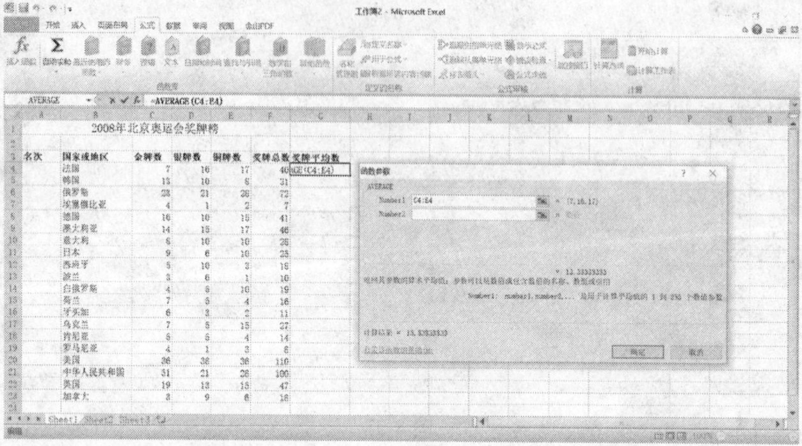

图 8-30

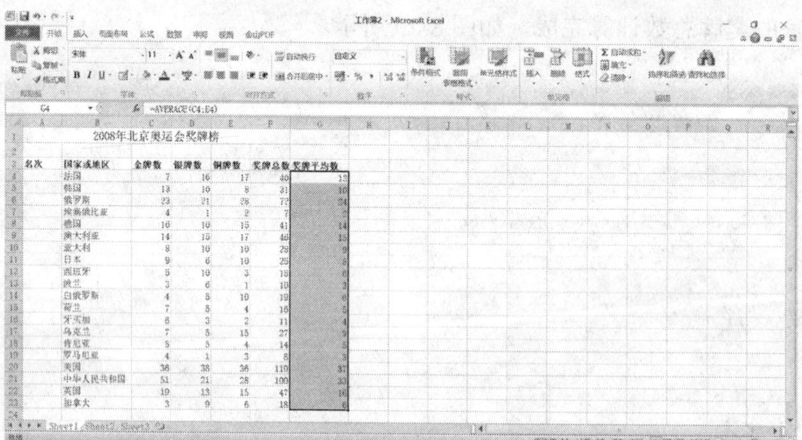

图 8-31

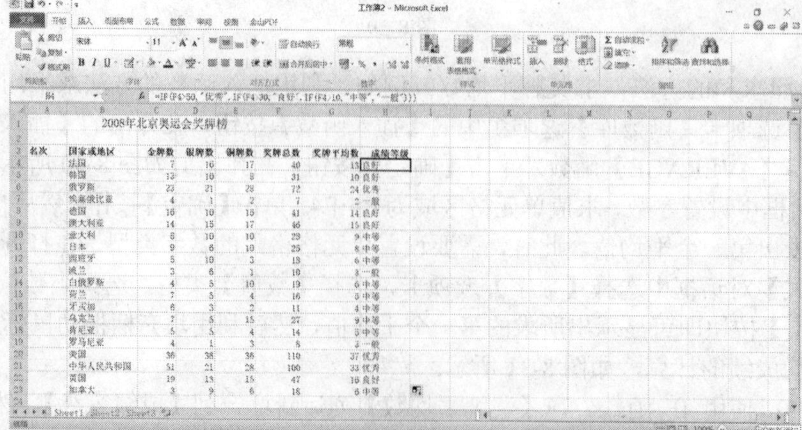

图 8-32

步骤 4：使用 RANK 函数。按各个国家的金牌数量进行名次排名。在【国家或地区】列前新增一列【名次】，然后在 A4 单元格中输入【=RANK(C4,$C$4:$C$23)】，然后按【Enter】键。选中 A4 单元格，利用填充柄拖动鼠标至 A23 单元格，完成名次等级的显示，结果如图 8-33 所示。

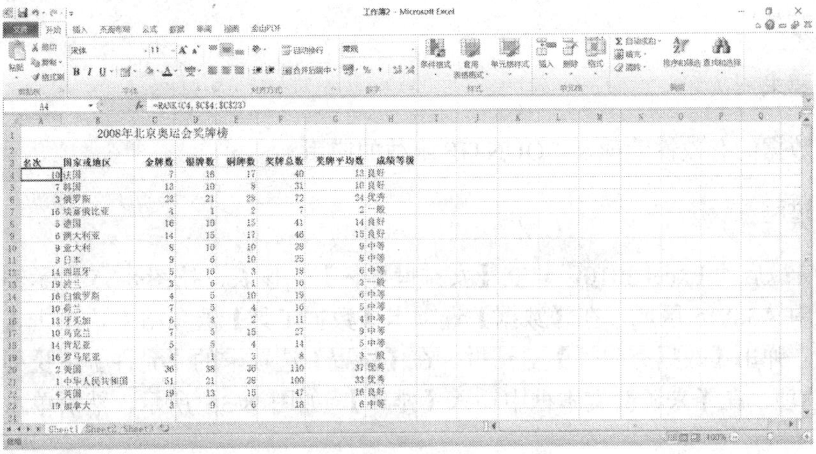

图 8-33

步骤 5：设置表格样式。设置表头合适的行高、列宽、字体、字号（14 号，宋体，加粗），设置各个项目名称的字体、字号（11 号，宋体）、加粗及背景色（浅灰色），名次列设置背景色为浅灰色。

A3:H23 单元格区域中数据的对齐方式参照图 8-34 进行设置。

将表格的最外框设置为粗的单线样式，将内部边框设置为细单线，完成表格样式的设置，最终得到如图 8-34 所示的表。

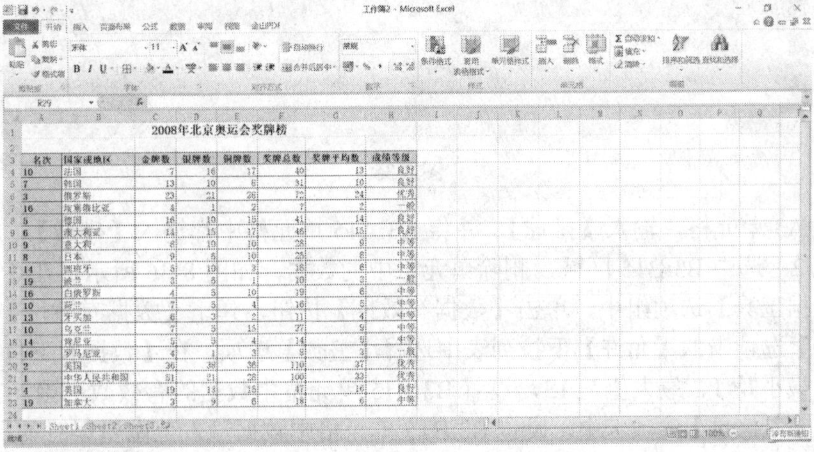

图 8-34

综合实训 4

一、实训题目

数据有效性。

二、实训要求

掌握数据的有效性管理及 COUNTIF 函数的应用。

三、实训过程

步骤 1：启动 Excel 2010，建立【女排世界杯】工作表，按图 8-35 所示输入相关的数据。选中 A3:A15 区域，在【数据】选项卡【数据工具】选项组中，单击【数据有效性】按钮，弹出【数据有效性】对话框。在【设置】选项卡的【允许】下拉列表中选择【序列】选项，在【来源】文本框中输入【排球】，如图 8-35 所示，然后单击【确定】按钮。

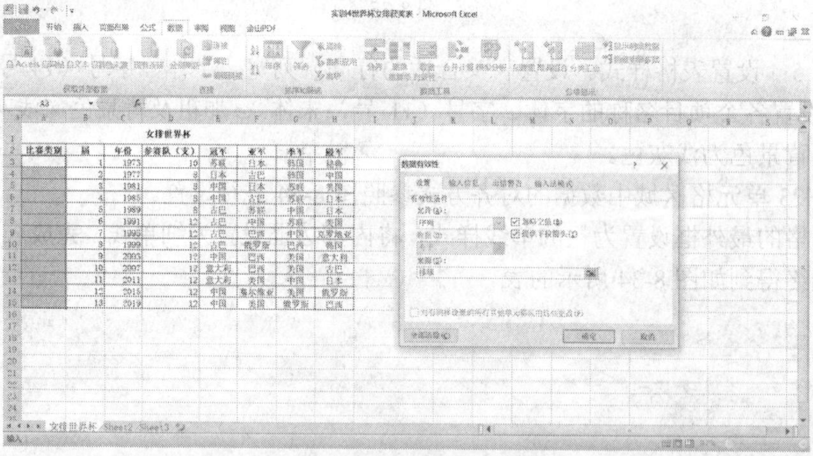

图 8-35

选中 A3 单元格，输入【排球】，并将 A3:A15 单元格中都输入【排球】。

步骤 2：选中 B3:B15 区域，删除单元格中的数据，如图 8-36 所示，在【数据】选项卡【数据工具】选项组中，单击【数据有效性】按钮，弹出【数据有效性】对话框。在【设置】选项卡的【允许】下拉列表中选择【整数】选项，在【数据】下拉列表中设置输入值最小是 1、最大值是 13，设置 B3:B15 单元格中数据的有效数范围。

在【输入信息】选项卡中，设置 B3:B15 单元格中数据输入范围错误时的提示信息，如图 8-37 所示，然后单击【确定】按钮。

步骤 3：统计中国女排世界杯夺冠次数，选中 D16 单元格，设置背景颜色为【黄色】；选中 E16 单元格，输入【=COUNTIF(E3:E15,"中国")】，如图 8-38 所示，然后按【Enter】键即可。

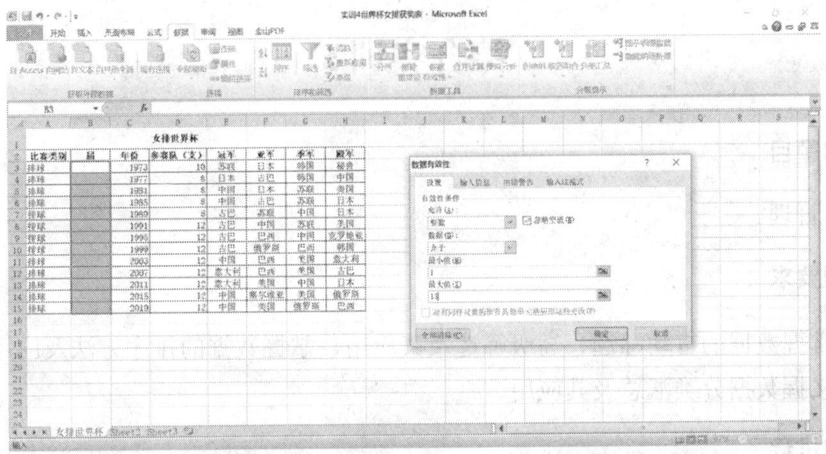

图 8-36

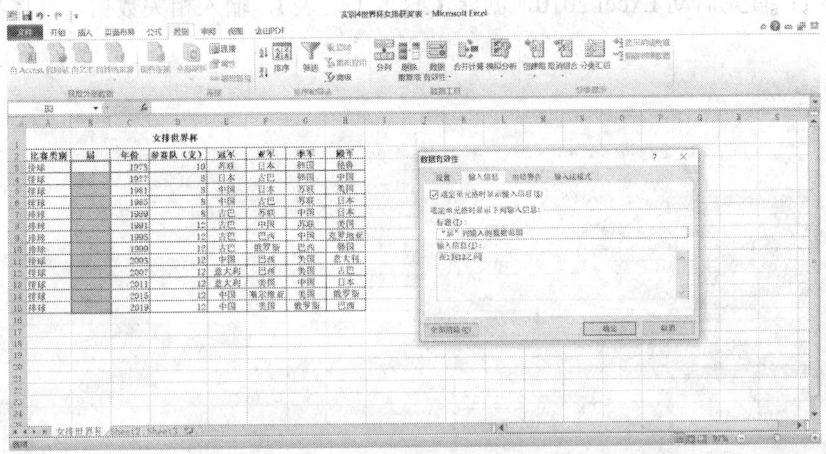

图 8-37

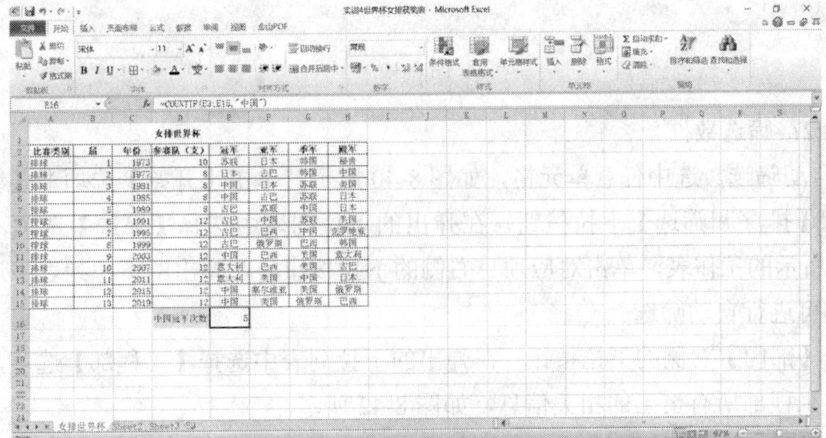

图 8-38

综合实训 5

一、实训题目

数据管理。

二、实训要求

1）掌握数据的自动筛选、高级筛选及其应用，掌握数据的排序方法及应用。

2）掌握数据分类汇总及其应用。

三、实训过程

步骤 1：首先启动 Excel 2010，创建【职工工资表】，输入相关数据，具体如图 8-39 所示。

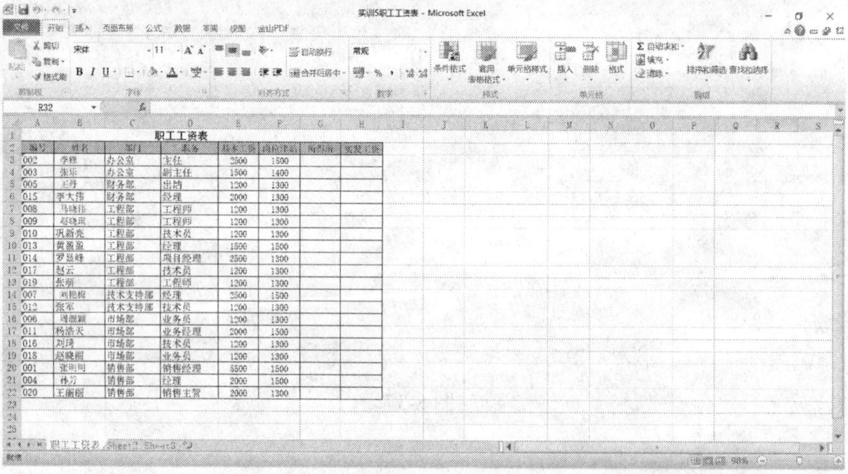

图 8-39

步骤 2：筛选数据。

1）自动筛选。选中任意单元格，如图 8-40 所示，单击【开始】选项卡【编辑】选项组中的【排序和筛选】下拉按钮，在弹出的下拉列表中选择【筛选】选项，出现如图 8-41 所示的工作表，单击对应项目右侧的下拉按钮，在弹出的下拉列表中选择需要的选项即可进行自动筛选。

单击【部门】右侧的下拉按钮，在弹出的下拉列表中选择【工程部】选项，即可自动筛选出工程部所有员工的相关信息，如图 8-42 所示。

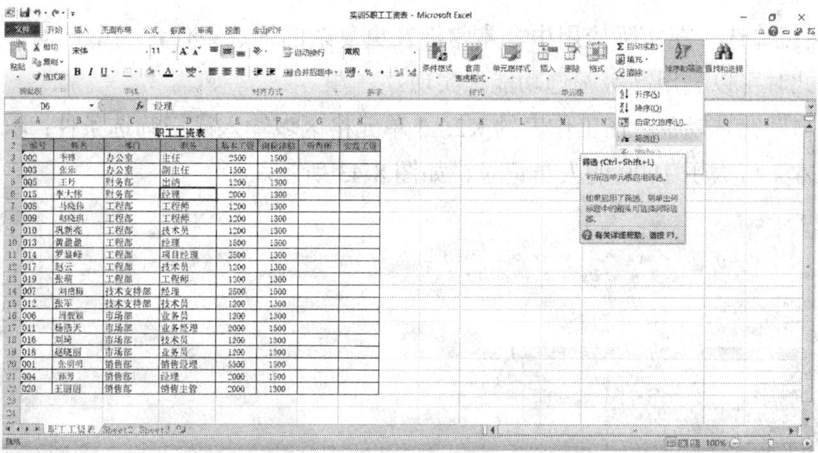

图 8-40

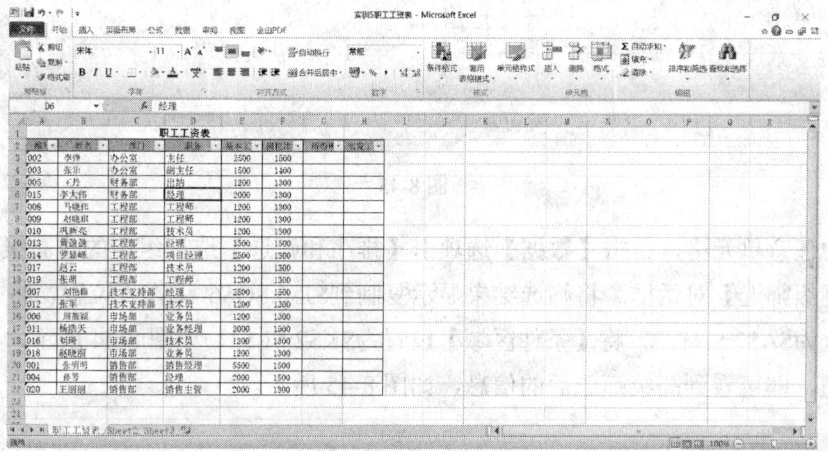

图 8-41

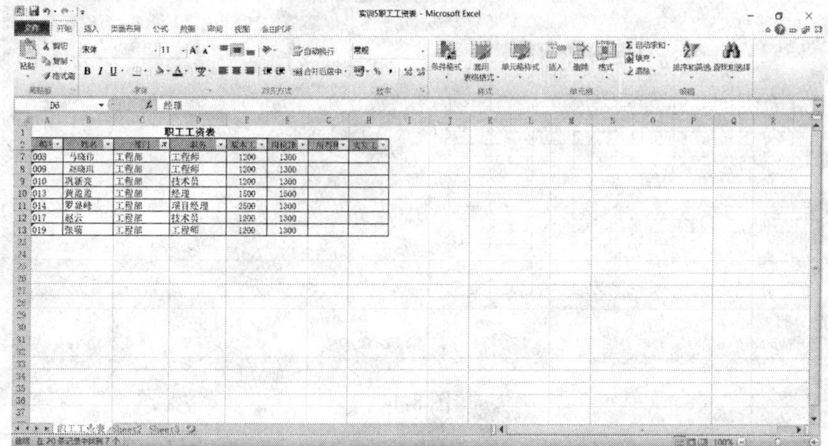

图 8-42

2）高级筛选。在实际应用中，常常涉及更复杂的筛选条件，利用自动筛选已经无法完成，此时可以利用高级筛选功能来实现。

撤销自动筛选功能，在工作表的 K2:L3 单元格区域输入高级筛选条件：职务是工程师并且基本工资大于 1000 的人员记录，如图 8-43 所示。

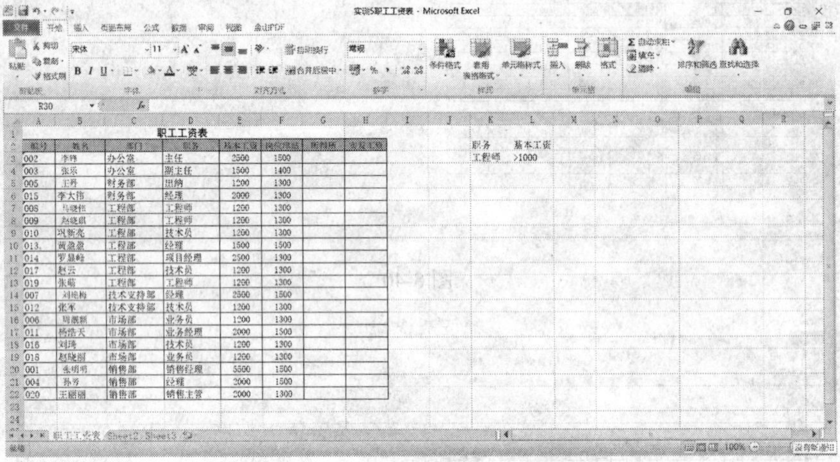

图 8-43

选中任意单元格，单击【数据】选项卡【排序和筛选】选项组中的【高级】按钮，弹出【高级筛选】对话框。将筛选结果显示复制到$J$6:$Q$6 工作表位置，将【列表区域】设置为$A$2:$H$22，将【条件区域】设置为$K$2:$L$3，如图 8-44 所示，单击【确定】按钮，即可看到高级筛选后的信息，如图 8-45 所示。

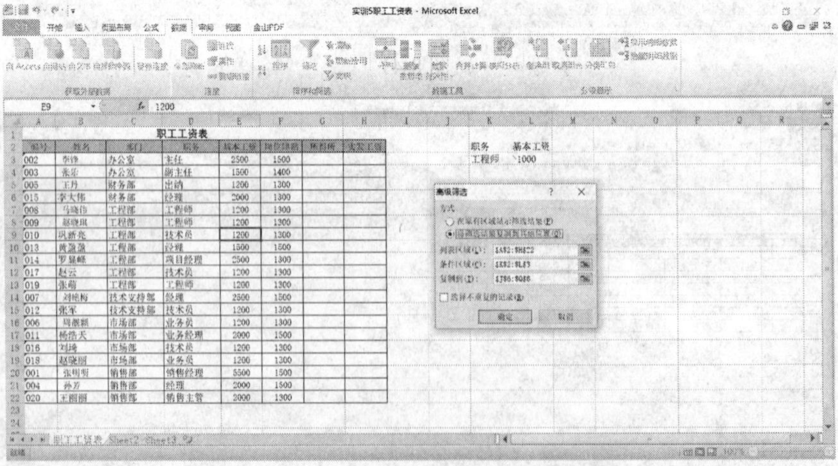

图 8-44

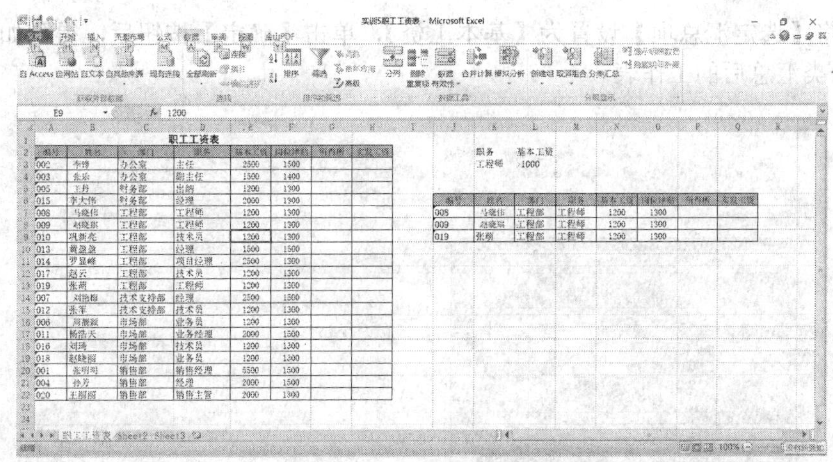

图 8-45

步骤 3：数据的排序。

1）简单排序。选中【基本工资】列的任意单元格，单击【开始】选项卡【编辑】选项组中的【排序和筛选】下拉按钮，在弹出的下拉列表中选择【升序】选项，即可显示出【基本工资】从低到高排序后的工作表，如图 8-46 所示。

图 8-46

2）自定义排序。选中【基本工资】列的任意单元格，单击【开始】选项卡【编辑】选项组中的【排序和筛选】下拉按钮，在弹出的下拉列表中选择【自定义排序】选项，弹出【排序】对话框，如图 8-47 所示，主要关键字选择【基本工资】，次序选择【升序】；次要关键字选择【岗位津贴】，次序选择【降序】，然后单击【确定】按钮，结果如图 8-48 所示。

步骤 4：数据的分类汇总。将工作表返回到初始状态，然后按照部门对工作表按部门进行排序，如图 8-49 所示。

选中任意单元格，单击【数据】选项卡【分级显示】选项组中的【分类汇总】按钮，弹出【分类汇总】对话框。将【分类字段】设置为【部门】，将【汇总方式】设置为【平均值】，将【选定汇总项】设置为【基本工资】，单击【确定】按钮后，得到如图 8-50 所示的分类汇总后的工作表。

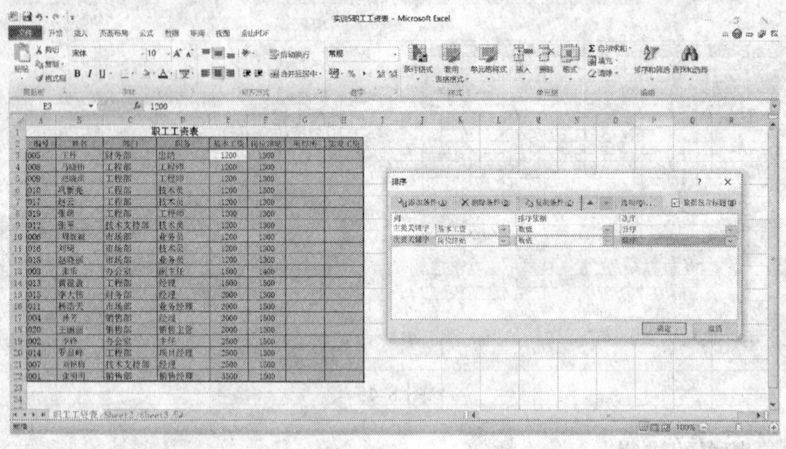

图 8-47

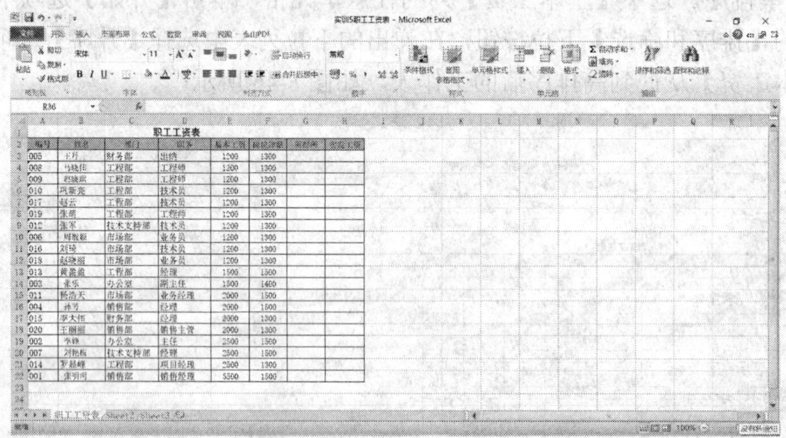

图 8-48

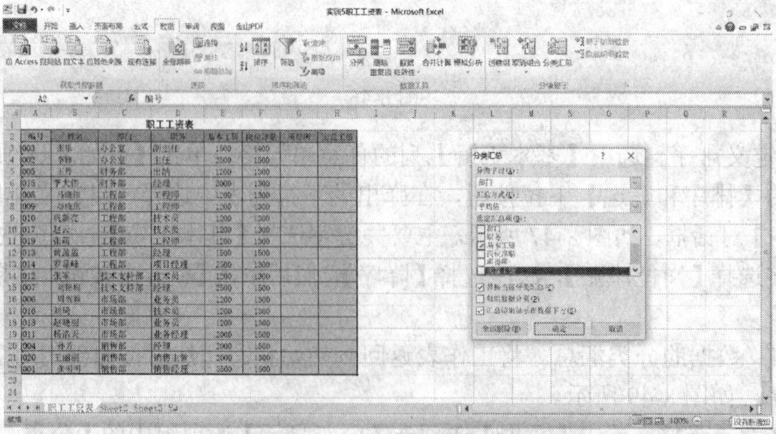

图 8-49

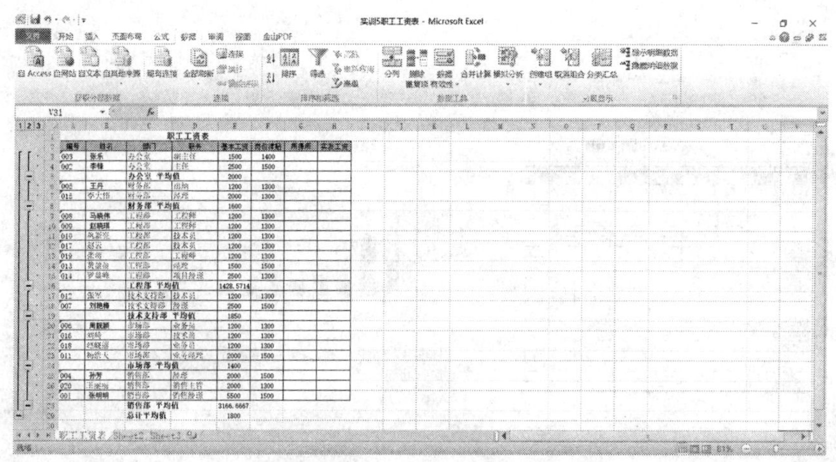

图 8-50

步骤 5：求每位职工的实发工资。利用公式求每位职工的实发工资。计算公式：实发工资=基本工资+岗位津贴-所得税；所得税=(基本工资+岗位津贴)×3%。此步骤的具体操作不再赘述，读者可自行操作。

综合实训 6

一、实训题目

数据的图表化。

二、实训要求

1）掌握图表的创建及编辑方法。

2）熟练掌握图表对象的格式化设置方法。

3）能通过数据的图表化对有关数据进行直观形象的显示，以便更好地进行数据的分析及管理。

三、实训过程

步骤 1：创建图表。

1）打开【2008 年北京奥运会奖牌榜】工作表，按金牌数排名次并按【名次】降序排序。

2）选中表中排名前八的国家的【国家或地区】、【金牌数】、【银牌数】、【铜牌数】4 列数据，单击【插入】选项卡【图表】选项组中的【柱形图】下拉按钮，在弹出的下拉列表中选择【二维柱形图】选项，生成如图 8-51 所示的柱形图。

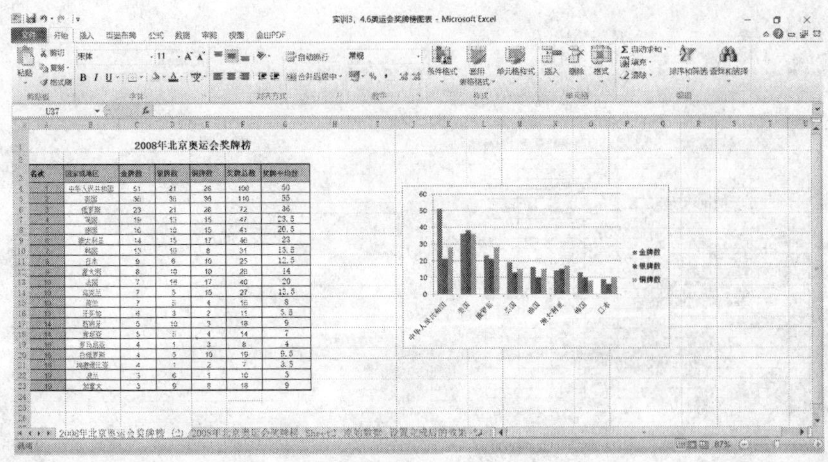

图 8-51

步骤 2：编辑图表。

1）添加标题。选中图表，激活功能区中的【图表工具-设计】、【图表工具-布局】和【图表工具-格式】选项卡。单击【图表工具-布局】选项卡【标签】选项组中的【图表标题】下拉按钮，在弹出的下拉列表中选择【图表上方】选项。在图表中的标题输入框中输入图表标题【前八金银铜奖牌数】，如图 8-52 所示，单击图表空白区域完成输入。

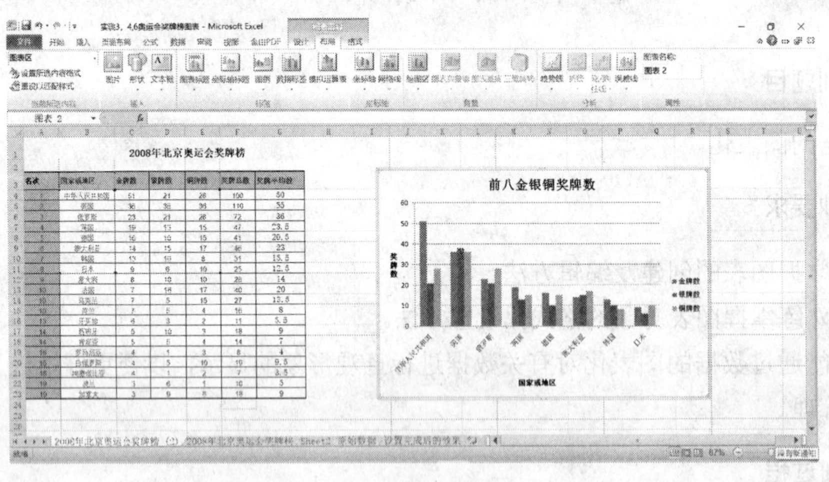

图 8-52

单击【图表工具-布局】选项卡【标签】选项组中的【坐标轴标题】下拉按钮，在弹出的下拉列表中分别完成横坐标与纵坐标标题的设置。选中图表，然后拖动图表四周的控制点，调整图表的大小。

2）修饰数据系列图标。双击金牌数据系列或将鼠标指针指向该系列右击，在弹出的快捷菜单中选择【设置数据系列格式】选项，在弹出的【设置数据系列格式】对话框的【填充】选项卡中选择【图案填充】的样式，设置前景色为【黄色】，如图 8-53 所示，然后单击【关闭】按钮。

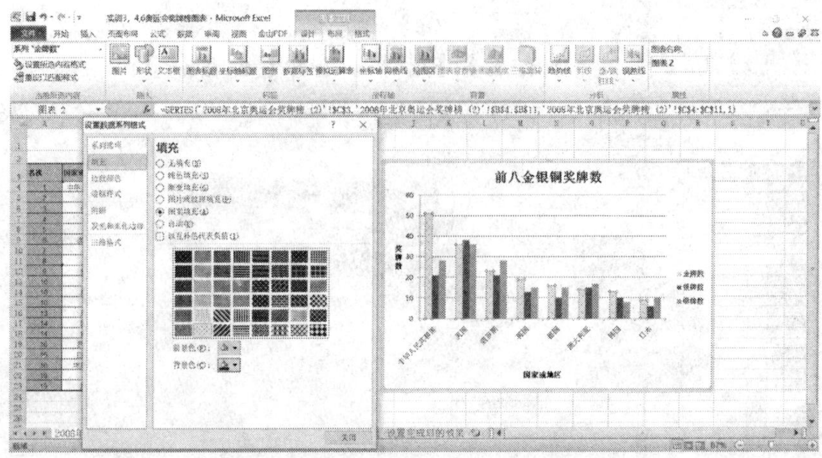

图 8-53

3）添加数据标签。双击数据系列或将鼠标指针指向该系列并右击，在弹出的快捷菜单中选择【设置数据系列格式】选项。选中金牌数据系列，单击【图表工具-布局】选项卡【标签】选项组中的【数据标签】下拉按钮，在弹出的下拉列表中选择【数据标签外】选项，如图 8-54 所示，图表中金牌数据系列上方显示数据标签。

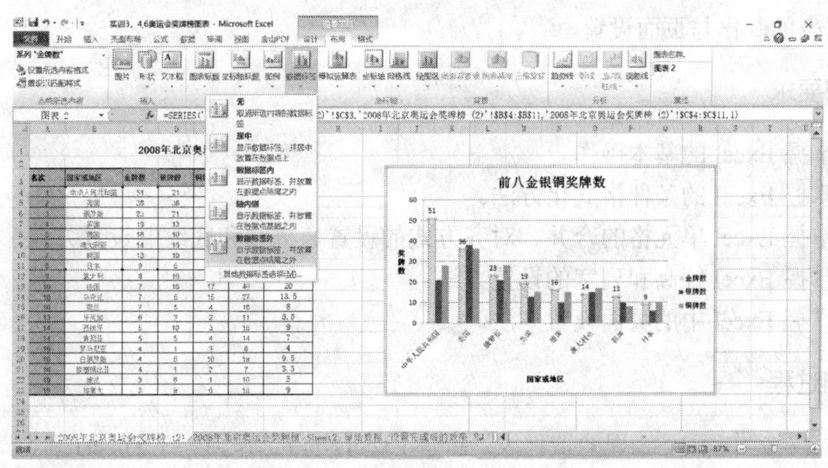

图 8-54

4）设置纵坐标轴刻度。双击纵坐标轴上的刻度值，弹出【设置坐标轴格式】对话框，在【坐标轴选项】选项卡中将【主要刻度单位】设置为【15】。

5）设置图表背景并保存文件。分别双击图例和图表空白处，在弹出的相应对话框中进行设置，图表区的设置参考图 8-55。

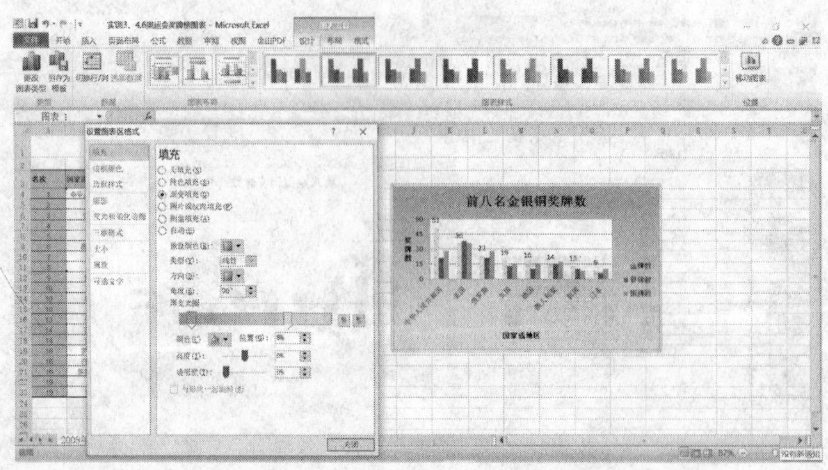

图 8-55

综合实训 7

一、实训题目

课程表的制作与页面设置。

二、实训要求

1）掌握 Excel 的基本操作。
2）掌握 Excel 的条件格式化方法。
3）掌握 Excel 单元格的合并、对齐方式的设置、框线和底纹的设置方法。
4）掌握 Excel 行高和列宽的设置方法。
5）掌握 Excel 中的页面设置方法。

三、实训过程

步骤 1：制作第 1～8 周的课程表。新建 Excel 空白工作簿，在 Sheet1 工作表中同时选中 A～U 列（整个表格将占据这几列），调整它们的宽度为 4.63，再选中 A1:U1 单元格区域，单击【开始】选项卡【对齐方式】选项组中的【合并后居中】按钮，合并该区域，然后在合并单元格中输入标题【2019—2020 学年第一学期课程表（第 1-8 周）】，设置字体为黑体，字号为 14。

步骤 2：制作第二行和第三行。

1）选择 A2:U3 单元格区域，设置该区域的文字为宋体 9 号字，设置内外所有框线。

2）适当增大第一列的宽度，增大第二行和第三行的高度，合并 A2 和 A3 单元格，制作出斜线表头。

3）分别合并 B2:E2、F2:I2、J2:M2、N2:Q2、R2:U2 单元格区域，再在各合并的单元格中输入【星期一】、【星期二】、【星期三】、【星期四】、【星期五】，并设为水平居中。

4）分别在第三行的各单元格中输入节次，居中显示，结果如图 8-56 所示。

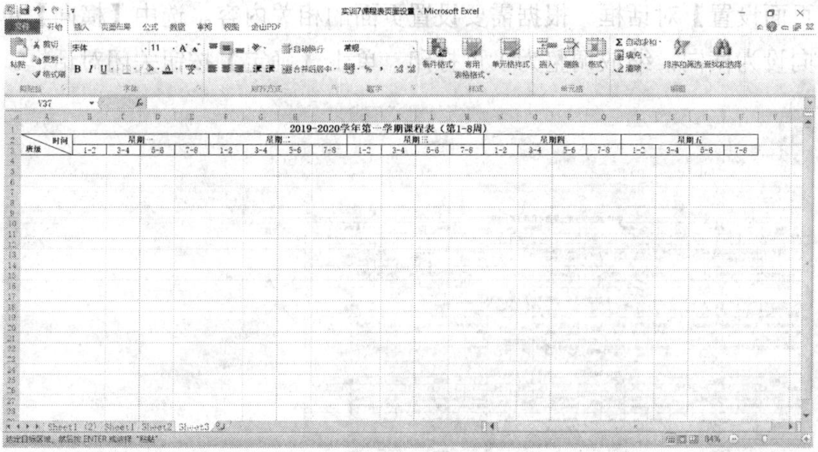

图 8-56

步骤 3：制作第四行和第五行。

1）适当增大第四行和第五行的高度，选择 A4:U5 单元格区域，设置内外所有框线，设置水平居中。

2）在 A4:U5 区域的各单元格中分别输入相应课表文字内容，并根据各单元格文字内容的多少，适当调整相应行的高度和列的宽度。

3）在课程表中，利用【条件格式】功能设置教师【王丽】所有的单元格为深红色底纹，结果如图 8-57 所示。

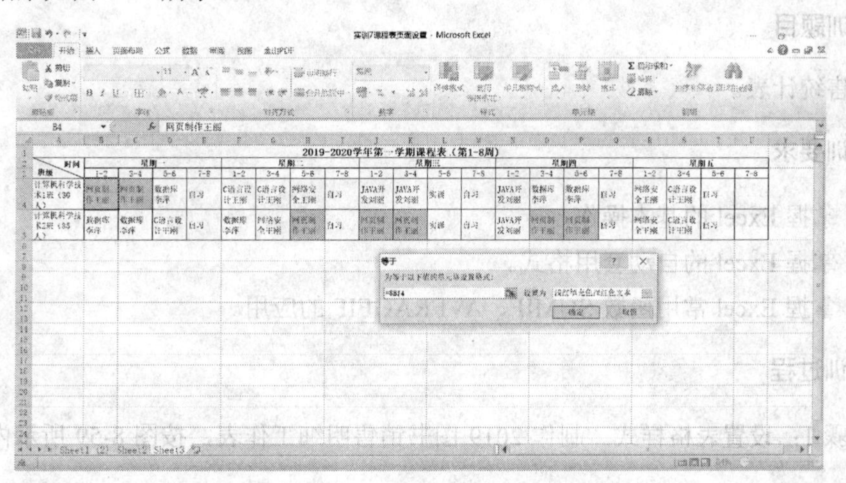

图 8-57

步骤 4：选择第 1～8 周课程表（即 A1:U5 单元格区域）并右击，在弹出的快捷菜单中选择【复制】选项，将该课程表在该工作表中复制 7 次。

步骤 5：设置页面。课程表最终要打印在纸上，所以这里要进行页面的设置操作。

单击【页面布局】选项卡【页面设置】选项组右下角的对话框启动器，弹出如图 8-58 所示的【页面设置】对话框。根据需要设置页面的相关内容。选中【横向】单选按钮，将纸张方向设为横向，缩放调整为 1 页打印，单击【确定】按钮关闭对话框。

图 8-58

单击【打印预览】按钮，课程表最终打印预览效果如预览所示。

综合实训 8

一、实训题目

销售统计表。

二、实训要求

1）掌握 Excel 的基本操作。

2）掌握 Excel 的自动套用格式。

3）掌握 Excel 常用函数 SUMIF、AVERAGEIF 的应用。

三、实训过程

步骤 1：设置表格样式。制作 2019 图书销售明细工作表，按图 8-59 所示内容输入数据。

对工作表进行格式调整。设置表头合适的行高、列宽；设置标题字体、字号（16 号，宋体，加粗）及其他各个项目名称的字体、字号（11 号，宋体）；选中 A2:F14 单元格区域，在【套用表格格式】下拉列表中选择【表样式中等深浅 12】选项，为选定区域 A2:E14 设置格式。

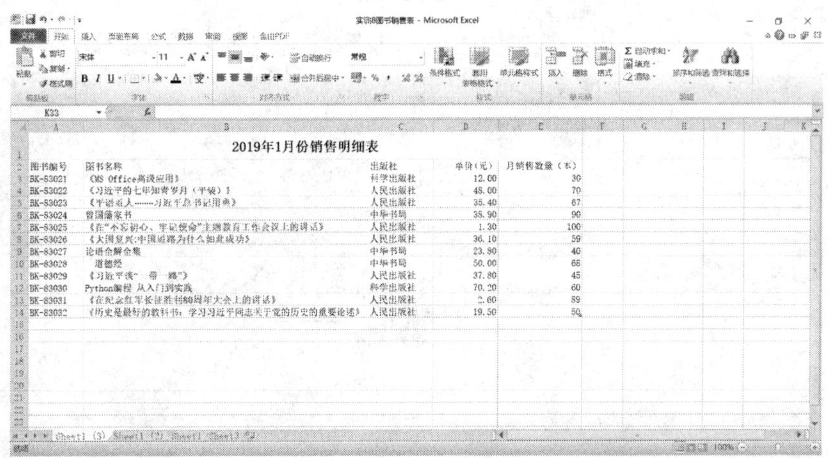

2019年1月份销售明细表				
图书编号	图书名称	出版社	单价(元)	月销售数量(本)
BK-83021	《MS Office高级应用》	科学出版社	12.00	30
BK-83022	《习近平的七年知青岁月(平装)》	人民出版社	48.00	70
BK-83023	《平易近人——习近平总书记用典》	人民出版社	35.40	67
BK-83024	曾国藩家书	中华书局	38.90	90
BK-83025	《在"不忘初心、牢记使命"主题教育工作会议上的讲话》	人民出版社	1.30	100
BK-83026	《大国复兴:中国道路为什么如此成功》	人民出版社	36.10	59
BK-83027	论语全解全集	中华书局	23.80	40
BK-83028	道德经	中华书局	50.00	68
BK-83029	《习近平谈"一带一路"》	人民出版社	37.80	45
BK-83030	Python编程 从入门到实践	科学出版社	70.20	60
BK-83031	《在纪念红军长征胜利80周年大会上的讲话》	人民出版社	2.60	89
BK-83032	《历史是最好的教科书：学习习近平同志关于党的历史的重要论述》	人民出版社	19.50	50

图 8-59

步骤 2：根据工作表中的销售数据，统计每本书的销售总额。

在 F2 单元格中输入销售额，选中 F3 单元格，输入【=D3*E3】，按【Enter】键；选中 F3 单元格，拖动右下角的填充柄到 F14 单元格，结果如图 8-60 所示。

F3　=D3*E3

2019年1月份销售明细表					
图书编号	图书名称	出版社	单价(元)	月销售数量(本)	月销售额(元)
BK-83021	《MS Office高级应用》	科学出版社	12.00	30	360.00
BK-83022	《习近平的七年知青岁月(平装)》	人民出版社	48.00	70	3360.00
BK-83023	《平易近人——习近平总书记用典》	人民出版社	35.40	67	2371.80
BK-83024	曾国藩家书	中华书局	38.90	90	3501.00
BK-83025	《在"不忘初心、牢记使命"主题教育工作会议上的讲话》	人民出版社	1.30	100	130.00
BK-83026	《大国复兴:中国道路为什么如此成功》	人民出版社	36.10	59	2129.90
BK-83027	论语全解全集	中华书局	23.80	40	952.00
BK-83028	道德经	中华书局	50.00	68	3400.00
BK-83029	《习近平谈"一带一路"》	人民出版社	37.80	45	1701.00
BK-83030	Python编程 从入门到实践	科学出版社	70.20	60	4212.00
BK-83031	《在纪念红军长征胜利80周年大会上的讲话》	人民出版社	2.60	89	231.40
BK-83032	《历史是最好的教科书：学习习近平同志关于党的历史的重要论述》	人民出版社	19.50	50	975.00

图 8-60

步骤 3：根据工作表中的销售数据，统计【人民出版社】出版的图书总销售额、平均销售额、总销售量。

在 E16 单元格中输入【=SUMIF(C3:C14,"人民出版社",E3:E14)】，在 E17 单元格中输入【=SUMIF(C3:C14,"人民出版社",F3:F14)】，在 E18 单元格中输入【=AVERAGEIF(C3:C14,"人民出版社",F3:F14)】，结果如图 8-61 所示。

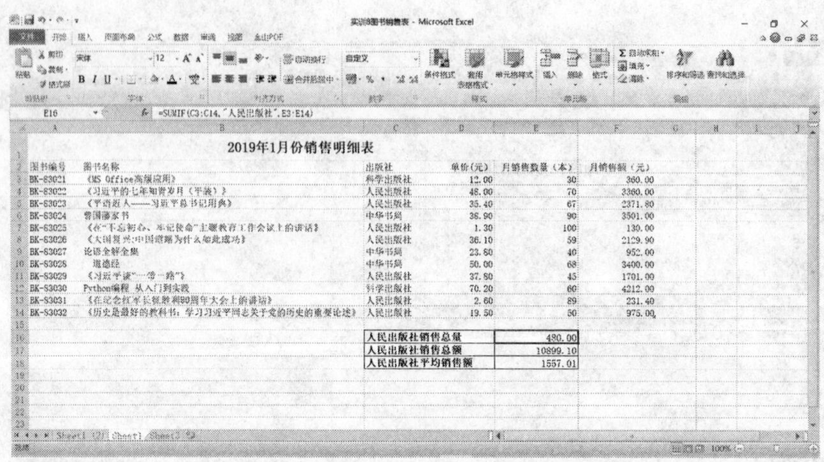

图 8-61

综合实训 9

一、实训题目

学生成绩统计分析。

二、实训要求

1）掌握 Excel 的基本操作。
2）掌握 Excel 常用函数 SUM、AVERAGE、RANK、MAX、MIN 函数的应用。
3）学会制作图表。
4）学会设置页面。

三、实训过程

步骤 1：参照图 8-62 制作班级考试成绩表，并对工作表进行格式调整。

步骤 2：求每个学生的成绩总和，在 K3 单元格中输入【=SUM(C3:J3)】，按【Enter】键；选中 K3 单元格，拖动右下角的填充柄到 K23 单元格即可，结果如图 8-63 所示。

步骤 3：按总成绩求每个学生的班级排名，在 L3 单元格中输入【=RANK(K3, $K$3:$K$23)】，按【Enter】键；选中 L3 单元格，拖动右下角的填充柄到 L23 单元格即可，结果如图 8-63 所示。

步骤 4：求各科的平均分。在 Q5 单元格中输入【=AVERAGE(C$3:C$23)】，按【Enter】键；选中 Q5 单元格，拖动右下角的填充柄到 X5 单元格，即可求得每科的平均分，如图 8-64 所示。

步骤 5：求各科的最高分。在 Q6 单元格中输入【=MAX(C$3:C$43)】，按【Enter】键；选中 Q6 单元格，拖动右下角的填充柄到 X6 单元格，即可求得每科的最高分，如图 8-64 所示。

班级考试成绩表

学号	姓名	语文	数学	英语	政治	历史	物理	化学	生物	总分	名次
10301	童汉	50	70	60	100	50	75	80	95		
10302	罗松	60	70	50	100	30	75	80	100		
10303	柳眉	88	95	98	99	98	95	97	100		
10304	郭庆	92	100	99	99	100	96	98	98		
10305	刘丹凤	75	83	90	93	92	93	95	98		
10306	张峰	83	91	96	98	98	95	95	97		
10307	李勋	56	43	61	63	32	45	56	61		
10308	王子君	81	95	95	97	97	97	92	95		
10309	赵恒	72	83	91	93	95	92	91	93		
10310	田久长	65	75	85	83	85	75	78	82		
10311	陈一平	45	60	65	76	74	50	63	65		
10312	周海兴	67	71	76	89	86	63	67	75		
10313	朱兴业	73	83	92	95	93	73	81	87		
10314	马九州	86	91	98	98	97	94	92	95		
10315	冯立	87	96	98	100	99	99	97	98		
10316	王军	93	100	100	100	100	97	98	97		
10317	李晓梅	92	100	100	100	100	98	99	98		
10318	赵梦萌	85	95	98	98	99	91	95	95		
10319	孙寒露	72	89	92	91	92	76	83	87		
10320	吴靖	78	93	95	98	100	89	87	95		
10321	许小惠	81	96	97	99	100	90	91	93		

图 8-62

=RANK(K3, $K$3:$K$23)

班级考试成绩表

学号	姓名	语文	数学	英语	政治	历史	物理	化学	生物	总分	名次
10301	童汉	50	70	60	100	50	75	80	95	580	18
10302	罗松	60	70	50	100	30	75	80	100	565	19
10303	柳眉	88	95	98	99	98	95	97	100	770	5
10304	郭庆	92	100	99	99	100	96	98	98	782	3
10305	刘丹凤	75	83	90	93	92	93	95	98	719	12
10306	张峰	83	91	96	98	98	95	95	97	753	7
10307	李勋	56	43	61	63	32	45	56	61	417	21
10308	王子君	81	95	95	97	97	97	92	95	749	9
10309	赵恒	72	83	91	93	95	92	91	93	710	13
10310	田久长	65	75	85	83	85	75	78	82	628	16
10311	陈一平	45	60	65	76	74	50	63	65	498	20
10312	周海兴	67	71	76	89	86	63	67	75	594	17
10313	朱兴业	73	83	92	95	93	73	81	87	677	15
10314	马九州	86	91	98	98	97	94	92	95	751	8
10315	冯立	87	96	98	100	99	99	97	98	774	4
10316	王军	93	100	100	100	100	97	98	97	785	2
10317	李晓梅	92	100	100	100	100	98	99	98	787	1
10318	赵梦萌	85	95	98	98	99	91	95	95	756	6
10319	孙寒露	72	89	92	91	92	76	83	87	682	14
10320	吴靖	78	93	95	98	100	89	87	95	735	11
10321	许小惠	81	96	97	99	100	90	91	93	747	10

图 8-63

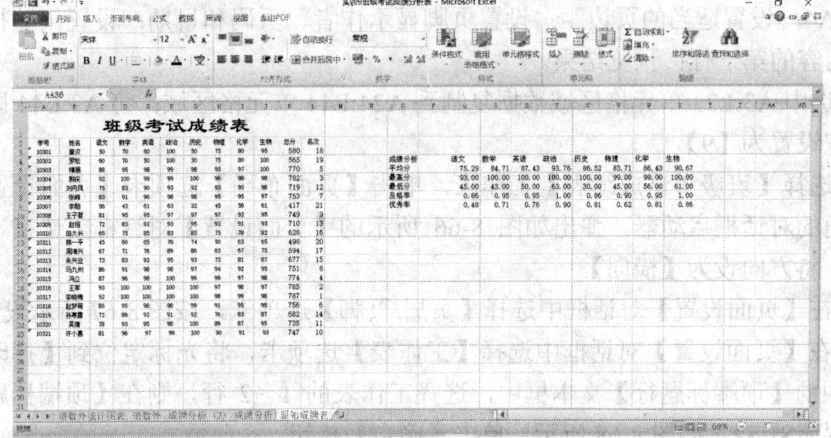

班级考试成绩表

学号	姓名	语文	数学	英语	政治	历史	物理	化学	生物	总分	名次
10301	童汉	50	70	60	100	50	75	80	95	580	18
10302	罗松	60	70	50	100	30	75	80	100	565	19
10303	柳眉	88	95	98	99	98	95	97	100	770	5
10304	郭庆	92	100	99	99	100	96	98	98	782	3
10305	刘丹凤	75	83	90	93	92	93	95	98	719	12
10306	张峰	83	91	96	98	98	95	95	97	753	7
10307	李勋	56	43	61	63	32	45	56	61	417	21
10308	王子君	81	95	95	97	97	97	92	95	749	9
10309	赵恒	72	83	91	93	95	92	91	93	710	13
10310	田久长	65	75	85	83	85	75	78	82	628	16
10311	陈一平	45	60	65	76	74	50	63	65	498	20
10312	周海兴	67	71	76	89	86	63	67	75	594	17
10313	朱兴业	73	83	92	95	93	73	81	87	677	15
10314	马九州	86	91	98	98	97	94	92	95	751	8
10315	冯立	87	96	98	100	99	99	97	98	774	4
10316	王军	93	100	100	100	100	97	98	97	785	2
10317	李晓梅	92	100	100	100	100	98	99	98	787	1
10318	赵梦萌	85	95	98	98	99	91	95	95	756	6
10319	孙寒露	72	89	92	91	92	76	83	87	682	14
10320	吴靖	78	93	95	98	100	89	87	95	735	11
10321	许小惠	81	96	97	99	100	90	91	93	747	10

成绩分析	语文	数学	英语	政治	历史	物理	化学	生物
平均分	75.29	84.71	87.43	93.76	86.52	83.71	86.43	90.67
最高分	93.00	100.00	100.00	100.00	100.00	99.00	99.00	100.00
最低分	45.00	43.00	50.00	63.00	30.00	45.00	56.00	61.00
及格率	0.86	0.95	0.95	1.00	0.86	0.90	0.95	1.00
优秀率	0.48	0.71	0.76	0.90	0.81	0.62	0.81	0.86

图 8-64

步骤 6：求各科的最低分。在 Q7 单元格中输入【=MIN(C3:C43)】，按【Enter】键；选中 Q7 单元格，拖动右下角的填充柄到 X7 单元格，即可求得每科的最低分，如图 8-64 所示。

步骤 7：求各科的及格率。在 Q8 单元格中输入【=COUNTIF(C$3:C$43,">=60")/COUNTIF(C$3:C$43,">0")】，按【Enter】键；选中 Q8 单元格，拖动右下角的填充柄到 X8 单元格，即可求得每科的及格率，如图 8-64 所示。

步骤 8：求各科的优秀率，成绩大于等于 80 分为优秀。在 Q9 单元格中输入【=COUNTIF(C$3:C$43,">=80")/COUNTIF(C$3:C$43,">0")】，按【Enter】键；选中 Q9 单元格，拖动右下角的填充柄到 X9 单元格，即可求得每科的优秀率，如图 8-64 所示。

步骤 9：选中表学号中 1 到 10 号的学生的姓名、语文、数学列，插入折线图，结果如图 8-65 所示。

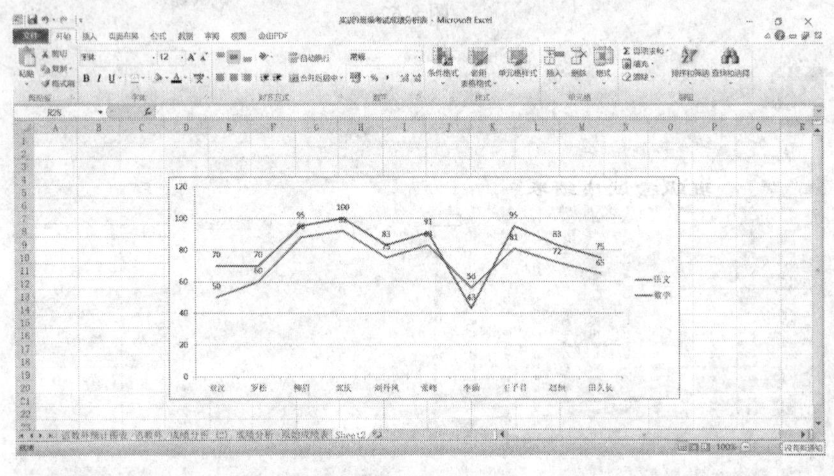

图 8-65

步骤 10：对工作表【班级考试成绩表】进行以下设置，设置打印方向为横向、纸张大小为 A4；设置适当的页边距；设置页脚显示作者、页码和日期；设置顶端打印标题为表格内容的第一行；预览结果。

1）选中 A3:L23 单元格区域数据复制到 A24:L44 单元格区域；将 A3:L44 区域的单元格列宽设置为【9】。

2）选择【班级考试成绩表】工作表，单击【页面布局】选项卡【页面设置】选项组右下角的对话框启动器，弹出如图 8-66 所示的【页面设置】对话框，选择【页面】选项卡，将方向设为【横向】。

3）在【页面设置】对话框中选择【页眉/页脚】选项卡，按图 8-67 所示设置页脚。

4）在【页面设置】对话框中选择【工作表】选项卡，将光标定位到【打印标题】选项组中的【顶端标题行】文本框中，选择工作表的 1～2 行，则在【顶端标题行】文本框中显示$1:$2，如图 8-68 所示，单击【确定】按钮。

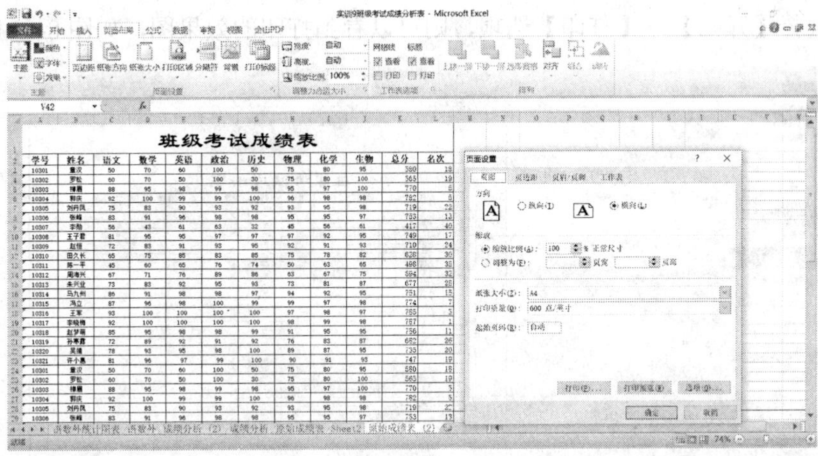

图 8-66

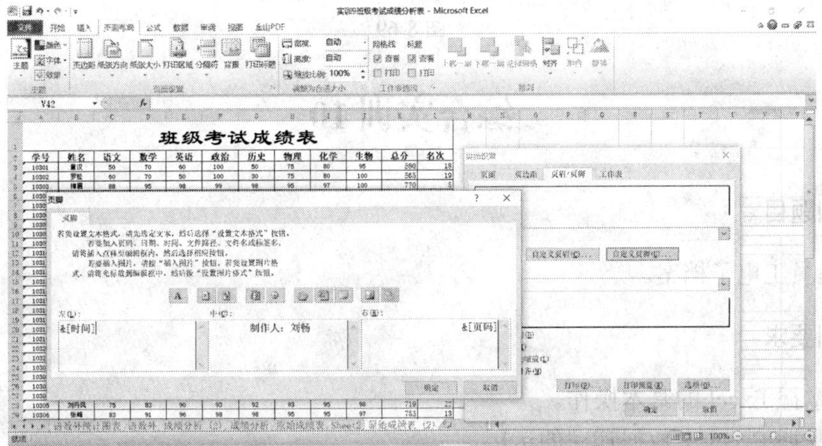

图 8-67

图 8-68

5）选择【开始】→【打印】选项，则可以看到打印的效果图，如图 8-69 所示。

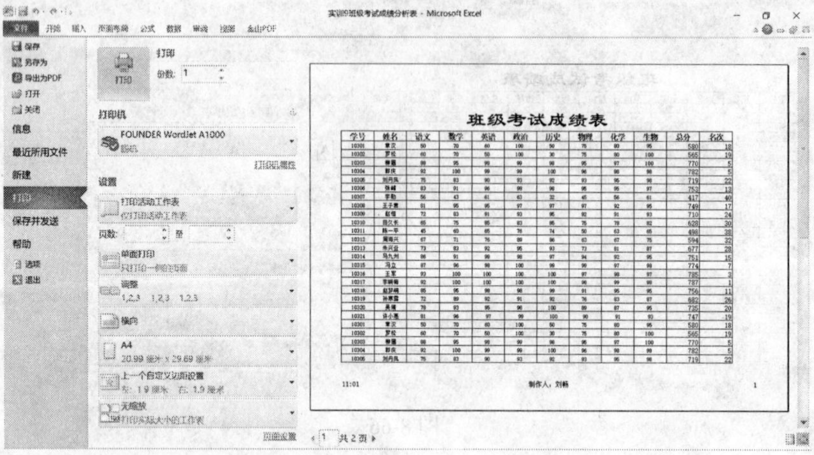

图 8-69

综合实训 10

一、实训题目

管理员工电子档案。

二、实训要求

1）掌握 Excel 的基本操作。
2）掌握 Excel 中数据管理的运用。
3）掌握 Excel 中统计、查找函数的应用。
4）掌握数据透视表、透视图的基本操作方法。

三、实训过程

步骤 1：输入数据及格式化工作表。

1）新建一个名为【Employee】的空白电子工作簿。向工作簿中输入员工电子档案数据，以下操作均是在 Sheet1 工作表中完成的，在 Sheet1 工作表中输入如图 8-70 所示的数据。

2）选中 A1:I1 单元格区域，将该区域合并，然后将【职工登记表】居中对齐，设置其字体为华文行楷、字号为 16 磅。

3）选中 A2:I2 单元格区域，将该区域合并，然后将【制表日期：2019-1-2】左对齐，设置其字体为华文新魏、字号为 14 磅。

4）选中 A3:I3 单元格区域，在【设置单元格格式】对话框中将字体设为宋体、字号为 14 磅，将背景设为【浅青绿】。

5）选中 A3:I18 单元格区域，将表格中的所有数据左对齐。

6）选中整个表格，通过【设置单元格格式】对话框将表格外框线设为双线，内部设为单线。

7）在【页面布局】选项卡【页面设置】选项组中将纸张大小设为 B5。

最终的效果如图 8-71 所示。

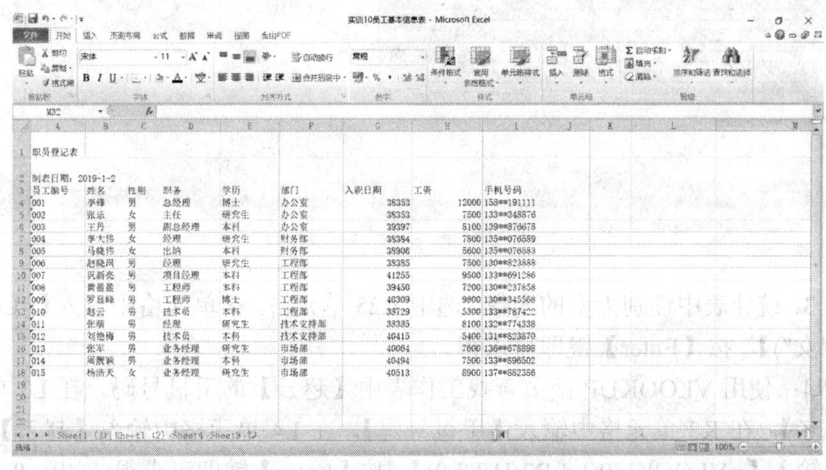

职员登记表

制表日期：2019-1-2

员工编号	姓名	性别	职务	学历	部门	入职日期	工资	手机号码
001	李锋	男	总经理	博士	办公室	38353	12000	158**191111
002	张乐	女	主任	研究生	办公室	38353	7500	133**348876
003	王丹	男	副总经理	本科	办公室	39397	8100	139**876678
004	李大伟	女	经理	研究生	财务部	38384	7800	135**076589
005	马晓伟	女	出纳	本科	财务部	38906	5600	135**076583
006	赵晓洪	男	经理	研究生	工程部	38385	7500	130**823888
007	巩新亮	男	项目经理	本科	工程部	41255	9500	133**691286
008	黄鑫鑫	男	工程师	本科	工程部	39450	7200	130**237858
009	罗晶峰	男	工程师	博士	工程部	40309	9800	130**345568
010	赵云	男	技术员	本科	工程部	38729	5300	133**787422
011	张萌	男	经理	研究生	技术支持部	38385	8100	132**774338
012	刘艳梅	男	技术员	本科	技术支持部	40415	5400	131**823870
013	张军	男	业务经理	研究生	市场部	40064	7600	136**678898
014	周薇颖	男	业务经理	本科	市场部	40494	7500	133**896502
015	杨浩天	女	业务经理	研究生	市场部	40513	8900	137**882386

图 8-70

职员登记表

制表日期：2019-1-2

员工编号	姓名	性别	职务	学历	部门	入职日期	工资	手机号码
001	李锋	男	总经理	博士	办公室	2005/1/1	¥ 12,000.00	158**191111
002	张乐	女	主任	研究生	办公室	2005/1/1	¥ 7,500.00	133**348876
003	王丹	男	副总经理	本科	办公室	2007/11/11	¥ 8,100.00	139**876678
004	李大伟	女	经理	研究生	财务部	2005/2/1	¥ 7,800.00	135**076589
005	马晓伟	女	出纳	本科	财务部	2006/7/8	¥ 5,600.00	135**076583
006	赵晓洪	男	经理	研究生	工程部	2005/2/2	¥ 7,500.00	130**823888
007	巩新亮	男	项目经理	本科	工程部	2012/12/12	¥ 9,500.00	133**691286
008	黄鑫鑫	男	工程师	本科	工程部	2008/1/3	¥ 7,200.00	130**237858
009	罗晶峰	男	工程师	博士	工程部	2010/5/11	¥ 9,800.00	130**345568
010	赵云	男	技术员	本科	工程部	2006/1/12	¥ 5,300.00	133**787422
011	张萌	男	经理	研究生	技术支持部	2005/2/2	¥ 8,100.00	132**774338
012	刘艳梅	男	技术员	本科	技术支持部	2010/8/25	¥ 5,400.00	131**823870
013	张军	男	业务经理	研究生	市场部	2009/9/8	¥ 7,600.00	136**678898
014	周薇颖	男	业务经理	本科	市场部	2010/11/12	¥ 7,500.00	133**896502
015	杨浩天	女	业务经理	研究生	市场部	2010/12/1	¥ 8,900.00	137**882386

图 8-71

步骤 2：查找学历是研究生并且性别为女的记录。

在 E20:F21 单元格区域输入筛选条件，单击【数据】选项卡【排序和筛选】选项组中的【高级】按钮，在弹出的【高级筛选】对话框进行设置，如图 8-72 所示。

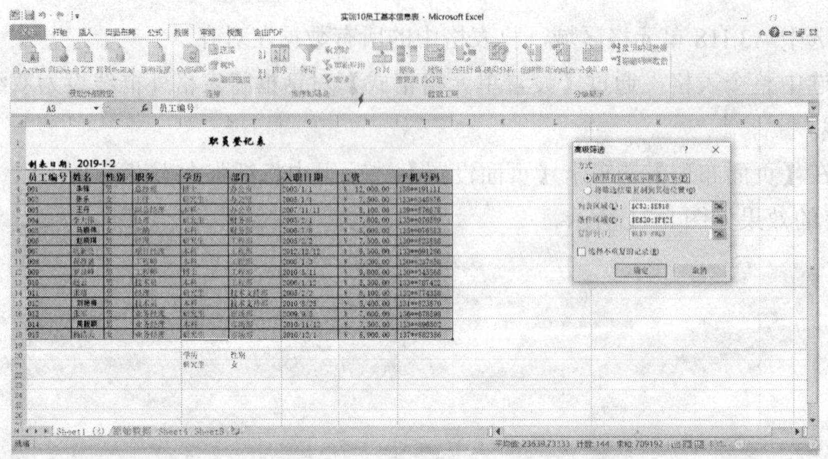

图 8-72

步骤 3：统计表中性别为女的人数。选中 A25 单元格，在单元格中输入【=COUNTIF(C3:C18,"女")】，按【Enter】键即可求得。

步骤 4：使用 VLOOKUP 函数查找工作表中【赵云】的手机号码。在 L3 单元格中输入【姓名】，在 K3 单元格中输入【手机号码】，在 L4 单元格中输入【赵云】，在 M4 单元格中输入【=VLOOKUP(L4,B3:I18,8,0)】，按【Enter】键即可求得，如图 8-73 所示。

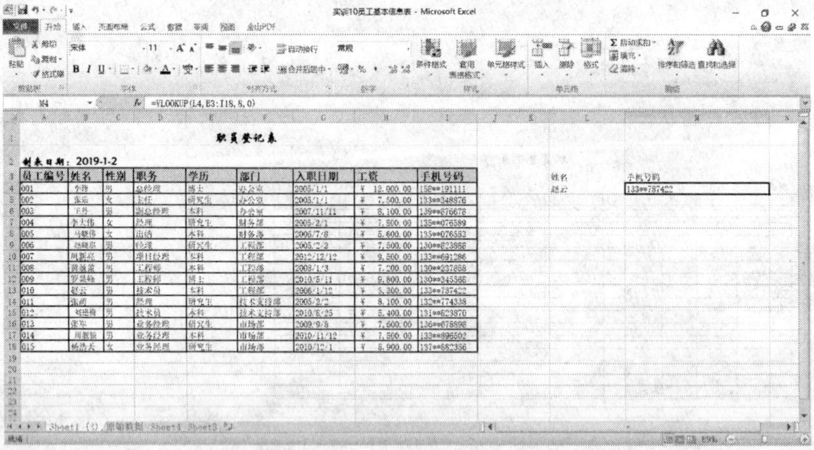

图 8-73

步骤 5：按各个部门不同的学历创建人才结构透视表。

单击【插入】选项卡【表格】选项组中的【数据透视表】下拉按钮，在弹出的下拉列表中选择【数据透视表】选项，弹出【创建数据透视表】对话框，设置数据区域和生成透视表的位置区域，如图 8-74 所示。设置完成后，单击【确定】按钮，弹出【数据透视表字段列表】任务窗格。用鼠标拖动【部门】字段，将其放置到【行标签】区域；拖动【学历】字段，将其放置到【列标签】和【数值】区域，如图 8-75 所示。

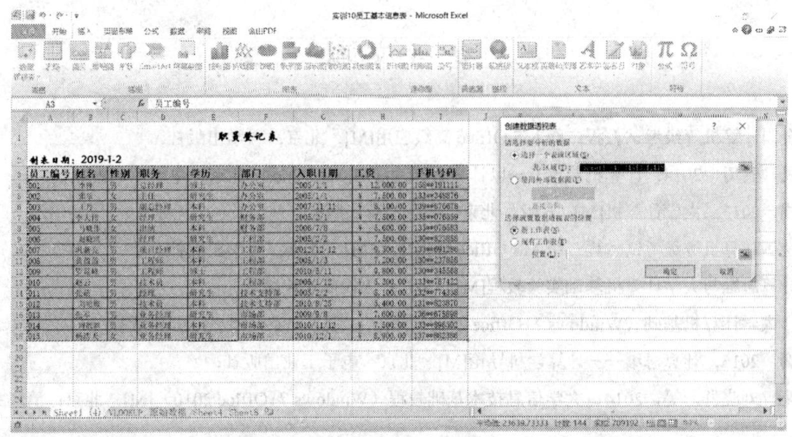

图 8-74

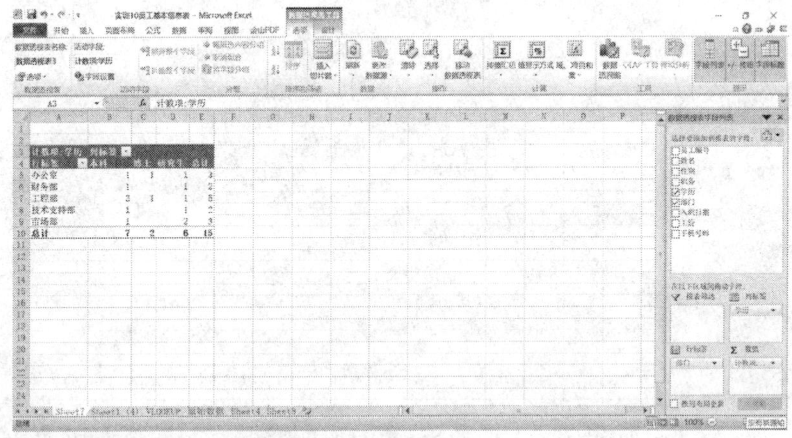

图 8-75

步骤 6：按各个部门不同的学历创建人才结构透视图。具体操作步骤参照数据透视表的制作方法，这里不再赘述，结果如图 8-76 所示。

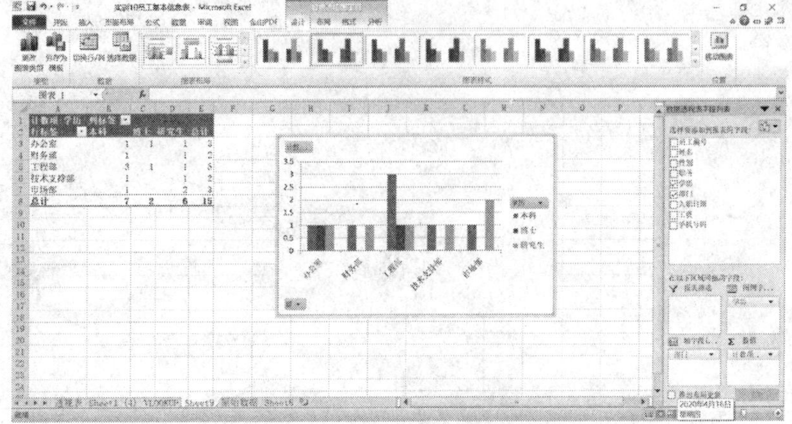

图 8-76

参 考 文 献

丛飚，2017．全国计算机等级考试教程二级 MS Office 高级应用[M]．北京：科学出版社．

董卫军，邢为民，索琦，2014．计算机导论——以计算思维为导向[M]．2 版．北京：电子工业出版社．

龚沛曾，杨志强，2013．大学计算机[M]．6 版．北京：高等教育出版社．

侯锟，2017．全国计算机等级考试教程二级 MS Office 高级应用[M]．北京：科学出版社．

李昊，2013．计算思维与大学计算机基础实验教程[M]．北京：人民邮电出版社．

刘瑞新，2014．大学计算机基础（Windows 7+Office 2010）[M]．3 版．北京：机械工业出版社．

唐培和，徐奕奕，2015．计算思维——计算学科导论[M]．北京：电子工业出版社．

温秀梅，祁爱华，刘晓群，等，2014．大学信息技术基础教程（Windows 7+Office 2010）[M]．北京：清华大学出版社．